EUROPA-FACHBUCHREIHE
für elektrotechnische Berufe

Arbeitsbuch Elektrotechnik

Lernfelder 1 bis 4

9. überarbeitete und erweiterte Auflage

Bearbeitet von Lehrern an beruflichen Schulen und von Ingenieuren (siehe Rückseite)

Lektorat: Werner Klee

VERLAG EUROPA-LEHRMITTEL · Nourney, Vollmer GmbH & Co. KG
Düsselberger Straße 23 · 42781 Haan-Gruiten

Europa-Nr.: 37469

Autoren des Arbeitsbuches Elektrotechnik:

Burgmaier, Monika	Durbach
Duhr, Christian	Schwabach
Eichler, Walter	Kaiserslautern
Feustel, Bernd	Kirchheim-Teck
Käppel, Thomas	Münchberg
Klee, Werner	Mehlingen
Kober, Karsten	Kaiserslautern
Schwarz, Jürgen	Tettnang
Tkotz, Klaus	Kronach

Lektorat und Leitung des Arbeitskreises:
Werner Klee

Bildentwürfe:
Die Autoren

Fotos:
Autoren und Firmen (Bildquellen- und Firmenverzeichnis Seite 200)

Bildbearbeitung:
Zeichenbüro des Verlages Europa-Lehrmittel, 73760 Ostfildern
Grafische Produktionen Jürgen Neumann, 97222 Rimpar

9. Auflage 2024
Druck 5 4 3 2

Alle Drucke derselben Auflage sind parallel einsetzbar, da sie bis auf die Korrektur von Druckfehlern identisch sind.

ISBN 978-3-7585-3279-5

Bei Fragen zur Produktsicherheit wenden Sie sich bitte an produktsicherheit@europa-lehrmittel.de.

Satz: Grafische Produktionen Jürgen Neumann, 97222 Rimpar
Umschlag: braunwerbeagentur, 42477 Radevormwald
Umschlagbilder: Icons: Satz+Layout Werkstatt Kluth GmbH, 50374 Erftstadt; Multimeter: ZF Friedrichshafen AG, Kabel: ©happyvector071 - stock.adobe.com
Druck: Himmer GmbH, 86167 Augsburg

Liebe Leserin, lieber Leser,

die heutige Arbeitswelt erfordert, besonders in den Elektroberufen, Mitarbeiter mit hoher Fachkompetenz. Technologischer Fortschritt und Lernen gehören eng zusammen. Ein guter Lernerfolg erfordert eine systematische Vorgehensweise. Unser Buch soll Ihnen helfen, bei Ihrer Ausbildung und später im Berufsleben erfolgreich zu sein.

Warum gibt es Lernfelder?

In den Elektroberufen haben sich viele Techniken und Arbeitsabläufe wesentlich verändert. Deshalb sind neue Organisationsformen, Prozesse und Lerntechniken erforderlich. Hohe Flexibilität verbunden mit eigenverantwortlichem Arbeiten sowie bestimmte Qualitätsforderungen stehen im Mittelpunkt. Lernfelder erleichtern es, neue fachliche Inhalte mit vorhandenem Wissen zu verknüpfen, durch zusammenhängende Aufgabenstellungen anzuwenden und Kompetenzen für die berufliche Tätigkeit zu erwerben.

Wie werden Lernfelder umgesetzt?

Für ein Lernfeld, z. B. Elektrische Systeme planen und installieren, werden Situationen aus der betrieblichen Praxis, z. B. Elektroinstallation einer Fertiggarage (Seite 66), beschrieben. Durch Bearbeiten solcher Lernsituationen können Sie fachtheoretische Zusammenhänge besser verstehen. Sie lernen, selbstständig Lösungen für Aufgaben aus der betrieblichen Praxis zu finden. Die Lernsituationen in diesem Arbeitsbuch decken die in den einschlägigen, aktuellen Rahmenlehrplänen genannten Kompetenzen der Lernfelder 1 bis 4 umfänglich ab.

Neue Lernsituationen in dieser Auflage:

- Reihenschaltung von Batterien und Widerständen untersuchen
- Überprüfung einer LED-Lichterkette
- Analyse der Begriffe Steuerung und Regelung

Haben Sie Fragen zu Ihrer Abschlussprüfung?

Informationen hierzu finden Sie ab der Seite 195 und auf der hinteren Umschlaginnenseite.

Wie sollen Sie mit diesem Buch arbeiten?

- ✓ Lesen Sie die Aufgabenstellungen sorgfältig durch.
- ✓ Achten Sie auf mögliche Lernhilfen.
- ✓ Machen Sie sich Notizen auf einem separaten Blatt oder auf den Notizseiten im Anhang.
- ✓ Die Lernsituationen können in Einzel-, Partner- oder Teamarbeit bearbeitet werden.
- ✓ Schwierige Aufgaben sollten Sie in Partner- oder in Teamarbeit lösen.
- ✓ Tragen Sie Ihre Lösung an der entsprechenden Stelle im Arbeitsbuch mit Bleistift ein. Achten Sie auf den zur Verfügung stehenden Platz.
- ✓ Kontrollieren Sie Ihre Lösung, indem Sie die Lösungsschritte nochmals gedanklich durcharbeiten.
- ✓ Nachdem Sie die Lernsituation bearbeitet haben, beantworten Sie die Seiten „Testen Sie Ihre Fachkompetenz“ am Kapitelende.
- ✓ Zur Hilfestellung, zur Stoffaufbereitung und Stoffvertiefung können Sie z. B. das Fachbuch „Fachkunde Elektrotechnik“ verwenden.

Wir wünschen Ihnen ein gutes Gelingen beim Arbeiten mit diesem Buch. Der Erfolg stellt sich dann sicher von selbst ein.

Gerne freuen wir uns auf einen Dialog mit Ihnen. Schreiben Sie uns unter: lektorat@europa-lehrmittel.de

Die Autoren und der Verlag Europa-Lehrmittel
Sommer 2024

Für wen ist das Buch geeignet?

- Alle Auszubildenden, die einen Elektroberuf in der Industrie oder im Handwerk erlernen
- Schüler und Studierende von Fachschulen, Meisterschulen, Berufskollegs und Berufsfachschulen
- Überbetriebliche Ausbildungsstätten

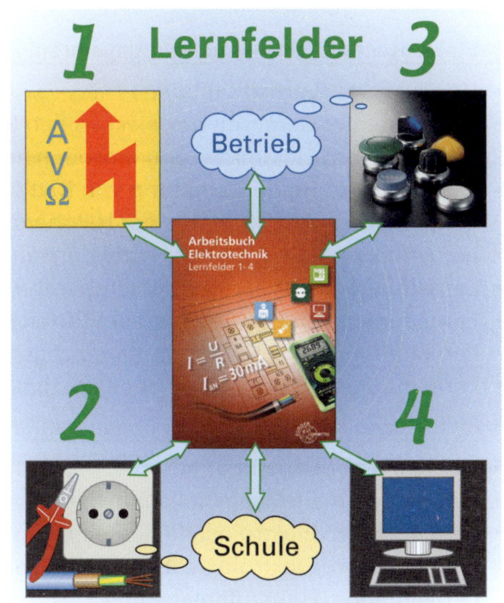

SimElektro Grundstufe 1.2

SimElektro Fachstufe 2.0

Simulationen zu ausgewählten Themen, z. B. Gleichstromkreis, die käuflich erworben werden können. Mit SimElektro können Sie grundlegende Schaltungen der Elektrotechnik am Computer darstellen, verändern und Messwerte dazu anzeigen lassen. Alle Seiten im Buch, bei denen SimElektro eingesetzt werden kann, sind mit dem SimElektro-Symbol (oben) gekennzeichnet. Eine Mustersimulation sowie weitere Informationen finden Sie unter:
www.europa-lehrmittel.de/simelektro

Wenn Sie Hilfe benötigen:

Informieren Sie sich im Buch „Fachkunde Elektrotechnik“.

Bearbeiten Sie die Lernsituationen mit den optional erhältlichen interaktiven Arbeitsblättern, die einblendbare Musterlösungen enthalten.

LF 1, Seite 5

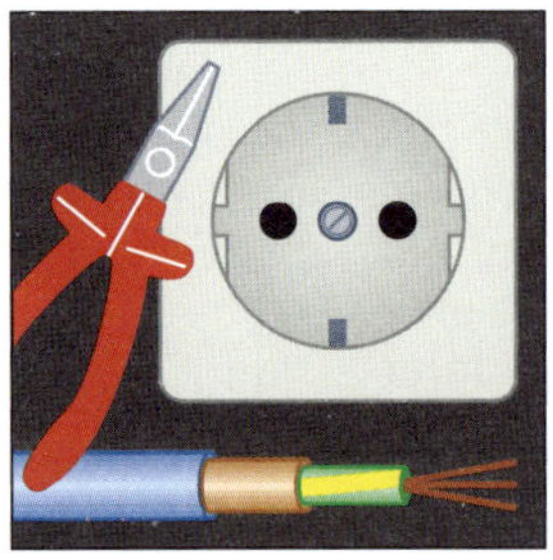

LF 2, Seite 65

LF 3, Seite 94

LF 4, Seite 133

• Elektrotechnische Systeme analysieren, Funktionen prüfen und Fehler beheben

• Elektrische Systeme planen und installieren

• Steuerungen und Regelungen analysieren und realisieren

• Informationstechnische Systeme bereitstellen

• Infoteil

• Allgemeines

Elektrotechnische Systeme analysieren, Funktionen prüfen und Fehler beheben

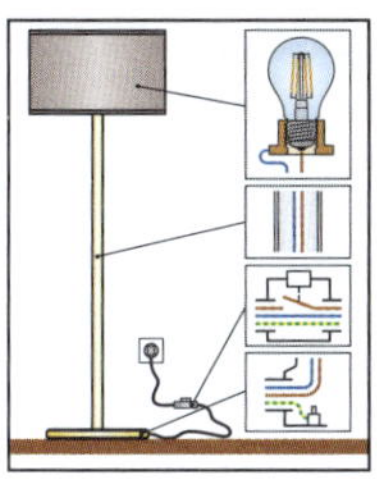

Lernsituation: Gefahren des elektrischen Stromes, Sicherheitsregeln und Arbeitsschutz kennen

Elektrischer Strom ist unentbehrlich und der Umgang mit elektrischer Energie ist selbstverständlich geworden. Bei nicht sachgemäßem Umgang ergeben sich aber Gefahren **(Bild 1)**. Bearbeiten Sie folgende Arbeitsaufträge mithilfe der in den Lernhilfen angegebenen Bücher und Hinweise.

Elektrische Grundgrößen: ab Seite 14

Arbeitsauftrag 1: Gefahren des elektrischen Stromes kennen

1. Bei dem Stromunfall nach **Bild 1** führte das Gehäuse des Elektroherdes **(Bild 2)** versehentlich Spannung. Dadurch kann bei Berührung ein elektrischer Strom durch den Körper fließen.

a) Mit welchem spannungsführenden elektrischen Leiter L1, L2 oder L3 ist das Gehäuse des Elektroherdes **(Bild 2)** indirekt versehentlich verbunden?

b) Wie hoch ist die Spannung *U* zwischen zwei Außenleitern, z. B. zwischen L1 und L2, im üblichen Niederspannungsnetz?

c) Wie hoch ist die Spannung U_0 zwischen einem Außenleiter und Erde?

d) Wie hoch ist die Spannung U_B zwischen der berührenden Hand und dem Standort (Übergangswiderstände werden vernachlässigt)?

e) Welche Bedeutung hat die Strichlinie vom Standort zu R_B?

f) Zeichnen Sie den geschlossenen Stromweg über den Transformator und den menschlichen Körper im **Bild 2** mit einem roten Farbstift ein.

2. Der elektrische Strom kann, z. B. bei einem Stromunfall, durch einen menschlichen Körper fließen. Welche Folgen kann dieser Stromfluss haben?

-
-
-
-
-

3. Welche Faktoren beeinflussen die Wirkungen des elektrischen Stromes, der durch einen menschlichen Körper fließt?

-
-
-
-
-
-

Lernhilfen

- Buch „Fachkunde Elektrotechnik" die Kapitel:
  - Arten von Stromkreisen
  - Gefahren im Umgang mit dem elektrischen Strom
  - Arbeits- und Unfallschutz
  - Praxistipp: Farbkennzeichnung von Leitern
- Buch „Rechenbuch Elektrotechnik" die Kapitel
  - Ohmsches Gesetz
  - Schutzmaßnahmen
- DIN VDE 0105
- Internetadresse: www.bgetem.de

Aus dem Tagesanzeiger vom 2.7.2016

Von der Küche in die Intensivstation
Ein 27-Jähriger greift an den Elektroherd, wird dann von einem Stromschlag getroffen und kommt auf die Intensivstation. Jetzt hat er den Elektriker angezeigt. „Ich hatte den Tod vor Augen, war hilflos, bekam keine Luft mehr, habe gezittert" ...

Bild 1: Bericht aus dem Tagesanzeiger

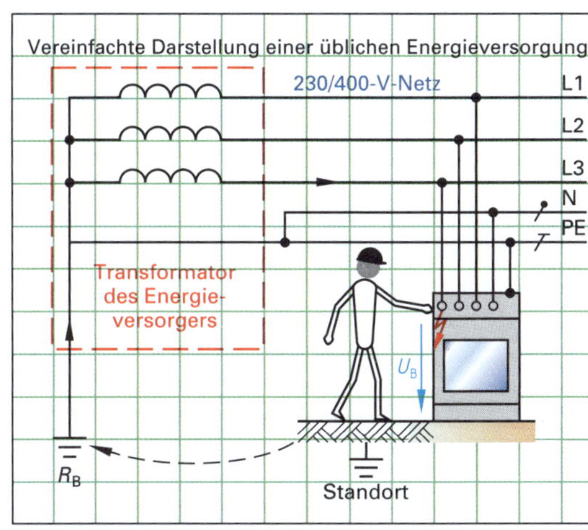

Bild 2: Energieversorgung

Physiologische Wirkung
(bei Wechselstrom 50 bis 60 Hz)

- Wahrnehmung
  - mit der Zunge ab 4,0 .... 5,0 µA
  - mit dem Finger ab 1,0 .... 1,5 mA
- Loslassgrenze bei Frauen ab 6 mA, bei Männern ab 9 mA
- Verkrampfung der Muskulatur ab 20 mA
- Herzkammerflimmern ab 50 mA
- Ab 500 mA: Stromwirkung häufig tödlich!

Bild 3: Stromwahrnehmung

4. Durch Untersuchungen physiologischer Vorgänge, z. B. Muskelkrämpfe, hat man Wahrnehmungen des elektrischen Stromes festgestellt. Beantworten Sie die folgenden Fragen mithilfe von **Bild 3, Seite 7**.

a) Ab welcher Stromstärke ist elektrischer Strom wahrnehmbar?

b) Ab welcher Stromstärke führt ein Wechselstrom durch den Körper meist zu Herzkammerflimmern?

c) Ab welcher Stromstärke ist elektrischer Strom häufig tödlich?

a) ______ **b)** ______ **c)** ______

5. Die Grenze der dauernd zulässigen maximalen Berührungsspannung U_L für Menschen hat man international vereinbart. Geben Sie die maximalen Werte an. Hinweis: Beachten Sie die Spannungsarten AC und DC.

______

- Der menschliche Körper hat im ungünstigen Fall, z. B. feuchte Haut, einen Widerstand R_K von etwa 1 kΩ.
- Fließt ein Strom I_B, so fällt am Körper eine Spannung ab. Diese Spannung nennt man Berührungsspannung U_B.
- Die Grenze der dauernd zulässigen Berührungsspannung nennt man U_L.

6. Geben Sie die Formel an, mit der man die Berührungsspannung U_B am Körper von Menschen und Nutztieren berechnet.

______

U_B Berührungsspannung; I_B Berührungsstrom (Körperstrom); R_K Körperwiderstand

7. Untersuchungen für 50-Hz-Wechselstrom haben nach der Norm DIN VDE V 0140 vier Wirkungsbereiche AC1 bis AC4 **(Bild 1)** ergeben. Ergänzen Sie mithilfe der Angaben in **Bild 1** die **Tabelle**.

8. Man unterscheidet in der Elektrotechnik zwischen direktem und indirektem Berühren. Tragen Sie beide Berührungsarten in **Bild 2** ein.

9. Arbeiten an elektrischen Anlagen werden durch Elektrofachkräfte ausgeführt.

a) Was versteht man unter einer Elektrofachkraft?

______

b) Welche Aufgaben haben Elektrofachkräfte?

______

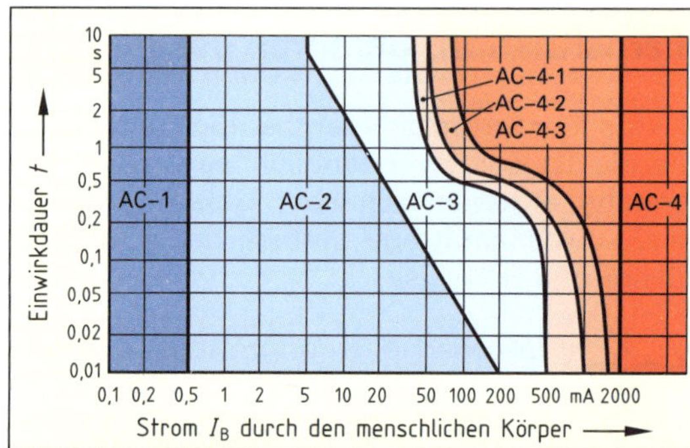

Bereich	Körperreaktionen
AC-1	Wahrnehmung möglich, meist keine Schreckreaktion
AC-2	Wahrnehmung und unwillkürliche Muskelkontraktionen wahrscheinlich, meist keine schädlichen Wirkungen
AC-3	Atemschwierigkeiten; Muskelverkrampfungen; starke unwillkürliche Muskelkontraktion; reversible (umkehrbare) Störungen der Herzfunktionen möglich; meist kein organischer Schaden
AC-4-1 bis AC-4-3	Wahrscheinlichkeit von Herzkammerflimmern ansteigend (bis etwa 5 % bei AC-4-1, bis etwa 50 % bei AC-4-2, über 50 % bei AC-4-3)
AC-4	Herzstillstand, Atemstillstand oder andere Zellschäden

Bild 1: Wirkungsbereiche bei Wechselstrom 50 Hz auf erwachsene Personen nach DIN VDE V 0140

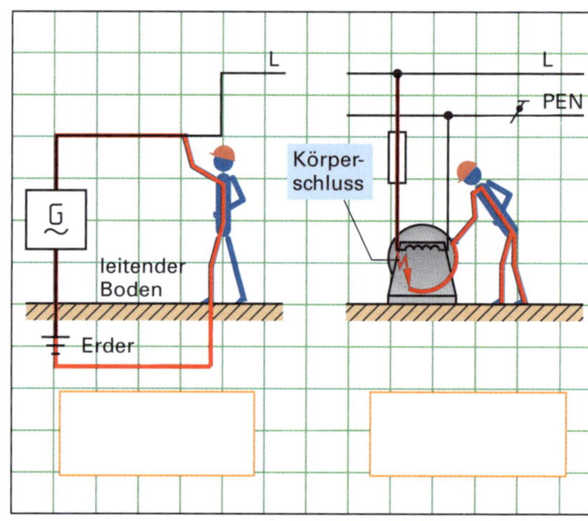

Bild 2: Berührungsarten

Fachkunde Elektrotechnik, Kapitel: Qualifikationen für Arbeiten in der Elektrotechnik, Elektrofachkraft

Noch heute verunglücken Elektrofachkräfte durch Leichtsinn und mangelndes Fachwissen!

Tabelle: Körperreaktionen				
Berührungsstrom I_B	2 mA	0,2 mA	200 mA	0,75 A
Einwirkdauer t	200 ms	10 sec	50 ms	20 ms
Wirkungsbereich				
Körperreaktion (Beispiele)				

Arbeitsauftrag 2: Die 5 Sicherheitsregeln erklären, beschreiben und anwenden

1. Ein Auszubildender hat von seinem Meister den Auftrag erhalten, eine beschädigte noch spannungsführende Schutzkontaktsteckdose auszutauschen. In welcher festgelegten Reihenfolge muss man vor dem Austausch vorgehen und welche Tätigkeiten sind dabei auszuführen?

-
-
-

2. Bei richtiger Lösung von Aufgabe 1 haben Sie die ersten 3 Sicherheitsregeln beachtet. In DIN VDE 0105 hat man aber 5 Sicherheitsregeln festgelegt, die ein gefahrloses Arbeiten an elektrischen Anlagen ermöglichen.

a) Nennen Sie die 5 Sicherheitsregeln in der üblichen Kurzfassung. Beachten Sie die vorgeschriebene Reihenfolge.

Regel 1:

Regel 2:

Regel 3:

Regel 4:

Regel 5:

b) Muss die Regel 4 immer angewandt werden?

3. Erklären Sie und beschreiben Sie die Bilder in der **Tabelle**. Durchkreuzen Sie die Tätigkeit bzw. Beschreibung, die unsicher ist. Geben Sie die entsprechende Nummer der Sicherheitsregeln 1 bis 5 an.

Tabelle: Arbeiten an einer elektrischen Anlage			
Bild	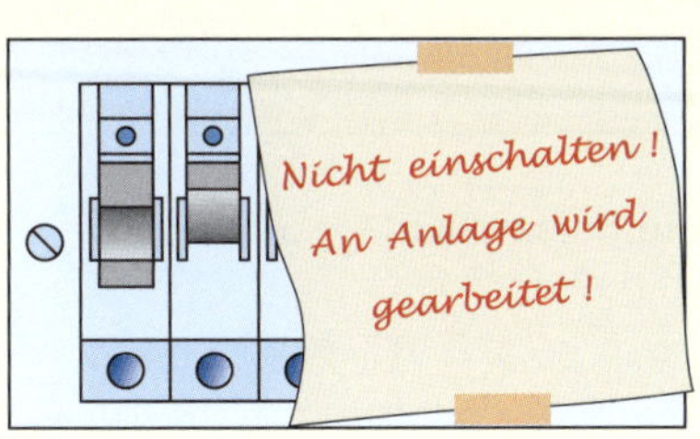	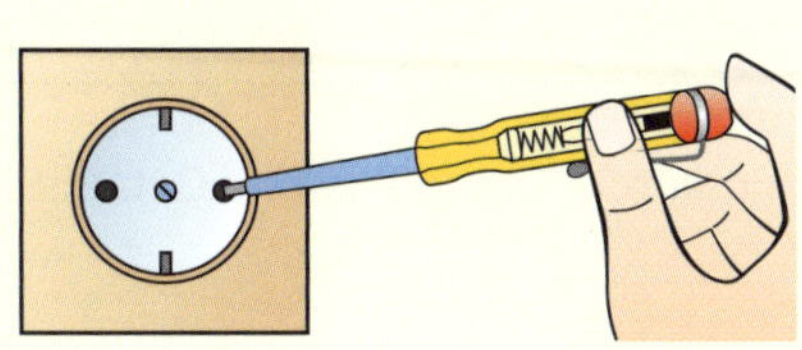	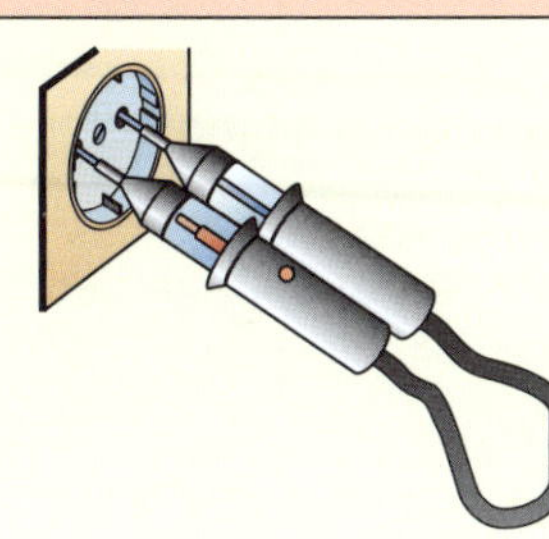
Tätigkeit, Beschreibung			
	Sicherheitsregel:	Sicherheitsregel:	Sicherheitsregel:

Arbeitsauftrag 3: Erste Hilfe leisten

Bei Unfällen durch den elektrischen Strom **(Seite 7)** muss jede Elektrofachkraft die wichtigsten Regeln und Informationen für die Erste Hilfe kennen.

a) Welche einheitliche Rufnummer haben die Feuerwehr und die Polizei?

Feuerwehr/Rettungsleitstelle: ________ Polizei: ________

b) Welche Sicherheitszeichen zeigt das **Bild**?

c) Bei Unfällen durch den elektrischen Strom muss zuerst der über den Menschen fließende Strom unterbrochen werden. Dabei unterscheidet man Maßnahmen in Niederspannungsanlagen (< 1000 V), Hochspannungsanlagen (> 1000 V) und Anlagen mit unbekannter Spannung. Nennen Sie Möglichkeiten zur Spannungsunterbrechung und ergänzen Sie die rechte Spalte der **Tabelle**.

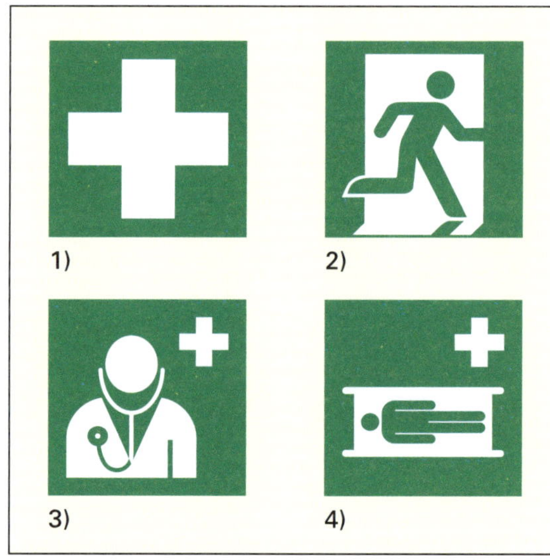

Bild: Sicherheitszeichen

Tabelle: Maßnahmen bei Unfällen durch den elektrischen Strom

Anlage	Maßnahmen zur Spannungsunterbrechung, weitere Veranlassung, Hinweise (Beispiele)
Niederspannungsanlage	• • • •
Hochspannungsanlage	• • • •
unbekannte Spannung	

d) Welche Sofortmaßnahmen sind bei einem Unfall zu leisten? Geben Sie je ein Beispiel an.

-
-
-
-

e) Bei einem Unfall muss man der Rettungsleitstelle wichtige Informationen über den Unfall mitteilen. Nennen Sie die 5 wichtigsten Informationen (W-Fragen).

1.
2.
3.
4.
5.

Aus dem Strafgesetzbuch (StGB):
Hilfeleistung ist die gesetzliche Pflicht zur Hilfe bei Unglücksfällen, gemeiner Gefahr oder Not. Wer ihr nicht nachkommt, obwohl Hilfe erforderlich und dem Einzelnen zumutbar ist, wird mit Freiheits- oder Geldstrafe bestraft (§323c StGB). Die Pflicht zur Hilfeleistung entfällt, wenn auf andere Weise Hilfe geleistet wird.

Arbeitsauftrag 4: Mit einem zweipoligen Spannungsprüfer (DUSPOL) umgehen

Beantworten Sie mithilfe der Bedienungsanleitung **(Seite 12)** die folgenden Aufgaben zum zweipoligen Spannungsprüfer.

1. Benennen Sie Sie die Teile 1 bis 7 **(Bild)** an.

1:

2:

3:

4:

5:

6:

7:

2. Beschreiben Sie die grundsätzliche Handhabung.

3. Geben Sie den Spannungsbereich des Spannungsprüfers an.

4. Welche IP-Schutzart hat der DUSPOL?

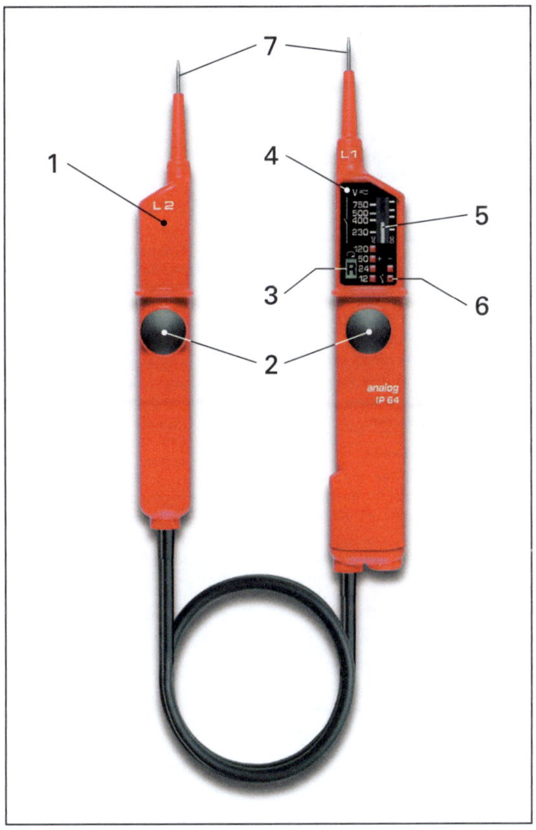

Bild: Spannungsprüfer (DUSPOL)

5. Wie lange darf der DUSPOL maximal an Spannung betrieben werden?

6. Wie prüft man Wechselspannungen?

7. Beschreiben Sie die Prüfung eines Außenleiters. Geben Sie eventuell Sicherheitshinweise an.

8. Wie prüft man Gleichspannungen?

9. Wie prüft man die Polarität bei Gleichspannungen?

10. Kann man die Spannung einer 9-V-Blockbatterie (Gleichspannung) messen?

11. Wie hoch ist die Stromaufnahme I bei Betätigung der beiden Drucktaster bei einer Prüfspannung von 500 V?

Bedienungsanleitung des zweipoligen Spannungsmessers (DUSPOL)

Bevor Sie den Spannungsprüfer DUSPOL® analog benutzen: Lesen Sie bitte die Bedienungsanleitung und beachten Sie unbedingt die Sicherheitshinweise!

Inhaltsverzeichnis:

1. Sicherheitshinweise:
- Gerät beim Prüfen nur an den isolierten Handhaben/Griffen anfassen und die Kontaktelektroden (Prüfspitzen) nicht berühren!
- Unmittelbar vor dem Benutzen: Spannungsprüfer auf Funktion prüfen! (siehe Abschnitt 3). Der Spannungsprüfer darf nicht benutzt werden, wenn die Funktion einer oder mehrerer Anzeigen ausfällt oder keine Funktionsbereitschaft zu erkennen ist (IEC 61243-3)!
- Der Spannungsprüfer (Spannungsklasse A) darf nur im Nennspannungsbereich von 12 V bis 500 V AC/DC benutzt werden!
- Der Spannungsprüfer entspricht der Schutzart IP 64 und kann deshalb auch unter feuchten Bedingungen verwendet werden (Bauform für den Außenraum).
- Beim Prüfen den Spannungsprüfer an den Handhaben/Griffen vollflächig umfassen.
- Spannungsprüfer nie länger als 30 s an Spannung anlegen (maximal zulässige Einschaltdauer ED = 30 s)!
- Der Spannungsprüfer arbeitet nur einwandfrei im Temperaturbereich von −10 °C bis +55 °C bei einer Luftfeuchte von 20 % bis 96 %.
- Der Spannungsprüfer darf nicht zerlegt werden!
- Der Spannungsprüfer ist vor Verunreinigungen und Beschädigungen der Gehäuseoberfläche zu schützen.
- Der Spannungsprüfer ist trocken zu lagern.
- Als Schutz vor Verletzungen sind nach Gebrauch des Spannungsprüfers die Kontaktelektroden (Prüfspitzen) mit der beiliegenden Abdeckung zu versehen!

Achtung: Nach höchster Belastung, (d. h. nach einer Messung von 30 Sekunden an 500 V muss eine Pause von 240 Sekunden ein gehalten werden! Auf dem Gerät sind internationale elektrische Symbole und Symbole zur Anzeige und Bedienung mit folgender Bedeutung abgebildet:

Symbol	Bedeutung
	Gerät oder Ausrüstung zum Arbeiten unter Spannung
⊖	Drucktaster
~,AC	Wechselstrom, Wechselspannung
⎓,DC	Gleichstrom, Gleichspannung
≂	Gleich- und Wechselstrom
	Drucktaster (handbetätigt); weist darauf hin, dass entsprechende Anzeigen nur bei Betätigung beider Drucktaster erfolgen
	Rechtsdrehsinn
R	Symbol für Phasen- und Drehfeldrichtungsanzeige (Rechtsdrehfeld
	Drehfeldrichtungsanzeige; die Drehfeldrichtung kann nur bei 50 bzw. 60 Hz und in einem geerdeten Netz angezeigt werden

2. Funktionsbeschreibung

Der DUSPOL® analog ist ein zweipoliger Spannungsprüfer nach IEC 61243-3 mit optischer Anzeige ohne eigene Energiequelle. Das Gerät ist für Gleich- und Wechselspannungsprüfungen im Spannungsbereich von 12 V bis 500 V AC/DC ausgelegt. Es lassen sich mit diesem Gerät bei Gleichspannung Polaritätsprüfungen und bei Wechselspannung auch Phasenprüfungen vornehmen. Es zeigt die Drehfeldrichtung eines Drehstromnetzes an, sofern der Sternpunkt geerdet ist. Der Spannungsprüfer besteht aus den Prüftastern L1 und L2 und einem Verbindungskabel. Der Prüftaster L1 hat ein Anzeigefeld. Beide Prüftaster sind mit Drucktastern versehen. Ohne Betätigung beider Drucktaster lassen sich folgende Spannungsstufen (AC oder DC) anzeigen:
24 V+; 24 V−; 50 V; 120 V. Bei Betätigung beider Drucktaster wird auf einen geringeren Innenwiderstand geschaltet (Unterdrückung von induktiven und kapazitiven Spannungen). Hierbei wird nun auch eine Anzeige von 12 V+ und 12 V− aktiviert. Ferner werden hierbei anliegende Spannungen zwischen 230 V und 500 V AC/DC durch ein Tauchspulsystem angezeigt. Die Dauer der Prüfung mit geringerem Geräteinnenwiderstand (Lastprüfung) ist abhängig von der Höhe der zu messenden Spannung.

Das Anzeigefeld

Das Anzeigesystem besteht aus kontrastreichen Leuchtdioden (LED), die Gleich- und Wechselspannung in Stufen von 12; 24; 50 und 120 V anzeigen (permanentes Anzeigesystem). Eine Tauchspulanzeige, zeigt die Spannungswerte zwischen 230 V und 500 V AC/DC gemäß der Skalen für Gleich- und Wechselspannung an. Die Wechselspannungsskala befindet sich links neben dem Anzeigepegel, die Gleichspannungsskala rechts. Bei den angegebenen Spannungen handelt es sich um Nennspannungen. Bei Gleichspannung zeigen die LED für 12 V und 24 V auch die Polarität an (siehe Abschnitt 5).

Eine Aktivierung der 12 V LED und der Tauchspulanzeige ist nur möglich, wenn beide Drucktaster betätigt werden.

LCD-Anzeige

Die LCD-Anzeige dient zur Phasenprüfung bei Wechselstrom und zeigt auch die Drehfeldrichtung eines Drehstromnetzes an.

3. Funktionsprüfung
- Der Spannungsprüfer darf nur im Nennspannungsbereich von 12 V bis 500 V AC/DC benutzt werden!
- Spannungsprüfer nie länger als 30 s an Spannung anlegen (maximal zu lässige Einschaltdauer ED = 30 s)!
- Unmittelbar vor dem Benutzen den Spannungsprüfer auf Funktion prüfen!
- Testen Sie alle Funktionen an bekannten Spannungsquellen.
- Verwenden Sie für die Gleichspannungsprüfung z. B. eine Autobatterie.
- Verwenden Sie für die Wechselspannungsprüfung z. B. eine 230 V-Steckdose.

Verwenden Sie den Spannungsprüfer nicht, wenn nicht alle Funktionen einwandfrei funktionieren!
Überprüfen Sie die Funktion der LCD-Anzeige durch einpoliges Anlegen des Prüftasters L1 an einen Außenleiter (Phase).

4. So prüfen Sie Wechselspannungen
- Spannungsprüfer nur im Nennspannungsbereich von 12 V bis AC 500 V benutzen!
- Spannungsprüfer nie länger als 30 s an Spannungen bis 500 V anlegen (maximal zulässige Einschaltdauer ED = 30 s)!
- Umfassen Sie vollflächig die isolierten Handhaben/Griffe der Prüftaster L1 und L2.
- Legen Sie die Kontaktelektroden der Prüftaster an die zu prüfenden Anlagenteile.
- Bei Wechselspannung ab 24 V, bei Betätigung beider Drucktaster (Lastprüfung) ab12 V, leuchten die Plus- und Minus-LED auf. Darüber hinaus werden Spannungen zwischen 230 V und AC 500 V durch das Tauchspulmesswerk stufenlos angezeigt, wenn beide Drucktaster betätigt werden.

Achten Sie unbedingt darauf,dass Sie den Spannungsprüfer nur an den isolierten Handhaben der Prüftaster L1 und L2 anfassen, die Anzeigestelle nicht verdecken und die Kontaktelektroden nicht berühren!

4.1 So prüfen Sie die Phase bei Wechselspannung
- Spannungsprüfer nur im Nennspannungsbereich 12 V bis AC 500 V benutzen!
- Die Phasenprüfung ist im geerdeten Netz ab 230 V möglich!
- Umfassen Sie vollflächig die Handhabe/Griff des Prüftasters L1.
- Legen Sie die Kontaktelektrode des Prüftasters L1 an den zu prüfenden Anlagenteil.
- Spannungsprüfer nie länger als 30 s an Spannungen bis 500 V anlegen (maximal zulässige Einschaltdauer ED = 30 s)!
- Wenn auf dem Display der LCD-Anzeige ein „R"-Symbol erscheint, liegt an diesem Anlagenteil die Phase einer Wechselspannung.

Achten Sie unbedingt darauf, dass bei der einpoligen Prüfung (Phasenprüfung) die Kontaktelektrode vom Prüftaster L2 nicht berührt wird!

Hinweis: Die Anzeige auf dem LCD-Display kann durch ungünstige Lichtverhältnisse, Schutzkleidung und isolierende Standortgegebenheiten beeinträchtigt werden.

5 So prüfen Sie Gleichspannung
- Der Spannungsprüfer darf nur im Nennspannungsbereich von 12 V bis DC 500 V benutzt werden!
- Spannungsprüfer nie länger als 30 s an Spannung anlegen (maximal zu lässige Einschaltdauer ED = 30 s)!
- Umfassen Sie vollflächig die isolierten Handhaben/Griffe der Prüftaster L1 und L2.
- Legen Sie die Kontaktelektroden der Prüftaster an die zu prüfenden Anlagenteile.
- Bei Gleichspannung ab 24 V, bei Betätigung beider Drucktaster (Lastprüfung) ab 12 V, leuchtet die Plus- oder Minus-LED auf. Darüber hinaus werden Spannungen zwischen 230 V und DC 500 V durch das Tauchspulmesswerk stufenlos angezeigt, wenn beide Drucktaster betätigt werden.

Achten Sie unbedingt darauf, dass Sie den Spannungsprüfer nur an den isolierten Handhaben der Prüftaster L1 und L2 anfassen, die Anzeigestelle nicht verdecken und die Kontaktelektroden nicht berühren!

5.1 So prüfen Sie die Polarität bei Gleichspannung
- Der Spannungsprüfer darf nur im Nennspannungsbereich von 12 V bis DC 500 V benutzt werden!
- Spannungsprüfer nie länger als 30 s an Spannung anlegen (maximal zu lässige Einschaltdauer ED = 30 s)!
- Umfassen Sie vollflächig die isolierten Handhaben/Griffe der Prüftaster L1 und L2.
- Legen Sie die Kontaktelektroden der Prüftaster an die zu prüfenden Anlagenteile.

Leuchtet die ⊕-LED auf, liegt am Prüftaster der „Pluspol" des zu prüfenden Anlagenteiles. Leuchtet die ⊖-LED auf, liegt am Prüftaster der „Minuspol" des zu prüfenden Anlage teiles. Achten Sie unbedingt darauf, dass Sie den Spannungsprüfer nur an den isolierten Handhaben der Prüftaster L1 und L2 anfassen, die Anzeigestelle nicht verdecken und die Kontaktelektroden nicht berühren!

6. So prüfen Sie die Drehfeldrichtung eines Drehstromnetzes
- Spannungsprüfer nur im Nennspannungsbereich 12 V bis AC 500 V benutzen!
- Die Prüfung der Drehfeldrichtung ist ab 230 V Wechselspannung (Phase gegen Phase) im geerdeten Drehstromnetz möglich.
- Umfassen Sie vollflächig die Handhaben/Griffe der Prüftaster L1 und L2.
- Legen Sie die Kontaktelektroden der Prüftaster L1 und L2 an die zu prüfenden Anlagenteile.
- Die LED bzw. das Tauchspulmesswerk müssen die Außenleiterspannung anzeigen.
- Spannungsprüfer nie länger als 30 s an Spannungen bis 500 V anlegen (maximal zulässige Einschaltdauer ED = 30 s)!

Bei Kontaktierung der beiden Kontaktelektroden an zwei in Rechtsdrehfolge angeschlossenen Phasen eines Drehstromnetzes zeigt das LCD-Display ein „R"-Symbol an. Ist bei zwei Phasen die Rechtsdrehfolge nicht gegeben, erfolgt keine Anzeige. Die Prüfung der Drehfeldrichtung erfordert stets eine Gegenkontrolle! Zeigt das LCD-Display die Rechtsdrehfolge bei zwei Phasen eines Drehstromnetzes an, sind bei der Gegenkontrolle die beiden Phasen mit vertauschten Kontaktelektroden nochmals zu kontaktieren. Bei der Gegenkontrolle muss die Anzeige im LCD-Display erloschen bleiben. Zeigt in beiden Fällen das LCD-Display ein „R"-Symbol an, liegt eine zu schwache Erdung vor.

Hinweis: Die Anzeige auf dem LCD-Display kann durch ungünstige Lichtverhältnisse, Schutzkleidung und isolierende Standortgegebenheiten beeinträchtigt werden.

7. Allgemeine Wartung

Reinigen Sie das Gehäuse äußerlich mit einem sauberen trockenen Tuch (Ausnahme spezielle Reinigungstücher). Verwenden Sie keine Lösungs- und/oder Scheuermittel, um den Spannungsprüfer zu reinigen.

8. Technische Daten
- Vorschrift, zweipoliger Spannungsprüfer: IEC 61243-3
- Schutzart: IP 64, IEC 60529 (DIN 40050), auch bei Niederschlägen verwendbar!
- Nennspannungsbereich (Spannungsklasse A): 12 V bis 500 V AC/DC
- Innenwiderstand, Messkreis: 180 kΩ
- Innenwiderstand, Lastkreis – beide Drucktaster betätigt: ca. 24 kΩ
- Stromaufnahme, Messkreis: max. I_n 3,2 mA (500 V)
- Stromaufnahme, Lastkreis – beide Drucktaster betätigt!: I_s 0,032 A (500 V)
- Polaritätsanzeige: LED+; LED− (Anzeigegriff = Pluspolarität)
- Anzeigestufen LED: 12 V+*, 12 V-*, 24 V+, 24 V-, 50 V, 120 V (*: nur bei Betätigung beider Drucktaster).
- stufenlose Anzeige durch Anzeigepegel: 230 V – 500 V AC/DC
- max. Anzeigefehler: U_n ± 15 %, ELV U_n − 15 %
- Nennfrequenzbereich f: 0 bis 60 Hz, Phasen- und Drehfeldrichtungsanzeige 50/60 Hz
- Phasen- und Drehfeldrichtungsanzeige: ≥ U_n 230 V
- max. zulässige Einschaltdauer: ED = 30 s (max. 500 V), 240 s Pause
- Gewicht: ca. 180 g
- Verbindungsleitungslänge: ca. 900 mm
- Betriebs- und Lagertemperaturbereich: −10 °C bis +55 °C (Klimakategorie N)
- Relative Luftfeuchte: 20 % bis 96 % (Klimakategorie N)

Bei Spannungen über 500 V bis max. 750 V im zulässigen Temperaturbereich max. ED = 10 s.

Testen Sie Ihre Fachkompetenz

1. Geben Sie in der **Tabelle** die Sicherheitszeichen und deren Bedeutung an.

Tabelle: Zeichen und Sicherheitszeichen aus der Elektrotechnik (Auswahl)

Bild	Zeichen, Zusätze	Bedeutung

2. Ein Durchlauferhitzer in einem Badezimmer muss repariert werden. Müssen alle 5 Sicherheitsregeln angewandt werden?

3. In welcher Reihenfolge müssen die 5 Sicherheitsregeln aufgehoben werden, wenn eine Anlage, an der gearbeitet wurde, wieder eingeschaltet werden muss?

4. Bei einem Elektrounfall auf einer Baustelle wurde festgestellt:

- Die Person, mit einem Körperwiderstand $R_K = 1\ \text{k}\Omega$, stand auf dem Erdreich und berührte eine Spannung $U = 230$ V.
- Die Einwirkdauer betrug mehrere Sekunden.
- Der Widerstand im Unfallstromkreis (Fehlerstromkreis) betrug $R = 1{,}2\ \text{k}\Omega$.

Berechnen Sie (Übergangswiderstände werden vernachlässigt) **a)** den Berührungsstrom I_B und **b)** die Berührungsspannung U_B. **c)** Welche Körperreaktion kann nach DIN IEC **(Bild 1, Seite 8)** eintreten?

a)

b)

c)

5. Auf einem elektrischen Gerät sind Symbole **(Bild)** vorhanden. **a)** Erklären Sie die Symbole. **b)** Können diese Symbole auch auf dem Elektroherd nach **Bild 2, Seite 7** vorhanden sein?

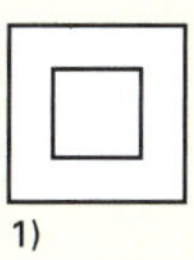

Bild: Symbole

Lernsituation: Elektrische Grundgrößen an einer Stehleuchte analysieren und beschreiben

Arbeitsauftrag 1: Untersuchen der Stehleuchte auf mögliche Fehler

Elektrischer Stromkreis.

In einer Elektrowerkstatt ist eine Stehleuchte zur Reparatur abgegeben worden. Die Stehleuchte **(Bild 1)** mit eingeschraubter Lampe leuchtet nicht mehr und soll auf mögliche Fehlerquellen untersucht werden.

1. Diskutieren Sie mit Ihrem Tischnachbarn über mögliche Fehlerursachen und listen Sie eventuelle Ursachen für das Nichtleuchten der Stehleuchte **(Bild 1)** auf.

   -
   -
   -
   -
   -
   -

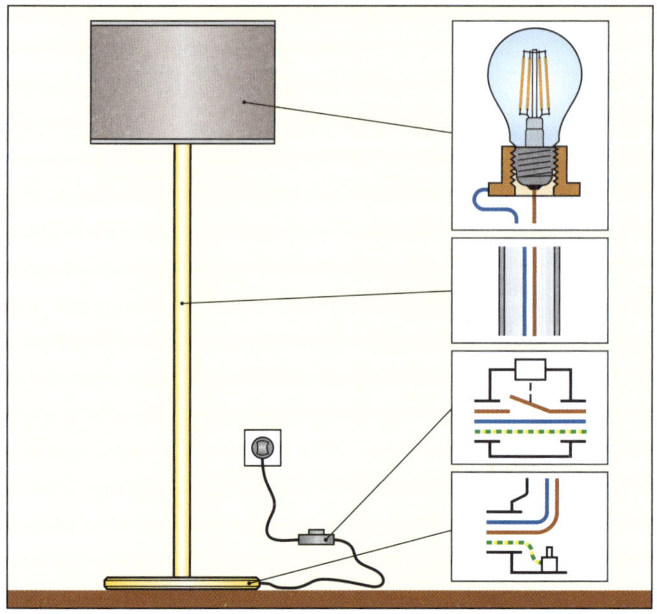

Bild 1: Fehlersuche an einer defekten Stehleuchte

Arbeitsauftrag 2: Schaltzeichen ermitteln und Stromlaufplan für die Stehleuchte zeichnen

Die abgebildete Stehleuchte ist ein elektrisches Gerät (Betriebsmittel), das aus einzelnen Betriebsmitteln, z. B. Lampe, besteht. Zur Optimierung der Fehlersuche bzw. zur Fehlereingrenzung und auch zur besseren Übersicht ist es sinnvoll, einen Stromlaufplan (Schaltplan) für die Stehleuchte zu erstellen. Zur Darstellung von Stromlaufplänen werden genormte Schaltzeichen für die einzelnen Betriebsmittel verwendet.

1. Ermitteln Sie mithilfe Ihrer Unterlagen, z. B. **Fachkundebuch**, die benötigten genormten Schaltzeichen und tragen Sie diese in die Tabelle ein. Geben Sie auch die zugehörigen Bezeichnungen in englischer Sprache an.

Fachkunde Elektrotechnik, Kapitel: Elektrotechnische Grundlagen und Infoteil

Tabelle: Benennung, Schaltzeichen und englische Fachbegriffe

Benennung	Spannungsquelle (Wechselspannung)	Leitung	Ausschalter	Leuchte (Lampe)
Schaltzeichen				
Englischer Fachbegriff				

2. Ergänzen Sie in **Bild 2** den Stromlaufplan (Schaltplan) für die Stehleuchte.

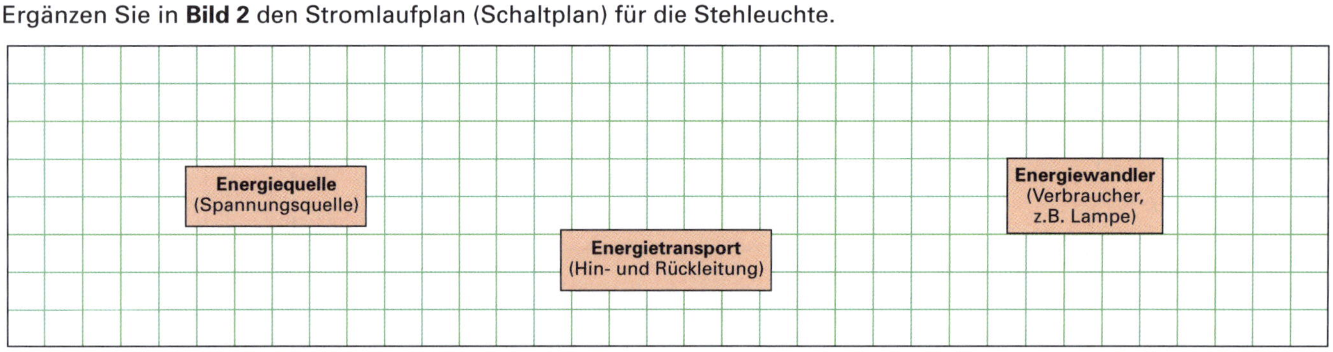

Bild 2: Schaltplan des Stromkreises für die Stehleuchte

Arbeitsauftrag 3: Kenntnisse zur elektrischen Spannung aneignen

Die elektrische Spannung.

Die Stehleuchte von **Bild 1, Seite 14**, kann nur einwandfrei funktionieren, wenn bestimmte Voraussetzungen gegeben sind **(siehe Bild 1)**:

- Vorhandensein einer Spannungsquelle,
- geschlossener Stromkreis, d. h. der Schalter ist geschlossen und ein Strom kann durch die Leitungen und durch die Lampe fließen,
- intakte Lampe (Verbraucher),
- korrekt angeschlossene Hinleitung und Rückleitung zur Stromführung.

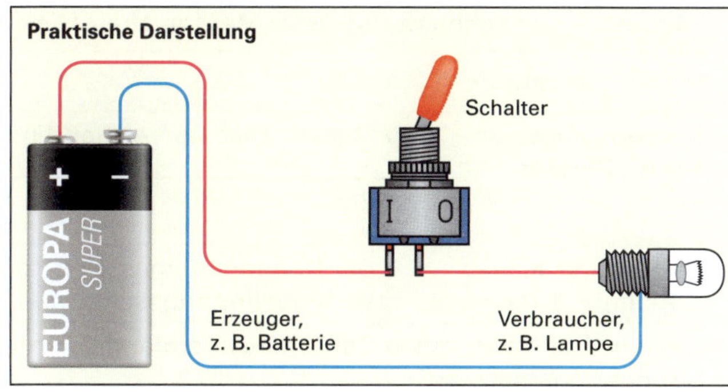

Bild 1: Schaltplan des Stromkreises der Stehleuchte (vereinfachte Darstellung mit Batterie)

Für die elektrische Spannung gilt: Eine elektrische Spannung entsteht, wenn Ladungen getrennt oder verschoben werden. Die Spannung ist hierbei die aufgewendete Arbeit (Energie) pro Ladungsmenge. Die erforderliche Spannung, z. B. für die Stehlampe kann dabei auf unterschiedliche Arten erzeugt werden.

In elektrischen Schaltungen ist es oft zweckmäßig, die Spannung zwischen einem bestimmten Messpunkt und einem festgelegten neutralen Bezugspunkt (Masse, 0 V) zu messen bzw. anzugeben. Diese Spannung wird auch Potenzial genannt.

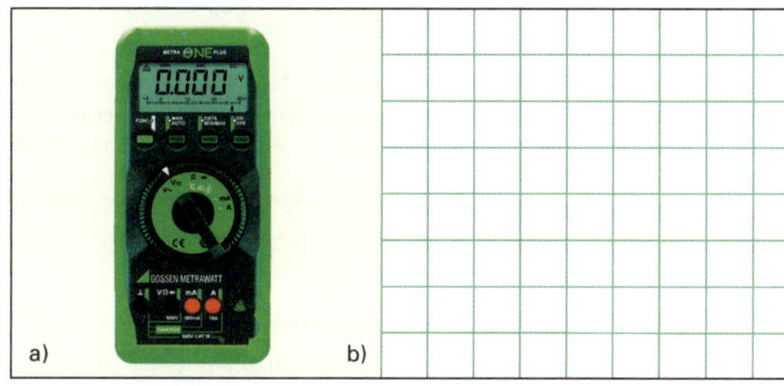

Bild 2: a) Vielfachmessgerät, b) Spannungsmesser

1. Zeichnen Sie das Schaltzeichen eines Spannungsmessers **(Bild 2b)**.

2. Ergänzen Sie die **Tabelle 1**.

Tabelle 1: Grundlagen der elektrischen Spannung

	Rechnen Sie um:	
Formelzeichen: ______	20 mV = ______ V	500 µV = ______ mV
Einheit: ______	0,8 V = ______ mV	0,05 mV = ______ µV
Einheitenzeichen: ______	6000 V = ______ kV	380 kV = ______ V

3. Beschreiben Sie in **Tabelle 2** drei von den fünf möglichen Arten der elektrischen Spannungserzeugung mit jeweils einem Anwendungsbeispiel und zugehöriger Erklärung.

Tabelle 2: Arten der Spannungserzeugung

Spannungserzeugung durch:	Erklärung mit Anwendungsbeispiel

4. Beim Messen einer elektrischen Spannung ist eine bestimmte Vorgehensweise zu beachten. Äußern Sie sich zu folgenden Punkten in **Tabelle 1** durch Ankreuzen in der Spalte „Richtig" oder „Falsch".

Tabelle 1: Vorgehensweise beim Messen einer Gleichspannung, Handhabung von Spannungsmessern

Handlung	Beschreibung	Richtig	Falsch
Vorgehensweise beim Messen:	Messbereich ausreichend hoch einstellen.		
	Bei unbekannter Spannung auf den mittleren Messbereich einstellen.		
Anschluss eines Spannungsmessers:	Der Spannungsmesser wird immer parallel zum Erzeuger oder Verbraucher angeschlossen.		
Innenwiderstand des Spannungsmessers:	Der Innenwiderstand soll möglichst hoch sein.		
Höheres Potenzial:	Der Plusanschluss des Spannungsmessers wird an den Anschlusspunkt gelegt, der das höhere Potenzial hat (**im Bild 1** an +).		
Niedrigeres Potenzial:	Der Minusanschluss des Spannungsmessers wird an den Anschlusspunkt gelegt, der das niedrigere Potenzial hat (**im Bild 1** an –).		
Bezugspfeil und Spannung:	Die Richtung der Spannung wird durch einen Bezugspfeil dargestellt. Die Spannung ist vom niedrigeren zum höheren Potenzial gerichtet.		

5. An der Spannungsquelle und an den Lampen E1 und E2 sollen jeweils die Spannungen gemessen werden **(Bild 1)**.

Vervollständigen Sie die Schaltung in **Bild 1** mit drei Spannungsmessern, Spannungspfeilen und den zugehörigen Spannungsbezeichnungen U, U_1 und U_2. Kennzeichnen Sie die Spannungsmesser mit Plus- und Minuspotenzial.

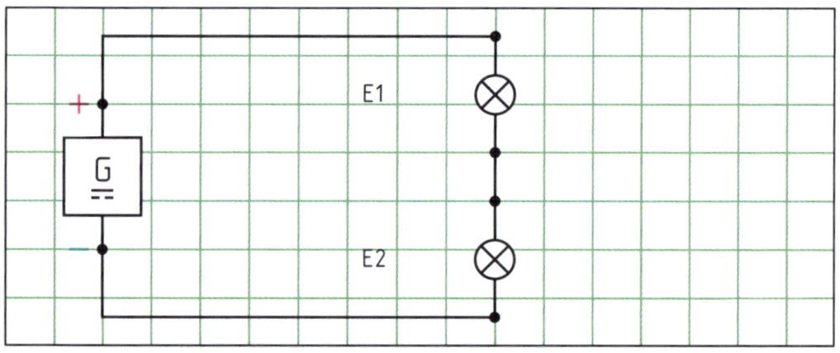

Bild 1: Gleichspannungsmessung

6. Geben Sie in **Tabelle 2** die Schaltzeichen für elektrische Bezugspunkte an.

Tabelle 2: Kennzeichnung elektrischer Bezugspunkte

Erde	Masse	

7. Geben Sie für die angegebenen Messstellen in **Bild 2** in der **Tabelle 3** die Messwerte an. Unterscheiden Sie jeweils durch Ankreuzen, ob es sich um ein Potenzial oder eine Spannung handelt.

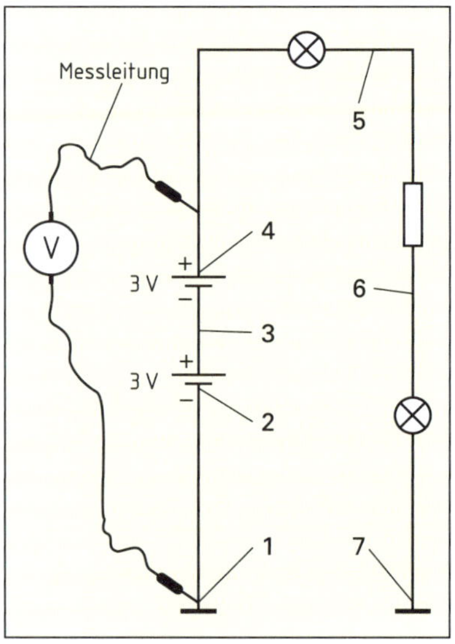

Bild 2: Potenziale und Spannungen

Tabelle 3: Potenziale und Spannungen

Messstelle	Messwert	Potenzial	Spannung	Messstelle	Messwert	Potenzial	Spannung
1 – 1				5 – 6	1 V		
2 – 1				4 – 6			
3 – 1				6 – 7			
4 – 1				6 – 1			
5 – 1	+ 4 V			1 – 7			
4 – 5				3 – 6			

Arbeitsauftrag 4: Kenntnisse zum elektrischen Strom aneignen

Der elektrische Strom.

Ein elektrischer Strom kann in der Stehleuchte von **Bild 1, Seite 14** fließen, wenn eine Spannung vorhanden ist und der Stromkreis geschlossen ist. Durch die Leitung und die Lampe werden dabei Elektronen bewegt, die eine Lichtwirkung in der Lampe verursachen.

1. Vervollständigen Sie die fehlenden Angaben A bis D in dem **Bild 1**.

2. Zeichnen Sie in **Bild 2b** das Schaltzeichen des Strommessers.

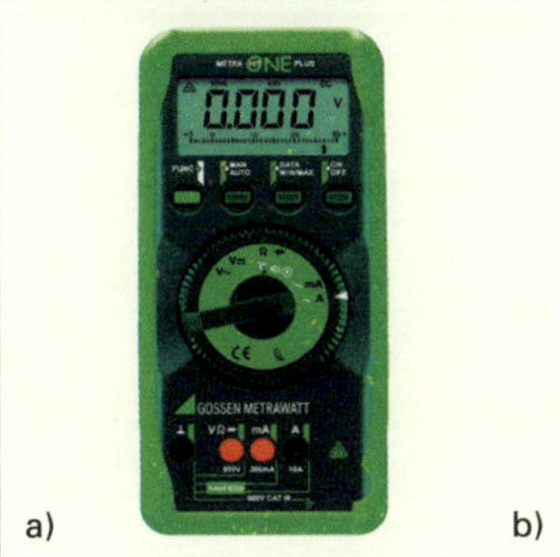

Bild 2: a) Vielfachmessgerät, b) Strommesser

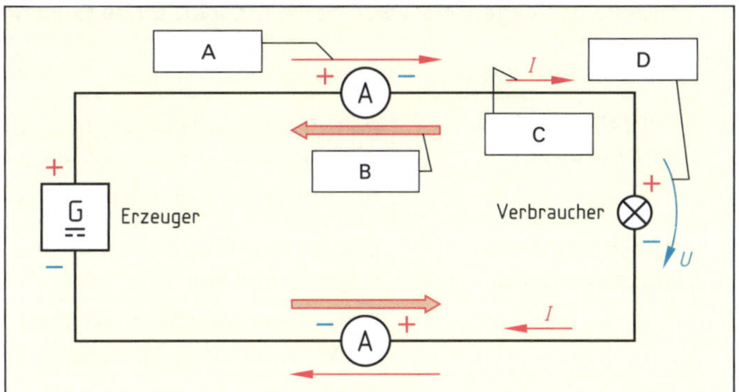

A ______

B ______

C ______

D ______

Bild 1: Stromrichtung und Elektronenbewegung

3. Ergänzen Sie die **Tabelle 1**.

Tabelle 1: Grundlagen des elektrischen Stromes

	Rechnen Sie um:	
Formelzeichen: ______	50 mA = ______ A	300 μA = ______ mA
Einheit: ______	0,4 A = ______ mA	750 A = ______ kA
Einheitenzeichen: ______	0,04 A = ______ μA	20 kA = ______ A

4. Beschreiben Sie in **Tabelle 2** drei von fünf möglichen Wirkungen des elektrischen Stromes mit jeweils 2 Anwendungsbeispielen.

Tabelle 2: Wirkungen des elektrischen Stromes

Wirkung des Stromes	Beschreibung und Anwendungsbeispiele

5. Beim Messen eines elektrischen Stromes ist eine bestimmte Vorgehensweise zu beachten. Äußern Sie sich zu folgenden Punkten in **Tabelle 1** durch Ankreuzen in der Spalte „Richtig" oder „Falsch".

Tabelle 1: Vorgehensweise beim Messen eines Gleichstromes, Handhabung von Strommessern

Handlung	Beschreibung	Richtig	Falsch
Vorgehensweise beim Messen:	Beim Messgeräteanschluss muss die Schaltung spannungsfrei sein.		
	Bei unbekanntem Strom auf den größten Messbereich einstellen.		
Anschluss eines Strommessers:	Der Strommesser wird immer parallel zum Erzeuger oder Verbraucher angeschlossen.		
	Die Leitung des Stromkreises muss aufgetrennt werden, damit der Strom durch das Messgerät fließen kann.		
Richtung des Bezugspfeils:	Die Richtung des Bezugspfeils weist vom Pluspol zum Minuspol (technische Stromrichtung).		
Innenwiderstand des Strommessers:	Der Innenwiderstand soll möglichst hochohmig sein.		
	Der Innenwiderstand soll möglichst niederohmig sein, um den Stromkreis nicht zu beeinflussen.		
Stromart:	Bei Gleichstrom ist auf die Polarität zu achten.		

6. Die Stromstärke kann vor und nach dem Verbraucher gemessen werden **(Bild 1)**. Vergleichen Sie die beiden Stromstärken I_1 und I_2 und begründen Sie die Antwort.

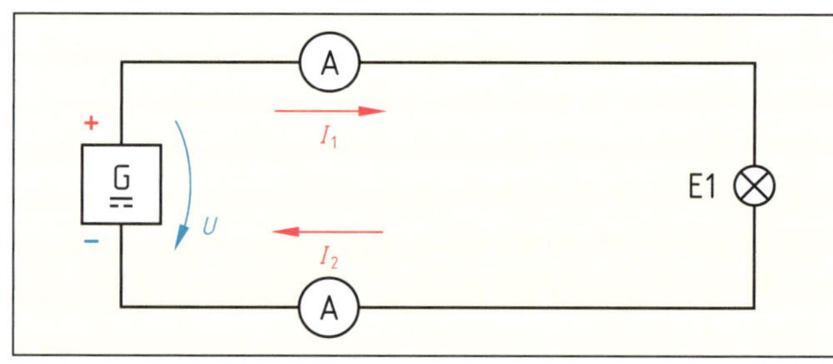

Bild 1: Strommessung

Stromarten.

Ströme können als **Gleichstrom, Wechselstrom oder Mischstrom** auftreten.

7. **a)** Ordnen Sie die Stromarten den **Bildern a bis c in der Tabelle 2** zu. **b)** Erklären Sie die jeweilige Stromart (mit Abkürzung) und geben Sie jeweils zwei Beispiele an.

Tabelle 2: Stromarten

Stromarten	Erklärung	Beispiele
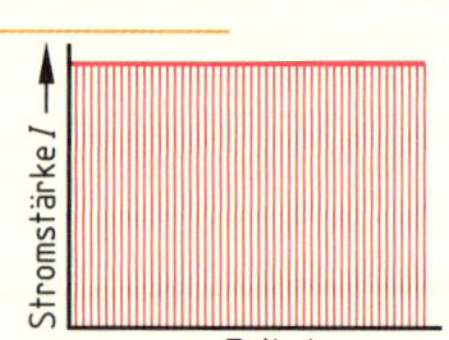 a)		
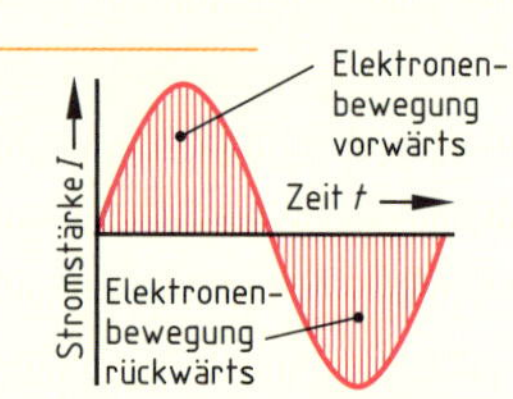 b)		
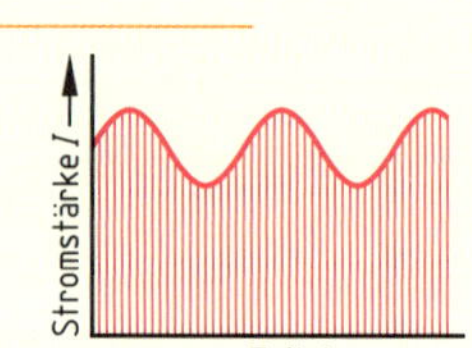 c)		

Stromdichte.

Bei den früher üblichen Glühlampen **(Bild 1a)** fließt der elektrische Strom durch einen dünnen Glühfaden (Glühwendel) und bringt dadurch die Lampe zum Leuchten. Der gleiche Strom fließt auch in der Zuleitung **(Bild 1b)**. Bearbeiten Sie die Punkte 8 und 9, falls in der Stehleuchte eine Glühlampe eingesetzt wird.

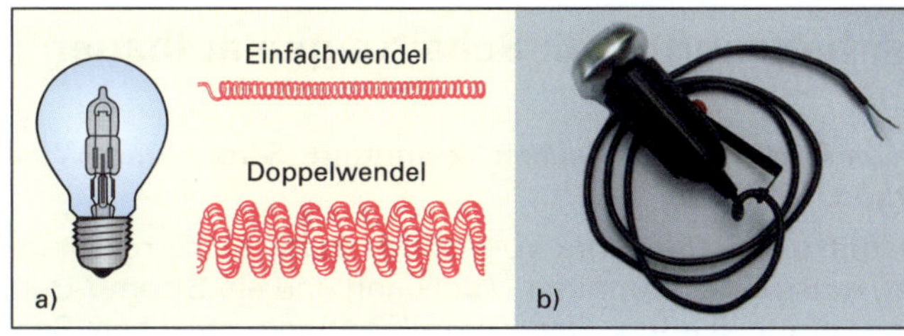

Bild 1: Lampe und Zuleitung

8. Warum leuchtet die Glühwendel und warum erwärmt sich die Zuleitung nur unwesentlich?

9. Ermitteln Sie die Stromdichte J_1 in der Anschlussleitung ($A = 0{,}75\ \text{mm}^2$) der Stehleuchte und J_2 in der Lampenwendel ($d = 0{,}04$ mm), wenn ein elektrischer Strom von $I = 0{,}26$ A fließt.

Lösung zur Aufgabe 9:

10. Welche wesentliche Bedeutung hat die Stromdichte **a)** bei der Schmelzsicherung, **b)** bei Motoren bzw. Spulen und **c)** bei der Auswahl von Leiterquerschnitten bzw. beim Leitungsschutz?

a)

b)

c)

Arbeitsauftrag 5: Kenntnisse des elektrischen Widerstandes und des Leitwertes aneignen

Der elektrische Widerstand.

Wenn ein Strom, z. B. durch eine Zuleitung oder Lampe, fließt, bewegen sich Elektronen durch den Leiter **(Bild 2)**. Jeder Leiter bzw. Verbraucher setzt aber dem elektrischen Strom einen Widerstand entgegen.

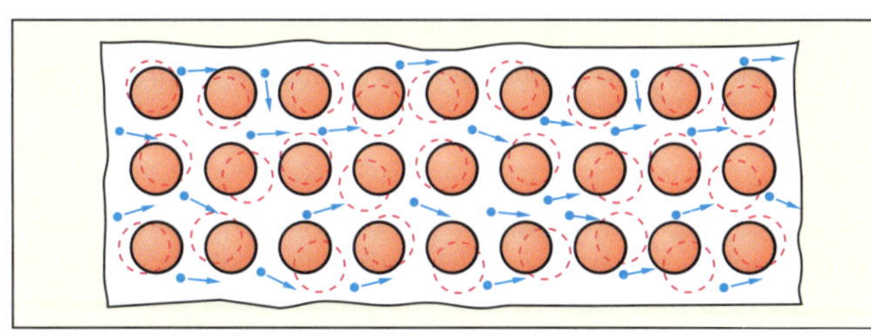

Bild 2: Elektronenbewegung im Leiter

1. Warum kommen die Elektronen nicht ungehindert durch den Leiter bzw. durch den Verbraucher?

2. Ergänzen Sie die **Tabelle** und lösen Sie die Aufgabe.

Tabelle: Grundlagen des elektrischen Widerstandes

Widerstand	Leitwert	Rechnen Sie um:
Formelzeichen:	Formelzeichen:	50 mΩ = ____ Ω 0,5 S = ____ mS
Einheit:	Einheit:	10 kΩ = ____ Ω
Einheitenzeichen:	Einheitenzeichen:	300 µS = ____ mS 750 Ω = ____ kΩ

Aufgabe:
Geg.: $R_1 = 0{,}5\ \Omega$, $R_2 = 50\ \Omega$,
Ges.: G_1, G_2
Lös.:

Arbeitsauftrag 6: Schaltungen aufbauen und Messungen durchführen

Zusammenhang zwischen Spannung, Strom und Widerstand.

Damit die Stehleuchte von **Bild 1, Seite 14** korrekt leuchtet, muss eine Spannung U anliegen und ein Strom I durch die Lampe fließen. Der Zusammenhang zwischen Spannung, Strom und Widerstand soll mittels eines Versuchsaufbaus ermittelt werden **(Bild)**.

Dazu ist eine fachgerechte Handhabung von Messgeräten notwendig. Die elektrischen Größen sollen messtechnisch und rechnerisch ermittelt werden, die Messwerte protokolliert und grafisch ausgewertet werden.

Der Versuch wird jedoch nicht mit AC 230 V, sondern aus Sicherheitsgründen mit einer Kleinspannung bis zu DC 12 V und mit Widerständen durchgeführt **(Bild und Tabelle 1)**.

Im Versuch 1 wird der Widerstand $R = 100\ \Omega$ konstant gehalten und die Spannung verändert.

1. Bauen Sie die Schaltung mit Ihrem Partner nach Stromlaufplan **(Bild)** mit einem Widerstand $R = 100\ \Omega$ auf.
2. Vor dem Einschalten der Spannung und vor Messbeginn lassen Sie bitte Ihre Schaltung durch den Lehrer oder Ausbilder prüfen.

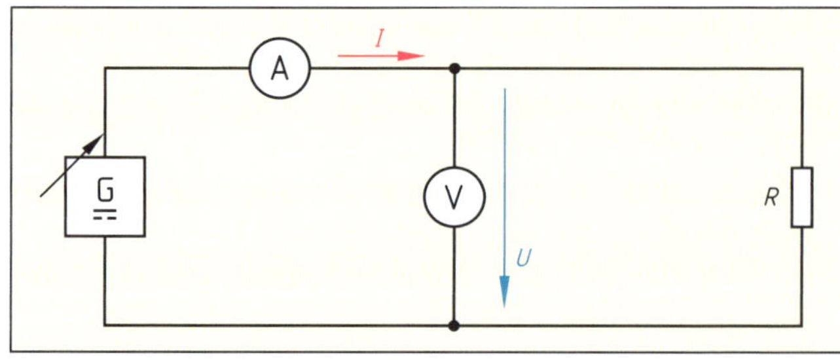

Bild: Versuchsaufbau: Regelbare Spannungsquelle mit Lastwiderstand

Tabelle 1: Geräteliste
• Einstellbare Spannungsquelle: DC 0 bis 12 V
• 2 Vielfachmessinstrumente
• Widerstände: 39 Ω, 68 Ω, (2 W); 100 Ω, 200 Ω, (1 W); 330 Ω und 510 Ω (0,5 W)

3. Stellen Sie die Spannungen gemäß **Tabelle 2** ein, messen und protokollieren Sie die dazugehörigen Ströme.
4. Diskutieren Sie mit Ihrem Partner das Ergebnis und formulieren Sie schriftlich die Auswertung. Halten Sie eventuelle Proportionalitäten (Verhältnismäßigkeiten) fest.

Tabelle 2: Versuch 1 mit dem Widerstand $R = 100\ \Omega$

U in V	2	4	6	8	10	12
I in mA						

Auswertung und Teilergebnis 1: Zusammenhang zwischen Strom und Spannung

Im Versuch 2 wird die Spannung auf $U = 10$ V konstant gehalten und die Widerstände ausgetauscht.

5. Bauen Sie die Schaltung wie in Versuch 1 mit den Widerständen R_1 bis R_6 **(Tabelle 3)** auf. Schließen Sie die Widerstände R_1 bis R_6 nacheinander an und stellen Sie die Spannung $U = 10$ V ein.
6. Messen und protokollieren Sie die dazugehörigen Ströme und halten Sie Ihr Ergebnis in der **Tabelle 3** und in der Auswertung fest.

Tabelle 3: Versuch 2 mit den Widerständen R_1 bis R_6 bei $U = 10$ V (konstant)

R in Ω	39	68	100	200	330	510
I in mA						

Auswertung und Teilergebnis 2: Zusammenhang zwischen Strom und Widerstand

7. Fassen Sie die Teilergebnisse aus Versuch 1 und 2 zusammen und entwickeln Sie die Formel für den Strom in Abhängigkeit von der Spannung und dem Widerstand (Es entsteht das ohmsche Gesetz).

Formel:

8. Stellen Sie die entwickelte Formel nach R um und leiten Sie die Einheit für R aus der Formel ab.

Bei einem Strom von 1 A fällt an einem Widerstand von 1 Ω eine Spannung von 1 V ab.

9. **a)** Berechnen Sie den Strom und **b)** kontrollieren Sie, wenn möglich, Ihre Berechnung durch eine anschließende Messung.

a) Aufgabe:
Ein Widerstand von 1 kΩ liegt an einer Spannung von 12 V. Berechnen Sie den Strom I.

b) Messung:
Kontrollieren Sie die Richtigkeit des Ergebnisses durch Messen des Stromes in der Schaltung.

10. Ergänzen Sie die **Tabelle** und lösen Sie die Aufgaben 11 und 12.

Tabelle: Formeln zum ohmschen Gesetz		
$I = \frac{U}{R}$	Stellen Sie die linksstehende Formel um nach:	
	$R =$	$U =$
$I = \frac{U}{R}$	Ersetzen Sie in der linksstehenden Formel den Widerstand R durch den Leitwert G.	

11. An einer konstanten Spannung $U = 24$ V wurde der Widerstand $R = 100$ Ω um das Dreifache vergrößert. Wie hat sich die elektrische Stromstärke verändert?

12. Um welchen Faktor hat sich der elektrische Widerstand R verändert, wenn sich bei Verdoppelung der Spannung von $U = 12$ V auf 24 V die Stromstärke von $I = 0{,}1$ A auf 50 mA verringert hat?

Arbeitsauftrag 7: Messergebnisse grafisch darstellen und Kennlinien zeichnen

Grafische Darstellung der Messergebnisse.

Die Messergebnisse der zwei Versuche von **Seite 20** sollen grafisch mithilfe eines Diagramms (Schaubild mit X-Y-Koordinaten) dargestellt werden. Zwei Größen, die Spannung U und der Strom I, bilden die jeweiligen Achsen.

Die **veränderliche Größe**, z. B. U, wird auf der waagerechten Achse (X-Achse) und die **abhängige Größe**, z. B. I, auf der senkrechten Achse (Y-Achse) aufgetragen.

1. Legen Sie die Koordinaten durch Erkennen der **abhängigen Größe** und der **veränderlichen Größe** fest.

   Abhängige Größe: ______________________

   Veränderliche Größe: ______________________

2. Zeichnen Sie die Koordinaten (Achsen) und legen Sie einen geeigneten Maßstab fest. Verwenden Sie die Werte aus den **Tabellen 2 und 3** aus den Versuchen 1 und 2 von **Seite 20.**

3. Tragen Sie die Wertepaare aus der **Tabelle 2, Seite 20** in **Bild 1** und aus **Tabelle 3, Seite 20** in **Bild 2** ein und zeichnen Sie die Kennlinien.

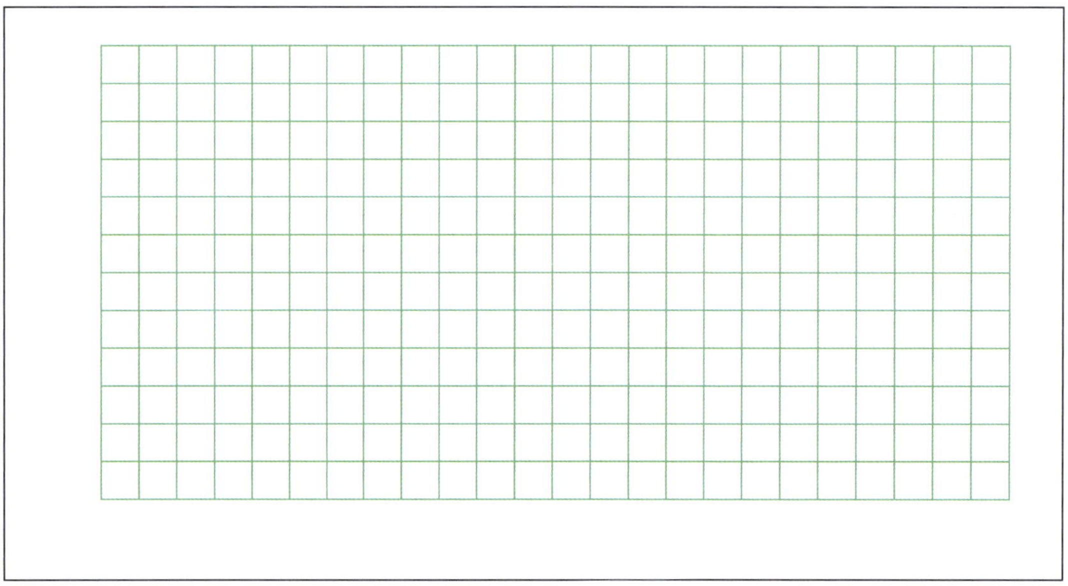

Bild 1: Spannungs-Strom-Diagramm (Versuch 1, Seite 20)

Maßstab: 1 cm ≙ __________ ; 1 cm ≙ __________ ;

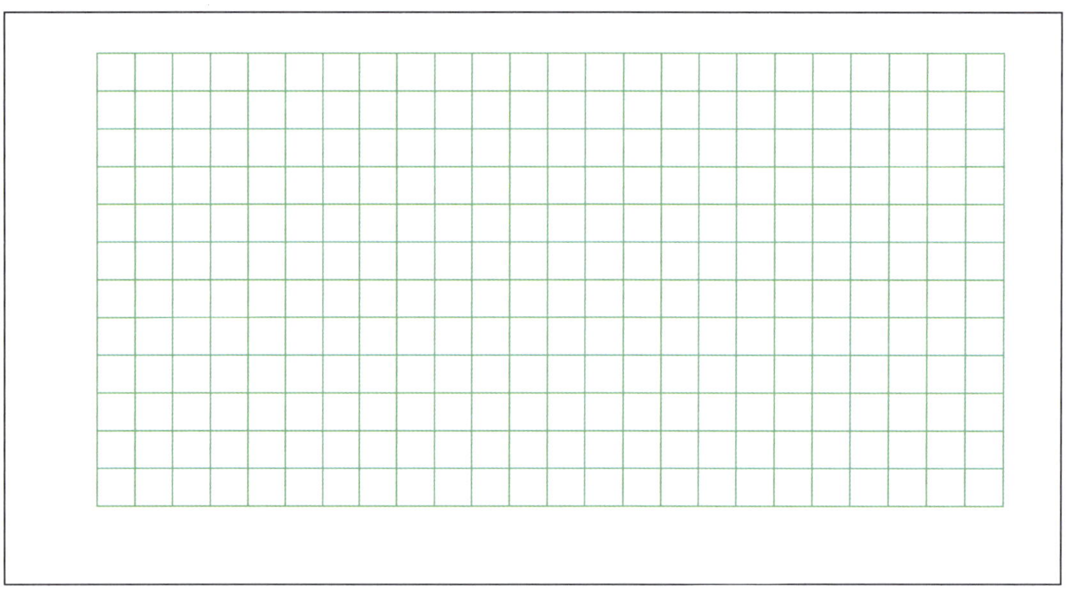

Bild 2: Widerstands-Strom-Diagramm (Versuch 2, Seite 20)

Maßstab: 1 cm ≙ __________ ; 1 cm ≙ __________ ;

Arbeitsauftrag 8: Ermittlung der Leistung und Belastbarkeit von Widerständen

1. Suchen Sie das Kapitel Leistung im Fachkundebuch oder Fachrechenbuch auf. Arbeiten Sie sich in das Thema ein und ergänzen Sie die **Tabelle 1**.

Die Leistung am Widerstand R = 100 Ω aus dem **Versuch 1, Seite 20** soll in der **Tabelle 2** ermittelt werden.

2. Übertragen Sie die gemessenen Stromwerte aus der **Tabelle 2, Seite 20** in die unten stehende **Tabelle 2**.

Tabelle 1: Leistung	
Formelzeichen	
Formel	
Einheit	
Einheitenzeichen	

Rechnen Sie um:

50 mW = ______ W
2000 W = ______ kW
2 W = ______ mW
1 MW = ______ kW

3. Berechnen Sie die Leistungsaufnahme der Widerstände.

Tabelle 2: Ermittlung der Leistung

Beispiel: $U = 2$ V, $I = 20$ mA, $P = U \cdot I = 2\text{ V} \cdot 20\text{ mA} = 40\text{ mW}$

U in V	2	4	6	8	10	12
I in mA						
P in mW						

Grafische Darstellung der Ergebnisse aus der Tabelle 2.

Die Abhängigkeiten der Leistung P von der Spannung U und vom Strom I sollen grafisch mithilfe zweier Diagramme in **Bild (Spannungs-Leistungs-Diagramm)** und in **Bild, Seite 24 (Strom-Leistungs-Diagramm)** dargestellt werden.

4. Legen Sie die abhängige Größe fest und zeichnen Sie unter Festlegen des Maßstabs die beiden Koordinaten (Achsen).

Abhängige Größe: ______________________

5. Tragen Sie die Wertepaare aus der **Tabelle 2** in das **Bild (Spannungs-Leistungs-Diagramm)** und in das **Bild, Seite 24 (Strom-Leistungs-Diagramm)** ein und zeichnen Sie die Kennlinien.

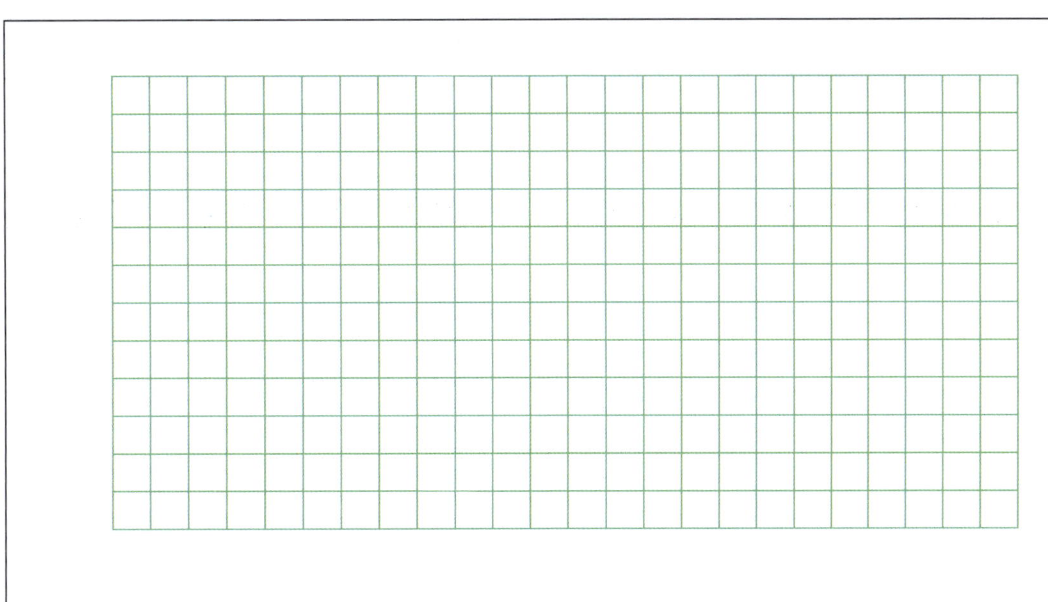

Bild: Spannungs-Leistungs-Diagramm

Maßstab: 1 cm ≙ ____________ ; 1 cm ≙ ______________ ;

Bild: Strom-Leistungs-Diagramm

Maßstab: 1 cm ≙ __________ ; 1 cm ≙ __________ ;

6. Wie verändert sich die Leistung am gleich großen Widerstand, wenn die Spannung bzw. der Strom **a)** verdoppelt und **b)** verdreifacht werden?

Verdopplung der Spannung: ____________________

Verdopplung des Stromes: ____________________

Verdreifachung der Spannung: ____________________

Verdreifachung der Stromes: ____________________

> In den beiden Diagrammen von **Seite 23 und 24** ist zu erkennen, dass die Leistung nicht linear mit der Spannung bzw. mit dem Strom ansteigt.

Entwicklung von Formeln mit a) Leistung, Widerstand und Spannung sowie b) Leistung, Widerstand und Strom:

7. Entwickeln Sie aus der Grundformel $P = U \cdot I$ durch das Einsetzen des ohmschen Gesetzes zwei Formeln, die einen Zusammenhang zwischen **a)** P, R und U und **b)** P, R und I bilden.

a) Formel mit P, R und U bilden:	**b)** Formel mit P, R und I bilden:

Arbeitsauftrag 9: Überprüfung der Verlustleistungen an den Widerständen

Überprüfung der Verlustleistung von Widerständen.

Im **Versuch 2, Seite 20** wurden Widerstände von 39 Ω bis 510 Ω an eine konstante Spannung von U = 10 V angeschlossen und die dazugehörigen Ströme gemessen. Die am Widerstand auftretende Leistung wurde in diesem Versuch jedoch nicht beachtet.

> Jedes Bauteil, z. B. Widerstände **(Bild)**, Dioden, Transistoren hat eine zulässige maximale Verlustleistung, die nicht überschritten werden darf, da das Bauelement sonst zerstört wird. Meist wird die maximale Verlustleistung in einem Datenblatt als P_{tot} (tot für total – gesamt) angegeben.

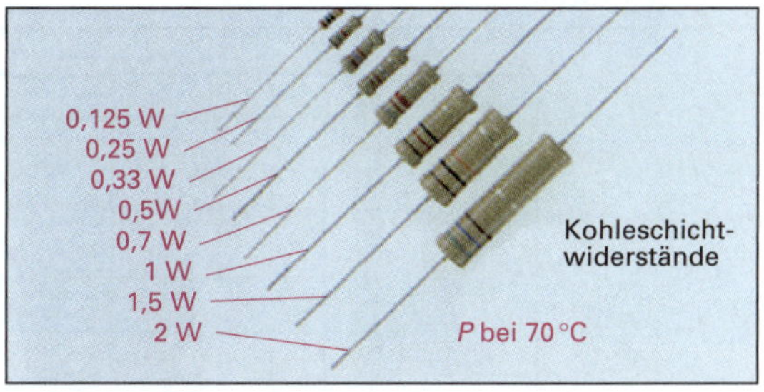

Bild: Leistungsangaben bei Widerständen

1. Übertragen Sie die gemessenen Stromwerte aus der **Tabelle 3, Seite 20** in die **Tabelle 1**.

2. Berechnen Sie die Leistung aus dem **Versuch 2, Seite 20** für die angegebenen 6 Widerstände und tragen Sie die Werte in **Tabelle 1** ein.

   Beispiel: R = 39 Ω, I = 250 mA, $P = U \cdot I$ = 10 V · 250 mA = 2500 mW

Tabelle 1: Messwerte an U = 10 V

R in Ω	39	68	100	200	330	510
I in mA						
P in mW						

In unseren **Versuchen 1 und 2** von **Seite 20** wurden in der Versuchsreihe Widerstände mit folgenden maximalen Verlustleistungen P_{tot} (je nach Versuchsmaterial unterschiedlich) verwendet **(Tabelle 2)**.

Tabelle 2: Versuchswiderstände R_1 bis R_6 und deren maximale Verlustleistung

R	39 Ω	68 Ω	100 Ω	200 Ω	330 Ω	510 Ω
P_{tot}	2000 mW	2000 mW	1000 mW	1000 mW	500 mW	500 mW

Die maximalen Verlustleistungen der Widerstände in unserer Versuchsreihe sollen in einem Spannungs-Strom-Diagramm dargestellt werden. Mit den zugehörigen Wertepaaren von Spannung und Strom kann mithilfe der Leistungsformel die Kennlinie für die Leistung erstellt werden. Die sich ergebende Kennlinie nennt man Leistungshyperbel. Die 6 Widerstände sollen an einer **veränderbaren Spannung bis 20 V liegen.**

Fachkunde Elektrotechnik, Kapitel: Elektrische Leistung

3. Legen Sie die abhängige Größe fest und zeichnen Sie unter Festlegen des Maßstabs die beiden Koordinaten (Achsen) in **Bild, Seite 26** ein.
   (**Hinweis**: Spannungsachse bis 20 V verwenden).

4. Erstellen Sie die 6 Widerstandsgeraden in **Bild, Seite 26** für die Widerstände von 39 Ω bis 510 Ω (verwende U und I aus **Tabelle 1**).

5. Zeichnen Sie die drei Leistungshyperbeln in das U-I-Diagramm **(Bild, Seite 26)** ein. Ergänzen Sie dazu die drei **Tabellen 3, 4 und Tabelle 1, Seite 26** mit passenden Werten von 4 V bis 20 V für die jeweilige maximale Verlustleistung.

Tabelle 3: Verlustleistungen P_{tot} = 2000 mW für Widerstände: R_1, R_2

U in V							
I in mA							

Tabelle 4: Verlustleistungen P_{tot} = 1000 mW für Widerstände: R_3, R_4

U in V							
I in mA							

Tabelle 1: Verlustleistungen P_{tot} = 500 mW für Widerstände: R_5, R_6							
U in V							
I in mA							

Bild: Spannungs-Strom-Diagramm mit Leistungshyperbeln

Maßstab: 1 cm ≙ ____________ ; 1 cm ≙ ________________ ;

6. Ermitteln Sie grafisch aus den Kennlinien die höchstzulässigen Werte für Spannung und Strom mithilfe der Leistungshyperbel für die jeweiligen Widerstände aus dem **Bild** und tragen Sie diese Werte und die maximale Verlustleistung in **Tabelle 2** ein.

Tabelle 2: Aus dem Spannungs-Strom-Diagramm (Bild):			
R_1 = 39 Ω	P_{tot} =	U_{1max} =	I_{1max} =
R_2 = 68 Ω	P_{tot} =	U_{2max} =	I_{2max} =
R_3 = 100 Ω	P_{tot} =	U_{3max} =	I_{3max} =
R_4 = 200 Ω	P_{tot} =	U_{4max} =	I_{4max} =
R_5 = 330 Ω	P_{tot} =	U_{5max} =	I_{5max} =
R_6 = 510 Ω	P_{tot} =	U_{6max} =	I_{6max} =

7. Überprüfen Sie mithilfe von **Tabelle 1, Seite 25** ob im **Versuch 2, Seite 20** die Widerstände überlastet worden sind. Falls ja, begründen Sie.

Arbeitsauftrag 10: Widerstandswerte mit dem Farbcode ermitteln

Festwiderstände haben genormte Nennwerte, die durch sogenannte **IEC***-Reihen, z. B. E6, E12, E24, von der Internationalen Elektrotechnischen Kommission festgelegt wurden. Die Widerstandswerte werden durch Zahlen oder durch Farbringe gekennzeichnet **(Bild 1)**.

*IEC, Abk. für: International Electrotechnical Commission

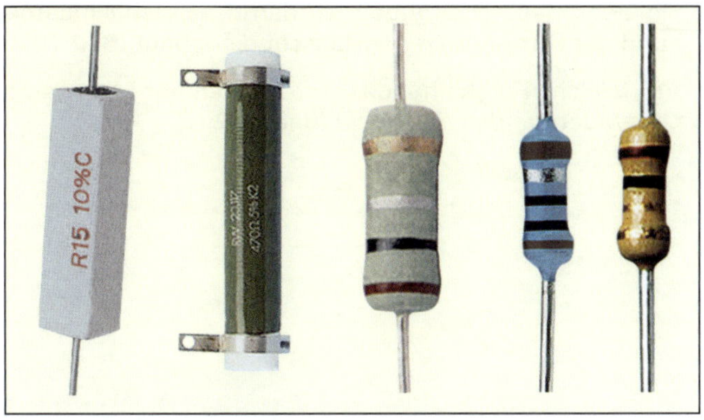

Bild 1: Widerstandsarten

1. Ermitteln Sie für die 6 Widerstände von 39 Ω bis 510 Ω den Farbcode (Farbschlüssel), die möglichen E-Reihen, die größtmögliche Toleranz in Prozent und ergänzen Sie die **Tabelle**.

Fachkunde Elektrotechnik, Tabellenbuch, Rechenbuch Elektrotechnik

Tabelle: E-Reihe, Toleranz und Farbcode von Widerständen

Widerstandswerte	E-Reihen	Toleranz	Farbcode
R_1 = 39 Ω			
R_2 = 68 Ω			
R_3 = 100 Ω			
R_4 = 200 Ω			
R_5 = 330 Ω			
R_6 = 510 Ω			

2. In einer Schaltung finden Sie einen Widerstand mit fünf Farbringen **(Bild 2)**. Welche Bedeutung haben die fünf Farbringe?

1. Ring:
2. Ring:
3. Ring:
4. Ring:
5. Ring:

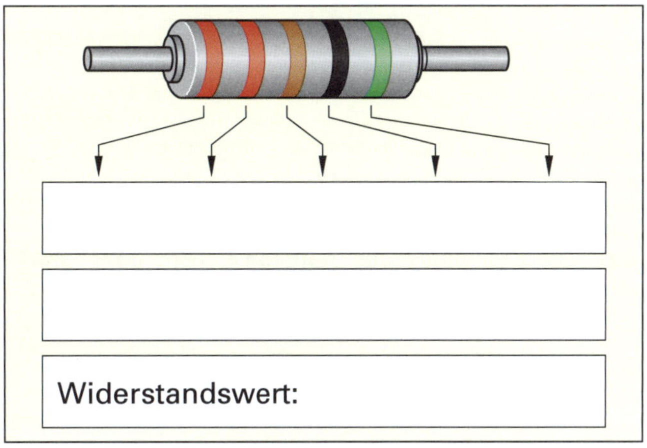

Bild 2: Berechnungsverfahren mit 5 Farbringen

3. Tragen Sie das Berechnungsverfahren in **Bild 2** ein. Wie groß ist der Widerstandswert?

Testen Sie Ihre Fachkompetenz

In zwei Messschaltungen wurden durch Unachtsamkeit der Spannungsmesser und der Strommesser vertauscht eingebaut **(Bild 1)**.

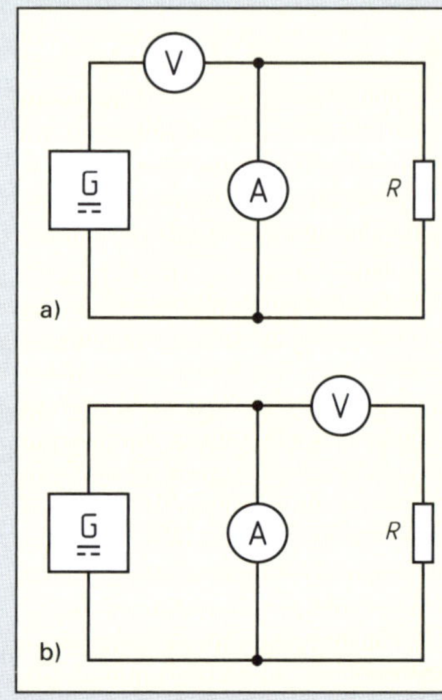

Bild 1: Messschaltungen mit vertauschten Messgeräten

1. Welche Folgen hat das Vertauschen der Messgeräte für den Betrieb des Lastwiderstandes $R = 100\ \Omega$ **(Bild 1a)**?

2. Welche Messwerte zeigen der Spannungsmesser bzw. der Strommesser **(Bild 1a)** an?

3. Welche Folgen hat der falsche Anschluss der Messgeräte **(Bild 1b)** für den Betrieb des Lastwiderstandes R bzw. für die Messschaltung?

4. Eine Kochplatte **(Bild 2)** hat eine Leistungsaufnahme von $P = 1500$ W bei einer Wechselspannung von 230 V. Ermitteln Sie **a)** den Laststrom I, **b)** den Heizwiderstand R und **c)** die Stromdichte in der Zuleitung, wenn eine Anschlussleitung von 3 x 1,5 mm² verlegt wurde.

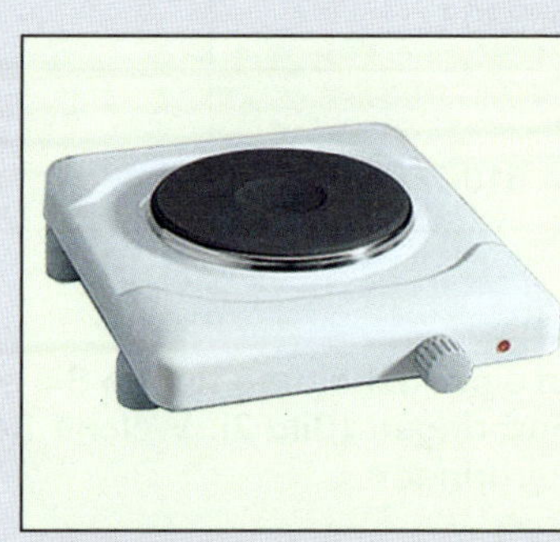

Bild 2: Kochplatte

5. Die Kochplatte aus **Aufgabe 4**, wird über eine Verlängerungsleitung betrieben. Dadurch sinkt die Wechselspannung an der Kochplatte von 230 V auf 220 V. Welche Leistungsaufnahme hat jetzt die Kochplatte, wenn der Heizwiderstand als konstant betrachtet wird?

Testen Sie Ihre Fachkompetenz

6. Für eine elektronische Schaltung soll ein Kohleschichtwiderstand ausgewählt werden. Damit die Schaltung ordnungsgemäß arbeitet, darf durch den Widerstand an DC 12 V ein Strom von maximal 40 mA und von minimal 33 mA fließen. **a)** Ermitteln Sie den notwendigen Widerstand aus der E-Reihe. **b)** Geben Sie den Farbcode an. **c)** Für welche Leistung P_{tot} muss der Widerstand ausgelegt werden?

7. **a)** Ermitteln Sie aus dem Diagramm **(Bild 1)** der Widerstandsgeraden die Werte für die sechs Widerstände und tragen Sie die Werte in **Bild 1** ein. **b)** Wie groß sind die höchstzulässigen Werte für Spannung und Strom für die Widerstände R_3 und R_5?

b) R_3: U_{3max} = ________ I_{3max} = ________

R_5: U_{5max} = ________ I_{5max} = ________

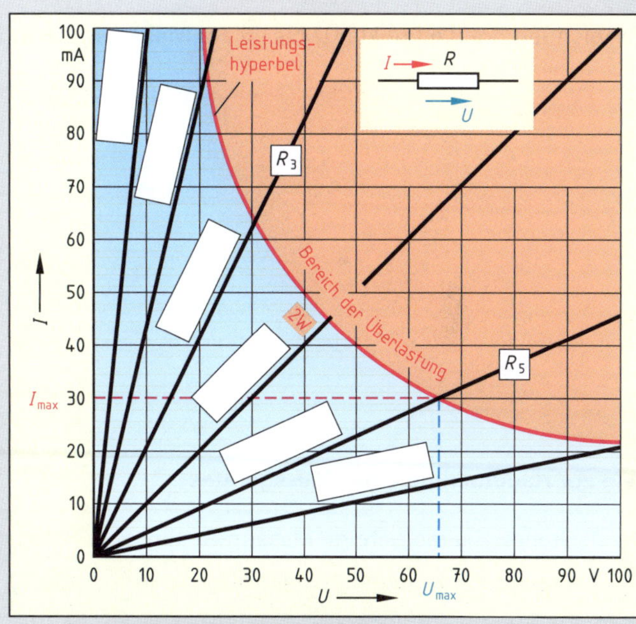

Bild 1: Kennlinien von Widerständen

8. Ergänzen Sie die **Tabelle**.

Tabelle: Zusammenhang von *I*, *U*, *R*, *P*

Strom-stärke	Spannung	Wider-stand	Leistung
	bleibt gleich	halbiert	
	halbiert	bleibt gleich	
	ver-doppelt		vervier-facht
halbiert	bleibt gleich		
		ver-doppelt	verdoppelt

9. Ermitteln Sie den Wert des Metallschichtwiderstandes **(Bild 2)** und tragen Sie die Werte in Bild 2 ein.

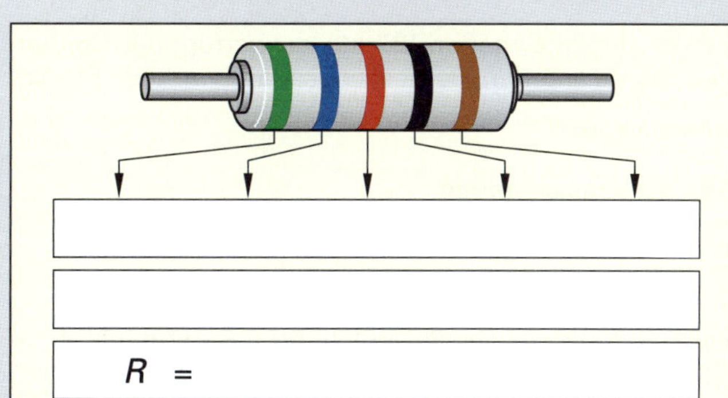

Bild 2: Metallschichtwiderstand

Lernsituation: Reihenschaltung von Batterien und Widerständen untersuchen

Daniel Berger ist seit dem 1. September Azubi im Beruf Elektroniker für Energie- und Gebäudetechnik bei Elektro-Fischer.

Daniels Mutter, Frau Berger, ist Hobbygärtnerin und vermutet die Anwesenheit eines Igels in ihrem Garten. Da Igel nachtaktiv sind, kauft Frau Berger eine Wildkamera, um zu sehen, ob der Igel das bereitgestellte Futter annimmt. Sie bittet Daniel, die Wildkamera in Betrieb zu nehmen.

Daniel öffnet die Wildkamera **(Bild 1)** und stellt fest, dass zwar ein Fach zur Aufnahme von Batterien vorhanden ist, aber keine Batterien mitgeliefert wurden. Daniel findet im Keller ein Schachtel mit Batterien und ein Digitalmultimeter.

Ein solches Messgerät steht auch in der Werkstatt des Ausbildungsbetriebes zur Verfügung . Es ist also eine gute Gelegenheit, das Vielfachmessgerät **(Bild 2)** und den Umgang damit kennenzulernen.

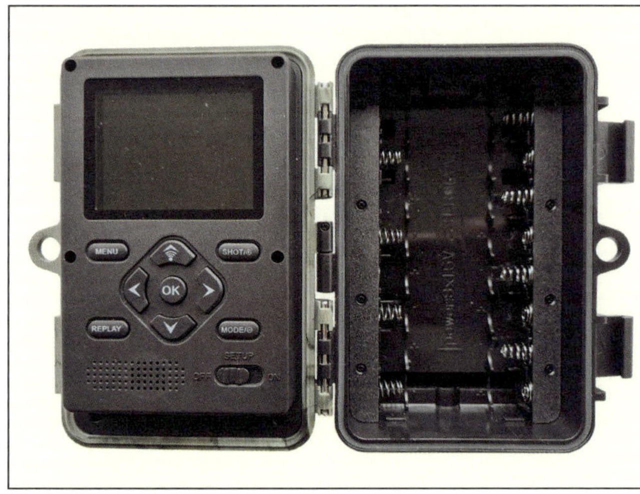

Bild 1: Wildkamera mit Batteriefach

Arbeitsauftrag 1: Lernen der Fachbezeichnungen und Handhabung eines Vielfachmessgerätes und Messen an einer Gerätebatterie.

Fachkunde Elektrotechnik, Kapitel: Messtechnik

1. Bezeichnen Sie die Punkte ① bis ⑤ am Messgerät **(Bild 2)**.

① ______

② ______

③ ______

④ ______

⑤ ______

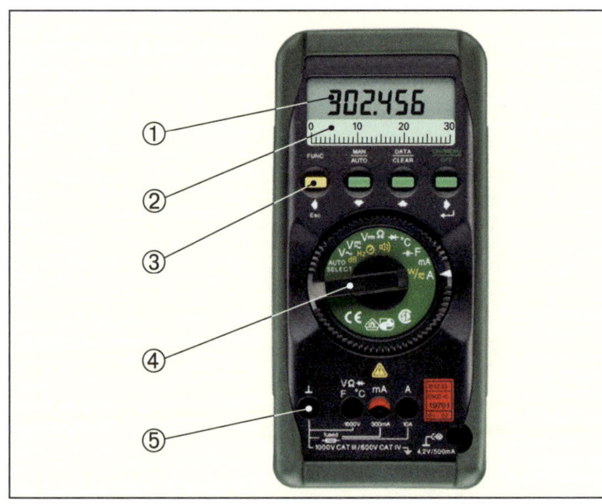

Bild 2: Messgerät

Regeln zur Handhabung eines Messgerätes

1. Stellen Sie die richtige Messgröße ein, z. B. Strom, Spannung, Widerstand.
2. Stellen Sie zu Beginn einer Messung immer den größten Messbereich ein.
3. Protokollieren Sie Messwerte, wenn es notwendig ist.

2. Daniel stehen Batterien **(Bild 3)** zur Verfügung. Nennen Sie den Handelsnamen, Bemessungsspannung und IEC-Nr.

Handelsname: ______

Bemessungsspannung: ______

IEC-Nr.: ______

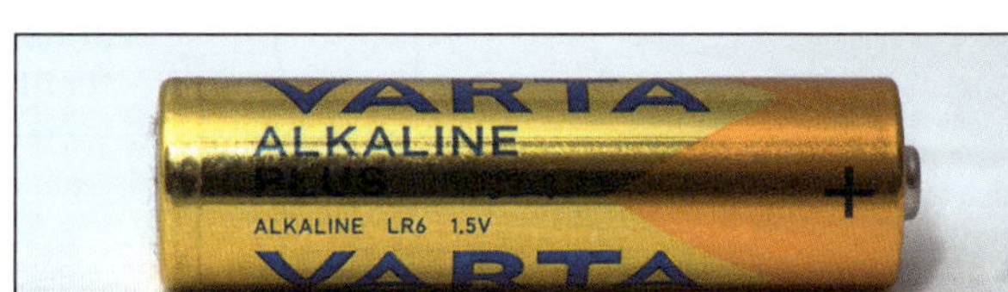

Bild 3: Gerätebatterie

3. Zunächst möchte Daniel prüfen, ob die Gerätebatterien **(Bild 3)** noch ausreichend geladen sind. Durch welche Messungen kann man den Ladezustand von Gerätebatterien beurteilen?

______

______

SimElektro Grundstufe 1.2 S5

4. Daniel misst nun die Klemmenspannungen und die Kurzschlussströme der Batterien. Beim Messen des Kurzschlussstromes muss Daniel unbedingt beachten, dass er am Messgerät die Anschlussbuchse zum Messen höherer Ströme, z. B. 10 A, wählt. Außerdem darf der Kurzschlussstrom nur kurzzeitig, z. B. 1 s, gemessen werden, weil ansonsten die Batterie Schaden nehmen könnte. Zeichnen Sie
   a) den Anschluss des Spannungsmessers zur Messung der Klemmenspannung U **(Bild 1a)**
   b) den Anschluss des Strommessers zur Messung des Kurzschlussstromes I_k **(Bild 1b)**.

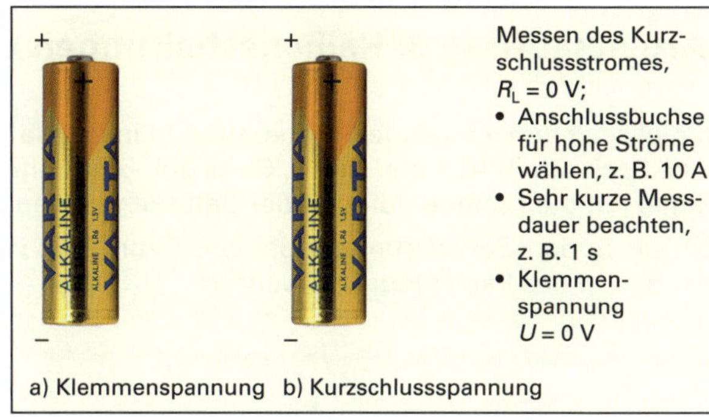

Bild 1: Messen von a) Klemmenspannung und b) Kurzschlussstrom

5. Die Messung an einer der Batterien ergibt U = 1,6 V und I_k = 7 A. Beurteilen Sie den Ladezustand der Batterie.

Arbeitsauftrag 2: Ersatzschaltbild einer Spannungsquelle beschreiben und Kennwerte berechnen.

1. Wodurch wird der Kurzschlussstrom der Batterie begrenzt?

2. Wie nennt man die Spannung, die ohne Belastung zwischen den Polen der Batterie gemessen werden kann?

3. Vervollständigen Sie das Ersatzschaltbild einer Gerätebatterie **(Bild 2)** (reale Spannungsquelle) mit Belastungswiderstand R_L.

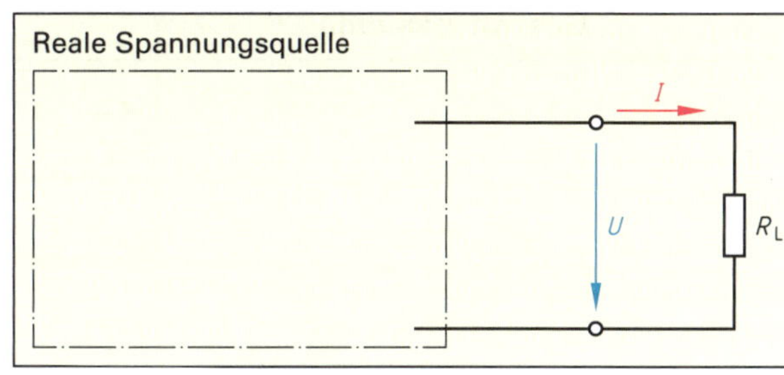

Bild 2: Ersatzschaltbild einer Spannungsquelle

4. Berechnen Sie mit den Messergebnissen die Innenwiderstände R_i einer neuen Batterie: U_0 = 1,6 V und I_k = 7 A und einer gebrauchten Batterie U_0 = 1,2 V und I_k = 1,7 A.

Batterie neu:	**Batterie gebraucht:**
Geg.: U_0 = 1,6 V, I_k = 7 A (Messergebnis)	Geg.: U_0 = 1,2 V, I_k = 1,7 A (Messergebnis)
Ges.:	Ges.:
Lös.:	Lös.:

5. Die beiden Batterien mit den Innenwiderständen nach **Aufgabe 4** werden mit einer Stromstärke von 0,5 A belastet. Berechnen Sie die Klemmenspannungen der beiden Batterien.

Batterie neu:	**Batterie gebraucht:**
Geg.: U_0 = , I_k = , R_i = , I =	Geg.: U_0 = , I_k = , R_i = , I =
Ges.:	Ges.:
Lös.:	Lös.:

6. Begründen Sie, warum die Klemmenspannungen der Batterien von **Aufgabe 5** unterschiedlich groß sind.

Arbeitsauftrag 3: Reihenschaltungen untersuchen

Daniel setzt nun acht neue Gerätebatterien in das dafür vorgesehene Fach ein **(Bild 1** und **Bild 1, Seite 30)**. Beim Einlegen muss Daniel auf die richtige Polarität der Batterien achten.

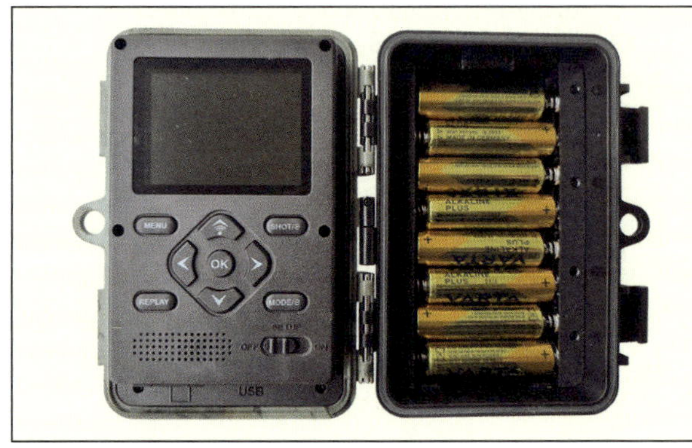

Bild 1: Wildkamera mit Gerätebatterien

1. Begründen Sie, warum die Batterien immer in wechselnder Lage in das Fach eingelegt werden.

2. Notieren Sie die wichtigsten allgemeinen Formeln und Gesetzmäßigkeiten einer Reihenschaltung.

Tabelle 1: Formeln zur Reihenschaltung

Gesamtspannung	Gesamtwiderstand	Strom
$U =$	$R =$	$I =$

3. Vervollständigen Sie in **Bild 2a** den Schaltplan einer Reihenschaltung mit **drei** gleichen Gerätebatterien ohne Lastwiderstand und in **Bild 2b** das dazugehörige Ersatzschaltbild.
Tragen Sie die Bezeichnungen für alle Quellenspannungen U_0, Innenwiderstände R_i und die Klemmenspannung U ein.

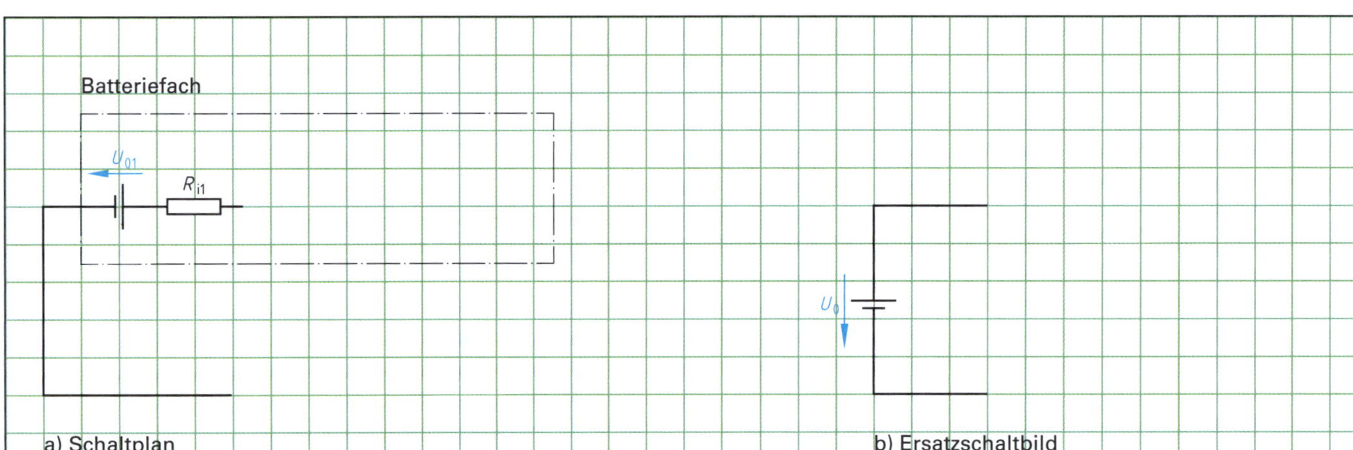

Bild 2: Reihenschaltung von drei Gerätebatterien

4. Spannungserzeuger setzen sich oft aus einer bestimmten Anzahl gleicher Spannungsquellen zusammen. Tragen Sie in die folgende Tabelle die allgemeingültigen Formeln für die gesamte Leerlaufspannung U_0, den gesamten Innenwiderstand R_i und den Strom I für eine beliebige Anzahl von n gleichen, in Reihe geschalteten Spannungserzeugern ein. Der gesamte Spannungserzeuger wird dabei mit dem Widerstand R_L belastet.

Tabelle 2: *n* gleiche, in Reihe geschaltete Spannungserzeuger

Gesamte Leerlaufspannung U_0	Gesamter Innenwiderstand R_i	Strom I bei Belastung
$U_0 =$	$R_i =$	$I =$

5. Berechnen Sie für die acht neuen, gleichen Batterien mit den Daten aus **Arbeitsauftrag 2, Seite 31**,
a) die gesamte Leerlaufspannung U_0 und **b)** den Gesamt-Innenwiderstand R_i.

a) Geg.: Ges.:

Lös.:

b) Geg.: Ges.:

Lös.:

6. Bevor Daniel die Wildkamera im Garten aufstellt, will er messen, wie stark die acht neuen Batterien bei eingeschalteter Kamera belastet werden. Er misst mit dem Multimeter einen Belastungsstrom von I = 27 mA.

Berechnen Sie die Klemmenspannung mit den Ergebnissen aus **Aufgabe 5**.

Geg.: Ges.:

Lös.:

7. Beurteilen Sie das Ergebnis von **Aufgabe 6**.

8. In der Bedienungsanleitung der Wildkamera steht, dass die Batterien vom Typ LR6 (AA) durch passende NiMH-Akkumulatoren ersetzt werden können. Die acht neuen NiMH-Akkus, die Daniel einsetzt, haben eine Leerlaufspannung von je 1,35 V, einen Innenwiderstand von 30 mΩ und eine Bemessungskapazität von K_N = 2200 mAh. Berechnen Sie **a)** die gesamte Leerlaufspannung U_0, **b)** den gesamten Innenwiderstand R_i, **c)** die Klemmenspannung U bei I = 27 mA und **d)** die mögliche Betriebsdauer t bei I = 27 mA.

a)

b)

c)

d)

Arbeitsauftrag 4: LED-Lichterkette berechnen

Wenn die Wildkamera nicht benutzt wird, möchte Daniel das abnehmbare Batteriefach mit den acht NiMH-Akkus von **Aufgabe 8** für die Spannungsversorgung einer kleinen LED-Lichterkette mit fünf LEDs verwenden **(Bild)**. Je LED wird eine Durchlassspannung U_F = 1,7 V und ein Durchlassstrom I_F = 20 mA benötigt. Wie das Ergebnis der vorherigen **Aufgabe 8c** zeigt, kann der Innenwiderstand der Batterien bei kleinem Laststrom vernachlässigt werden **(Bild)**.

1. Wie werden die fünf LEDs geschaltet und wie kann schaltungstechnisch der Strom auf ungefähr 20 mA eingestellt werden?

2. Berechnen Sie die Größe des erforderlichen Widerstandes R_v und wählen Sie einen Wert aus der Normreihe E12.

Geg.: $U = 8 \cdot 1{,}35$ V = 10,8 V, I_F = , U_F =
Ges.: R_v

Lös.:

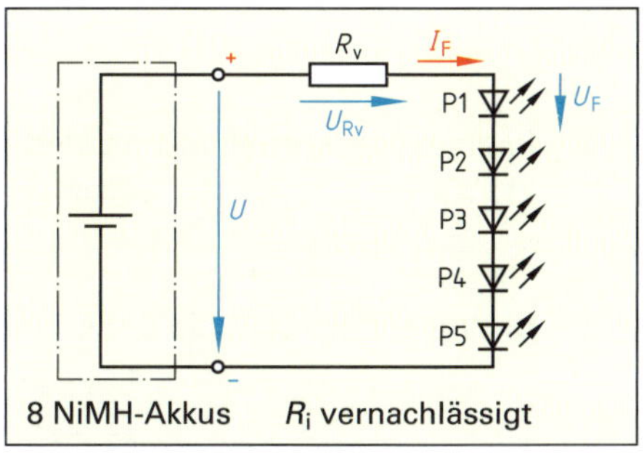

Bild: LED-Lichterkette

Testen Sie Ihre Fachkompetenz

1. Vier Lithium-Batterien AA sind in Reihenschaltung miteinander verbunden.

a) Nennen Sie drei besonders vorteilhafte Eigenschaften von Lithium-Batterien.

b) Jede der vier Lithium-Batterien hat eine Quellenspannung von 1,5 V. Berechnen Sie die Gesamtspannung.

c) Wie berechnet man den Gesamt-Innenwiderstand der vier in Reihe geschalteten Batterien?

2. Vier gleiche Batterien werden in Reihe geschaltet und mit einem Verbraucher belastet.

a) Welche Aussage kann man über den Strom durch die einzelnen Batterien machen?

b) Die Verbindung zwischen zwei Batterien wird unterbrochen. Welche Folge hat die Unterbrechung?

3. Eine Lichterkette hat die Schutzart IP 31. Erklären Sie die Bedeutung der Buchstaben und Ziffern.

IP 31

Fachkunde Elektrotechnik, Kapitel: Schutzmaßnahmen

4. Ist die Lichterkette mit Schutzgrad IP 31 für den Innenbereich oder für den Außenbereich geeignet?

5. Ein kleiner Spielzeugtannenbaum aus Holz soll mit einer Lichterkette, bestehend aus vier Leuchtdioden (LEDs), beleuchtet werden. Die Lichterkette soll an einer Blockbatterie mit U_B = 9 V betrieben werden. Die LEDs haben eine Durchlassspannung U_F von je 1,8 V.

a) Durch welche schaltungstechnische Maßnahme kann die Lichterkette an der Batterie betrieben werden, ohne dass die LEDs zerstört werden?

b) Damit die LEDs ausreichend hell leuchten, soll ein Strom von 10 mA fließen. Berechnen Sie den erforderlichen Vorwiderstand.

6. In einer Messschaltung werden drei Widerstände mit unterschiedlichen Widerstandswerten in Reihe geschaltet.

a) Wie verteilt sich die Gesamtspannung auf die Widerstände?

b) Wie ändern sich die Spannungen an den Widerständen, wenn ein einzelner Widerstand überbrückt wird?

Lernsituation: Analysieren einer Halogenbeleuchtung

In einer Galerie für moderne Kunst soll in drei Räumen für die Ausleuchtung der Gemälde und Bilder eine geeignete Beleuchtungsanlage installiert werden. Der Innenarchitekt hat sich in jedem der drei Räume für ein Halogenleuchten-Seilsystem **(Bild)** entschieden. Dabei werden die einzelnen Halogenleuchten an zwei parallel laufenden Metallseilen befestigt, die auch gleichzeitig die Niedervolt-Halogenlampen mit Strom versorgen. Die beiden Metallseile sind an einer Spannungsquelle mit $U = 12$ V Wechselspannung angeschlossen.

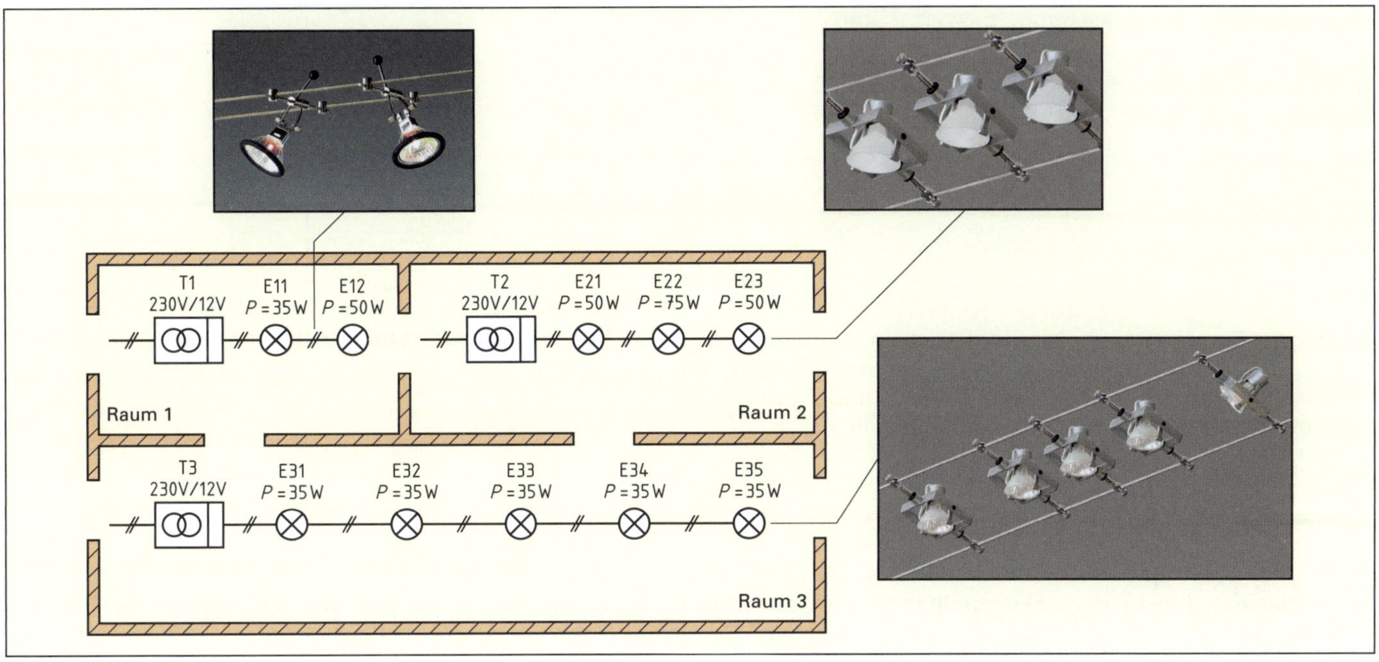

Bild: Übersichtsschaltplan zur Installation dreier Halogenleuchten-Seilsysteme in einer Galerie

> Um aus der Netzspannung (230 V / 50 Hz) die Betriebsspannung $U = 12$ V für die Halogenlampen zu erzeugen, wird für jedes Seilsystem ein spezielles Vorschaltgerät benötigt. Ein solches Vorschaltgerät wandelt die 230 V Netzspannung in die erforderliche Betriebsspannung $U = 12$ V um und wird Transformator **(Bild, Kennzeichnung T1, T2, T3)** genannt. Der Transformator ist hier die Spannungsquelle.

Ihr Meister möchte, dass Sie für die technische Analyse der Beleuchtungsanlage verschiedene Arbeitsaufträge bearbeiten.

Arbeitsauftrag 1: Elektrische Beleuchtungsanlage beschreiben

Notieren Sie für jeden Raum die elektrischen Betriebsmittel. Als Beispiel ist Raum 1 bereits eingetragen.

Raum 1:

- Transformator T1
- Lampe E11, Leistung $P = 35$ W
- Lampe E12, Leistung $P = 50$ W

Raum 2:

-
-
-
-

Raum 3:

-
-
-
-
-
-

Arbeitsauftrag 2: Stromkreis mit Schaltzeichen, Spannungen und Strömen beschreiben

Um die elektrischen Größen Spannung U und Stromstärke I der Lampenstromkreise in Raum 1, Raum 2 und Raum 3 darstellen zu können, soll aus dem gegebenen Übersichtsschaltplan **(Bild, Seite 35)** eine Beschreibung durch einen elektrischen Schaltplan abgeleitet werden. Dazu sollen die folgenden Aufgabenstellungen bearbeitet werden.

1. Zeichnen Sie **(Bild 1)** für den Lampenstromkreis in Raum 1 den elektrischen Schaltplan mit den angegebenen Schaltzeichen **(Bild 2)**, bestehend aus Energiequelle (Spannungsquelle), Hin- und Rückleitung, Energiewandler (Lampe).

2. Beschreiben Sie, wie die Lampen zueinander geschaltet sind.

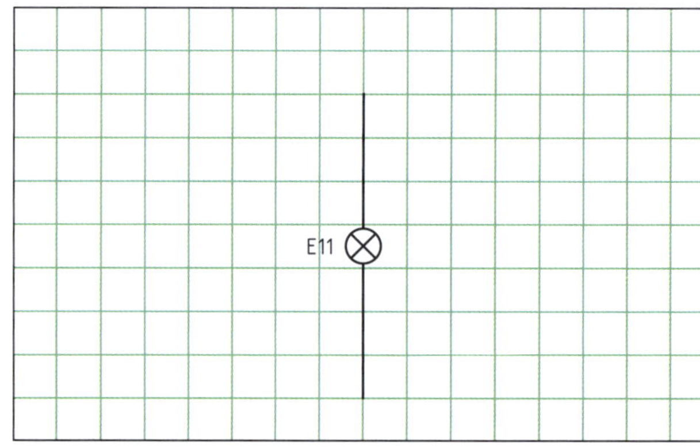

Bild 1: Lampenstromkreis Raum 1

3. Tragen Sie im Schaltplan **(Bild 1)** die Gesamtspannung U_{ges}, die Teilspannungen U_{11} und U_{12} an den Lampen, den Gesamtstrom I_{ges} und die Teilströme I_{11} und I_{12} durch die Lampen mit Bezeichnungen und Pfeilen ein.

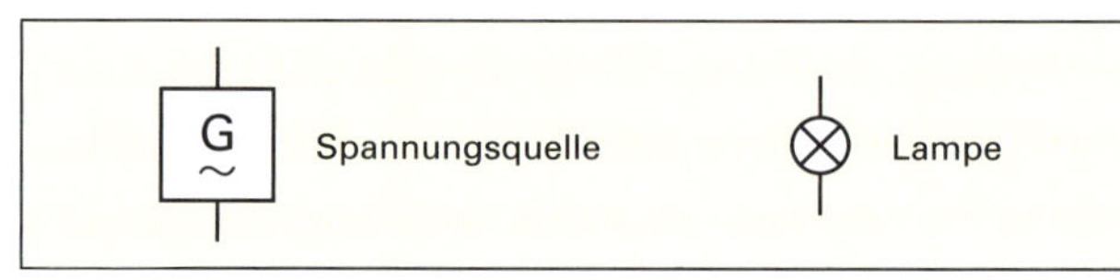

Bild 2: Schaltzeichen

Fachkunde Elektrotechnik,
Kapitel: Grundschaltungen der Elektrotechnik

4. Vergleichen Sie in dem dargestellten Stromkreis **(Bild 1)** die Gesamtspannung mit den Teilspannungen. Welche Aussage können Sie über die Spannungen machen? Geben Sie einen Satz und eine Formel an.

Formel:

5. Vergleichen Sie in dem dargestellten Stromkreis **(Bild 1)** den Gesamtstrom mit den Teilströmen. Welche Aussage können Sie über Gesamtstrom und Teilströme machen? Geben Sie einen Satz und eine Formel an.

Formel:

Zur Analyse der elektrischen Eigenschaften der drei Lampenstromkreise soll nachfolgend jede einzelne Lampe durch ihren elektrischen Widerstand R ersetzt werden.

6. Zeichnen Sie für jeden Stromkreis **(Bild 3, Bild 4 und Bild, folgende Seite)** den elektrischen Schaltplan mit Spannungsquelle, Leitungen, Widerständen. Bezeichnen Sie dabei alle Widerstände und tragen Sie die Gesamtspannung, die Teilspannungen, den Gesamtstrom und die Teilströme in den jeweiligen Schaltplan ein.

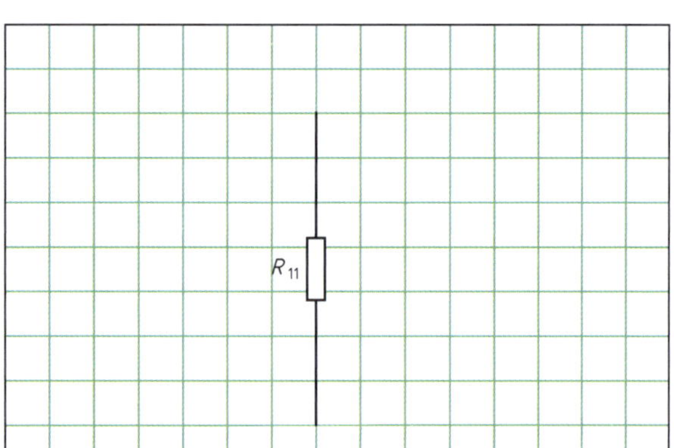

Bild 3: Stromkreis 1 mit R_{11} und R_{12}

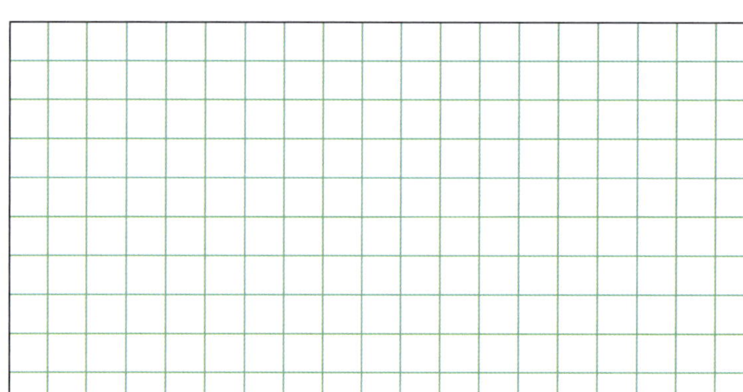

Bild 4: Stromkreis 2 mit R_{21}, R_{22} und R_{23}

Bild: Stromkreis 3 mit R_{31}, R_{32}, R_{33}, R_{34} und R_{35}

7. Beschreiben Sie, wie die Widerstände in jedem der drei Stromkreise geschaltet sind.

8. Beschreiben Sie zunächst in einem Satz, was für die Spannungen in jedem der Stromkreise gilt. Geben Sie dann für jeden der drei Stromkreise eine Formel für diese Beschreibung an.

Formeln:

Stromkreis 1:	**Stromkreis 2:**	**Stromkreis 3:**
$U_{ges} =$	$U_{ges} =$	$U_{ges} =$

9. Welcher Zusammenhang besteht zwischen Gesamtstrom und Teilströmen in den drei Stromkreisen? Formulieren Sie zunächst einen allgemeingültigen Satz und geben Sie dann für jeden der drei Stromkreise eine Formel an.

Formeln:

Stromkreis 1:	**Stromkreis 2:**	**Stromkreis 3:**
$I_{ges} =$	$I_{ges} =$	$I_{ges} =$

10. Welche Besonderheit gilt für die Teilströme des Stromkreises 3?

Arbeitsauftrag 3: Spannungsquelle auswählen

Für die Spannungsversorgung der drei Stromkreise sollen zunächst drei geeignete Transformatoren für Niedervolt-Halogensysteme **(Bild, Seite 38)** ausgewählt werden. Dabei soll für jeden Transformator die Vorgabe beachtet werden, dass er durch die vorgegebene Lampenleistung zu mindestens 80 % seiner Bemessungsleistung ausgelastet ist.

Fachkunde Elektrotechnik, Kapitel: Grundbegriffe der Elektrotechnik, elektrische Leistung

Auf Transformatoren wird die Bemessungsleistung immer in der Einheit VA (Voltampere) angegeben. Vereinfacht gesagt entspricht die angegebene Bemessungsleistung eines Transformators der maximal erlaubten Gesamtleistung aller angeschlossenen Lampen in der Einheit W (Watt). Um die Lampenlebensdauer nicht zu verringern, sollte ein Transformator im Idealfall zu 100 % seiner Bemessungsleistung ausgelastet werden.

Führen Sie für jeden der drei Stromkreise nacheinander folgende Arbeitsschritte aus:

1. Bestimmen Sie die von den Lampen aufgenommene Gesamtleistung P_{ges} aus den Einzelleistungen **(Bild, Seite 35)**.

2. Es stehen Transformatoren mit vier Leistungsvarianten zur Verfügung **(Bild)**. Wählen Sie für jeden Stromkreis einen Transformator mit geeigneter Bemessungsleistung aus.

Transformatordaten:

Ausgangsspannung $U = 12$ V (Bemessungsspannung)

Leistungsvarianten (Bemessungsleistungen): 100 VA, 150 VA, 200 VA, 300 VA

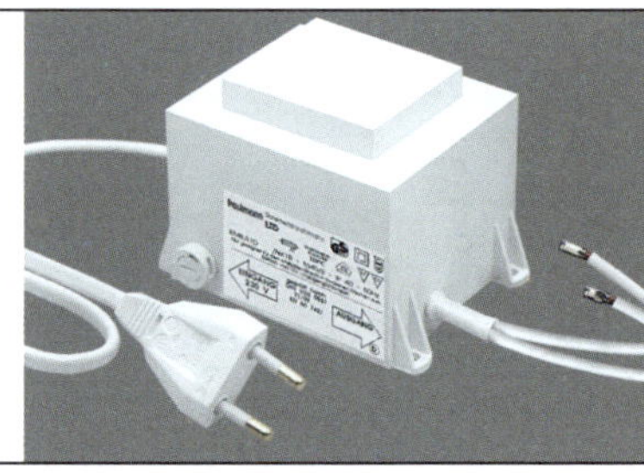

Bild: Transformator für Niedervolt-Halogenlampen mit Daten

Stromkreis 1:

P_{ges} =

Gewählt:

Stromkreis 2:

P_{ges} =

Gewählt:

Stromkreis 3:

P_{ges} =

Gewählt:

Arbeitsauftrag 4: Stromkreise analysieren

Zur Analyse der Stromkreise sollen für Stromkreis 1 und Stromkreis 2 **(Bild 3 und Bild 4, Seite 36)** jeweils folgende Größen berechnet werden **(Tabelle)**:

1. Alle Teilströme (Hinweis: Lampenleistung zur Berechnung verwenden)
2. Gesamtstrom
3. Alle Teilwiderstände
4. Ersatzwiderstand *R* (Gesamtwiderstand)

Die Teilwiderstände einer Schaltung können durch einen Ersatzwiderstand *R* so ersetzt werden, dass dieser bei gleicher Gesamtspannung den gleichen Strom aufnimmt wie die ersetzten Teilwiderstände zusammen.

Tabelle: Berechnungen zu den Stromkreisen

	Berechnungen Stromkreis 1	Berechnungen Stromkreis 2
1. Teilströme		
2. Gesamtstrom		
3. Teilwiderstände		
4. Ersatzwiderstand *R*		

Benutzen Sie die Berechnungsergebnisse **(Tabelle Seite 38)** zur Beantwortung folgender Fragen:

1. Vergleichen Sie die Werte der Teilwiderstände mit den zugehörigen Werten der Teilströme. Durch welchen Teilwiderstand einer Parallelschaltung fließt immer der größte Strom?

2. Was gilt in der Parallelschaltung immer für den Wert des Ersatzwiderstandes in Bezug auf die Teilwiderstände?

3. Berechnen Sie für Stromkreis 1 und Stromkreis 2 folgende Verhältnisse:

Stromkreis 1: $\frac{\text{Teilstrom 1}}{\text{Teilstrom 2}} =$ $\frac{\text{Teilwiderstand 2}}{\text{Teilwiderstand 1}} =$

Stromkreis 2: $\frac{\text{Teilstrom 2}}{\text{Teilstrom 3}} =$ $\frac{\text{Teilwiderstand 3}}{\text{Teilwiderstand 2}} =$

Vergleichen Sie Strom- und Widerstandsverhältnisse in beiden Fällen. Formulieren Sie eine allgemeingültige Aussage, wie sich in einer Parallelschaltung die Teilströme im Vergleich mit den zugehörigen Teilwiderständen zueinander verhalten:

Arbeitsauftrag 5: Leiterwiderstand bestimmen

Die Metallseile, an denen die Halogenleuchten befestigt sind, dienen gleichzeitig als Leiter des elektrischen Stromes. Bei den bisherigen Betrachtungen wurde von verlustlosen Leitern ausgegangen. Die Leiter selbst haben jedoch einen Widerstand, der von verschiedenen Größen abhängig ist.

Fachkunde Elektrotechnik, Kapitel: Leiterwiderstand

1. Beantworten Sie die folgenden Fragen und ergänzen Sie die **Tabelle**. Von welchen Größen hängt der Leiterwiderstand R_{Ltg} ab? Wie hängt der Leiterwiderstand von diesen Größen ab? Welche Formel lässt sich daraus für R_{Ltg} ableiten?

Tabelle: Abhängigkeiten des Leiterwiderstandes

Beispiele der Leitergrößen	Größen mit Namen, Formelzeichen und Einheit	Art der Abhängigkeit	Formulierung der Proportionalität	Formel
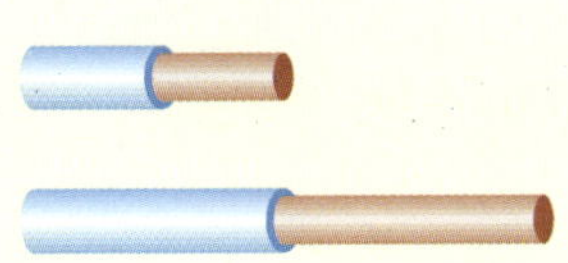		Je größer desto		
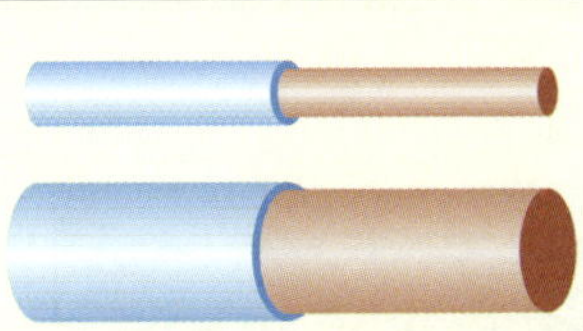		Je größer desto		
Kupfer (Cu) Aluminium (Al) Eisen (Fe)		Je größer desto		

S4

2. Die Abhängigkeit des Leiterwiderstandes vom Leiterwerkstoff kann auch mit der elektrischen Leitfähigkeit γ beschrieben werden. Geben Sie den Zusammenhang zwischen γ und ϱ, die Einheit für γ und die Formel zur Berechnung des Leiterwiderstandes mit γ an.

> γ: griechischer Kleinbuchstabe gamma,
> ϱ: griechischer Kleinbuchstabe rho

3. Ermitteln Sie in Raum 3 für Hin- und Rückleiter **(Bild 1)** des Seilsystems den Leiterwiderstand R_{Ltg} für zwei verschiedene Leiterwerkstoffe (Eisen und Kupfer).

Vorgaben:

- Leiterlänge: l = 12 m
- Leiterquerschnitt: A = 4 mm^2
- Leiterwerkstoff 1: Eisen (Fe)
- Leiterwerkstoff 2: Kupfer (Cu)

(Hinweis: Die Werte für die vom Leiterwerkstoff abhängige Größe finden Sie in Ihrem Tabellenbuch oder Fachkundebuch.)

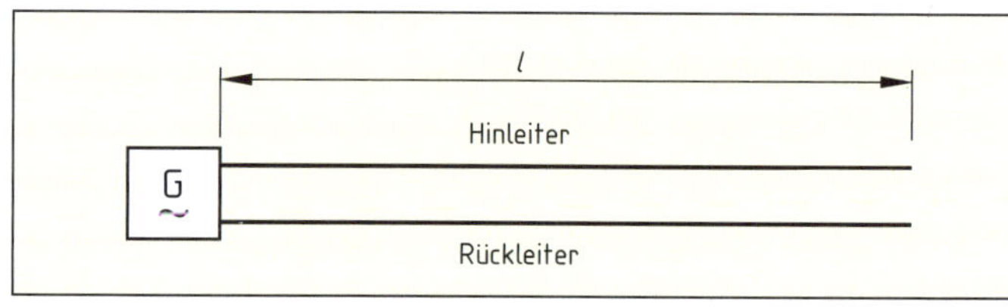

Bild 1: Hin- und Rückleiter des Seilsystems

Leiterwerkstoff 1 (Fe)	Leiterwerkstoff 2 (Cu)

4. Welchen Leiterwerkstoff würden Sie für das Seilsystem wählen? Begründen Sie Ihre Auswahl.

Arbeitsauftrag 6: Spannungsfall berücksichtigen

In der technischen Dokumentation des Halogenseilsystemherstellers heißt es:

> **Auswahl des Spannseils**
> Bei vielen Leuchten und/oder bei langen Strecken empfiehlt sich der Einsatz eines Spannseils aus Kupfer mit eingearbeitetem Kevlarfaden **(Bild 2)**. Seile ohne Kevlar neigen zum Durchhängen, da sich das Kupfer im Leiter mit der Zeit dehnt. Ab 5 m Seillänge empfehlen wir den Einsatz der Kevlar-Ausführung, wenn keine Abstützung des Seils z. B. durch einen Deckenabstandshalter erfolgt. Zur Bestimmung der erforderlichen Leiterquerschnitte ist die Abhängigkeit von der Anschlussleistung und der Leiterlänge zu berücksichtigen. Um eine zu hohe Lichtstromminderung zu vermeiden, ist nach DIN VDE 0100-715 zwischen Transformator und der am weitesten entfernten Leuchte ein Spannungsfall von max. 5 % zulässig.

Bild 2: Spannseile

Fachkunde Elektrotechnik, Kapitel: Spannungsfall an Leitungen

Für das Halogenlampensystem in Raum 3 soll ein geeigneter Leiter dimensioniert werden. Dabei wird davon ausgegangen, dass sich die Spannungsquelle am Anfang des Seilsystems befindet **(Bild)**. Außerdem wird vereinfachend angenommen, dass sich der Lastwiderstand, also der Ersatzwiderstand R der fünf Lampen, am Ende der Hinleitung (Länge l = 12 m) befindet.

Die beiden zusätzlich eingezeichneten Widerstände **(Bild)** stellen die Anteile des Leiterwiderstandes R_{Ltg} in Hin- und Rückleitung dar.

1. Wie sind die beiden Anteile des Leiterwiderstandes und der Lastwiderstand R im Stromkreis geschaltet?

2. Bezeichnen Sie die beiden Widerstände in den rot markierten Feldern **(Bild)** mit ihrem anteiligen Wert von R_{Ltg}.

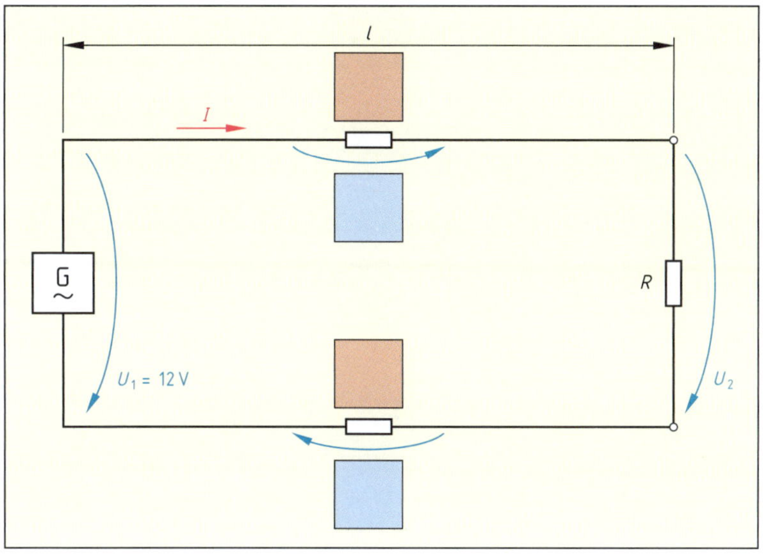

Bild: Spannungsfall an Leitungen

3. Ein Teil der angelegten Spannung U_1 fällt an Hin- und Rückleitung ab. Die Spannung, die insgesamt am Leiter abfällt, wird als **Spannungsfall ΔU** bezeichnet. Tragen Sie in die blau markierten Felder an den Spannungspfeilen **(Bild)** die anteilige Spannung ein.

4. Beschreiben Sie, wie sich der Spannungsfall ΔU auf die Spannung U_2 am Lastwiderstand R auswirkt.

5. Wie wirkt sich eine Vergrößerung des Leiterwiderstandes auf den Spannungsfall ΔU aus? (Begründung angeben)

6. Welche Auswirkung hat eine Vergrößerung des Leiterstromes I im Leiter auf den Spannungsfall ΔU? (Begründung angeben)

7. Wenn die Spannung U_2 am Lastwiderstand und die angelegte Spannung U_1 bekannt sind, kann der Spannungsfall ΔU daraus folgendermaßen berechnet werden (Formel angeben):

$\Delta U =$

8. Wenn der Leiterwiderstand R_{Ltg} und der Leiterstrom I bekannt sind, kann der Spannungsfall ΔU daraus folgendermaßen berechnet werden (Formel angeben):

$\Delta U =$

9. Für den Kupferleiter des Spannseils stehen folgende Leiterquerschnitte A zur Verfügung:
0,75 mm²; 1 mm²; 1,5 mm²; 2,5 mm²; 4 mm²; 6 mm²; 10 mm²; 16 mm²

Welcher Leiterquerschnitt muss mindestens gewählt werden, wenn die Vorgabe des Herstellers zum prozentualen Spannungsfall Δu **(Infokasten Seite 40)** eingehalten werden soll?
(Hinweis: Der Leiterstrom I ergibt sich aus der zu übertragenden Leistung $P = 175$ W)

10. Durch welche Maßnahme könnte ein Leiter mit einem geringeren Leiterquerschnitt verwendet werden?

Arbeitsauftrag 7: Sicherheitsaspekte der Beleuchtungsanlage analysieren

1. Das Berühren unter Spannung stehender Teile einer elektrischen Anlage ist gefährlich. Warum müssen die Spannseile **(Bild 2, Seite 40)** der Niedervolt-Halogenbeleuchtung nicht gegen direktes Berühren geschützt werden?

2. Auf dem Transformator **(Bild, Seite 38)** befinden sich verschiedene Kenn- und Prüfzeichen. Informieren Sie sich im Fachkundebuch, im Tabellenbuch oder im Internet über die Bedeutung der Zeichen und geben Sie eine kurze Beschreibung der Zeichen an **(Tabelle)**.

Fachkunde Elektrotechnik, Kapitel: Schutzmaßnahmen

Tabelle: Kenn- und Prüfzeichen eines Transformators

		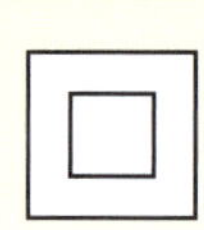	
		IP 40	
		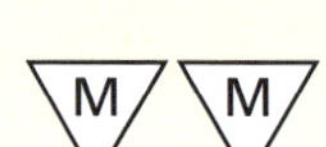	

Testen Sie Ihre Fachkompetenz

1. Warum werden im 230-V-Wechselspannungsnetz die Verbraucher grundsätzlich parallel geschaltet?

2. Berechnen Sie für Stromkreis 3 **(Bild, Seite 37)** den Gesamtwiderstand *R*.

3. In einer Widerstandsschaltung **(Bild)** wird mit einem Widerstandsmessgerät der Gesamtwiderstand $R = 68{,}75\ \Omega$ gemessen. Berechnen Sie den Widerstandswert von R_2.

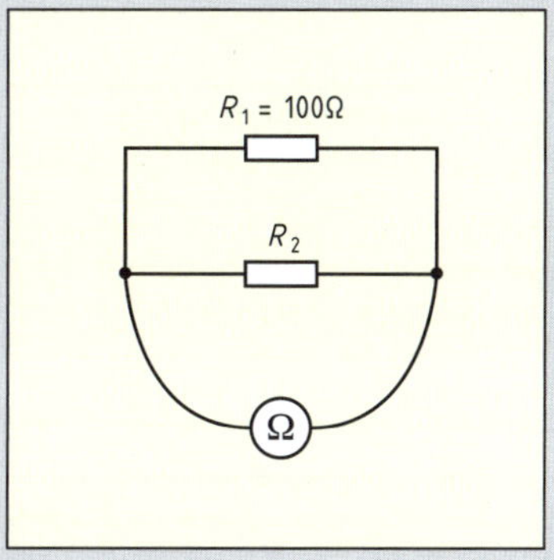

Bild: Widerstandsschaltung

4. Wie verändert sich der Leiterwiderstand R_{Ltg} eines Kupferleiters, wenn die Leiterlänge l verdoppelt und der Leiterquerschnitt A vervierfacht wird?

5. Warum ist in einem Stromkreis die Spannung am Verbraucher immer kleiner als die Netzspannung der Spannungsquelle?

6. In elektrischen Schaltungen mit kurzen Leitungswegen wird der Spannungsfall in der Regel vernachlässigt. Begründen Sie diese Tatsache.

7. Ein Stromkreis besteht aus Spannungsquelle, Leitung und Lastwiderstand. Ist bei konstanter Netzspannung die Verlustleistung auf der Leitung bei großer oder bei kleiner Belastung größer? (Begründung angeben)

8. Wie wird die Spannung bei der Übertragung elektrischer Energie über große Leitungslängen (zum Beispiel bei Freileitungen) gewählt, um die Leitungsverluste möglichst klein zu halten? Begründen Sie Ihre Antwort.

Lernsituation: Funktion der Heizwiderstände eines Durchlauferhitzers überprüfen

Sie werden zu einem Kunden gerufen, der die Warmwasserbereitung seines Durchlauferhitzers im Bad **(Bild 1)** bemängelt. Er gibt an, dass selbst bei voll aufgedrehtem Warmwasserhahn das Wasser nur lauwarm ist. Ihr Meister vermutet einen Defekt an den Heizwiderständen des Durchlauferhitzers. Er zeichnet Ihnen einen vereinfachten Schaltplan mit dem elektrischen Anschluss und den Sollwerten der Heizwiderstände R_1, R_2 und R_3 **(Bild 2)**. Sie erhalten von ihm den Auftrag, die Funktion der Heizwiderstände zu überprüfen.

> Durchlauferhitzer erwärmen während der Warmwasserentnahme das zulaufende kalte Wassser durch Heizwiderstände, die direkt im fließenden Wasser angeordnet sind.

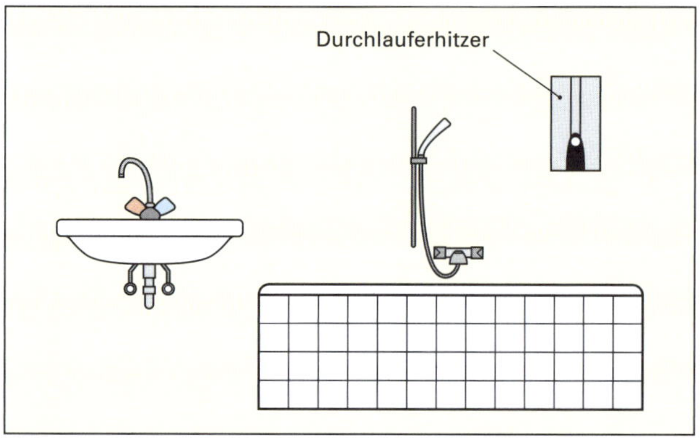

Bild 1: Durchlauferhitzer im Bad des Kunden

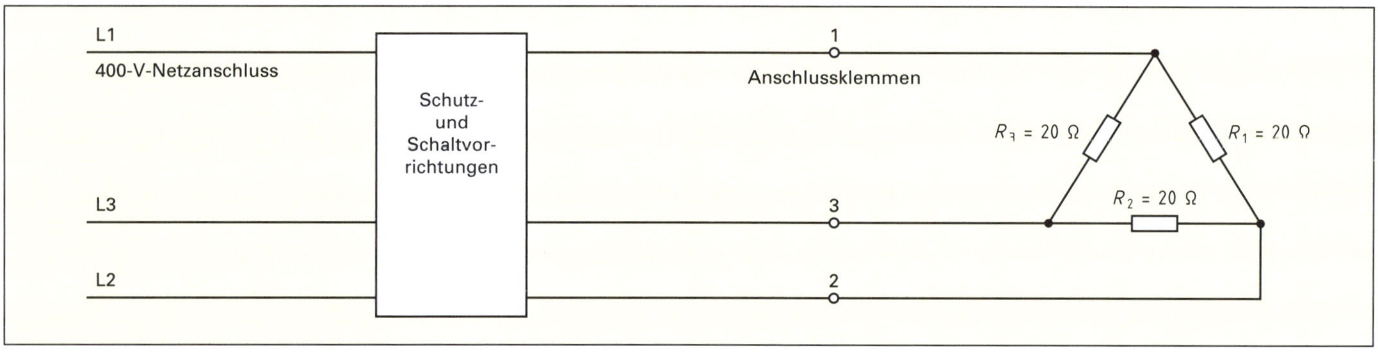

Bild 2: Vereinfachter Schaltplan des Anschlusses der Heizwiderstände R_1, R_2 und R_3 des Durchlauferhitzers

Arbeitsauftrag 1: Überprüfung der Heizwiderstände planen

Die Funktion der Heizwiderstände kann durch eine direkte Widerstandsmessung an den Anschlussklemmen **(Bild 2)** überprüft werden. Hierfür muss bekannt sein, welche Widerstandswerte sich zwischen den Anschlussklemmen bei fehlerfreien Heizwiderständen ergeben.

1. Ergänzen Sie **(Bild 3)** die Schaltung der Widerstände R_1, R_2 und R_3 zwischen den Anschlussklemmen 1 und 3.
2. Wie wird die Schaltung der Widerstände **(Bild 3)** genannt?
3. Beschreiben Sie, wie die Widerstände R_1 und R_2 zueinander geschaltet sind.
4. Berechnen Sie den Ersatzwiderstand R_{12}, der durch Zusammenfassen der Widerstände R_1 und R_2 gebildet wird.
5. Ergänzen Sie die neu entstandene Schaltung **(Bild 4)** der Widerstände R_3 und R_{12} zwischen den Anschlussklemmen 1 und 3.
6. Beschreiben Sie, wie die Widerstände R_3 und R_{12} zueinander geschaltet sind.
7. Berechnen Sie den Ersatzwiderstand R_{123} **(Bild 5)**, der durch Zusammenfassen der Widerstände R_3 und R_{12} gebildet wird. Tragen Sie den Wert von R_{123} im Bild ein.

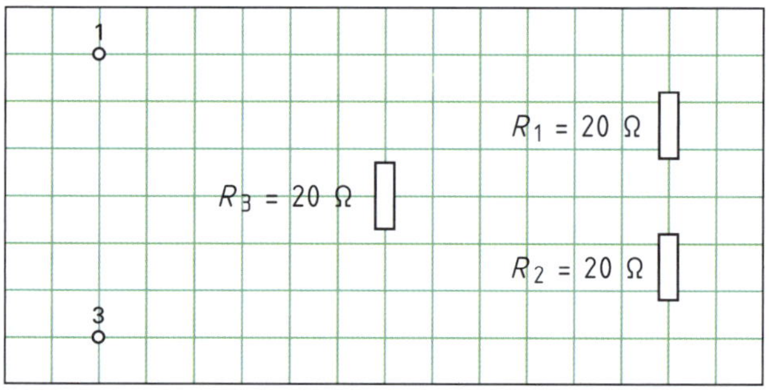

Bild 3: R_1, R_2 und R_3 zwischen den Klemmen 1 und 3

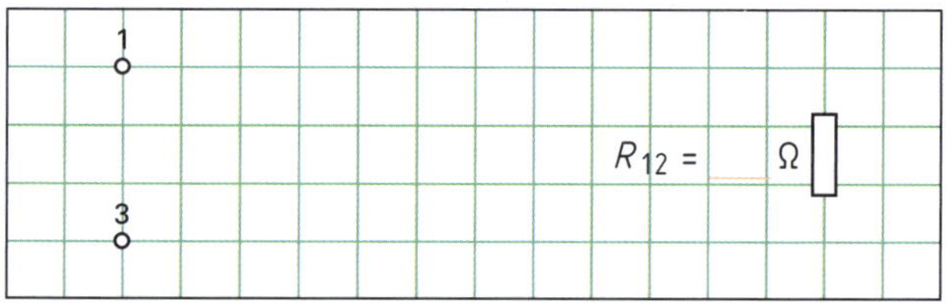

Bild 4: R_3 und R_{12} zwischen den Klemmen 1 und 3

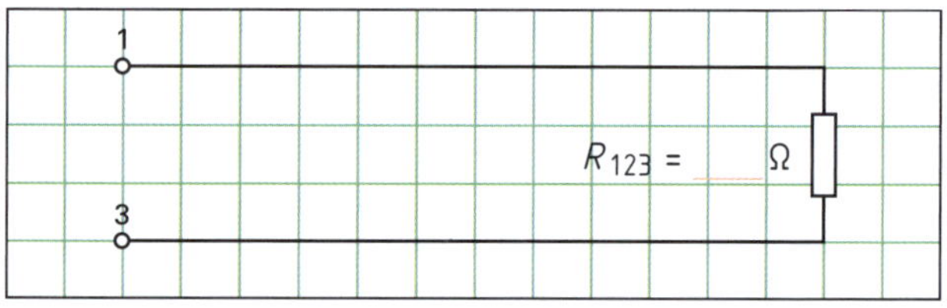

Bild 5: R_{123} zwischen den Klemmen 1 und 3

8. Zeichnen Sie in **Bild 1** die Schaltung der Widerstände R_1, R_2 und R_3 zwischen den Anschlussklemmen 3 und 2 nach **Bild 2, Seite 44**.

9. Beschreiben Sie, wie die Widerstände R_1, R_2 und R_3 zueinander geschaltet sind.

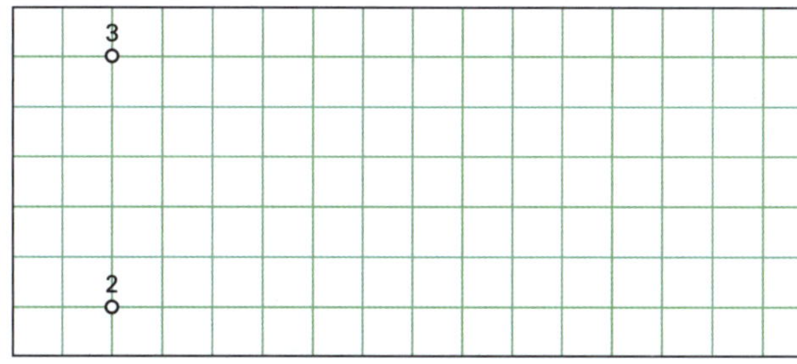

Bild 1: R_1, R_2 und R_3 zwischen den Klemmen 3 und 2

10. Vergleichen Sie die Schaltung zwischen den Anschlussklemmen 3 und 2 **(Bild 1)** mit der Schaltung zwischen den Anschlussklemmen 1 und 3 **(Bild 3, Seite 44)**. Geben Sie an, welchen Wert der Ersatzwiderstand R_{123} zwischen den Anschlussklemmen 3 und 2 hat.

11. Geben Sie an, welche Werte sich bei einer direkten Widerstandsmessung zwischen den Klemmen 1 und 3, zwischen den Klemmen 3 und 2 und zwischen den Klemmen 1 und 2 ungefähr ergeben sollten, wenn alle Heizwiderstände intakt wären.

Arbeitsauftrag 2: Messung der Heizwiderstände durchführen

Sie haben nun die Werte ermittelt, die sich bei einer Widerstandsmessung zwischen den Klemmen ergeben sollten. Mit einem Widerstandsmessgerät (Ohmmeter) sollen jetzt die tatsächlichen Werte durch drei Messungen **(Bild 2)** bestimmt werden.

1. Welche Maßnahmen müssen vor dem Anschluss des Widerstandsmessgerätes unbedingt durchgeführt werden?

> ℹ Die 5 Sicherheitsregeln für Arbeiten im spannungsfreien Zustand **(Arbeitsauftrag 2, Seite 9)**.

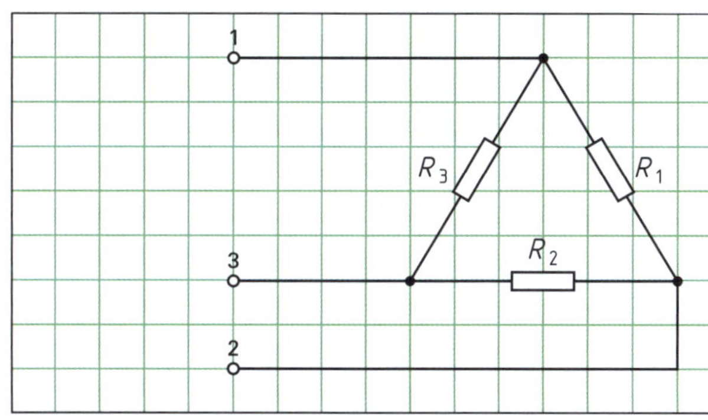

Bild 2: Widerstandsmessungen

2. Zeichnen Sie den Anschluss der Widerstandsmesser für die drei durchzuführenden Messungen in die Schaltung **(Bild 2)** ein.

Arbeitsauftrag 3: Messergebnisse bewerten und Fehlerursache benennen

Bei den Widerstandsmessungen zwischen den Klemmen haben sich die folgenden drei Messwerte ergeben:

Klemmen 1 – 3: $R_{1-3} = 20\ \Omega$; Klemmen 3 – 2: $R_{3-2} = 40\ \Omega$; Klemmen 1 – 2: $R_{1-2} = 20\ \Omega$.

Vergleichen Sie die Messergebnisse mit den Ergebnissen aus Arbeitsauftrag 1. Notieren Sie die Erkenntnisse, die Sie daraus gewinnen und beschreiben Sie dann, welcher Fehler beim Durchlauferhitzer vorliegt.

Arbeitsauftrag 4: Ersatzwiderstand einer gemischten Schaltung schrittweise ermitteln

Die Widerstände gemischter Schaltungen (Gruppenschaltungen) lassen sich nach der folgenden Vorgehensweise schrittweise zu einem Ersatzwiderstand zusammenfassen:

- Die Schaltung wird von innen nach außen in Reihen- und Parallelschaltungen aufgelöst.
- Die Reihen- und Parallelschaltungen werden Schritt für Schritt zu Ersatzwiderständen zusammengefasst **(Bild und Bilder 3 bis 5, Seite 44)**.
- Die Schritte des Zusammenfassens werden wiederholt, bis nur noch ein Ersatzwiderstand *R* vorliegt.

Ermitteln Sie für die gemischte Schaltung **(Bild a)** den Ersatzwiderstand *R*. Fassen Sie dazu die Schaltung schrittweise zu Ersatzwiderständen zusammen. Berechnen Sie anschließend die in der Schaltung eingezeichneten Ströme und Spannungen, wenn die Spannung U = 12 V an der Schaltung liegt. Folgen Sie den eingezeichneten Pfeilen.

Schritt 1 **(Bild a)**:

R_1 und R_2 zu R_{12} zusammenfassen:

⇓

Schritt 2 **(Bild b)**:

R_{12} und R_3 zu R_{123} zusammenfassen:

⇓

Schritt 3 **(Bild c)**:

R_{123} und R_4 zu R_{1234} zusammenfassen:

⇓

Schritt 4 **(Bild d und e)**:

R_{1234} und R_5 zu R zusammenfassen:

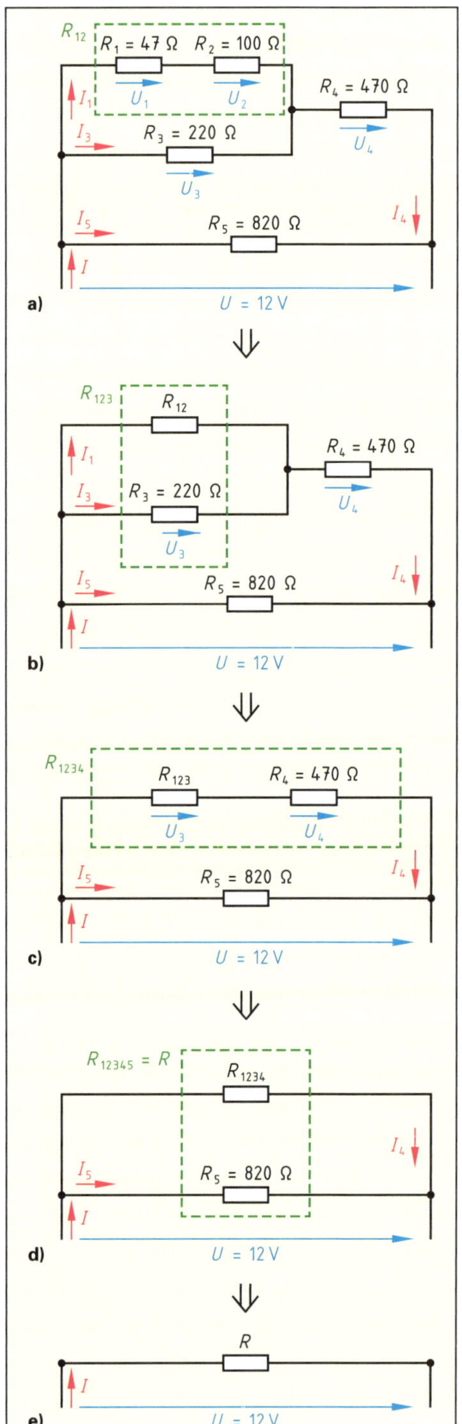

Bild: Gemischte Schaltung

Spannungen U_1 und U_2 berechnen:

⇑

Stromstärken I_3 und I_1 berechnen:

⇑

Spannungen U_4 und U_3 berechnen:

⇑

Stromstärke I_4 berechnen:

⇑

Stromstärke I_5 berechnen:

⇑

Gesamtstromstärke I berechnen:

Testen Sie Ihre Fachkompetenz

Der belastete Spannungsteiler ist eine technische Anwendung der gemischten Schaltung.

1. Berechnen Sie für den unbelasteten Spannungsteiler **(Bild 1) a)** den Strom I und **b)** die Teilspannungen U_1 und U_{20}.

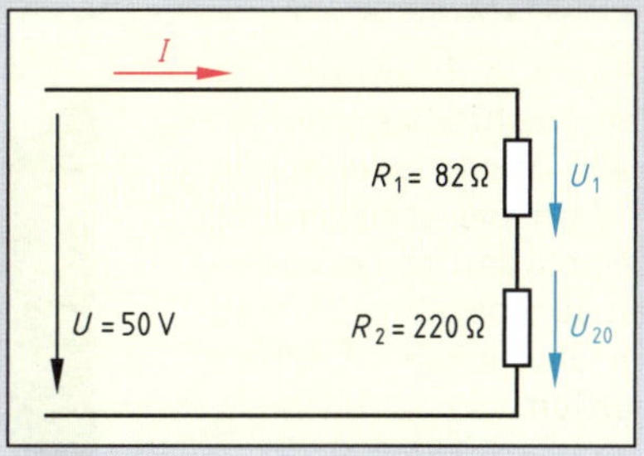

Bild 1: Spannungsteiler, unbelastet

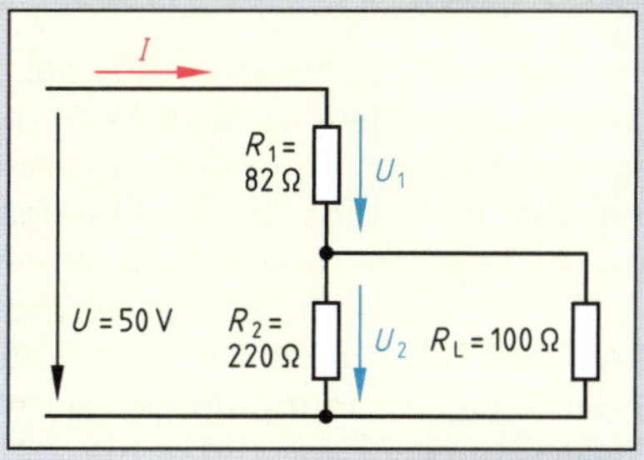

Bild 2: Spannungsteiler, belastet

2. Berechnen Sie für den belasteten Spannungsteiler **(Bild 2) a)** den Gesamtstrom I und **b)** die Teilspannungen U_1 und U_2.

3. Begründen Sie, warum die Spannung U_2 des belasteten Spannungsteilers **(Bild 2)** gegenüber der Spannung U_{20} des unbelasteten Spannungsteilers **(Bild 1)** kleiner geworden ist.

4. Bestimmen Sie für die gemischte Schaltung **(Bild 3)** den Ersatzwiderstand R.

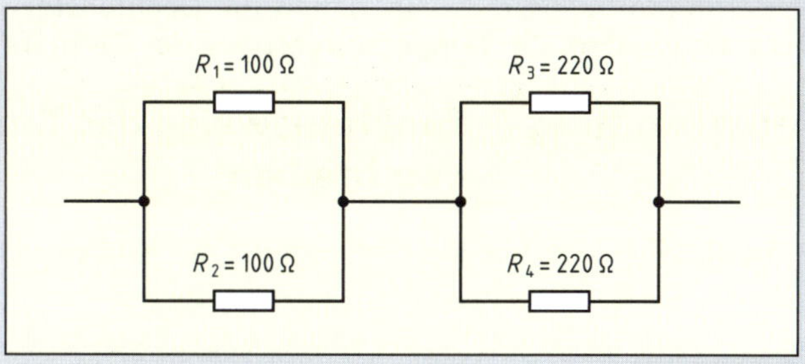

Bild 3: Gemischte Schaltung

5. Berechnen Sie für die Heizwiderstände des intakten Durchlauferhitzers **(Bild 2, Seite 44) a)** den Strom I, der durch einen Widerstand fließt, **b)** die Leistung P, die von einem Widerstand aufgenommen wird und **c)** die gesamte aufgenommene Leistung P_{ges}. An jedem der drei Widerstände liegt die Außenleiterspannung $U = 400$ V.

a)

b)

c)

Lernsituation: Temperatur mit temperaturabhängigem Widerstand in einer Brückenschaltung erfassen

Die Gärtnerei Immergrün möchte, dass sich in ihrem neu gebauten Gewächshaus **(Bild 1)** die beiden Dachfenster, abhängig von der Innentemperatur, automatisch öffnen oder schließen. Der Elektroinstallationsbetrieb, in dem Sie arbeiten, hat den Auftrag zur Installation einer Kleinsteuerung erhalten, welche die beiden Dachfenstermotoren temperaturabhängig ansteuert. Dazu muss die Temperatur im Gewächshaus erfasst und in eine Spannung umgewandelt werden.

Von Ihrem Meister erhalten Sie die folgenden Informationen:

- Zur Temperaturerfassung wird ein temperaturabhängiger Widerstand benutzt, der in eine Brückenschaltung eingebaut wird **(Bild 2)**.
- Die Brückenspannung U_{AB} soll an den Klemmen A und B der Brückenschaltung abgegriffen und durch die Eingänge (Spannungen 0 V ... 10 V) der Kleinsteuerung erfasst werden.
- Bei der Brückenspannung U_{AB1} öffnet und bei der Brückenspannung U_{AB2} schließt die Kleinsteuerung die Dachfenster.

Bild 1: Gewächshaus mit geöffneten Dachfenstern

Kleinsteuerung Seite 121 und Seite 192.

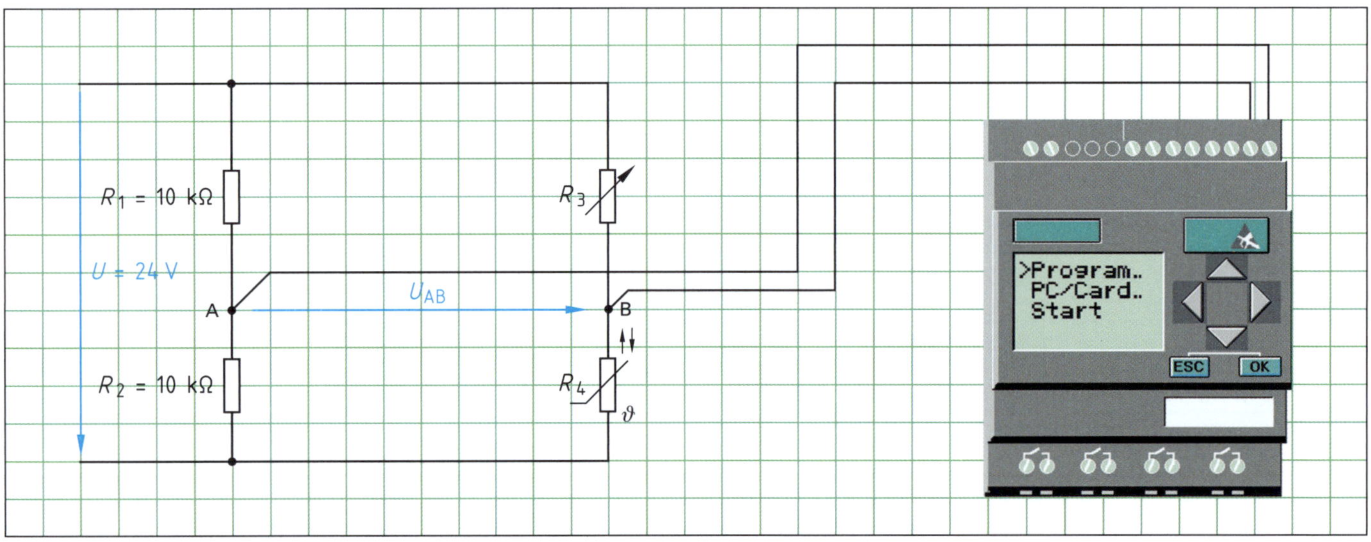

Bild 2: Temperaturerfassung mit temperaturabhängigem Widerstand in einer Brückenschaltung und Kleinsteuerung

Ihr Meister gibt Ihnen die Anweisung, die Schaltung so zu dimensionieren, dass bei einer Temperatur von 0 °C die Brückenspannung $U_{AB} = 0$ V beträgt. Außerdem sollen Sie die Brückenspannungen U_{AB1} und U_{AB2} für die beiden Temperaturen bestimmen, bei denen die Dachfenster von der Kleinsteuerung mithilfe der Motoren geöffnet oder geschlossen werden. Die Temperaturvorgabe der Gärtnerei für das Öffnen beträgt 25 °C und für das Schließen 20 °C.

Arbeitsauftrag 1: Funktionsweise der Temperaturerfassung in der Brückenschaltung beschreiben

1. Beschreiben Sie, wie die Widerstände der Brückenschaltung zueinander geschaltet sind.

2. Tragen Sie die Spannungen U_1 bis U_4 an den Widerständen sowie den Gesamtstrom I, den Strom I_1 durch R_1 und den Strom I_3 durch R_3 in der Brückenschaltung **(Bild 2)** ein.

3. Begründen Sie, warum (bei fest eingestelltem R_3) eine Temperaturänderung eine Änderung der Brückenspannung U_{AB} bewirkt.

Arbeitsauftrag 2: Kennlinien von temperaturabhängigen Widerständen auswerten

1. Beschreiben Sie, wie bei dem in der Brückenschaltung eingebauten, temperaturabhängigen Widerstand der Widerstandswert R von der Temperatur ϑ abhängt **(Bild a)**.

2. Warum werden Widerstände mit dieser Temperaturabhängigkeit auch Heißleiter genannt? Geben Sie die Bezeichnung für den Heißleiter **(Bild b)** an.

3. Erklären Sie, wie Sie einen NTC-Widerstand an seinem Schaltzeichen erkennen **(Bild b)**.

4. NTC-Widerstände werden mit einem bestimmten Wert gekennzeichnet. Was bedeuten in diesem Zusammenhang z. B. die Kennzeichnungen 2,2 k **(Bild a)** und 2K2 **(Bild c)**?

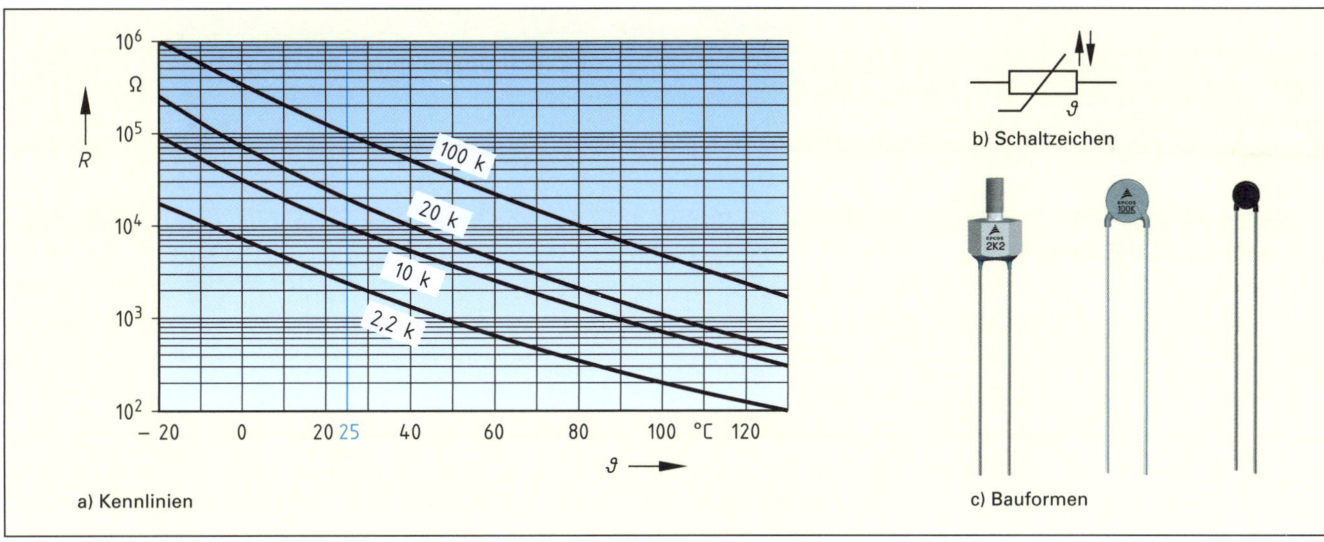

a) Kennlinien b) Schaltzeichen c) Bauformen

Bild: Kennlinien, Schaltzeichen und Bauformen von NTC-Widerständen

5. Lesen Sie aus der Kennlinie des 2,2 k NTC-Widerstandes **(Bild a)** die Widerstandswerte für die angegebenen Temperaturen ab:

$\vartheta = 0\ °C \rightarrow R =$ ______ ; $\vartheta = 20\ °C \rightarrow R =$ ______ ; $\vartheta = 25\ °C \rightarrow R =$ ______

Arbeitsauftrag 3: Widerstände, Ströme und Spannungen in der Brückenschaltung berechnen

Für die Realisierung der Temperaturerfassung sollen Sie laut Vorgabe ihres Meisters den 2,2 k NTC-Widerstand **(Bild c)** benutzen. Bearbeiten Sie die folgenden Arbeitsschritte, um die Brückenschaltung **(Bild 2, Seite 48)** zu dimensionieren und die benötigten Brückenspannungen U_{AB1} für das Öffnen und U_{AB2} für das Schließen der Dachfenster zu bestimmen.

1. Bei einer Temperatur von $\vartheta = 0\ °C$ soll die Brückenspannung $U_{AB} = 0\ V$ betragen.
   a) Wie wird dieser Zustand der Brückenschaltung genannt?

   b) Berechnen Sie den Wert, auf den der Widerstand R_3 eingestellt werden muss.

***R_3* soll für alle nachfolgenden Arbeitsschritte auf diesem Wert eingestellt bleiben!**

2. Berechnen Sie für die Temperatur ϑ = 25 °C **a)** die Ströme I_1 und I_3 und **b)** die Spannungen U_1 und U_3 in der Brückenschaltung **(Bild 2, Seite 48)**.

3. Tragen Sie die berechneten Spannungen U_1 und U_3 in den Auszug aus der Brückenschaltung ein **(Bild 1)**. Berechnen Sie dann mithilfe der Maschenregel die Brückenspannung U_{AB1} und tragen Sie auch diesen Wert in **Bild 1** ein.

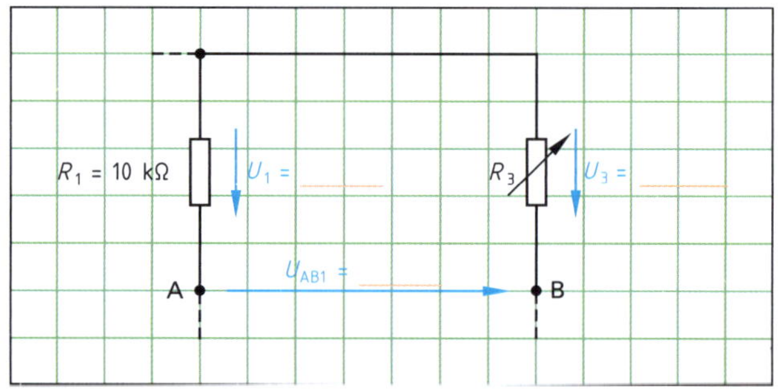

Bild 1: Spannungen bei ϑ = 25 °C

Fachkunde Elektrotechnik, Kapitel: Reihenschaltung (Maschenregel)

4. Berechnen Sie für die Temperatur ϑ = 20 °C **a)** die Ströme I_1 und I_3 und **b)** die Spannungen U_1 und U_3 in der Brückenschaltung **(Bild 2, Seite 48)**.

5. Tragen Sie die berechneten Spannungen U_1 und U_3 in den Auszug aus der Brückenschaltung ein **(Bild 2)**. Berechnen Sie dann mithilfe der Maschenregel die Brückenspannung U_{AB2} und tragen Sie auch diesen Wert in Bild 2 ein.

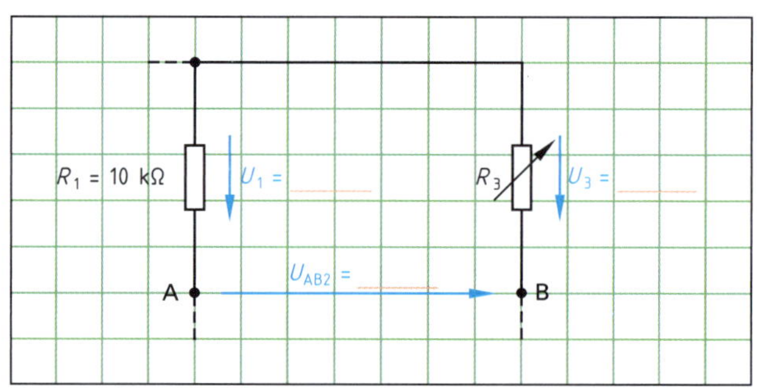

Bild 2: Spannungen bei ϑ = 20 °C

6. Geben Sie zusammenfassend an, bei welchen Brückenspannungen U_{AB1} und U_{AB2} die Kleinsteuerung **a)** ein Öffnen und **b)** ein Schließen der Dachfenster bewirkt.

a)

b)

7. Beschreiben Sie, wie sich ein Vertauschen der Widerstände R_3 und R_4 **(Bild 2, Seite 48)** auf die Brückenspannung U_{AB} bei **a)** ϑ = 0 °C und bei **b)** ϑ > 0 °C auswirken würde.

a)

b)

Testen Sie Ihre Fachkompetenz

1. Bestimmen Sie für die Brückenschaltung **(Bild 2, Seite 48)** die Temperatur ϑ, bei der die Brückenspannung $U_{AB} = 10$ V betragen würde ($R_3 = 7$ kΩ, $R_4 = 2{,}2$ kΩ bei 25 °C). Berechnen Sie im Unterschied zu Arbeitsauftrag 3 dafür keine Ströme, sondern wenden Sie die Regel an, dass in einer Reihenschaltung das Verhältnis der Spannungen zueinander gleich dem Verhältnis der zugehörigen Widerstände ist (Spannungsteilung).

2. Berechnen Sie für die Brückenschaltung **(Bild 2, Seite 48)** den Ersatzwiderstand R der vier Widerstände R_1, R_2, R_3 und R_4 bei einer Temperatur von 25 °C **a)** aus Gesamtspannung U und Gesamtstrom I der Schaltung und **b)** durch wiederholtes Zusammenfassen der Einzelwiderstände von Reihen- und Parallelschaltungen zu Ersatzwiderständen. Verwenden Sie, wo nötig, die in den Arbeitsaufträgen 2 und 3 bestimmten Werte.

3. Berechnen Sie für die Brückenschaltung **(Bild 1)** den Widerstandswert R_3, wenn das Messgerät keinen Ausschlag zeigt.

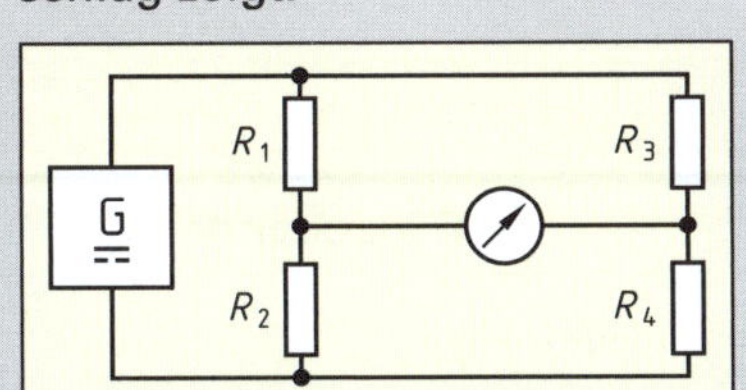

Bild 1: Brückenschaltung

Geg.: $R_1 = 100\ \Omega$; $R_2 = 82\ \Omega$; $R_4 = 56\ \Omega$ Ges.: R_3

4. In hochwertigen Lichterketten, bei denen die Lampen in Reihe geschaltet sind, leuchten trotz defekter Lampen die restlichen, nicht defekten Lampen weiter. Beschreiben Sie den Aufbau eines Teiles einer solchen Lichterkette **(Bild 2)** und erklären Sie die Wirkungsweise des NTC-Widerstandes.

Fachkunde Elektrotechnik, Kapitel: NTC-Widerstand, Internetrecherche

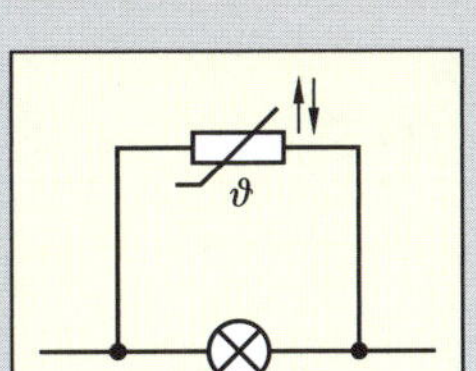

Bild 2: Teil einer Lichterkette

Lernsituation: Überprüfung einer LED-Lichterkette

Frau Schreiber schließt ihre LED-Lichterkette **(Bild 1)** zur Beleuchtung des Weihnachtsbaumes über eine Dreifach-Steckdosenleiste an. Nach dem Anschließen der Lichterkette stellt sie fest, dass keine LED leuchtet. Sie bittet ihren Sohn Lennard, der Auszubildender im ersten Lehrjahr im Beruf Elektroniker für Energie- und Gebäudetechnik ist, die Lichterkette zu überprüfen und wenn möglich instand zu setzen.

Die Lichterkette wird über ein Netzteil betrieben, das mit den folgenden technischen Daten beschriftet ist:

PRI:	220 - 240 V~	50/60 Hz
SEC:	31 V ⎓ 3,6 W	t_c = 65 °C
IP44	SELV	CE

Bild 1: LED-Lichterkette

Arbeitsauftrag 1: Fehlerquellen eingrenzen

1. Zählen Sie die möglichen Fehlerquellen auf.

2. Als Elektrofachkraft grenzt man die möglichen Fehler systematisch ein. Beschreiben Sie, in welcher Reihenfolge Sie die obigen Fehlerquellen analysieren.

   1.
   2.
   3.
   4.

Arbeitsauftrag 2: Schaltungsart der Lichterkette analysieren

Lennard lässt sich von seiner Mutter die Verpackung der LED-Lichterkette geben. Darauf findet er die Informationen, dass die Lichterkette aus insgesamt 319 LEDs besteht und jede einzelne LED für den ordnungsgemäßen Betrieb eine Betriebsspannung von 2,8 V bei einem Stromfluss von 4 mA benötigt.

1. Ergänzen Sie die **Tabelle** zu den Gesetzmäßigkeiten in der Reihenschaltung

Tabelle: Gesetzmäßigkeiten in der Reihenschaltung

Spannungen	Stromstärken	Widerstände
U =	I =	R =
Die Gesamtspannung U ist so groß wie	Die Stromstärke I	Der Gesamtwiderstand R ist so groß wie

2. Berechnen Sie, welche Teilspannung U_F eine einzelne LED erhalten würde, wenn alle n = 319 LEDs in Reihe verschaltet wären. Tragen Sie den berechneten Wert in **Bild 2** ein.

3. Erklären Sie, wie sich die 319 LEDs der Lichterkette verhalten würden, wenn sie alle in Reihe verschaltet wären.

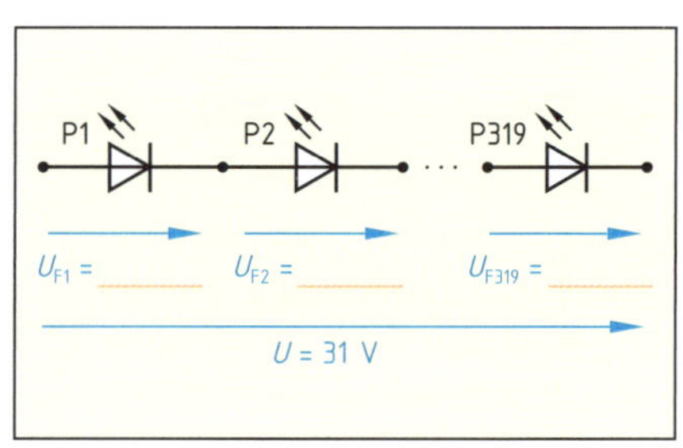

Bild 2: LED-Reihenschaltung

4. Berechnen Sie die benötigte Ausgangsspannung des Netzteils, wenn alle 319 LEDs mit ihrer Betriebsspannung von U_F = 2,8 V in Reihe verschaltet wären. Tragen Sie den berechneten Wert in **Bild 1** ein.

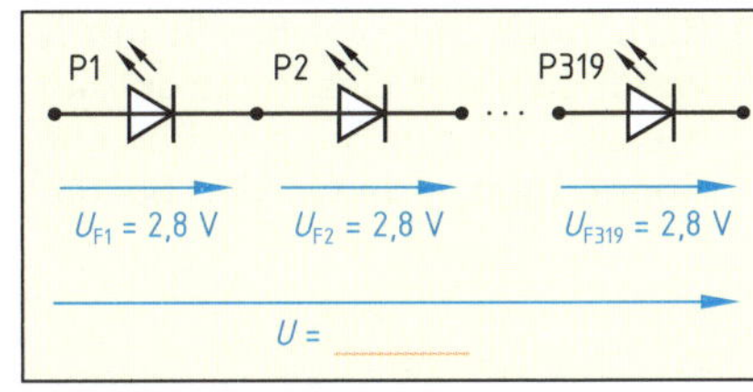

Bild 1: Alle LEDs in Reihe

5. Berechnen Sie, wie viele LEDs in Reihe verschaltet werden könnten, damit der Betrieb mit dem Netzteil der Lichterkette möglich wäre. Tragen Sie den Zahlenwert für die Anzahl der LEDs in **Bild 2** ein.

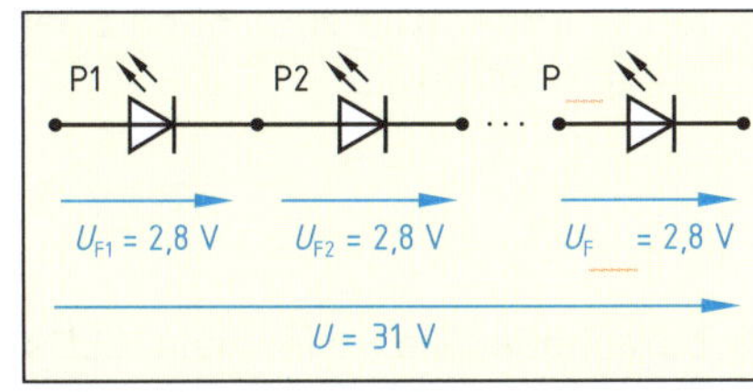

Bild 2: LEDs in Reihe an U = 31 V

Die 319 LEDs sind demnach nicht in Reihe zueinander verschaltet. Elektrische Verbraucher werden aber oftmals parallel zueinander verschaltet.

6. Ergänzen Sie die **Tabelle 1** zu den Gesetzmäßigkeiten in der Parallelschaltung

Tabelle 1: Gesetzmäßigkeiten in der Parallelschaltung

Spannungen	Stromstärken	Widerstände
$U =$	$I =$	$\frac{1}{R} =$
Die Spannungen sind überall	Die Gesamtstromstärke I ergibt sich aus	Der Kehrwert des Ersatzwiderstandes R ist so groß wie

7. Geben Sie an, welche Spannung U_F eine einzelne LED erhalten würde, wenn alle 319 LEDs parallel verschaltet wären. Tragen Sie den Wert in **Bild 3a** ein und beurteilen Sie das Ergebnis.

8. Geben Sie die benötigte Ausgangsspannung U des Netzteils an, wenn alle 319 LEDs mit ihrer Betriebsspannung von U_F = 2,8 V parallel verschaltet wären. Tragen Sie den Wert in **Bild 3b** ein.

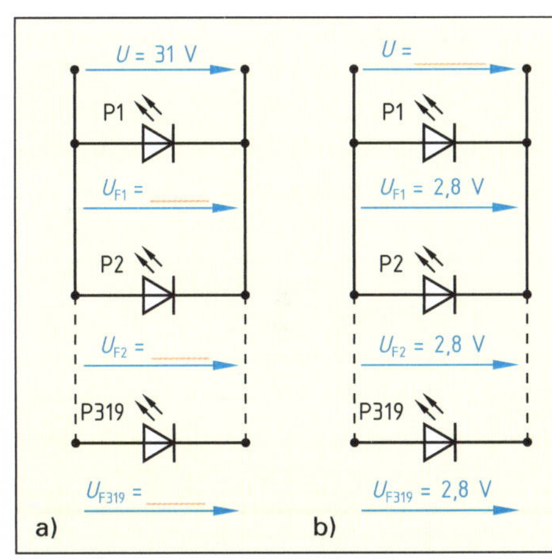

Bild 3: Parallelschaltung an verschiedenen Spannungen

Die Angaben auf dem Netzteil **(Seite 52)** zeigen neben der Ausgangsspannung auch die abgebbare Leistung. Auf Angaben zur Stromstärke wurde jedoch verzichtet. Diese kann von Lennard aber errechnet werden.

9. Ergänzen Sie die **Tabelle 2** zu den Gesetzmäßigkeiten der Leistungsberechnung.

Tabelle 2: Gesetzmäßigkeiten der Leistungsberechnung (bei Gleichstrom)

Strom und Spannung	Strom und Widerstand	Spannung und Widerstand
$P =$	$P =$	$P =$
Sind Spannung U und Strom I des Verbrauchers bekannt, kann daraus die Verbraucherleistung P direkt berechnet werden.	Sind Strom I und Widerstand R des Verbrauchers bekannt, kann daraus die Verbraucherleistung P direkt berechnet werden.	Sind Spannung U und Widerstand R des Verbrauchers bekannt, kann daraus die Verbraucherleistung P direkt berechnet werden.

10. Das Netzteil liefert eine Ausgangsspannung von 31 V und kann dabei maximal 3,6 W abgeben. Berechnen Sie, welche Stromstärke I das Netzteil demnach maximal liefern kann. Tragen Sie den Zahlenwert in **Bild 4** ein.

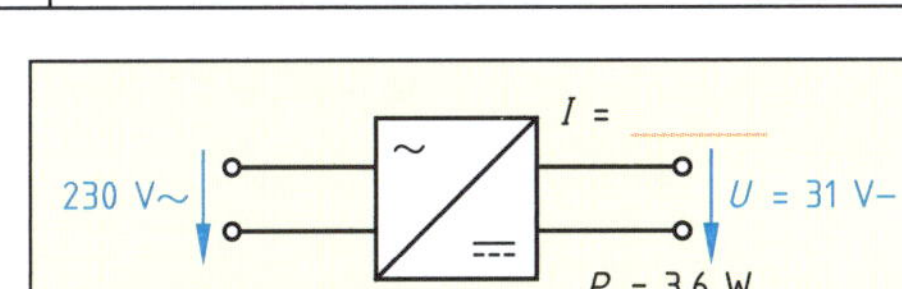

Bild 4: Blockschaltbild des Netzteils

11. Berechnen Sie, welcher Strom I_F durch jede LED maximal fließen könnte, wenn sich der Gesamtstrom auf 319 parallel verschaltete LEDs aufteilen müsste. Tragen Sie den berechneten Wert in **Bild 1a** ein. (Die zu großen Spannungswerte werden bei dieser Überlegung ignoriert).

12. Erklären Sie, wie sich die 319 LEDs der Lichterkette in diesem Fall verhalten würden. (Die zu großen Spannungswerte werden bei dieser Überlegung ignoriert).

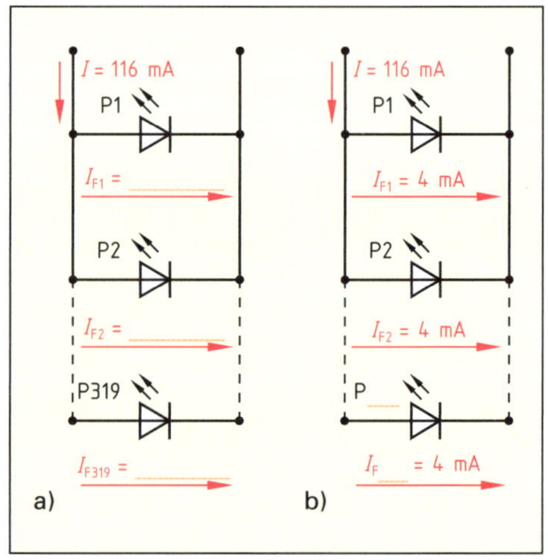

Bild 1: Parallel verschaltete LEDs

13. Berechnen Sie, wie viele LEDs maximal parallel verschaltet werden könnten, damit der Betrieb mit dem Netzteil der Lichterkette möglich wäre. Tragen Sie den Zahlenwert für die Anzahl der LEDs in **Bild 1b** ein. (Die zu großen Spannungswerte werden bei dieser Überlegung ignoriert).

14. Nun können Sie beurteilen, wie die LEDs verschaltet sein müssen, damit sie die korrekten Spannungen bzw. Ströme erhalten. Beantworten Sie nachfolgende Fragen, indem Sie den vorgegebenen Schaltplan der Lichterkette **(Bild 2)** um die fehlenden Leiterverbindungen und Eintragungen ergänzen.

a) Wie viele Dioden bilden einen Dioden-Strang und wie sind diese Dioden zueinander verschaltet?

b) Wie viele Dioden-Stränge sind vorhanden und wie sind diese zueinander verschaltet?

c) Beschreiben Sie in Worten, in welcher Schaltungsart die Leuchtdioden der Lichterkette verschaltet sind.

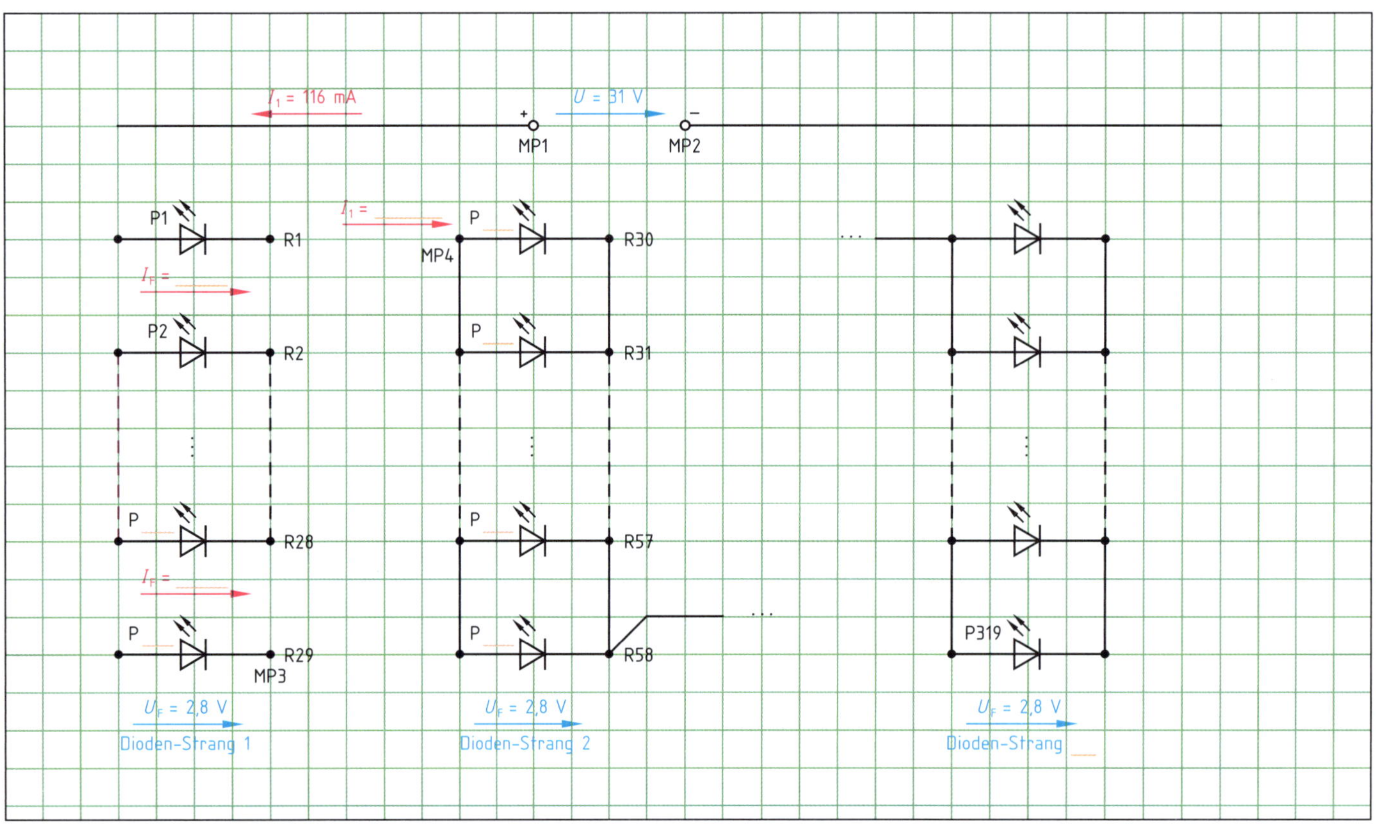

Bild 2: Schaltplan der Lichterkette mit den Messpunkten MP1 bis MP 4

Arbeitsauftrag 3: Messtechnische Untersuchung der Lichterkette

1. Zwischen welchen Messpunkten **(Bild 2, Seite 54)** messen Sie welche Größe, um zu überprüfen, dass sowohl die Steckdose, die Dreifach-Steckdosenleiste als auch das Netzteil ordnungsgemäß arbeiten?

2. Welchen Wert erwarten Sie bei dieser Messung im Display des Messgerätes?

3. Im Laufe der weiteren Untersuchung vermutet Lennard einen Drahtbruch zwischen den Messpunkten MP 3 und MP 4, da die Isolation des Drahtes in diesem Bereich eine auffällige Quetschstelle aufweist. Erklären Sie, durch welche Messung seine Vermutung überprüft werden kann.

4. Die Messung aus 3. bestätigt Lennards Vermutung. Beschreiben Sie stichpunktartig, wie die Lichterkette instand gesetzt werden kann.

5. Beschreiben Sie, welches Problem bei direkter Messung **(Bild 1)** des Übergangswiderstandes $R_{Übergang}$ auftritt.

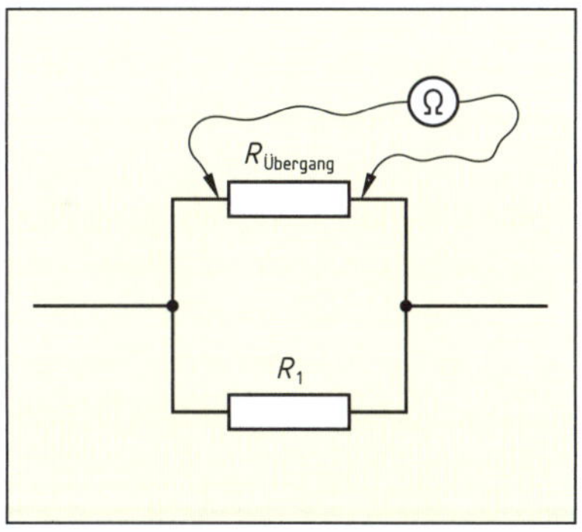

Bild 1: Versuch einer direkten Widerstandsmessung

6. Durch welche Messung in **Bild 1** könnte man einen sehr kleinen Widerstandswert von $R_{Übergang}$ nachweisen, ohne die Schaltung auftrennen zu müssen?

7. Lennard möchte die Niederohmigkeit seiner Verbindungsstelle messtechnisch überprüfen. Hierzu nimmt er das Netzteil aus der Steckdose, um Spannungsfreiheit sicherzustellen **(Bild 2)**. Erklären Sie, warum er das Problem aus Aufgabe 5 nicht befürchten muss.

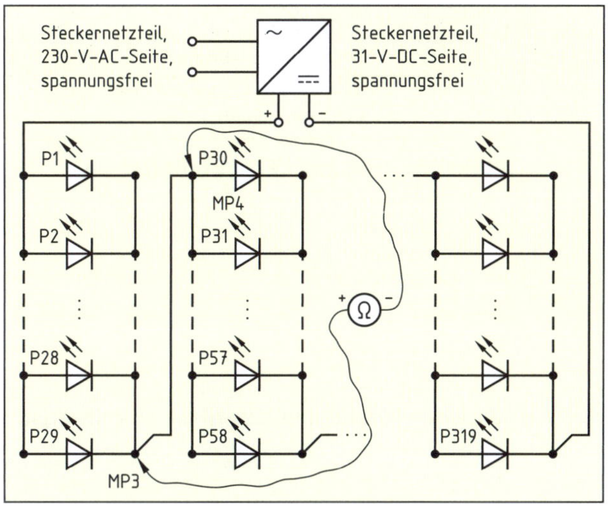

Bild 2: Direkte Widerstandsmessung

Testen Sie Ihre Fachkompetenz

1. Die Diode R58 im Strang 2 **(Bild 2, Seite 54 und Bild 2, Seite 55)** ist ausgefallen und hochohmig. Erklären Sie die Auswirkung auf die einzelnen LEDs der Lichterkette, indem Sie in nachfolgender Folgekette Richtiges unterstreichen und Falsches durchstreichen:

R_{58} wird größer → $R_{Strang2}$ wird größer/kleiner → $U_{D\ Strang\ 2}$ wird größer/kleiner → LEDs im Strang 2 leuchten heller/ dunkler → LEDs der übrigen Stränge leuchten heller/ dunkler.

Fachkunde Elektrotechnik, Kapitel: Schutzmaßnahmen

2. Auf dem Netzteil steht IP 44. Erklären Sie die Bedeutung der Buchstaben und Ziffern.

IP:

Erste Ziffer:

4:

Zweite Ziffer:

4:

3. Darf diese Lichterkette an der Außenwand des Hauses verwendet werden?

4. Nach der Reparatur eines elektrischen Gerätes ist eine Überprüfung vorzunehmen. In welcher Norm sind diese Anforderungen definiert?

5. Elektrische Geräte am öffentlichen Netz, z. B. Leuchten, werden meist nicht in Reihenschaltung, sondern in Parallelschaltung betrieben. a) Für welche Spannung müssen diese Geräte bemessen sein? b) Welchen Vorteil bietet die Parallelschaltung?

a)

b)

6. Werden LEDs als Einzelbauteile verbaut, benötigen diese einen Vorwiderstand, um den gewünschten Diodenstrom sicherzustellen. Datenblätter **(Bild 1)** zeigen den Zusammenhang zwischen der Diodenspannung U_F (Forward Voltage) und dem Diodenstrom I_F (Forward Current). Die Farben der LEDs sind dabei unbedingt zu beachten.

a) Dimensionieren Sie den Vorwiderstand R_V der Schaltung **(Bild 2)** für zwei rote LEDs so, dass jede LED von I_F = 20 mA durchflossen wird.

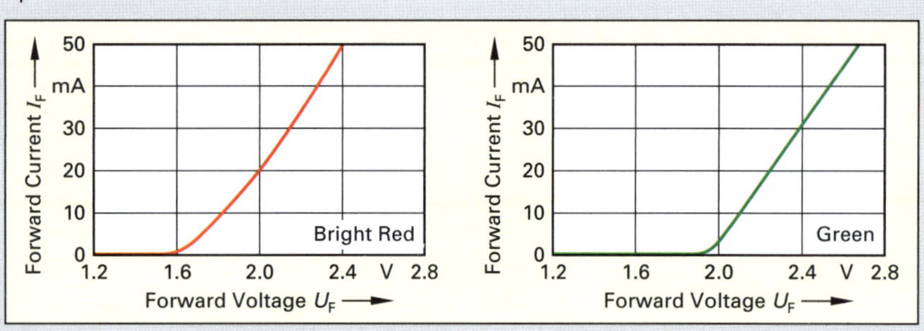

Bild 1: Auszug aus LED-Datenblättern

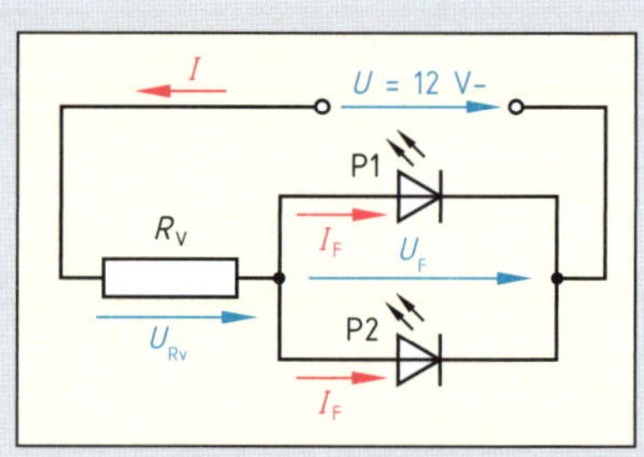

Bild 2: Parallelschaltung zweier Dioden

b) Welchen Nachteil besitzt diese Schaltungsdimensionierung?

Lernsituation: Eine Kabeltrommel fachgerecht in Betrieb nehmen

Florian plant auf dem großen Gartengrundstück seinen 18. Geburtstag zu feiern. Die Sitzbänke will er 12 m entfernt von der Terrassenwand aufstellen. An der Terrassenwand befindet sich die einzige Außensteckdose. In der Garage der Eltern findet er zwei Kabeltrommeln unterschiedlicher Typen **(Bild 1a, b)**.

Zum Gelingen der Geburtstagsfeier hat er folgende Verbraucher vorgesehen:

- Einen Strahler für die nächtliche Beleuchtung,
- einen Kühlschrank für gut gekühlte Getränke,
- einen Elektrogrill für die Zubereitung des Grillgutes.

> ℹ Kabeltrommeln nennt man auch Leitungsroller.

Florian ist ganz begeistert: „Damit haben wir einfach genügend Power um die Party starten zu lassen". Beim Aufbau zur Geburtstagsfeier ist ihm Harald, Auszubildender als Elektroniker für Betriebstechnik im 1. Ausbildungsjahr, behilflich. „Ganz so einfach ist die Sache mit der Power nicht", fachsimpelt Harald. „Da sind schon einige Fakten zu beachten". Er verweist seinen Freund auch auf die im Karton vorhandene Bedienungsanleitung **(Bild 2)**.

Typ 1
Technische Daten:
230 V / 50 Hz
1100/3200 W (aufgerollt/abgerollt)
25 m
4 kg
3200 W
H05VV-F3G1,5

a)

Typ 2
Technische Daten:
230 V / 50 Hz
1100/3600 W (aufgerollt/abgerollt)
40 m
6,5 kg
3600 W
H05RR-F3G1,5
IP44

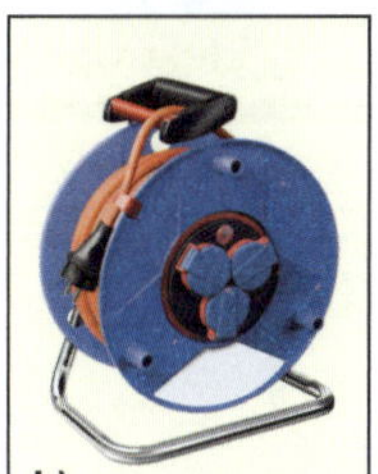
b)

Bild 1: Kabeltrommeln

Auszug aus der Bedienungsanleitung für Kabeltrommel Typ 1

Das gesamte Produkt darf nicht geändert oder umgebaut und das Gehäuse nicht geöffnet werden.

Die Kabeltrommel darf ausschließlich nur in geschlossenen Räumen benutzt werden. Ein Kontakt mit Feuchtigkeit, z. B. im Außenbereich, ist unbedingt zu vermeiden.

Sollte die Kabeltrommel einmal überhitzt werden, schaltet der eingebaute Thermoschalter die gesamte Kabeltrommel ab. Nehmen Sie dann die Kabeltrommel vom Netz und schalten Sie alle Verbraucher aus. Nachdem die Kabeltrommel abgekühlt ist, kann die Taste für den Thermoschalter betätigt werden. Damit ist die Kabeltrommel wieder betriebsbereit.

Bild 2: Auszug aus Bedienungsanleitung

Arbeitsauftrag 1: Bedienungsanleitung analysieren

1. In welchen technischen Daten unterscheiden sich die beiden Kabeltrommeln? Ergänzen Sie die **Tabelle**.

Tabelle: Technische Daten von Kabeltrommeln

Technische Daten	Typ 1	Typ 2
Belastbarkeit		
Leitungstyp		
Anschlussleistung		
Schutzart		
Kabellänge		
Gewicht		

2. Warum wird die Kabeltrommel mit einem Überhitzungsschutz (Thermoschalter) ausgestattet?

3. Warum unterscheidet der Hersteller den Betrieb im aufgerollten und abgerollten Zustand?

4. Woran erkennt man, welche der beiden Kabeltrommeln für die Benutzung im Garten geeignet ist?

5. Warum gibt der Hersteller der Kabeltrommel Typ 1 keine Schutzart in der Bedienungsanleitung an?

Arbeitsauftrag 2: Technische Daten rechnerisch überprüfen

Florian weiß nun, welche Kabeltrommel er nur im Freien verwenden darf. Er sieht sich die Anschlusswerte der anzuschließenden Verbraucher **(Tabelle)** genauer an.

1. Welcher Anschlusswert P ergibt sich, wenn alle Verbraucher angeschlossen sind?

2. Warum ist die vorhandene Kabeltrommel Typ 2 für den abendlichen Einsatz geeignet?

3. Florian möchte nun noch wissen, welcher Strom bei Betrieb aller Verbraucher in der Leitung fließt.

Tabelle: Anschlusswerte der Verbraucher bei 230 V	

Elektrogrill	Strahler
2,2 kW	500 W

Kühlschrank	
85 W	

4. Florian hat an alles gedacht. Falls es kühl wird, hat er auch noch einen Heizstrahler besorgt **(Bild)**. Unter welchen Voraussetzungen könnte der Heizstrahler mit der vorhandenen Kabeltrommel versorgt werden?

5. Der Kühlschrank benötigt für den Betrieb eine Spannungsversorgung von 230 V ± 10 %. Steht diese Spannung zur Verfügung, wenn auch der Grill und der Strahler in Betrieb sind?

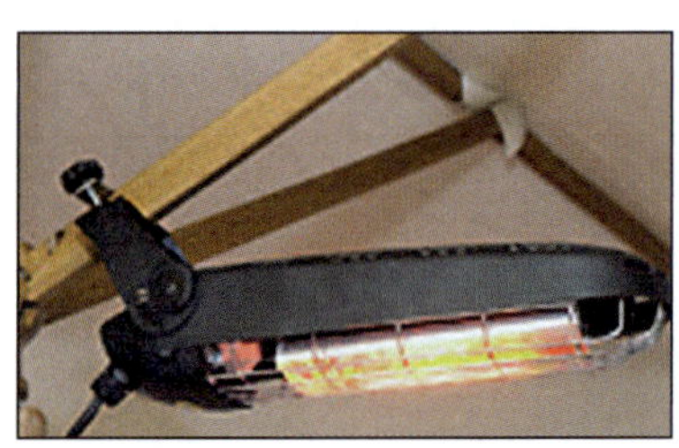

Bild: Heizstrahler 1200 W

Testen Sie Ihre Fachkompetenz

1. Welcher zulässige Laststrom kann in der Leitung der Kabeltrommel nach **Bild 1 b, Seite 57** fließen?

2. Auf der Homepage eines Kabeltrommelherstellers finden Sie unter der Rubrik FAQ[1] folgende Frage:
„Why must cable drums be completely rolled out for heavy-duty jobs"?
Cable winding devices like cable reels or cable boxes can become very hot in the centre of the rolled-up cable. For this reason temperature switches (overheating protection) are stipulated to interrupt the current at around 65 degrees Celsius. Without this overheating protection, the cable insulation can melt and lead to destruction or fire of the winding device. To prevent an unnecessary premature switch-off of the electricity, the cable reel should be unwound.
Übersetzen Sie diesen Text in die deutsche Sprache.

3. In einer technischen Beschreibung von Kabeltrommeln finden Sie folgende **Tabelle**.
   a) Warum zeigt sich in der Tabelle kein proportionales Verhalten zwischen bewickelter Länge und zulässigem Belastungsstrom?

   b) Welche maximal zulässige Anschlussleistung ist für die voll bewickelte Kabeltrommel **(Tabelle)** zulässig?

Tabelle: Zulässiger Bemessungsstrom bei Dauerlast beim Anschluss an 230 V

Bei einem Leiterquerschnitt von 1,5 mm²	
voll bewickelt	4,8 A
2/3 bewickelt	5,2 A
1/3 bewickelt	6 A
abgewickelt	16 A

4. **a)** Welcher Leitungstyp wird bei Kabeltrommeln für die Baustellennutzung verwendet? **b)** Erläutern Sie die Bezeichnung.

5. Ein Hersteller bietet 40 m Kabeltrommeln wahlweise mit H07RN-F3G2,5 und H07RN-F 3G1,5 an. **a)** Bei welcher Kabeltrommel tritt der geringere Spannungsfall auf? **b)** Berechnen Sie für den ausgewählten Leiterquerschnitt den Spannungsfall für den maximal zulässigen Anschlusswert von 3680 W.

[1] FAQ, Abk. für: frequently asked questions (engl.) = häufig gestellte Fragen

Lernsituation: Abhängigkeit der Kapazität von der Plattenfläche und dem Plattenabstand bei einem Kondensator

Die Funktionsweise einer handelsüblichen elektronischen Haushaltswaage soll analysiert werden **(Bild)**. Dabei ist besonders das Messprinzip von Bedeutung. Im Datenblatt ist die Rede von einem kapazitiven Sensor. Es stellt sich nun die Frage, wie man mithilfe einer Kapazität das Gewicht messen kann.

Als Auszubildender/de im ersten Lehrjahr wissen Sie bereits, dass ein Kondensator eine Kapazität darstellt.

Ihre Aufgabe ist es nun herauszufinden, von welchen Faktoren die Kapazität eines Kondensators abhängt und in welchem Zusammenhang diese Faktoren stehen. Dazu erstellen Sie eine Formel.

Bild: Elektronische Haushaltswaage

Bei der Analyse der Waage wird festgestellt:

Nach Öffnen des Gehäuses sind unter der Waagschale zwei parallele Metallplatten, ähnlich einem Plattenkondensator, zu erkennen, an denen je eine Leitung angeschlossen ist. Legt man ein Messobjekt auf die Waagschale, so verringert sich der Plattenabstand und das entsprechende Gewicht wird angezeigt. Entfernt man das Messobjekt wieder, gehen die Platten in ihre Ausgangsposition zurück.

Arbeitsauftrag 1: Versuch zur Ermittlung der Abhängigkeiten

1. Skizzieren Sie den prinzipiellen Aufbau eines Plattenkondensators und tragen Sie alle wichtigen geometrischen Größen ein.

2. Von welchen geometrischen Größen könnte die Kapazität des Plattenkondensators abhängig sein?

3. Mit einem LCR-Messgerät (Induktivität-, Kapazität-, Widerstands-Messgerät) kann die Kapazität eines Kondensators bestimmt werden. Im Folgenden ist ein Auszug aus dem Datenblatt eines LCR-Messgerätes gegeben. Informieren Sie sich über Handhabung, Anschlussbestimmungen und Schaltzeichen dieses Messgeräts.

Durchführung von Kapazitätsmessungen

1. Entladen Sie jeden Kondensator, bevor Sie ihn mit dem Messgerät verbinden.

Achtung!
Beim Kurzschließen von Kondensatoren können energiereiche Entladungen stattfinden. Vorsicht Lebensgefahr! Berühren Sie nicht die Anschlüsse bei Kondensatoren mit Spannungen größer DC 35 V bzw. AC 25 V. Vorsicht in Räumen, in welchen sich Stäube, brennbare Gase, Dämpfe oder Flüssigkeiten befinden oder befinden könnten.
⇒ Explosionsgefahr! Führen Sie keine Messungen an Kondensatoren durch, welche in Schaltungen eingebaut sind.

2. Verbinden Sie die beiliegenden Messleitungen mit dem Messgerät: die rote Messleitung mit der rechten „+"- Buchse (rot) und die schwarze Messleitung mit der linken „–"-Buchse (schwarz) und schalten Sie das Messgerät ein.
3. Stellen Sie den Messfunktionsschalter auf den gewünschten Messbereich ein.
4. Verbinden Sie den zu messenden, entladenen und spannungslosen Kondensator entweder mit dem Messsockel, wenn entsprechend lange Anschlussdrähte mit geringem Querschnitt vorhanden sind, oder mit den Krokodilklemmen der Messleitungen, wenn es sich um Kondensatoren mit großen Kapazitäten handelt, bzw. die Anschlüsse zu kurz für den Sockel sind. Achten Sie bei Elektrolytkondensatoren auf die richtige Polarität. Verlängern Sie nicht die beiliegenden Messleitungen durch andere Leitungen. Die dabei entstehenden Leitungskapazitäten lassen sich nicht mit der Nullpunktkorrektur ausgleichen. Es kann deshalb zu Fehlmessungen kommen.

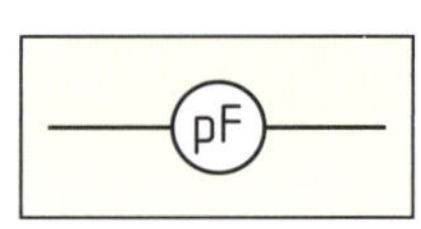

4. Planen Sie einen Versuch, mit dem die Abhängigkeit der Kapazität eines Kondensators von der Plattenfläche nachzuweisen ist. Welche Größe muss konstant gehalten werden? Welche Größe muss verändert werden?

Aus dem Versuch 1 haben sich folgende Werte ergeben:

Versuch 1:
Abhängigkeit der Kapazität von der Plattenfläche
Plattenabstand $l = 2\ \text{mm} = 0{,}002\ \text{m}$ (konstant)

Wertetabelle:

A in m^2	C in pF
0,034	150
0,068	300
0,136	600

5. Formulieren Sie anhand der Messwerte aus Versuch 1 einen Erkenntnissatz (Je-desto-Satz). Leiten Sie aus den Messwerten die Proportionalität her.

6. Planen Sie einen Versuch, mit dem die Abhängigkeit der Kapazität eines Kondensators von dem Plattenabstand nachzuweisen ist. Welche Größe muss konstant gehalten werden? Welche Größe muss verändert werden?

Aus dem Versuch 2 haben sich folgende Werte ergeben:

Versuch 2:
Abhängigkeit der Kapazität von dem Plattenabstand
Plattenfläche $A = 0{,}068\ \text{m}^2$ (konstant)

Wertetabelle:

l in m	C in pF
0,001	600
0,002	300
0,004	150

7. Formulieren Sie anhand der Messwerte aus Versuch 2 einen Erkenntnissatz (Je-desto-Satz) und bilden Sie die Proportionalität.

ℹ Die Kapazität eines Plattenkondensators hängt nicht von der Plattendicke ab.

Arbeitsauftrag 2: Auswertung des Versuchs

Fachkunde Elektrotechnik, Kapitel: Kondensator im Gleichstromkreis

1. Leiten Sie anhand der Erkenntnisse aus den Versuchen die Formel zur Berechnung der Kapazität eines Plattenkondensators her (Arbeitsblatt **Seite 62**, Schritte 1 bis 3).

2. Berechnen Sie die Proportionalitätskonstante und ersetzen Sie die Konstante durch die entsprechende physikalische Größe (Arbeitsblatt **Seite 62**, Schritte 4 bis 7). Ermitteln Sie den genauen Wert der Konstanten aus einem Tabellenbuch.

ℹ Die Kapazität eines Plattenkondensators hängt zusätzlich noch vom Dielektrikum ab. Die Zahl, die angibt, wievielmal größer die Kapazität eines Kondensators wird, wenn statt Luft ein anderer Isolierstoff verwendet wird, heißt Permittivitätszahl ε_r des betreffenden Isolierstoffes.

3. Vervollständigen sie die Formel zur Berechnung der Kapazität eines Plattenkondensators mit beliebigem Dielektrikum (Arbeitsblatt **Seite 62**, Schritt 8).

4. Erklären Sie das Messprinzip der elektronischen Haushaltswaage anhand der gefundenen Ergebnisse.

Kapazität eines Plattenkondensators:

Schritt 1: Einsetzen der Proportionalitäten aus den Versuchen.

$C \sim$ $C \sim$

Schritt 2: Zusammenführen der Proportionalitäten.

$C \sim$ und $C \sim$

Schritt 3: Gleichung bilden durch Einsetzen der Proportionalitätskonstanten k.

$C = k \cdot$

Schritt 4: Umstellen nach k und Einheit der Proportionalitätskonstanten ermitteln.

$k =$ $[k] =$ $1\ \text{F} =$ $\Rightarrow [k] =$

Schritt 5: Zahlenwert der Proportionalitätskonstanten k anhand von Messwerten ermitteln.

Gegeben:

$C = 300\ \text{pF} = 300 \cdot 10^{-12}\ \text{F}$

$A = 0{,}068\ \text{m}^2$

$l = 0{,}002\ \text{m}$

Schritt 6: Ersetzen der Proportionalitätskonstanten durch physikalische Größe.

Die Konstante hat den Namen:

Formelzeichen:

Einheit:

Genauer Wert:

Schritt 7: Gleichung zur Berechnung der Kapazität eines Plattenkondensators mit Luft als Dielektrikum.

$C =$

Schritt 8: Kapazität eines Plattenkondensators mit beliebigem Dielektrikum.

$C =$

Testen Sie Ihre Fachkompetenz

1. Ein Plattenkondensator mit dem Plattenabstand $l = 1$ mm hat eine Plattenfläche von $A = 40\ cm^2$. Welche Kapazität C hat der Kondensator, wenn als Dielektrikum **a)** Luft und **b)** Glimmer ($\varepsilon_r = 8$) verwendet wird?

Tabelle: Permittivitätszahlen von Isolierstoffen	
Isolierstoff	ε_r
Luft	1
Isolieröl	2 … 2,4
Silikonöl	2,8
Hartpapier	4 … 8
Porzellan	5 … 6
Glas	4 … 8
Glimmer	6 … 8
Polystyrol	2,5
Keramik	10 … 10 000
Polyester	3,3
Polycarbonat	2,8

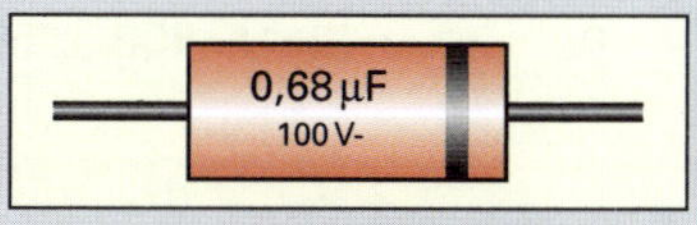

Bild 1: Folienkondensator

2. Ein Folienkondensator **(Bild 1)** hat ein 1,5 µm dickes Dielektrikum aus Polyester **(Tabelle)**. Wie groß müsste die wirksame Plattenfläche A eines Plattenkondensators gleicher Kapazität mit dem Dielektrikum Luft statt Polyester sein?

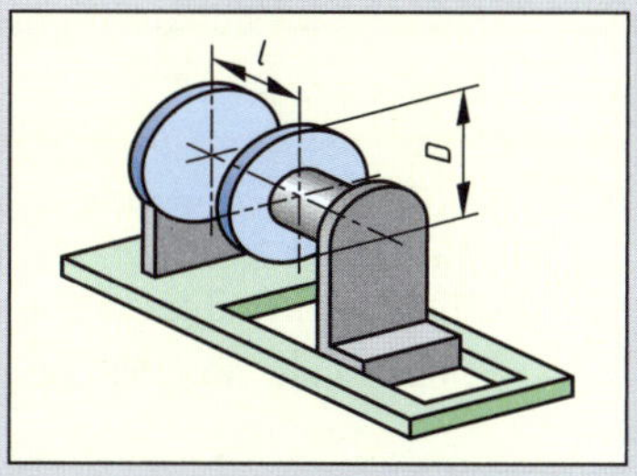

Bild 2: Plattenkondensator

3. Der Abstand l zwischen den Platten eines Demonstrations-Plattenkondensators **(Bild 2)** mit dem Durchmesser $D = 28$ cm lässt sich von 0,5 mm bis 5 mm verändern. Berechnen Sie **a)** den maximal möglichen Kapazitätswert C_{max} und **b)** den Plattenabstand l bei $C = 177$ pF.

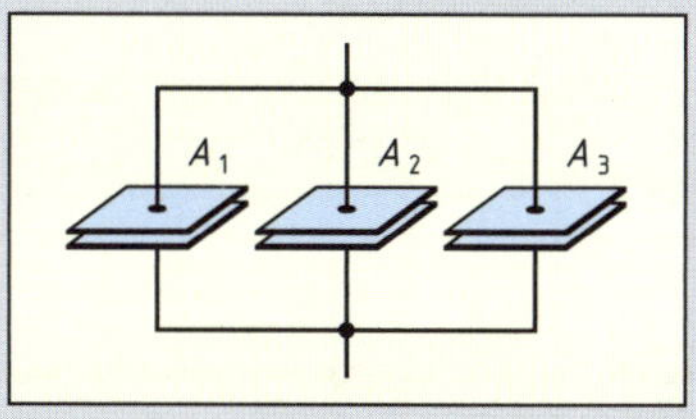

Bild 3: Parallelschaltung

4. Kondensatoren können in Parallelschaltung **(Bild 3)**, Reihenschaltung **(Bild 1, Seite 64)** oder Gruppenschaltung betrieben werden. Überlegen Sie anhand der Formel für die Kapazität eines Plattenkondensators, welche Auswirkungen die Parallel- bzw. Reihenschaltung von Kondensatoren auf die Plattenfläche, den Plattenabstand und die Ersatzkapazität (Gesamtkapazität) hat.

Testen Sie Ihre Fachkompetenz

5. Es werden die Kondensatoren C_1 = 0,47 µF und C_2 = 2200 nF **a)** parallel und **b)** in Reihe geschaltet. Berechnen Sie für beide Fälle die Gesamtkapazität.

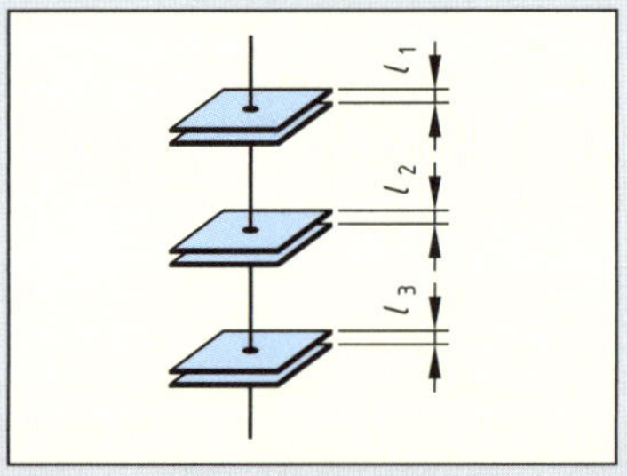

Bild 1: Reihenschaltung

6. Ein Kondensator von C_1 = 390 pF soll mit einem zweiten Kondensator in Reihe geschaltet werden, damit sich eine Ersatzkapazität von C = 80 pF ergibt. Berechnen Sie die Kapazität C_2 des zweiten Kondensators.

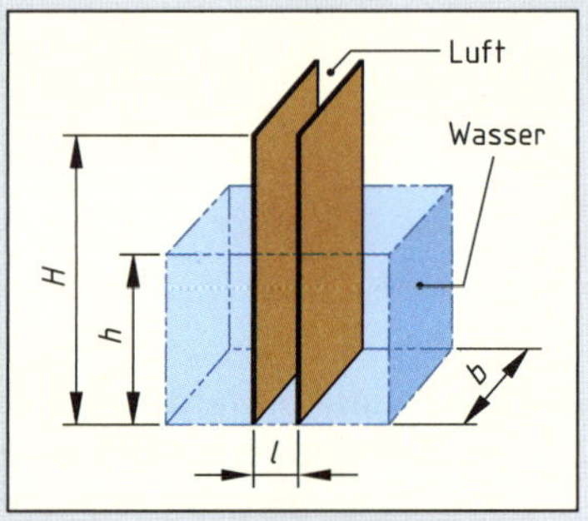

Bild 2: Füllstandsmessung

7. Zur Füllstandsmessung in einem Wasserbehälter **(Bild 2)** wird das Prinzip eines Plattenkondensators verwendet. Die Höhe der Kondensatorplatte beträgt H = 2,2 m, die Breite b = 5 cm. Der Plattenabstand ist l = 4 mm. Wasser hat die Permitivitätszahl ε_r = 80.

a) Erklären sie das Prinzip der Füllstandsmessung.

b) Zeichnen Sie das Ersatzschaltbild aus einem Kondensator mit Wasser als Dielektrikum (C_{Wasser}) und einem Kondensator mit Luft (C_{Luft}) als Dielektrikum. Schreiben Sie die Formel zur Berechnung der Gesamtkapazität C auf.

c) Wie berechnet sich die Kapazität von C_{Wasser} und C_{Luft} in Abhängigkeit der Füllhöhe h? Welchen der beiden Kondensatoren kann man vernachlässigen?

d) Berechnen Sie die Kapazität des Plattenkondensators bei leerem und vollem Behälter.

Elektrische Systeme planen und installieren

Lernsituation: Elektroinstallation einer Fertiggarage

Der Auftrag zur Elektroinstallation eines Wohngebäudes schließt auch die Elektroinstallation einer Fertiggarage **(Bild 1)** ein. Vor der Fertigstellung der Außenanlage ist die Zuleitung zur Garage in Kabelformsteinen bis zum vorgesehenen Anschlusspunkt bereits verlegt worden. Die Elektroinstallation soll nach dem Aufstellen der Garage durch einen Auszubildenden im ersten Lehrjahr erfolgen.

Bild 1: Ansicht Garage

Auftragsanalyse

Zur Vorbereitung der Elektroinstallation erhält der Auszubildende von seinem Meister einen Grundrissplan der Fertiggarage, in dem die Ausstattungswünsche des Eigentümers bereits eingetragen sind **(Bild 2)**. Die Unterlagen enthalten auch einen Hinweis auf die Fertigbetonbauweise der Garage.

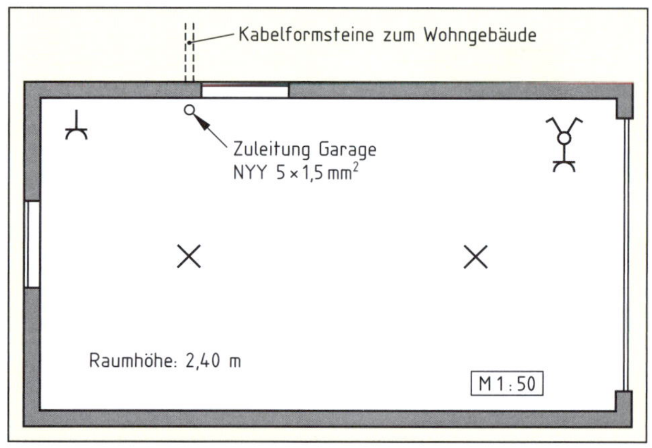

Bild 2: Grundrissplan der Fertiggarage

Arbeitsauftrag 1: Grundsätze der Leitungsverlegung auf Putz erarbeiten

1. **a)** Welche Installationsart ist für die Elektroinstallation in Garagen anzuwenden? **b)** Begründen Sie Ihre Aussage.

   a)

   b)

2. **a)** Welche IP-Schutzart müssen Betriebsmittel für die Feuchtrauminstallation mindestens haben?

   b) Welches Bildzeichen kennzeichnet diese Schutzart?

IP-Schutzarten elektrischer Betriebsmittel Fachkunde Elektrotechnik, Kapitel: Schutzmaßnahmen.

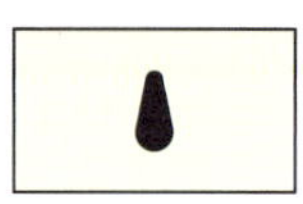

3. Nennen Sie Leitungs- oder Kabeltypen, die für die Feuchtrauminstallation in der Garage geeignet sind.

Tabelle: Mindestbiegeradien von fest verlegten Leitungen		
Leitungsdurchmesser d in mm	Mindestbiegeradius R	
	für nicht harmonisierte Leitungen[1]	für harmonisierte flexible Leitungen[2]
bis 8	$4 \cdot d$	$3 \cdot d$
über 8 bis 12	$4 \cdot d$	$3 \cdot d$
über 12 bis 20	$4 \cdot d$	$4 \cdot d$
über 20	$4 \cdot d$	$4 \cdot d$

[1] z. B. NYM (DIN VDE 0298-3)
[2] z. B. H07 RN-F (DIN EN 50565-1 (VDE 0298-565-1))

4. Welcher Mindestquerschnitt ist für die feste Installation in Licht- und Steckdosenstromkreisen vorgeschrieben?

5. Mit welchem Mindestbiegeradius R **(Bild 2, Seite 67)** dürfen folgende Mantelleitungen gebogen werden: **a)** NYM 3 x 1,5 mm², **b)** NYM 7 x 1,5 mm² und **c)** NYM 5 x 10 mm²? Verwenden Sie zur Lösung die **Tabelle**.

Außendurchmesser von Mantelleitungen **Tabelle 5, Seite 186**

6. Welcher Befestigungsabstand soll bei auf Putz verlegten Mantelleitungen mit einem Leitungsdurchmesser 9 mm bis 15 mm nicht überschritten werden?

7. In welchem Abstand c zu Betriebsmitteln **(Bild 1)**, z. B. Schalter, Steckdosen, Abzweigdosen oder Leuchten, ordnet man die erste Befestigungsschelle an?

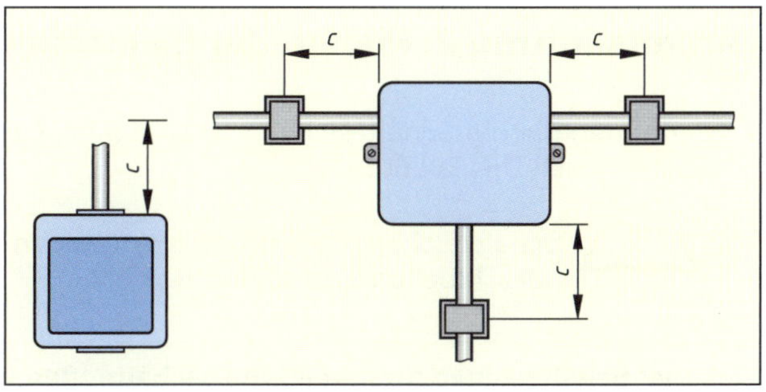

Bild 1: Abstand der ersten Befestigungsschelle

8. Als Zuleitung zu einer Schutzkontakt-Steckdose wird eine Mantelleitung NYM-J 3 x 1,5 verlegt.

a) Mit welchem Mindestbiegeradius R **(Bild 2)** darf die Mantelleitung gebogen werden?

b) In welchem Abstand b zum Bogen **(Bild 2)** setzt man die erste Befestigungsschelle?

c) Welcher Abstand a **(Bild 2)** ergibt sich dann bei der Verlegung von Mantelleitung NYM-J 3 x 1,5, gemessen vom Schnittpunkt des waagerechten und senkrechten Leitungsweges?

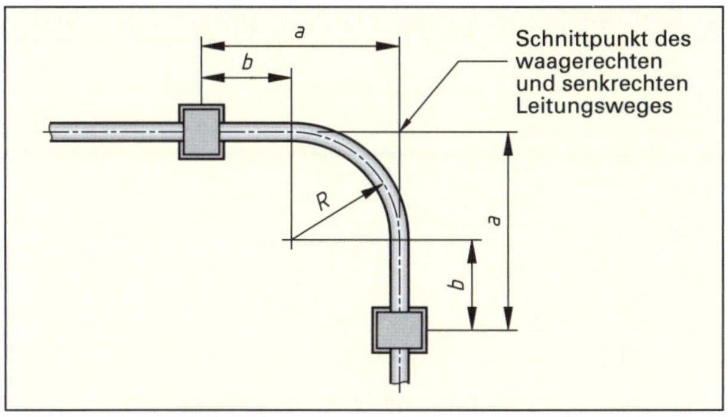

Bild 2: Schellenabstände und Mindestbiegeradius bei Leitungsbögen

9. In einer Elektroinstallation werden zwei waagerecht parallel geführte Mantelleitungen gebogen **(Bild 3)**. Innen verlegt ist eine Mantelleitung NYM 5 x 2,5 mm², außen verlegt ist eine Mantelleitung NYM 4 x 1,5 mm². (Leitungsdurchmesser **Tabelle 5, Seite 186**). Welche Mindestbiegeradien R_1 und R_2 sind einzuhalten?

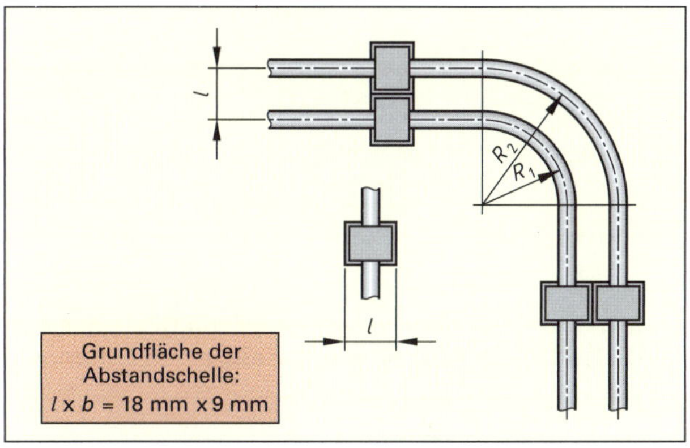

Bild 3: Leitungsbögen bei parallel geführten Leitungen

10. Bestimmen Sie für die Leitungsabschnitte A ... E **(Bild 4)** die erforderliche Anzahl der Abstandschellen und die Schellenabstände. Ergänzen Sie die Tabelle in **Bild 4**. (Hinweis: Schellenabstände waagerecht ≤ 300 mm, senkrecht ≤ 400 mm).

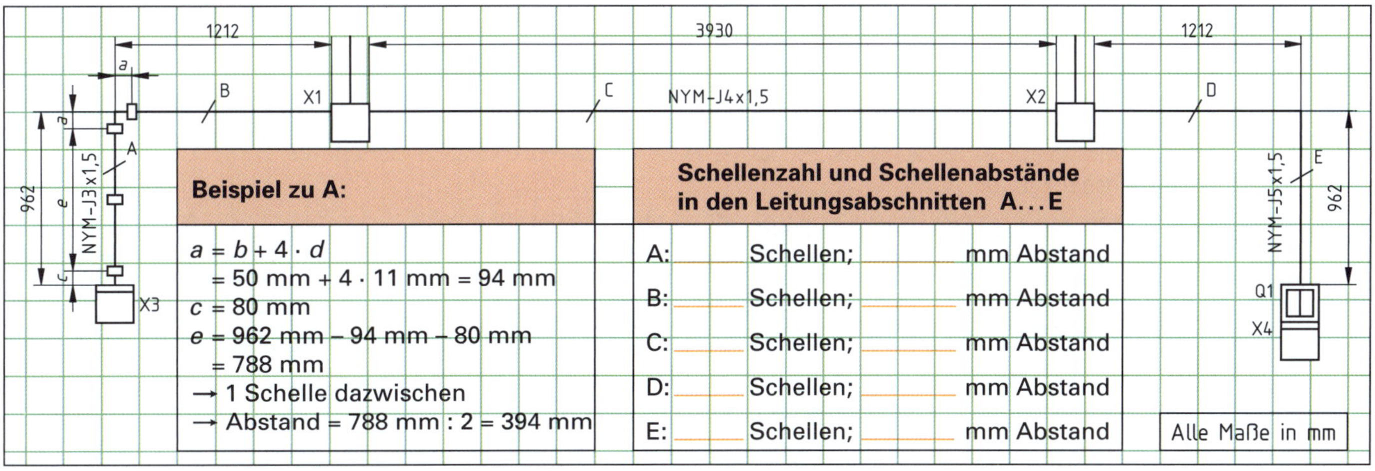

Bild 4: Schelleneinteilung bei auf Putz verlegten Leitungen

Arbeitsauftrag 2: Planen der Elektroinstallation

1. Benennen Sie die Schaltzeichen in der Tabelle. Geben Sie jeweils in Klammern die englische Bezeichnung der Schaltzeichen nach DIN EN 60617 an.

> Schaltzeichen: Fachkunde Elektrotechnik, Kapitel: Infoteil, Schaltungstechnik oder Tabellenbuch Elektrotechnik.

Tabelle: Schaltzeichen für Installationsschaltungen (Auswahl)

Übersichtsschaltplan	Stromlaufplan	Bezeichnung (deutsch und englisch)
	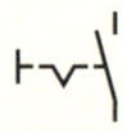	
	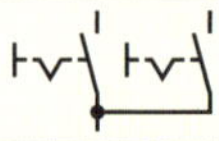	
	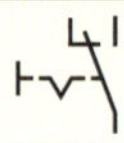	
	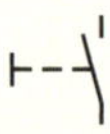	
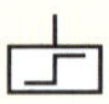	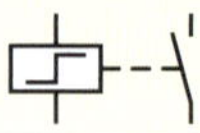	
	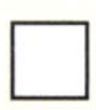	
	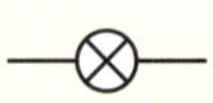	
	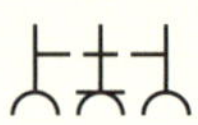	

2. Ergänzen Sie den Installationsschaltplan der Garage **(Bild)**. Tragen Sie nach der Bearbeitung des Stromlaufplanes **(Seite 69)** die Aderzahlen der einzelnen Leitungsabschnitte ein.

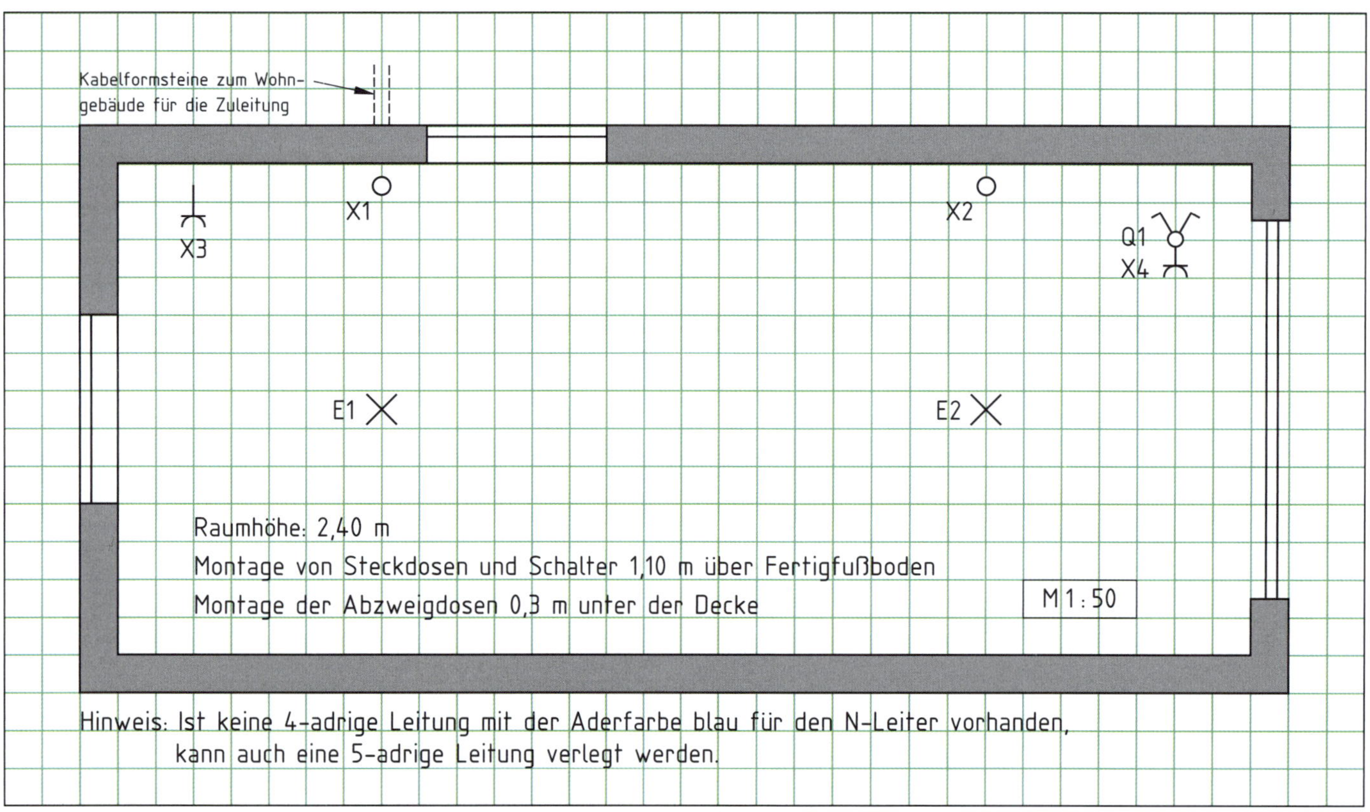

Bild: Installationsschaltplan der Garageninstallation

3. Zeichnen Sie die Stromlaufpläne der Elektroinstallation **a)** in aufgelöster und **b)** in zusammenhängender Darstellung.

Stromlaufpläne siehe Fachkunde Elektrotechnik, Kapitel: Schaltungstechnik oder Tabellenbuch Elektrotechnik

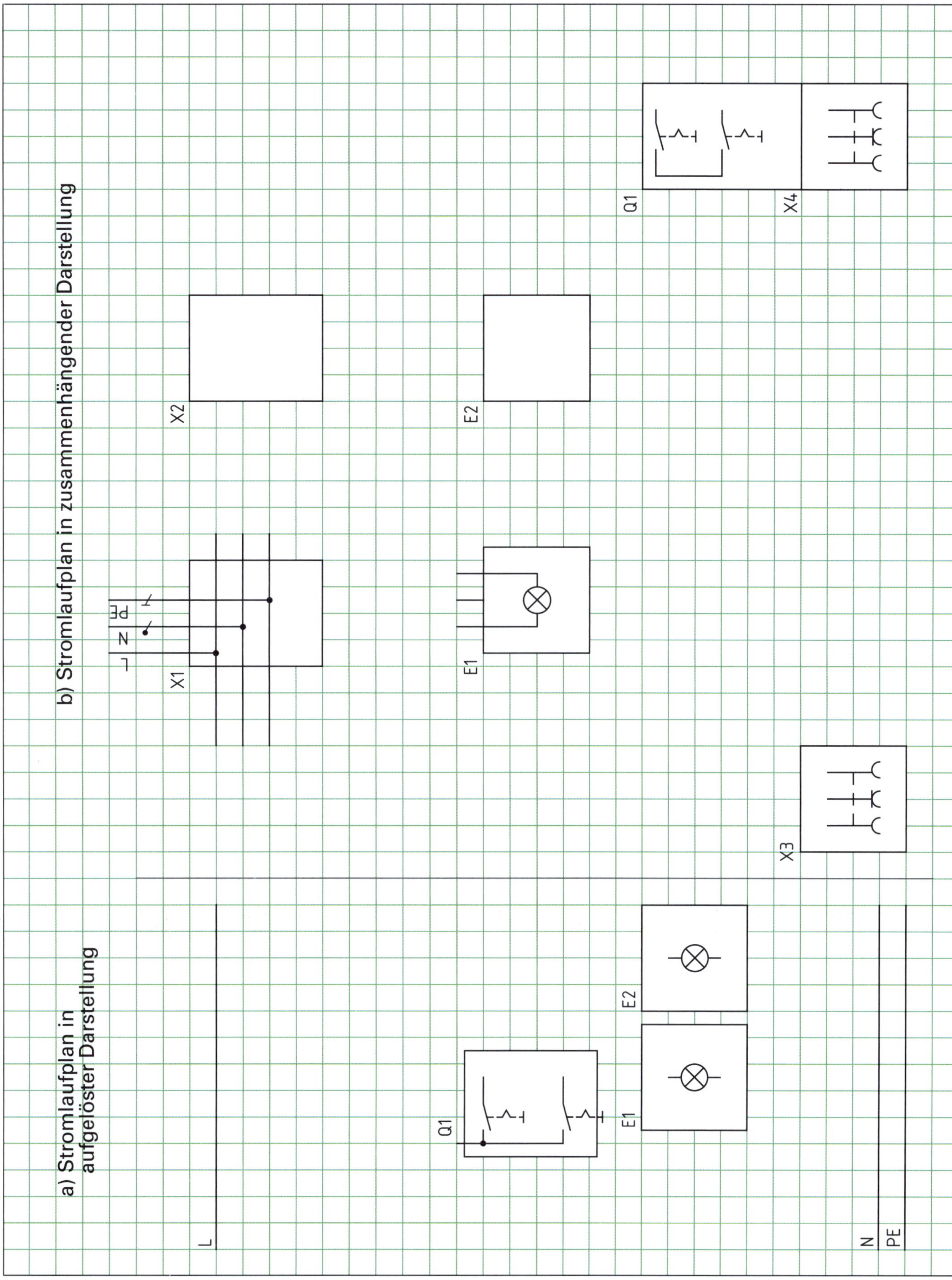

Arbeitsauftrag 3: Materialkosten ermitteln, Material bereitstellen, Elektroinstallation der Garage ausführen und in Betrieb nehmen

1. Ermitteln Sie die Materialkosten **(Seite 188)** für die Elektroinstallation der Garage. Setzen Sie für Kleinmaterialien wie Dübel, Schrauben, Dosenklemmen oder Abstandschellen zusätzlich 10 % der Materialkosten an. Entnehmen Sie dazu aus dem Installationsschaltplan **(Seite 68)** die erforderlichen Leitungslängen. Die Abzweigdosen sind 0,3 m unterhalb der Decke montiert. Geben Sie bei der Ermittlung der Leitungslängen für jeden Anschluss 0,25 m Leitungslänge zu.

Tabelle: Materialliste Elektroinstallation der Garage				
Pos.	Stck. / m	Bezeichnung	Einzelpreis	Gesamtpreis
Materialkosten				
Zuschlag für Kleinmaterial 10 %:				
Materialkosten inkl. Kleinmaterial:				
Mehrwertsteuer 19 %:				
Gesamte Materialkosten				

2. Die Zuleitung zur Garage wurde bereits in Kunststoffkabel NYY 5 x 1,5 mm^2 verlegt. Da zunächst kein Drehstromanschluss in der Garage gewünscht ist, werden nur die Adern für L, N und PE benötigt. Welche Aderfarben werden in dem 5-adrigen Kabel belegt und welche Adern stehen als Reserve zur Verfügung?

3. Worauf müssen Sie beim Anschluss der Fassungen in den Leuchten achten? Begründen Sie Ihre Angabe.

Arbeitsauftrag 4: Elektroinstallation in Betrieb nehmen

Erstprüfung elektrischer Anlagen Fachkunde Elektrotechnik, Kapitel: Schutzmaßnahmen.

1. Welche Prüfungen müssen Sie an der nun fertiggestellten Elektroinstallation vor dem Anlegen der Spannung durchführen?

2. Welche Prüfungen an der Anlage müssen Sie noch unter Aufsicht einer elektrotechnischen Fachkraft vor der Übergabe an den Kunden ausführen?

Testen Sie Ihre Fachkompetenz

1. Welche Leitungen und Kabel eignen sich für die Elektroinstallation in feuchten Räumen, z. B. in Garagen oder in Waschküchen?

2. Als Zuleitung zu der Garage wurde ein Kunststoffkabel NYY verlegt. Wäre eine Mantelleitung NYM 5 x 1,5 mm^2 als Zuleitung zur Garage bei Verlegung in Kabelformsteinen im Erdreich ebenfalls zulässig?

3. Welche Aderfarben wählen Sie in Wechselstromkreisen für den Außenleiter L, den Neutralleiter N und für den Schutzleiter PE?

4. Mit welchem Mindestbiegeradius darf eine Mantelleitung NYM 5 x 1,5 mit einem Außendurchmesser von 12 mm gebogen werden?

5. Eine Mantelleitung **(Bild)** mit dem Außendurchmesser d = 9 mm wird verlegt. **a)** Welcher Mindestbiegeradius R ist einzuhalten? **b)** Welchen Abstand a hat die erste Schelle gemessen vom Schnittpunkt des waagerechten und senkrechten Leitungsweges? **c)** In welchem Abstand c zu den Betriebsmitteln wird die erste Schelle gesetzt? **d)** Wie viele Schellen sind im Leitungsabschnitt x **(Bild)** erforderlich? Hinweis: $d \leq 9$ mm → Befestigungsabstand ≤ 250 mm.

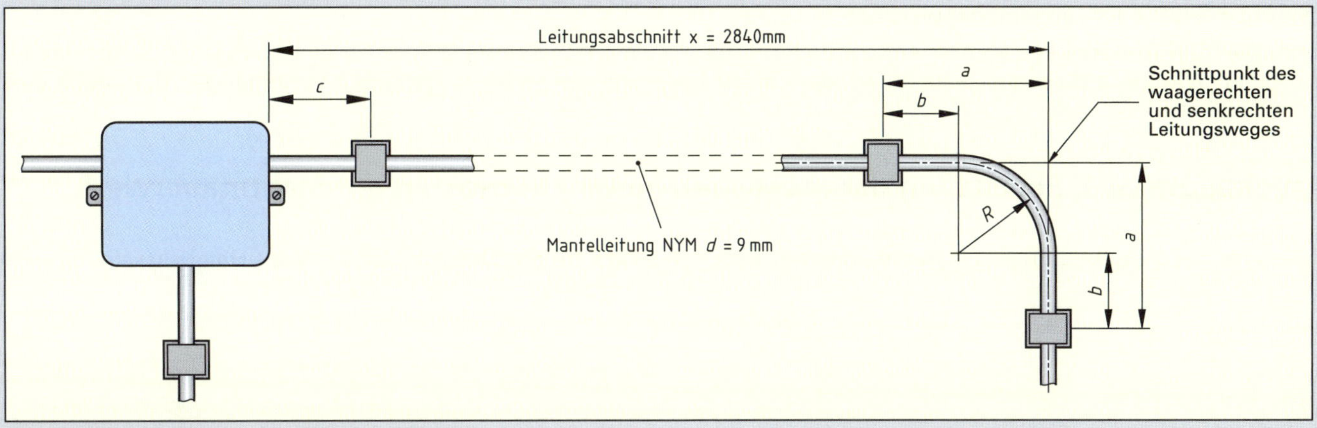

Bild: Biegeradius und Schellenabstände

6. Worin unterscheidet sich ein Serienschalter von einem Wechselschalter?

Lernsituation: Elektroinstallation eines Hauswirtschaftsraumes

Im Rahmen der Elektroinstallation eines Einfamilienhauses erhalten Sie als Auszubildender von Ihrem Meister den Auftrag, die Elektroinstallation des Hauswirtschaftsraumes selbstständig zu planen, auszuführen und auch die erforderliche Dokumentation zu erstellen. Zur Planung der Anlage erhalten Sie einen Auszug aus dem Grundrissplan für das Untergeschoss des Einfamilienhauses **(Bild)**.

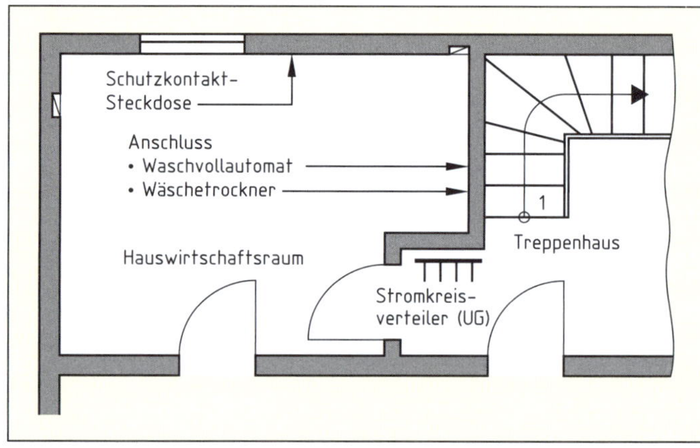

Bild: Auszug aus dem Grundrissplan Untergeschoss (UG)

Auftragsanalyse

Vor Beginn der Installationsarbeiten findet eine Baustellenbegehung mit dem Architekten und dem Hauseigentümer statt. Dabei sollen die Ausstattungswünsche des Auftraggebers erfasst und mögliche Lösungen für die geplante Elektroinstallation festgestellt werden.

Bei der Baustellenbegehung wird festgestellt:

- Die Außenwände des Hauswirtschaftsraumes sind in Sichtbeton, die Trennwände zu den angrenzenden Räumen, z. B. zum Treppenhaus, sind als Sichtmauerwerk ausgeführt.
- Nach Angabe des Architekten erhalten die Wände im Hauswirtschaftsraum nur noch einen Anstrich mit Dispersionsfarbe. Im angrenzenden Treppenhaus wird auf die Wände eine Putzschicht aufgetragen.

Zur Ausstattung der Elektroinstallation des Hauswirtschaftsraumes äußert der Hauseigentümer folgende Wünsche:

- Die Beleuchtung soll durch eine zentral angeordnete, von beiden Eingangstüren aus schaltbare LED-Röhrenlampe erfolgen.
- Unter jeder Schaltstelle und rechts unter dem Kellerfenster **(Bild)** soll jeweils eine Schutzkontakt-Steckdose, 300 mm über dem Fußboden, angebracht werden.
- In der an das Treppenhaus angrenzenden Mauernische soll je ein Elektroanschluss für einen Waschvollautomaten und für einen Wäschetrockner vorgesehen werden. Beide Elektrogeräte sollen unabhängig voneinander, d. h. auch gleichzeitig, zu betreiben sein.

Arbeitsauftrag 1: Feststellen der möglichen Installationsarten auf Sichtmauerwerk

1. Nennen Sie die anwendbaren Installationsarten, z. B. unter Putz, für die Elektroinstallation des Hauswirtschaftsraumes.

2. Halten Sie stichwortartig die Vor- und Nachteile der anwendbaren Installationsformen fest. Erklären Sie dem Hausbesitzer als Entscheidungshilfe die vorteilhaften Installationsformen.

3. Ermitteln Sie aus den Datenblättern, **Seite 186**, die Anschlusswerte der anzuschließenden Elektrogeräte.

Waschvollautomat:		Wäschetrockner:	
P =	U =	P =	U =

4. Informieren Sie sich und geben Sie an, für welche Räume und Betriebsmittel (Geräte) in DIN 18015 eigene Stromkreise gefordert werden. Wie viele Stromkreise sind dann für die gesamte Installation des Hauswirtschaftsraumes notwendig?

Hinweise: Nach DIN VDE 0100-410 sind Fehlerstrom-Schutzeinrichtungen (RCDs) mit $I_{\Delta N} \leq 30$ mA vorgeschrieben z. B. in:

- Steckdosenstromkreisen mit einem Bemessungsstrom I_N bis 32 A zur Benutzung durch Laien,
- Steckdosenstromkreisen zum Anschluss tragbarer Betriebsmittel im Freien mit I_N bis 32 A.
- Endstromkreisen mit Leuchten in Wohnungen.

Anzahl der erforderlichen Stromkreise siehe DIN 18015 oder Fachkunde Elektrotechnik, Kapitel: Elektrische Anlagentechnik oder Tabellenbuch Elektrotechnik.

Arbeitsplanung

Nach der Beratung des Hauseigentümers wurden folgende Festlegungen getroffen:

- Die Elektroinstallation wird auf Putz mit tropfwassergeschützten Betriebsmitteln ausgeführt.
- Waagerecht geführte Leitungen werden im Installationskanal verlegt. Senkrecht geführte Leitungen werden in starrem Installationsrohr verlegt.
- Zur Raumbeleuchtung wird in der Raummitte eine LED-Röhrenlampe angebracht.

Arbeitsauftrag 2: Planen der Elektroinstallation

1. a) Welche Installationsschaltungen eignen sich grundsätzlich für die Raumbeleuchtung des Hauswirtschaftsraumes?
b) Wählen Sie jetzt eine Installationsschaltung nach wirtschaftlichen Gesichtspunkten aus.

Installationsschaltungen siehe Fachkunde Elektrotechnik, Kapitel: Schaltungstechnik.

a)

b)

2. Zeichnen Sie für die Raumbeleuchtung und Steckdosen des Hauswirtschaftsraumes die Stromlaufpläne in aufgelöster und in zusammenhängender Darstellung für die von Ihnen gewählte Installationsschaltung **(Seite 74)**.

Beleuchtung Hauswirtschaftsraum (Stromlaufplan)

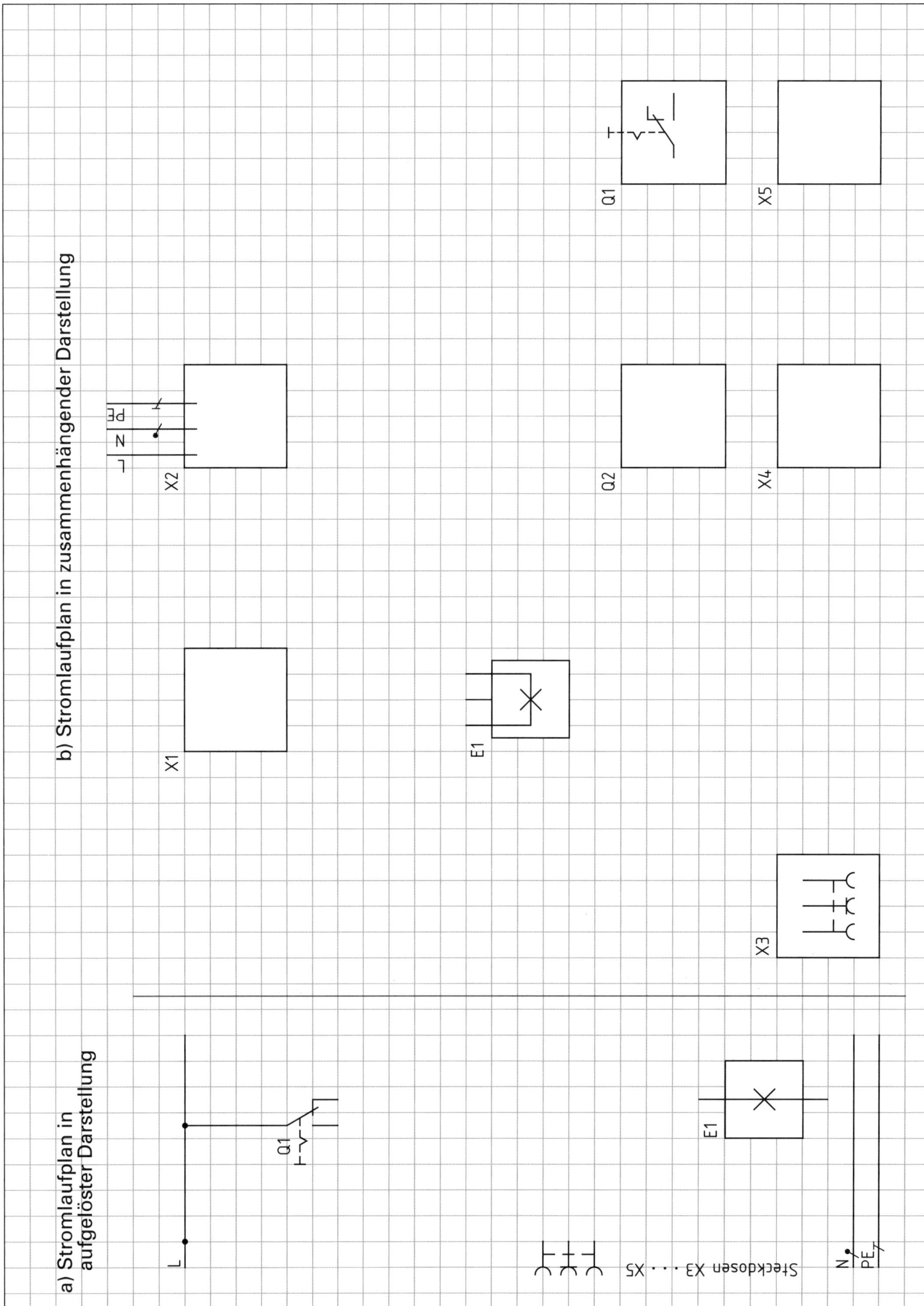

3. Zeichnen Sie in den Grundrissplan des Hauswirtschaftsraumes **(Bild)** den Installationsschaltplan für die Raumbeleuchtung sowie die Steckdosenleitungen für den Waschvollautomaten und den Wäschetrockner nach Vorgaben **Bild Seite 74** ein.

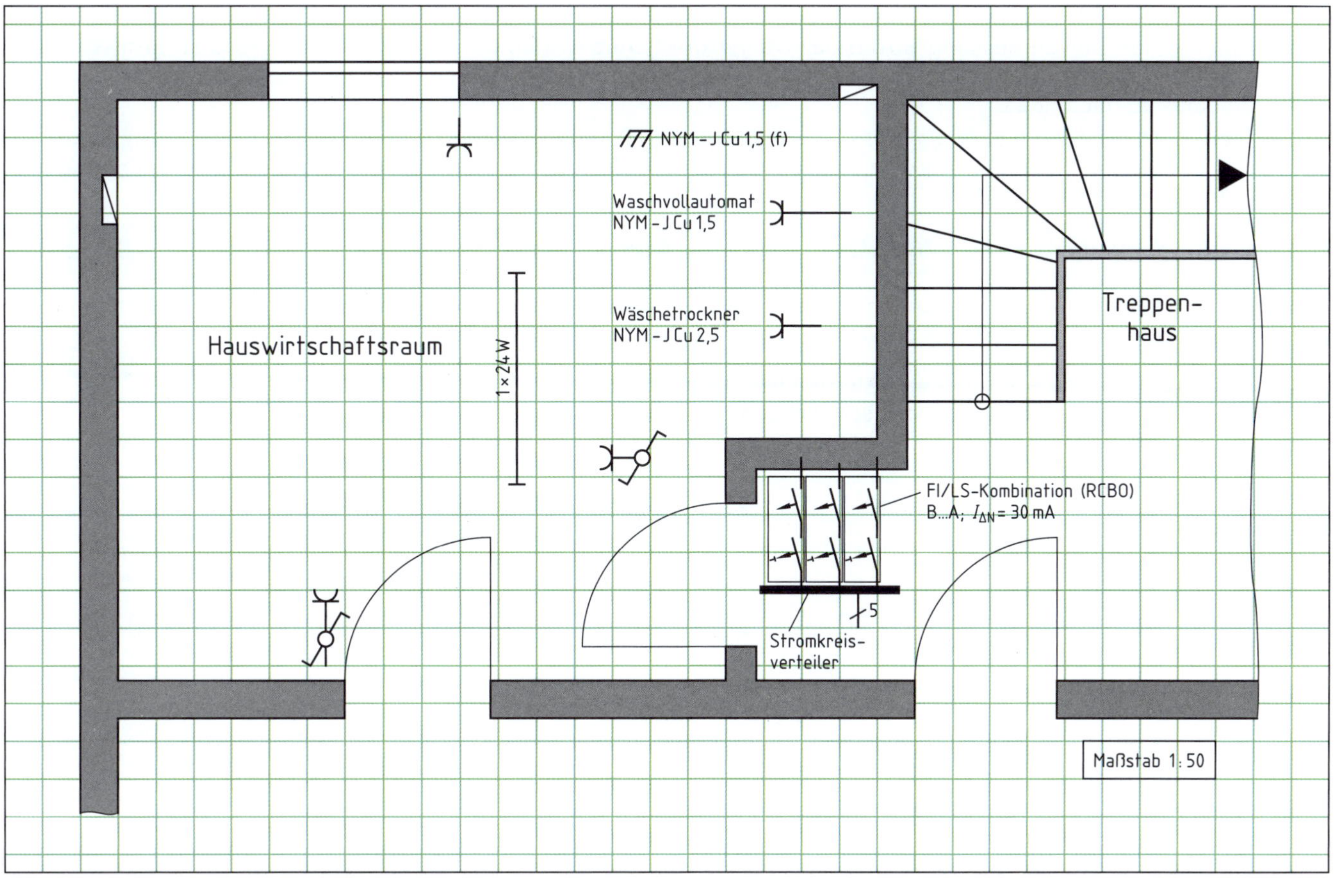

Bild: Grundrissplan Hauswirtschaftsraum

4. Welche Angaben muss ein Installationsschaltplan enthalten, um die Ausführung der Elektroinstallation eindeutig zu beschreiben?

Installationsschaltplan, Fachkunde Elektrotechnik Kapitel: Schaltungstechnik oder Tabellenbuch Elektrotechnik

5. Ermitteln Sie aus dem Stromlaufplan in zusammenhängender Darstellung **(Seite 74)** die erforderlichen Aderzahlen in allen Leitungsabschnitten und übertragen Sie die Aderzahlen in den Installationsschaltplan **(Bild Grundrissplan Hauswirtschaftsraum)**.

6. Erklären Sie die Angabe Maßstab 1 : 50 im **Bild** Grundrissplan Hauswirtschaftsraum. Ermitteln Sie für den Hauswirtschaftsraum **(Bild)** die tatsächlichen Abmessungen für Raumlänge und Raumbreite in Meter.

Arbeitsauftrag 3: Leitungsberechnung für Waschvollautomat, Wäschetrockner und Stromkreis Hauswirtschaftsraum durchführen

Grundlage zur Berechnung des zu verlegenden Leiterquerschnittes ist der Betriebsstrom I_b des Verbrauchers, z. B. ein Waschvollautomat. Der Bemessungsstrom der Überstrom-Schutzeinrichtung I_N muss mindestens so groß sein wie der Betriebsstrom I_b des Verbrauchers, aber immer kleiner oder höchstens gleich groß wie die Strombelastbarkeit I_Z des verlegten Leiterquerschnittes.

Bei der Leitungsberechnung sind die Verlegebedingungen, z. B. abweichende Umgebungstemperatur oder Häufung von Leitungen, aber keine Oberschwingungen oder mehr als 3 belastete Adern zu berücksichtigen. Eine Anleitung zur Leitungsberechnung zeigt das **Bild**.

Betriebsstrom Verbraucher $I_b \leq$ Bemessungsstrom I_N der Schutzeinrichtung $\leq$ Strombelastbarkeit I_Z der Leitung

1. Berechnen Sie aus den Typenschildangaben **(Infoteil, Seite 186)** den Betriebsstrom I_b von Waschvollautomat und Wäschetrockner. Nehmen Sie für beide Elektrogeräte $\cos \varphi = 1$ an.

Leitungsberechnung, Fachkunde Elektrotechnik, Kapitel: Bemessung von fest verlegten Kabeln und Leitungen

2. **a)** Entnehmen Sie **Bild 1 und 2 Seite 186** die Bemessungsströme I_N für den Waschvollautomat und den Wäschetrockner. **b)** Wählen Sie für die Stromkreise Waschvollautomat, Wäschetrockner und Hauswirtschaftsraum die Bemessungsströme I_N und nach **Bild Seite 75** die Bemessungs-Differenzströme $I_{\Delta N}$ der FI/LS-Kombinationen (RCBO) aus.

Stromkreis	a) Bemessungsstrom I_N	b) FI/LS-Kombination (RCBO)
Waschvollautomat		
Wäschetrockner		
Hauswirtschaftsraum		

3. Ermitteln Sie die Verlegeart der Leitungen, die Umrechnungsfaktoren f_1 für eine abweichende Umgebungstemperatur $\vartheta = 25\ °C$ und f_2 für die Häufung von Leitungen (**Infoteil Seite 185 und 186**).

Verlegeart:

Umrechnungsfaktor f_1:

Umrechnungsfaktor f_2:

4. Bestimmen Sie die Bemessungswerte I_r der Strombelastbarkeit und den Leiterquerschnitt **(Tabelle 2, Seite 185)** der Leitungen zu Waschvollautomat und Wäschetrockner.

$I_N \leq I_Z$; $\quad I_Z = I_r \cdot f_1 \cdot f_2 \quad I_r = \frac{I_Z}{f_1 \cdot f_2}$

Zuleitung Waschvollautomat:

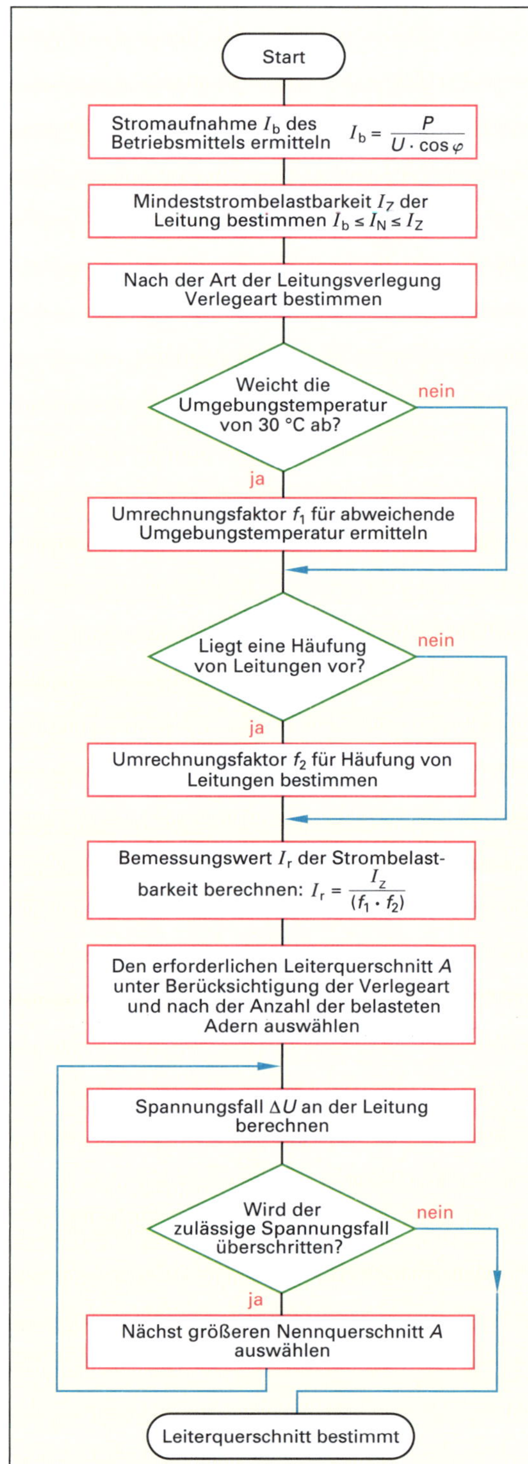

Bild: Ablaufplan Leitungsberechnung

Zuleitung Wäschetrockner:

5. Überprüfen Sie, ob der für den Beleuchtungsstromkreis Hauswirtschaftsraum gewählte Querschnitt 1,5 mm² Cu mit dem auf **Seite 76** gewählten Leitungsschutzschalter I_N = 10 A abgesichert werden kann. Bestimmen Sie dazu I_Z.

Zuleitung Hauswirtschaftsraum A = 1,5 mm² Kupfer:

6. Überprüfen Sie durch Rechnung, ob mit den geplanten Leiterquerschnitten der in DIN 18015-1 festgelegte Grenzwert für den Spannungsfall (3 % der Netznennspannung 230 V) in den drei Stromkreisen eingehalten wird. Benutzen Sie das rechte karierte Feld.

Zulässiger Spannungsfall an Stromkreisleitungen: DIN 18015-1 oder Fachkunde Elektrotechnik, Kapitel: Bemessung von fest verlegten Kabeln und Leitungen.

7. Bestimmen Sie aus dem Infoteil **Seite 186** oder aus Herstellerunterlagen den erforderlichen Querschnitt des Installationskanals. Planen Sie dabei eine Querschnittsreserve von ungefähr 50 % ein (Füllgrad 0,5).

Ermitteln Sie die erforderlichen Rohrweiten der Installationsrohre. Der Außendurchmesser des Installationsrohres soll etwa dem doppelten Durchmesser der Mantelleitung entsprechen.

Kanalabmessungen, Mantelleitungen und Rohrweiten siehe Infoteil **Seite 186** oder Herstellerunterlagen.

Gewählte Kanalabmessungen:

Gewählte Rohrweite:

8. Erstellen Sie auf **Seite 78** die Materialliste **(Infoteil, Seite 188)** für die Installation des Hauswirtschaftsraumes und ermitteln Sie die gesamten Materialkosten. Leitungsschutzschalter und RCD im Stromkreisverteiler UG sind nicht zu berücksichtigen. Die Einzelpreise für das Installationsmaterial entnehmen Sie der Preisliste (Infoteil). Für Kleinmaterial, z. B. Dübel, Schrauben oder Dosenklemmen, schlagen Sie den Materialkosten 10 % zu. Die Leitungslängen für waagerecht geführte Leitungen entnehmen Sie dem Grundrissplan **(Seite 75)**, die Längen senkrecht geführter Leitungen dem **Bild**. Alle Stromkreise werden vom Stromkreisverteiler **(Bild Seite 75)** versorgt. Tragen Sie in der **Tabelle Seite 78** die Leitungslängen ein.

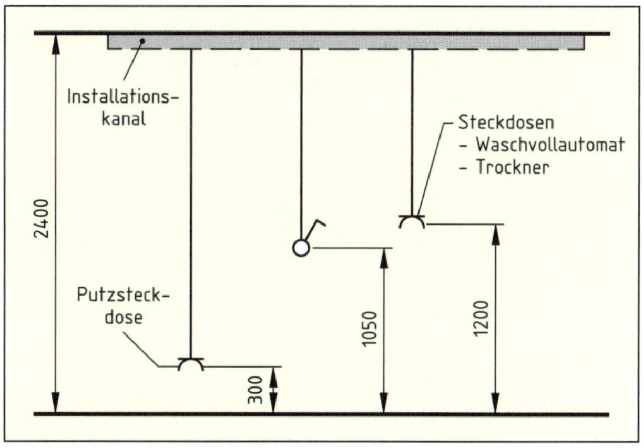

Bild: Wandabwicklung Hauswirtschaftsraum

Für den Leiterstrom zur Berechnung des Spannungsfalls ΔU gilt:

- In jedem Leitungsabschnitt wird der Betriebsstrom I_b des Verbrauchers eingesetzt, z. B. beim Festanschluss eines Motors oder Warmwasserbereiters.
- In Stromkreisen mit Steckvorrichtungen, z. B. in Wohngebäuden, wird der Bemessungsstrom I_N der vorgeschalteten Überstrom-Schutzeinrichtung eingesetzt.

Spannungsfall an der Zuleitung Waschvollautomat:
Leitungslänge:
Leitungsschutzschalter:

Spannungsfall an der Zuleitung Wäschetrockner:
Leitungslänge:
Leitungsschutzschalter:

Spannungsfall an der Steckdose Hauswirtschaftsraum:
Leitungslänge:
Leitungsschutzschalter:

Materialliste Hauswirtschaftsraum					
Pos.	Stck. / m	Bestell-nummer	Bezeichnung	Einzelpreis	Gesamtpreis
1					
2					
3					
4					
5					
6					
7					
8					
9					
10					
11					
12					
13					
14					
15					
16					
17					
18					
19					
20					
21					
22					
23					
24					
25					
26					
27					
28					
29					
30					
Summe Materialkosten ohne Mehrwertsteuer					
Zuschlag für Kleinmaterialien 10 %					
Summe Materialkosten inkl. Kleinmaterial ohne Mehrwertsteuer					
Mehrwertsteuer 19 %					
Gesamte Materialkosten					

Auftragsdurchführung

Informieren Sie sich in Herstellerunterlagen über die Verlegung von Installationskanälen und Installationsrohren, z. B. bei waagerechter oder senkrechter Richtungsänderung.

Arbeitsauftrag 4: Installieren des Hauswirtschaftsraumes

1. In welchen Abständen sind **a)** Installationskanäle und **b)** Installationsrohre zu befestigen?
c) Welcher Abstand soll an der Verbindungsstelle (Stoß) zwischen zwei Installationskanälen eingehalten werden?
d) Welche Hilfsmittel benötigen Sie um zwei Installationsrohre miteinander zu verbinden?

2. Welche besonderen Werkzeuge müssen für die Installation des Hauswirtschaftraumes bereit gehalten werden?

3. Beschreiben Sie, **a)** welche Abfälle anfallen und **b)** wie Sie diese Abfälle auf der Baustelle entsorgen.

Auftragskontrolle

Arbeitsauftrag 5: Prüfen der Elektroinstallation

Nach DIN VDE 0100-600 sind elektrische Anlagen vor der ersten Inbetriebnahme, nach Erweiterungen, Änderungen und nach einer Instandsetzung durch den Errichter zu prüfen.

Prüfen elektrischer Anlagen: Fachkunde Elektrotechnik, Kapitel: Schutzmaßnahmen oder Tabellenbuch Elektrotechnik

1. Nennen Sie die bei der Anlagenprüfung nach DIN VDE 0100-600 durchzuführenden Prüfungen in der richtigen Reihenfolge.

DIN VDE 0100-600 schreibt drei Prüfabschnitte vor:

2. In welchem Anlagenzustand wird die Sichtprüfung grundsätzlich durchgeführt? Nennen Sie Beispiele für das Prüfen durch Besichtigen.

3. Welche Messungen und Prüfungen sind an der Anlage nach erfolgter Prüfung durch Besichtigen durchzuführen?

4. a) Beschreiben Sie die Messung des Isolationswiderstandes am Beispiel des Beleuchtungsstromkreises.
b) Welcher Mindestisolationswiderstand muss dabei erreicht werden?

b) Mindestisolationswiderstand in Stromkreisen mit $U \leq 230$ V:

5. a) Ist es zulässig, den Isolationswiderstand in einem Stromkreis mit nur einer Messung zu ermitteln?
b) Unter welchen Umständen darf auf die Isolationswiderstandsmessung zwischen den aktiven Leitern L und N verzichtet werden?
c) Wie verfahren Sie, wenn der Isolationswiderstand den geforderten Mindestwert unterschreitet?

6. Nach welchen beiden Methoden kann die Schleifenimpedanz Z_S **(Bild 1 und Bild 2)** bestimmt werden?

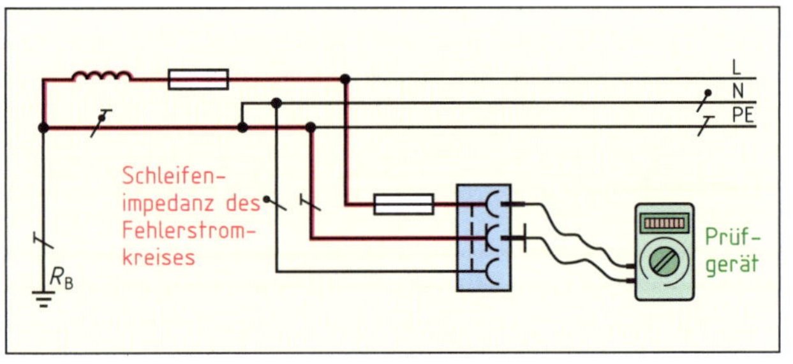

Bild 1: Direktes Messen der Schleifenimpedanz

7. Bei der indirekten Bestimmung der Schleifenimpedanz **(Bild 2)** sind für den mit einem Leitungsschutzschalter Typ B, 16 A abgesicherten Stromkreis folgende Messwerte ermittelt worden:
- Spannung U_0 im unbelasteten Zustand 230 V;
- bei Belastung mit $I = 4{,}5$ A beträgt die Spannung $U = 225$ V.

- Berechnen Sie auf **Seite 81**:
  a) die Schleifenimpedanz Z_{Sm} für den Stromkreis **(Bild 2)** aus den Messwerten und
  b) den zulässigen Wert der Schleifenimpedanz Z_S bei direkter Messung **(Bild 1)**.

Hinweis: Messen der Schleifenimpedanz, Fachkunde Elektrotechnik

- Ergänzen Sie die Messschaltung **(Bild 2)** zur indirekten Bestimmung der Schleifenimpedanz Z_S.
- Ermitteln Sie aus den Messwerten den tatsächlichen Wert der Schleifenimpedanz Z_S.
- Sind in diesem Stromkreis die Abschaltbedingungen erfüllt? Begründen Sie Ihre Aussage.

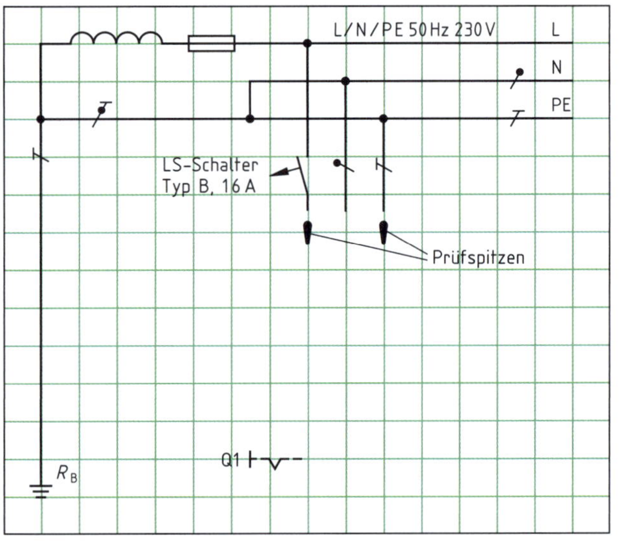

Bild 2: Indirektes Bestimmen der Schleifenimpedanz (Prinzip)

Fachkunde Elektrotechnik, Kapitel: Prüfen der Schutzmaßnahmen

a) Aus den Messwerten ermittelte Schleifenimpedanz Z_{Sm}:

b) Zulässiger Wert der Schleifenimpedanz Z_S nach DIN VDE 0100, Teil 600:
Abschaltstrom I_a des Leitungsschutzschalters Typ B, 16 A **(Seite 187)**:

8. Welche weitere Prüfung führen Sie nach Abschluss der Isolationswiderstandsmessung, der Schleifenimpedanzmessung und Prüfen der Fehlerstrom-Schutzeinrichtung noch durch?

Auftragsdokumentation

Prüfprotokolle Fachkunde Elektrotechnik, Kapitel: Schutzmaßnahmen oder Tabellenbuch Elektrotechnik

Nach Abschluss aller Arbeiten soll dem Auftraggeber eine Dokumentation der erstellten Elektroanlage übergeben werden. Die Dokumentation enthält neben den Messergebnissen im Abnahmeprotokoll auch die Schaltpläne der Anlage. Die Unterlagen erleichtern später Wartungsarbeiten oder Erweiterungen an der Anlage.

Arbeitsauftrag 6: Erstellen der Dokumentation

1. In welchen Unterlagen halten Sie die Ergebnisse der Anlagenprüfung fest?

2. Welche Unterlagen bereiten Sie zur Übergabe an den Kunden vor?

3. An welcher Stelle sollen diese Unterlagen verwahrt werden? Begründen Sie Ihre Antwort.

4. Welche Folgeprüfungen an der elektrischen Anlage schlagen Sie dem Kunden vor, damit er, z. B. gegenüber Gebäudeversicherungen, den ordnungsgemäßen Zustand seiner elektrischen Anlage nachweisen kann?

Testen Sie Ihre Fachkompetenz

1. Nennen Sie die für den Elektroniker wichtigsten Verlegearten.

2. In einem Installationskanal sind folgende Mantelleitungen gemeinsam verlegt:
Zwei Mantelleitungen NYM 3 x 1,5 mm², eine Leitung NYM 5 x 2,5 mm² und zwei Leitungen NYM 5 x 1,5 mm². Bestimmen Sie den erforderlichen Kanalquerschnitt **(Seite 186)**. Planen Sie eine Querschnittsreserve von ungefähr 50 % ein.

3. Begründen Sie, warum eine Mantelleitung in der Verlegeart C höher belastet werden kann als eine Mantelleitung gleichen Querschnitts in der Verlegeart A2 **(Seite 185)**.

4. Welchen Bemessungstrom I_N muss ein Leitungsschutzschalter (LS-Schalter) im Stromkreis für ein Heizgerät mit einer Leistungsaufnahme $P = 2,5$ kW bei $U = 230$ V mindestens haben?

5. Erklären Sie die Zusammenhänge zwischen der Strombelastbarkeit I_Z einer Leitung, der Stromaufnahme I_b eines Verbrauchers und dem Bemessungsstrom I_N einer Überstrom-Schutzeinrichtung.

6. Eine Mantelleitung NYM-J 3 x 1,5 mm² ist gemeinsam mit zwei weiteren Stromkreisleitungen in einem Installationskanal verlegt. Die mittlere Umgebungstemperatur beträgt $\vartheta_u = 25$ °C.

a) Bestimmen Sie den Bemessungswert I_r der Strombelastbarkeit der Mantelleitung für die in DIN VDE 0298 festgelegte Bezugstemperatur $\vartheta = 30$ °C **(Infoteil, Seite 185)**.

b) Ermitteln Sie den Umrechnungsfaktor f_1 für eine Umgebungstemperatur $\vartheta_u = 25$ °C **(Infoteil, Seite 186)** und den Umrechnungsfaktor f_2 bei der angegebenen Häufung von Leitungen.

c) Berechnen Sie die Strombelastbarkeit I_Z der Leitung für die Umgebungstemperatur $\vartheta_u = 25$ °C und bei der angegebenen Häufung von Leitungen.

d) Welcher höchste Bemessungsstrom I_N der Überstrom-Schutzeinrichtung ist zum Absichern der Mantelleitung zulässig?

Testen Sie Ihre Fachkompetenz

Tabellen zur Leitungsberechnung Seite 185 und 186

a)

b)

c)

d)

7. In einem Flur sind die beiden Deckenleuchten gleichzeitig von zwei Schaltstellen aus schaltbar. Unter jeder Schaltstelle ist eine Schutzkontaktsteckdose angebracht (**Bild 1**).

- Welche Installationsschaltungen eignen sich für diese Schaltaufgabe?
- Mit welcher Installationsschaltung ergibt sich der geringste Schaltungsaufwand?
- Ergänzen Sie im Übersichtsschaltplan (**Bild 1**) die Schaltzeichen der Schaltstellen nach Ihrem Lösungsvorschlag.
- Tragen Sie im Übersichtsschaltplan (**Bild 1**) in allen Leitungsabschnitten die Aderzahlen ein.

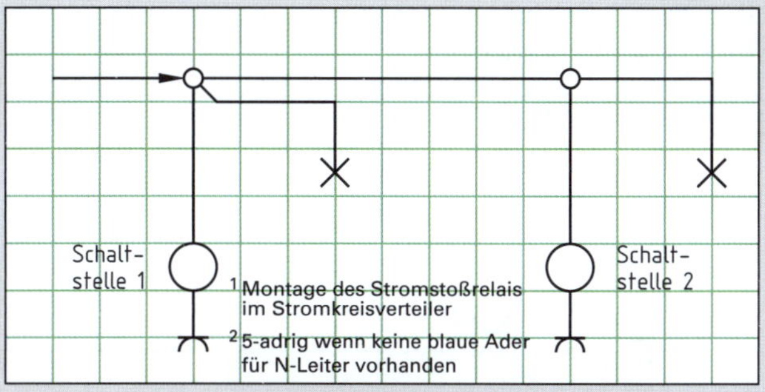

Bild 1: Übersichtsschaltplan Flurbeleuchtung

8. Nach DIN VDE 0100, Teil 600 sind elektrische Anlagen vor der ersten Inbetriebnahme zu prüfen. Welche Prüfungen sind dabei an der Anlage durchzuführen?

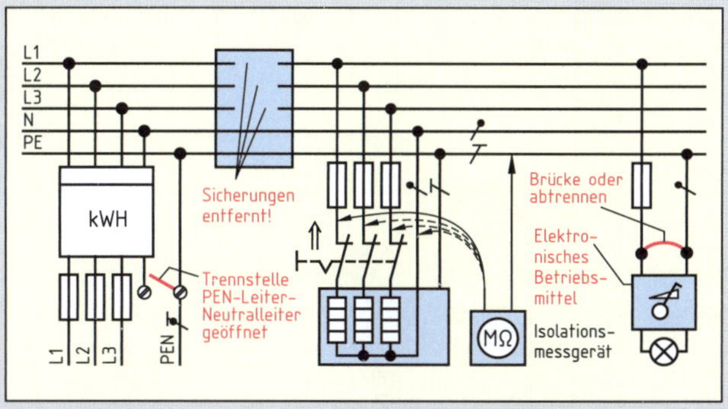

Bild 2: Isolationswiderstandsmessung (Prinzip)

9. An einer Drehstrom-Steckdose wurde durch Messung eine Schleifenimpedanz Z_{Sm} = 1,3 Ω ermittelt. Der Leiterquerschnitt der Steckdosenleitung beträgt 2,5 mm² Kupfer. Sie ist mit einem LS-Schalter Typ B, I_N = 16 A abgesichert. **a)** Bestimmen Sie den Abschaltstrom I_a.
b) Ist der durch Messung ermittelte Wert Z_{Sm} nach DIN VDE 0100-600 zulässig?

10. In einer Anlage (**Bild 2**) soll der Isolationswiderstand gemessen werden.
a) Zwischen welchen Leitern der Stromkreise muss der Isolationswiderstand gemessen werden?
b) In welchem Anlagenzustand wird der Isolationswiderstand grundsätzlich gemessen?

a)

b)

Lernsituation: Elektroinstallation eines Badezimmers

Im Rahmen einer Altbausanierung eines Wohnhauses soll der Badebereich neu installiert werden. Als Auszubildender bekommen Sie von Ihrem Chef die Aufgabe, die Planung der Badezimmerinstallation vorzunehmen. Zur Planung der Anlage erhalten Sie einen Grundrissplan für das Badezimmer **(Bild)**.

Auftragsanalyse

Zur Vorbereitung der Elektroinstallationen findet eine Begehung mit dem Hauseigentümer statt. Dabei werden folgende Ausstattungswünsche festgelegt:

- Die Beleuchtung erfolgt durch eine zentral angeordnete Leuchte. Die Schaltstelle für die Leuchte ist im Badezimmer neben der Tür. Unter der Schaltstelle soll eine Schutzkontaktsteckdose angebracht werden.
- An der rechten Wand ist eine Schutzkontaktsteckdose für einen Waschvollautomaten vorzusehen.
- Über dem Waschbecken wird ein Anschluss für einen Spiegelschrank mit integrierter Beleuchtung und Schutzkontaktsteckdose angebracht.

> Zwischen Dusche und Waschbecken ist eine feste Trennwand.
> Die Unterverteilung (UV) befindet sich an der Außenseite des Badezimmers.

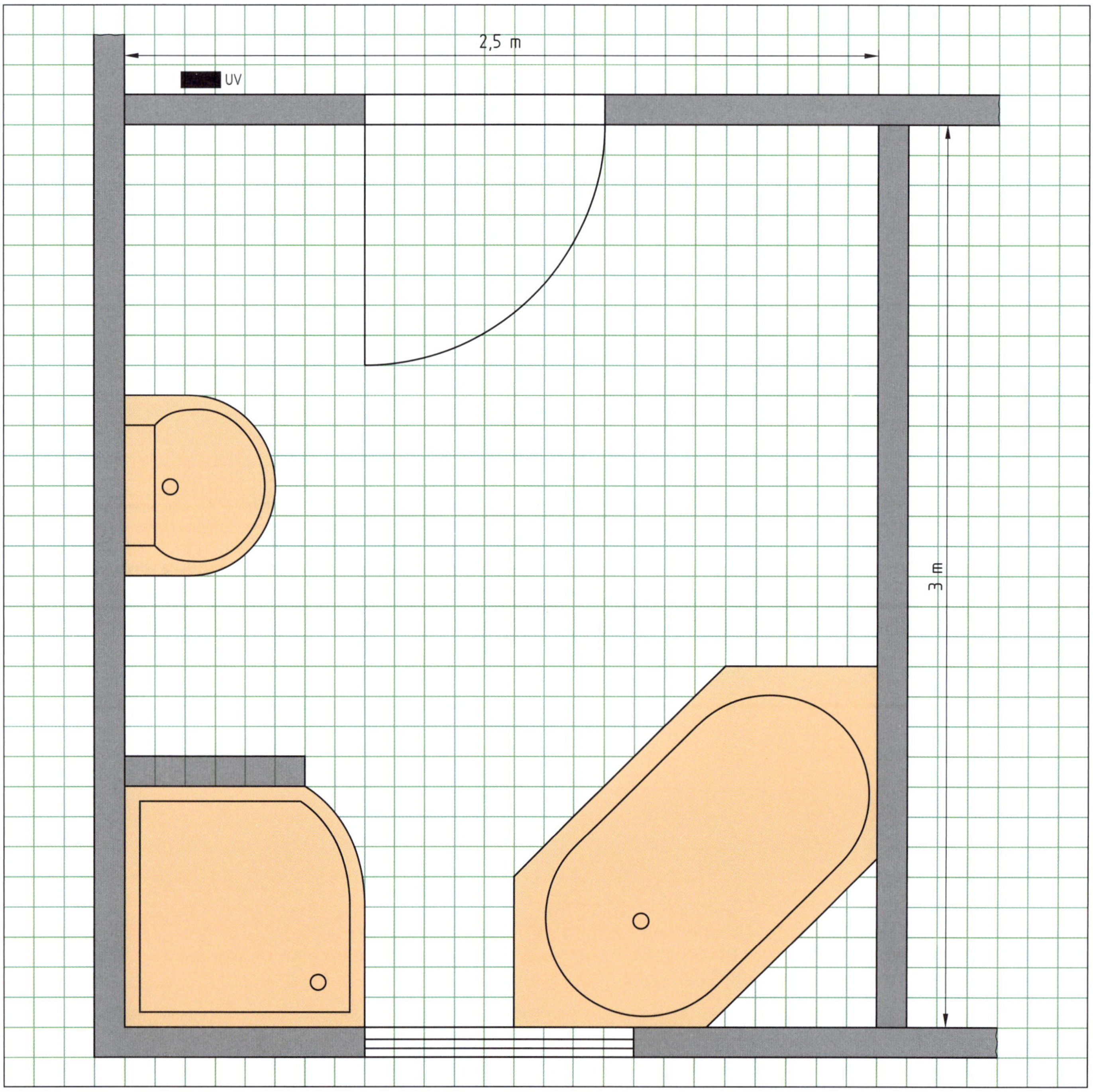

Bild: Grundrissplan des Badezimmers (Maßstab 1:20)

Auftragsplanung

Arbeitsauftrag 1: Planung und Festlegung der Bereichsgrenzen

1. Informieren Sie sich über die Elektroinstallation in Räumen mit Badewanne oder Dusche.

- Installation in Räumen mit Badewanne oder Dusche siehe DIN VDE 0100, Teil 701.
- Fachkunde Elektrotechnik, Kapitel: Elektrische Anlagentechnik, Räume und Anlagen besonderer Art.

2. Zeichnen Sie maßstabsgerecht die Grenzen der Bereiche 0, 1 und 2 im Grundrissplan des Badezimmers **(Bild, Seite 84)** ein.

3. **a)** Welche Vorgaben für Installationsgeräte müssen unter Berücksichtigung der Bereiche beachtet werden?

Bereich 0:

Bereich 1:

Bereich 2:

b) Zeichnen Sie in den Grundrissplan des Badezimmers **(Bild, Seite 84)** nur die Schaltzeichen für den Installationsschaltplan mithilfe der Auftragsanalyse lagerichtig ein.

Arbeitsauftrag 2: Fehlerstrom-Schutzeinrichtungen (RCDs) anwenden

In einer Fachzeitschrift finden Sie den folgenden Artikel:

Tod in der Badewanne.

Die meisten tödlichen Elektrounfälle im Haushalt geschehen im Badezimmer.
Viele dieser Unfälle ereignen sich, während sich der Verunglückte in der Badewanne befindet.

Während ein Schulkind in der Wanne ein Bad nahm, fiel ein ausgeschalteter Haartrockner der Schutzklasse II, der mit dem Stromnetz verbunden war, vom neben der Badewanne befindlichen Waschbecken in die Wanne. Der Haartrockner berührte im Wasser die Hand und seitlich den Körper des Mädchens. Nachträgliche Messungen bestätigten, dass das Kind infolge der starken Stromeinwirkung wohl nicht in der Lage war, aus dem Wasser zu steigen. Das Kind wurde tot in der Wanne aufgefunden.

In der Fachkunde Elektrotechnik, Kapitel **Elektroinstallation in Räume mit Badewanne oder Dusche**, steht:

Stromkreise für Räume mit Badewanne oder Dusche müssen durch Fehlerstrom-Schutzeinrichtungen mit einem Bemessungs-Differenzstrom $I_{\Delta N} \leq 30$ mA geschützt sein (Ausnahme: Warmwasserbereiter).

1. Informieren Sie sich über Fehlerstrom-Schutzeinrichtungen und beantworten Sie folgende Fragen.

Fachkunde Elektrotechnik, Kapitel: Fehlerstrom-Schutzeinrichtungen

2. Erklären Sie die Abkürzung RCD.

3. Für welche Einsatzbereiche ist eine Fehlerstrom-Schutzeinrichtung zwingend vorgeschrieben?

4. Erklären Sie die Funktion einer Fehlerstrom-Schutzeinrichtung.

5. Für welche Bemessungs-Differenzströme $I_{\Delta N}$ gibt es Fehlerstrom-Schutzeinrichtungen?

6. Welche Bedeutungen haben die Sinnbilder auf einer Fehlerstrom-Schutzeinrichtung **(Tabelle 1)**?

Tabelle 1: Sinnbilder einer Fehlerstrom-Schutzeinrichtung (Beispiele)

Sinnbilder	Bedeutung

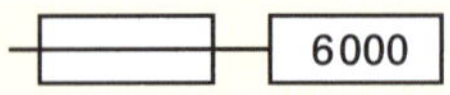	

7. Ergänzen Sie die Grenzwerte, die bei einer Fehlerstrom-Schutzeinrichtung zum Personenschutz einzuhalten sind **(Tabelle 2)**.

Tabelle 2: Grenzwerte einer Fehlerstrom-Schutzeinrichtung

Maximaler Bemessungs-Differenzstrom $I_{\Delta N}$	
Maximale Abschaltzeit t_a	
Maximale Berührungsspannung U_L	

8. Wieso hätte durch Einsatz einer Fehlerstrom-Schutzeinrichtung der tödliche Unfall **(Artikel, Seite 85)** vermieden werden können?

9. Informieren Sie sich über die Schaltzeichen einer zweipoligen Fehlerstrom-Schutzeinrichtung im Stromlaufplan und im Übersichtsschaltplan. (Hinweis: Fachkunde Elektrotechnik Infoteil, Schaltzeichen)

Arbeitsauftrag 3: Planen der Elektroinstallation

Nach Absprache mit Ihrem Meister werden für das Badezimmer zwei getrennte Stromkreise festgelegt, die jeweils mit einem Leitungsschutzschalter (LS-Schalter) versehen werden:

- Stromkreis 1: LS-Schalter Typ B I_N = 13 A für Leuchte, Schutzkontaktsteckdose und Anschlussdose Spiegelschrank.
- Stromkreis 2: LS-Schalter Typ B I_N = 16 A für Steckdose des Waschvollautomaten.

1. Ergänzen Sie den Übersichtsschaltplan des Badezimmers **(einpolige Darstellung, Bild)** mit RCD.

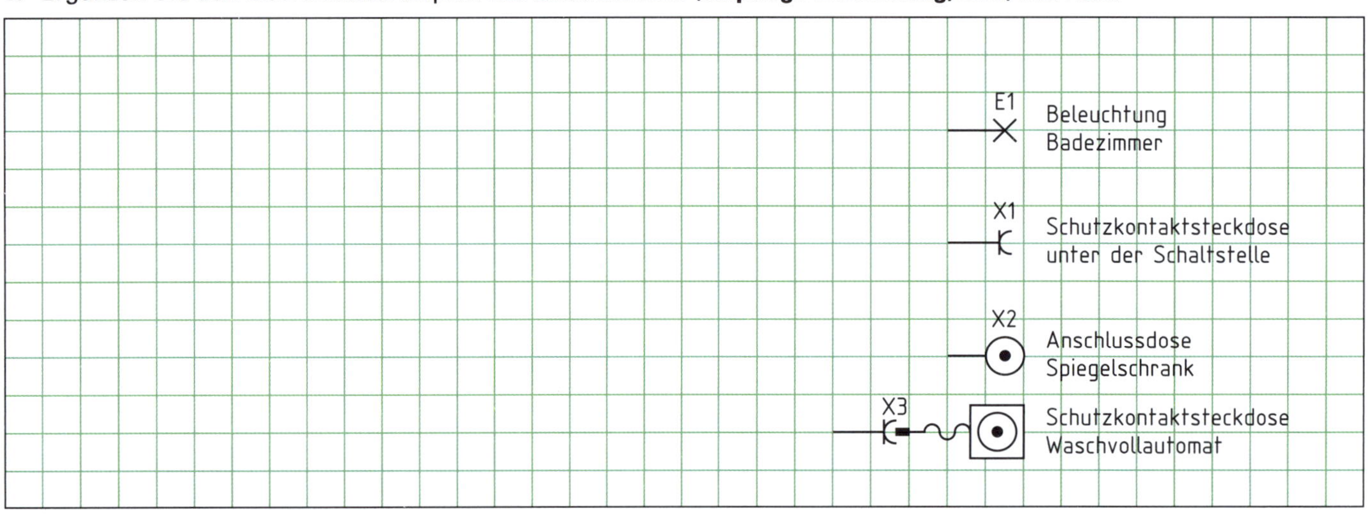

Bild: Übersichtsschaltplan des Badezimmers

2. Zeichnen Sie für das Badezimmer den Stromlaufplan in aufgelöster Darstellung mit Fehlerstrom-Schutzeinrichtung und Leitungsschutzschaltern **(Bild, Seite 87)** und vervollständigen Sie die **Tabelle** der Betriebsmittel auf **Seite 87**.

3. Zeichnen Sie in den Grundrissplan des Badezimmers **(Bild, Seite 84)** den Installationsplan für die beiden Stromkreise ein.

4. Ermitteln Sie aus dem Stromlaufplan **(Bild, Seite 87)** die Anzahl der erforderlichen Adern in allen Leitungsabschnitten und übertragen Sie diese in den Installationsplan auf **Seite 84**.

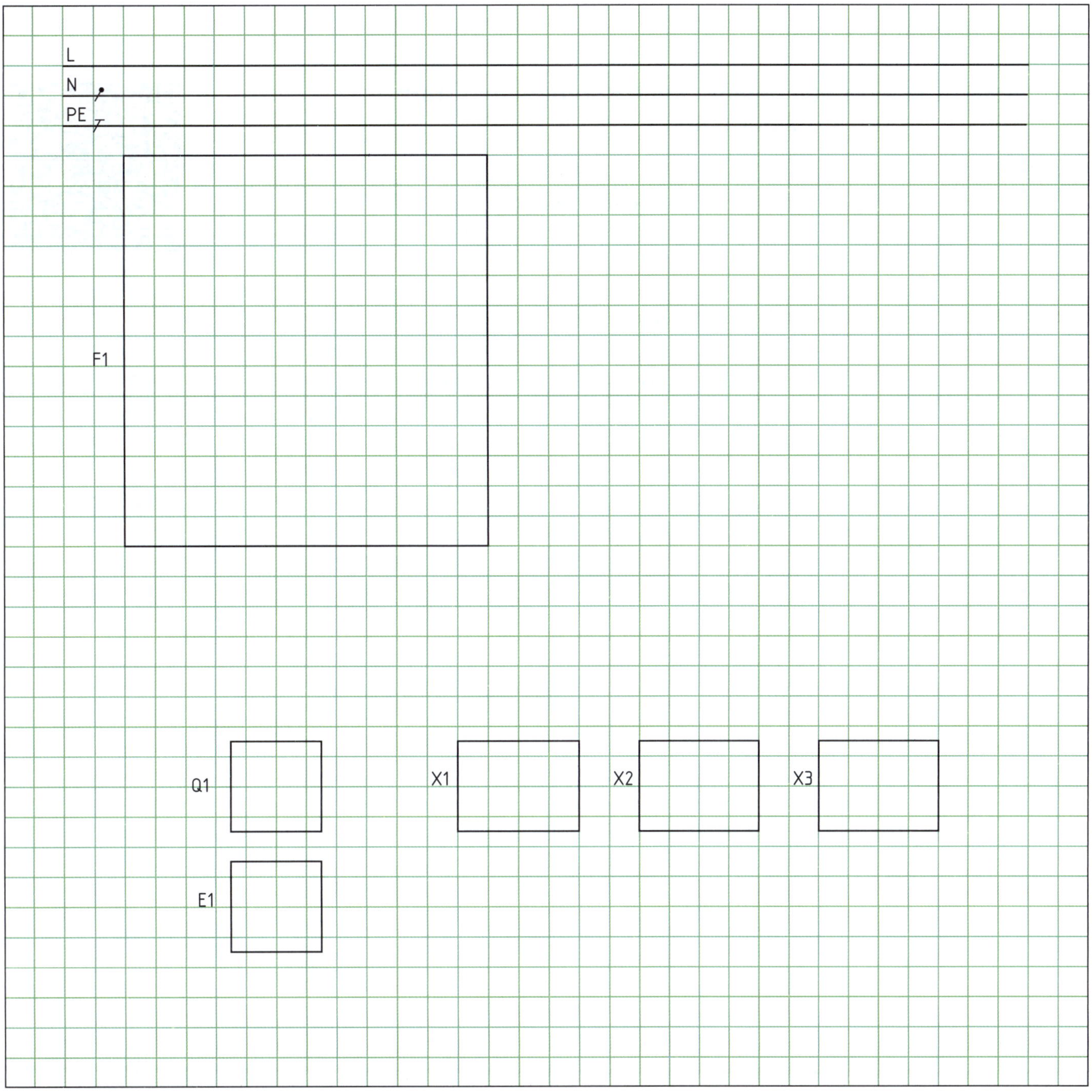

Bild: Stromlaufplan des Badezimmers

Tabelle: Betriebsmittel des Badezimmers	
Betriebsmittel-kennzeichnung	**Bezeichnung**
F1	
F2	
F3	
Q1	
E1	
X1	
X2	
X3	

Auftragsdurchführung

Arbeitsauftrag 1: Auswahl einer geeigneten Fehlerstrom-Schutzeinrichtung

Wählen Sie eine geeignete Fehlerstrom-Schutzeinrichtung aus **(Tabelle)**. Verwenden Sie hierzu die Auswahlhilfe der Hager Produktinformation **(siehe QR-CODE, Seite 3)**. Ergänzen Sie das unten stehende Angebot **(Bild)**. Tragen Sie in die markierten Felder die Bemessungsdaten, den Typ, die Produktbezeichnung und den Preis ein.

Tabelle: Auszug aus dem Produktkatalog der Firma Hager

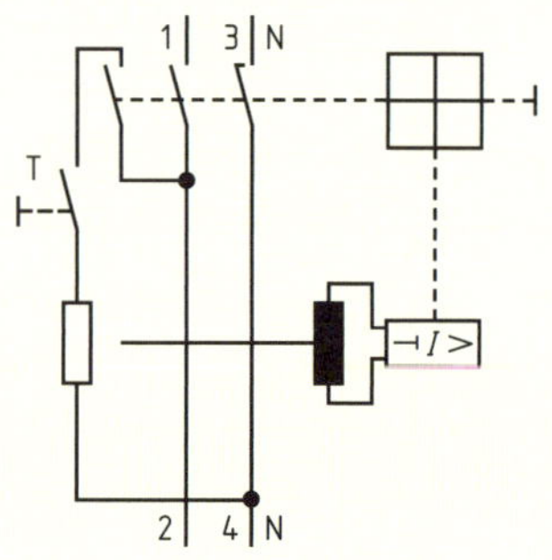

Fehlerstrom-Schutzeinrichtung, 2-polig						
Bezeichnung	Typ	I_N [A]	$I_{\Delta N}$ [A]	VPE	Best. Nr.	Preis €/St.
FI-Schutzschalter 2P 16A 10mA	A	16	0,01	1	CCA216D	142,80
FI-Schutzschalter 2P 16A 30mA	A	16	0,03	1	CDA216D	147,20
FI-Schutzschalter 2P 25A 30mA	A	25	0,03	1	CDA225D	92,90
FI-Schutzschalter 2P 40A 30mA	A	40	0,03	1	CDA240D	105,20
FI-Schutzschalter 2P 25A 30mA	F	25	0,03	1	CDF525D	258,50
FI-Schutzschalter 2P 40A 30mA	F	40	0,03	1	CDF540D	303,80
FI-Schutzschalter 2P 63A 30mA	F	63	0,03	1	CDF563D	389,30
FI-Schutzschalter 2P 25A 300mA	A	25	0,3	1	CFA225D	117,50
FI-Schutzschalter 2P 40A 300mA	A	40	0,3	1	CFA240D	119,00
FI-Schutzschalter 2P 25A 500mA	A	25	0,5	1	CGA225D	119,00
FI-Schutzschalter 2P 40A 500mA	A	40	0,5	1	CGA240D	148,10

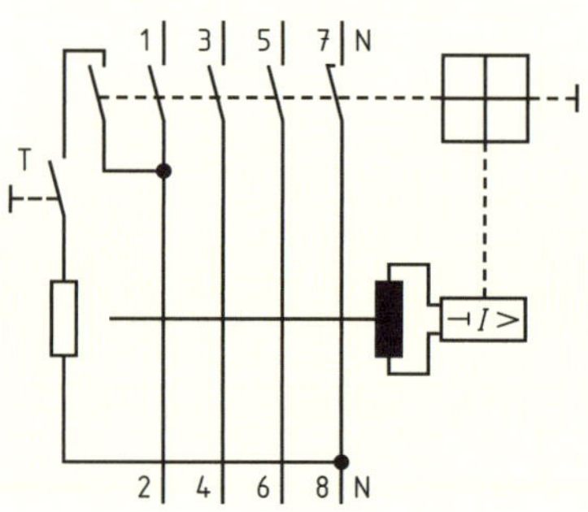

Fehlerstrom-Schutzeinrichtung, 4-polig						
Bezeichnung	Typ	I_N [A]	$I_{\Delta N}$ [A]	VPE	Best. Nr.	Preis €/St.
FI-Schutzschalter 4P 25A 30mA	A	25	0,03	1	CDA425D	118,30
FI-Schutzschalter 4P 40A 30mA	A	40	0,03	1	CDA440D	120,10
FI-Schutzschalter 4P 63A 30mA	A	63	0,03	1	CDA463D	384,30
FI-Schutzschalter 4P 25A 30mA	F	25	0,03	1	CDF625D	322,60
FI-Schutzschalter 4P 40A 30mA	F	40	0,03	1	CDF640D	331,90
FI-Schutzschalter 4P 63A 30mA	F	63	0,03	1	CDF663D	530,50
FI-Schutzschalter 4P 25A 30mA	B	25	0,03	1	CDB625E	888,90
FI-Schutzschalter 4P 40A 30mA	B	40	0,03	1	CDB640E	937,00
FI-Schutzschalter 4P 25A 300mA	A	25	0,3	1	CFA425D	123,20
FI-Schutzschalter 4P 40A 300mA	A	40	0,3	1	CFA440D	117,50
FI-Schutzschalter 4P 25A 500mA	A	25	0,5	1	CGA425D	126,80

Menge	Gegenstand	Preis EUR
	Fehlerstrom-Schutzeinrichtung (RCD), ____ -polig	
	Fehlerstrom-Schutzeinrichtung (RCD) nach DIN EN 61009, Teil 1, Berührungsschutz IP2x nach DIN VDE 0106, Teil 100.	
	Bemessungsspannung: AC 230/400 V 50/60 Hz	
	Bemessungsstrom: ____ A	
	Bemessungs-Differenzstrom: ____ mA	
	RCD Typ: ____	
	Kontaktstellungsanzeige: Anzeigenfenster (grün, rot)	
	Fehlerstromanzeige: Auslösung bei Fehlerstrom	
	Best.Nr.: ____	

Bild: Angebot

Arbeitsauftrag 2: Die Fehlerstrom-Schutzeinrichtung in der Unterverteilung anschließen

Ergänzen Sie den Verdrahtungsplan der Unterverteilung **(Bild)**. Beantworten Sie zuerst die folgende Frage: Wieso werden in der Unterverteilung zwei getrennte N-Klemmleisten verwendet?

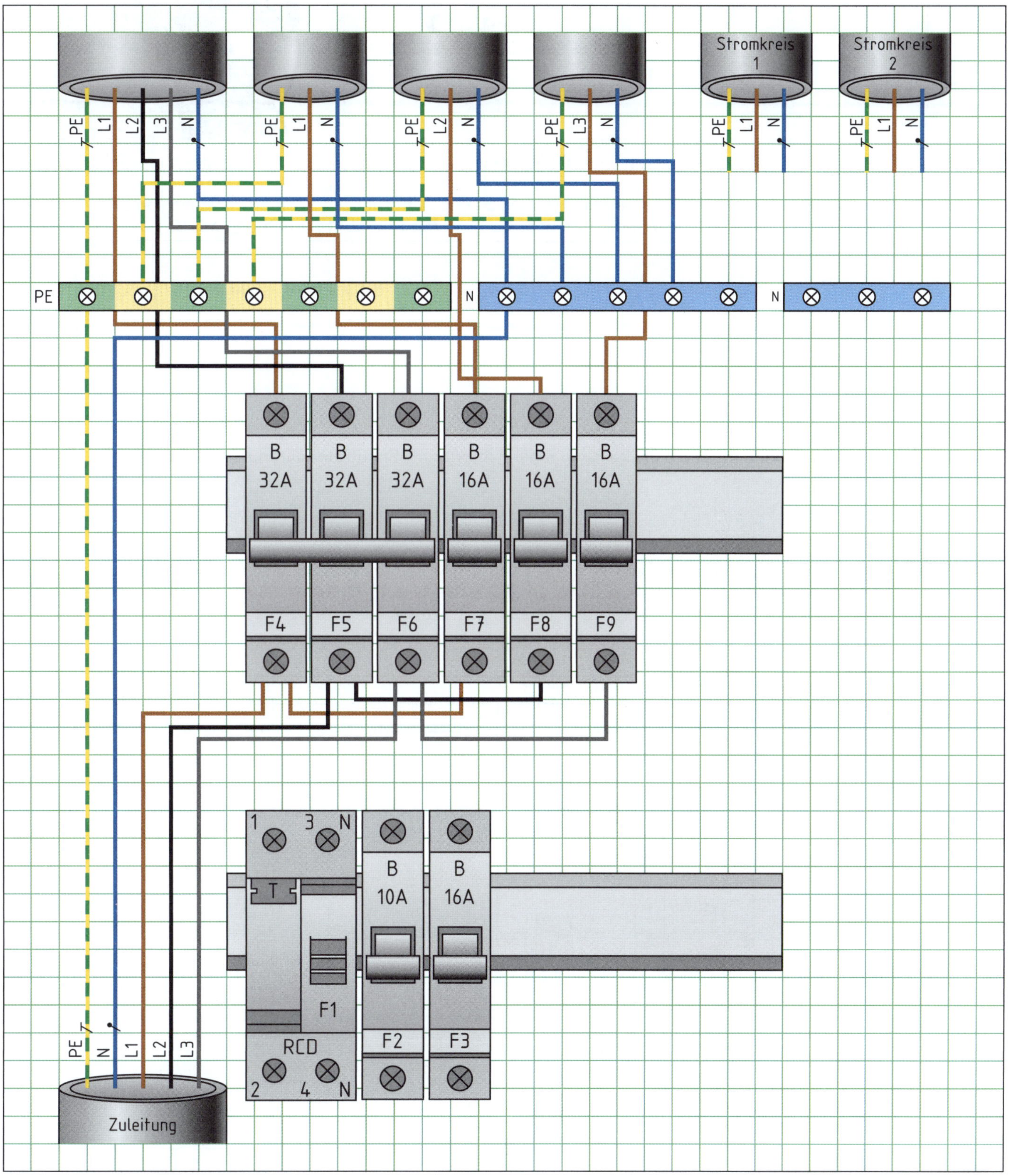

Bild: Verdrahtungsplan der Unterverteilung

Testen Sie Ihre Fachkompetenz

1. Zeichnen Sie die Ströme I_1 (Eingangsstrom des Verbrauchers), I_2 (Ausgangsstrom des Verbrauchers) und I_F (Fehlerstrom beim Eintauchen des Haartrockners in die Badewanne) in das **Bild 1** ein.

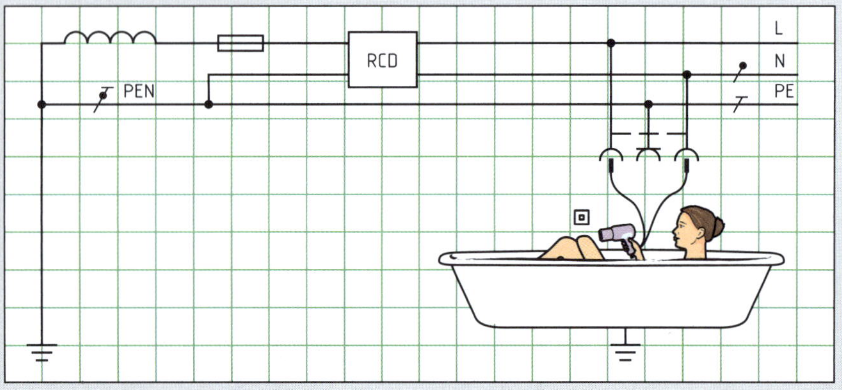

Bild 1: Elektrounfall mit Haartrockner in einer Badewanne

Bild 2: Spannungsprüfung

2. Bei der Spannungsprüfung zwischen Außenleiter, z. B. L1 und Schutzleiter PE, an einer Schutzkontaktsteckdose **(Bild 2)** mit einem zweipoligen Spannungsprüfer löst die Fehlerstrom-Schutzeinrichtung aus. Erklären Sie dieses Verhalten.

3. In welchen Zeitabständen muss die Prüftaste an einer Fehlerstrom-Schutzeinrichtung betätigt werden?

4. Die Außensteckdose eines Altbaus soll zusätzlich mit einer Fehlerstrom-Schutzeinrichtung (RCD) versehen werden. Zeichnen Sie den korrekten Anschluss der RCD, des Leitungsschutzschalters und der Schutzkontaktsteckdose in **Bild 3** ein.

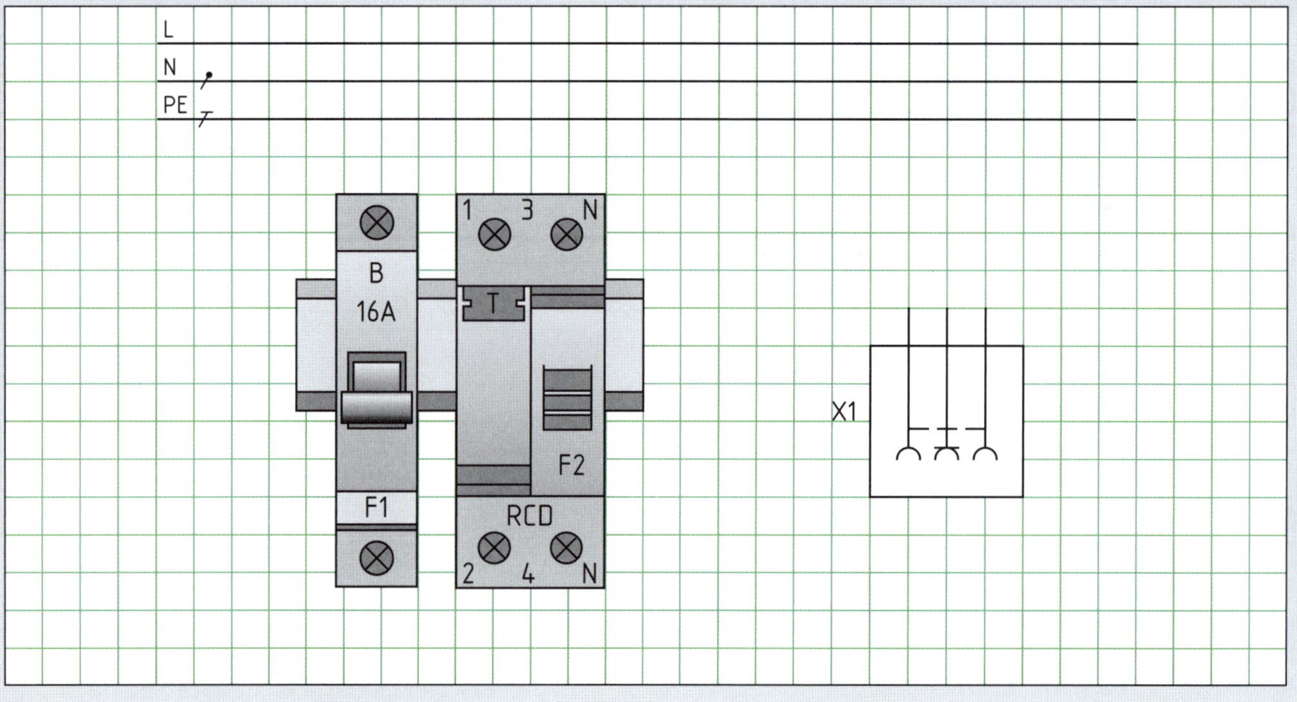

Bild 3: Stromlaufplan RCD und Außensteckdose

Lernsituation: Hausrufanlage und Türöffneranlage planen

In einem Wohnhaus befinden sich drei Wohnungen, jeweils eine Wohnung im Erdgeschoss (EG), im ersten Obergeschoss (1. OG) und im zweiten Obergeschoss (2. OG). Alle drei Wohnungen sind über ein Treppenhaus zu erreichen. Der Kunde wünscht die Planung und anschließende Installation einer Hausrufanlage und Türöffneranlage.

Dem planenden Elektrobetrieb liegt ein Übersichtsschaltplan der Hausruf- und Türöffneranlage **(Bild 1)** vor.

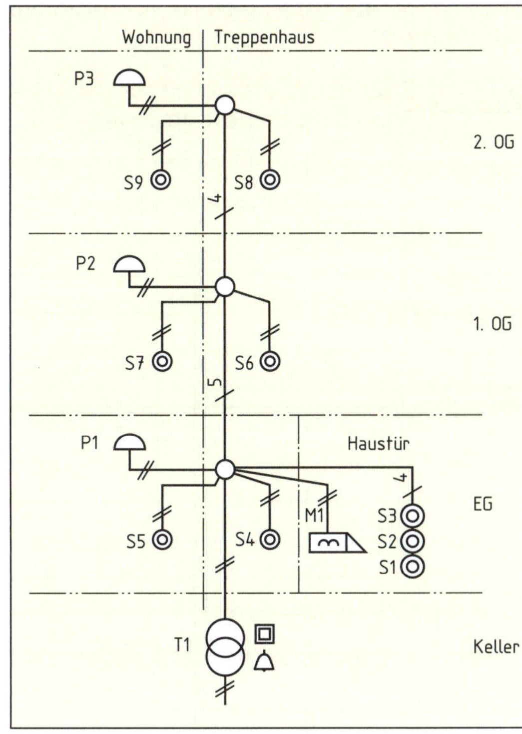

Bild 1: Hausruf- und Türöffneranlage eines Dreifamilienhauses

Arbeitsauftrag 1: Stromlaufplan analysieren

1. Um welche Art von Schaltplan handelt es sich in **Bild 1**?

2. Zeichnen Sie die Schaltzeichen von **Bild 1** in die **Tabelle**.

Tabelle: Schaltzeichen Hausrufanlage

Schaltzeichen	Bezeichnung
	Klingeltransformator
	Türöffner
	Wecker, Klingel, Gong

3. Welche besonderen Eigenschaften muss ein Klingeltransformator **(Bild 2)** haben.

4. Wie groß darf die Bemessungsspannung an den Ausgangsklemmen (Bezeichnung: 2.1 und 2.2) von T1 **(Bild 1)** höchstens sein?

Technische Merkmale:
- Umwandlung der Netzspannung 230 V in Schutzkleinspannung, z. B. 8 V.
- Kurzschlussfest.
- Nur für kurze Belastung geeignet.

Bild 2: Klingeltransformator

Arbeitsauftrag 2: Stromlaufplan in aufgelöster Darstellung zeichnen

Ergänzen Sie den Stromlaufplan in aufgelöster Darstellung für die Hausruf- und Türöffneranlage nach **Bild 1**.

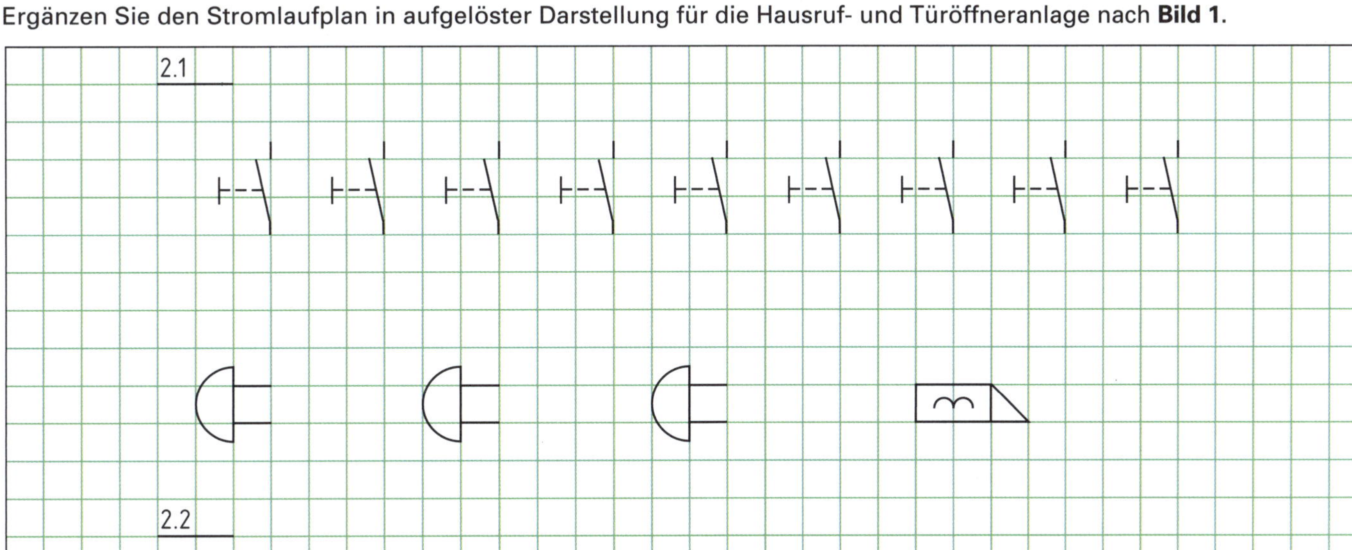

Bild 3: Stromlaufplan für die Hausruf- und Türöffneranlage

Arbeitsauftrag 3: Stromlaufplan in zusammenhängender Darstellung zeichnen

Zeichnen Sie den Stromlaufplan in zusammenhängender Darstellung für die Hausrufanlage und Türöffneranlage nach **Bild 1, Seite 91**.

Stromlaufpläne siehe Fachkunde Elektrotechnik, Kapitel Schaltungstechnik oder Tabellenbuch Elektrotechnik

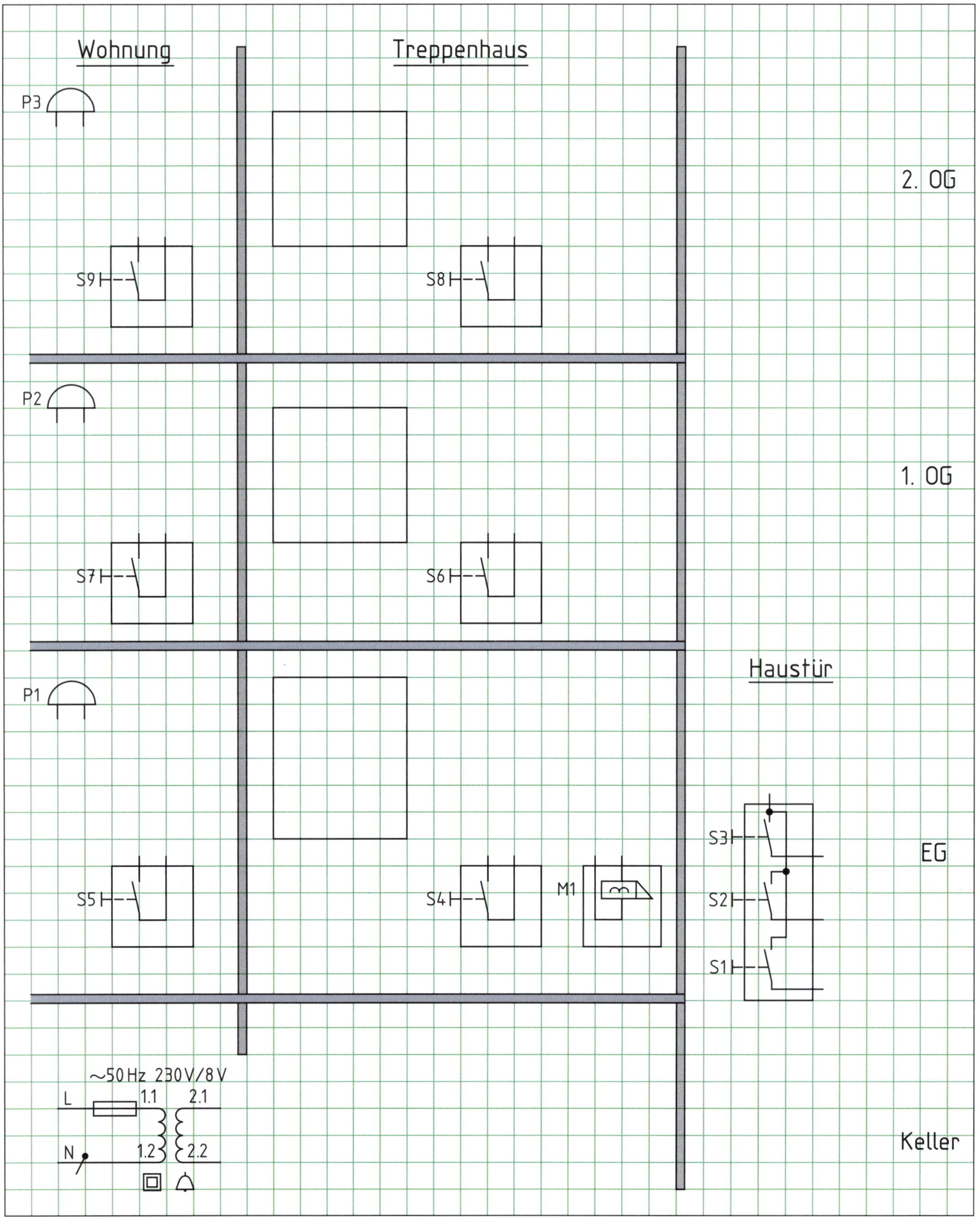

Bild: Stromlaufplan der Hausruf- und Türöffneranlage

Testen Sie Ihre Fachkompetenz

1. Welche Betriebsmittel sind für eine einfache Hausrufanlage mindestens erforderlich?

2. Wie werden bei mehreren Betätigungsstellen, z. B. Wohnung, Haustür, Gartentor, die Taster geschaltet?

3. Bei einem Einfamilienhaus ist eine einfache Hausrufanlage mit Türöffner installiert. Beschreiben Sie die Funktion der Schaltung **Bild 1** bei Betätigung der Taster S1, S2 und S3.

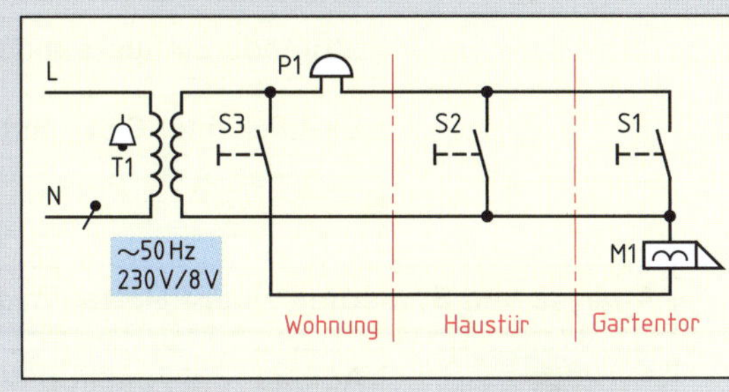

Bild 1: Hausrufanlage mit Türöffner

4. In einem Wohnhaus ist die Hausruf- und Türoffneranlage mit der Außenbeleuchtung kombiniert **(Bild 2)**.

a) Wie erfolgt die Steuerung der Außenbeleuchtung?

b) Mit welchen Tastern lässt sich die Beleuchtung E1 schalten?

c) Mit welchen Tastern wird der Wecker P1 gesteuert?

d) Welche Steueraufgabe hat der Taster S6?

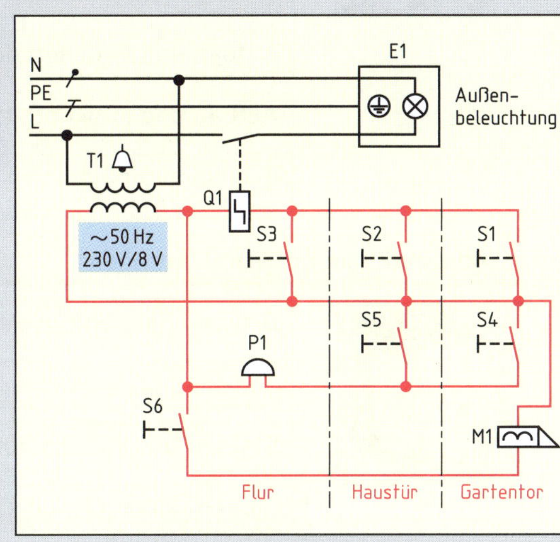

Bild 2: Hausruf- und Türöffneranlage mit Beleuchtungsanlage

5. In einem Zweifamilienhaus ist eine Hausruf- und Türöffneranlage installiert, von der ein Stromlaufplan in zusammenhängender Darstellung vorliegt **(Bild 3)**. Beschreiben Sie die Steuerfunktionen der Taster S1 bis S6.

S1:

S2:

S3:

S4:

S5:

S6:

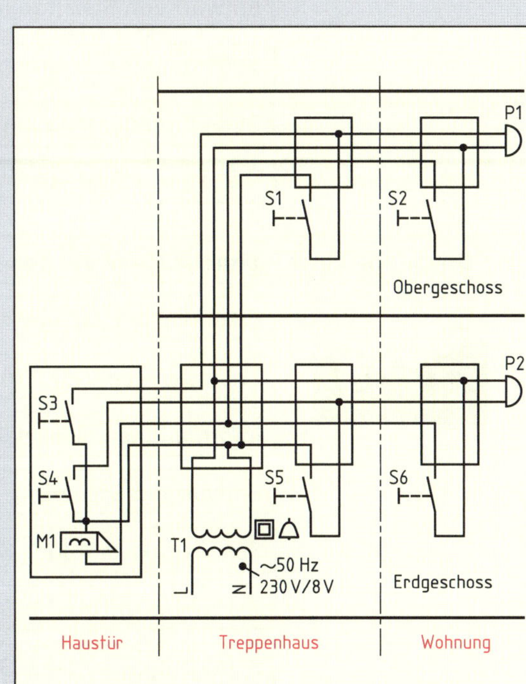

Bild 3: Hausruf- und Türöffneranlage eines Zweifamilienhauses

Steuerungen und Regelungen analysieren und realisieren

Lernsituation: Analyse der Begriffe Steuerung und Regelung

In der technischen Welt sind **Steuern** und **Regeln** grundlegende Konzepte, die verwendet werden, um das Verhalten von Systemen, z. B. Heiz- und Kühlanlagen, zu beeinflussen. Für Laien sind die Begriffe Steuern und Regeln meist gleichbedeutend. Da diese beiden Begriffe sehr oft in den Bereichen der Elektro-, Automatisierungs- und Regelungstechnik verwendet werden, müssen Sie als Elektrofachkraft diese Fachbegriffe voneinander unterscheiden können.

Anhand der nachfolgenden Beispiele können Sie sich schrittweise verschiedene Fachbegriffe erarbeiten, um die Begriffe **Steuern und Regeln voneinander abgrenzen** zu können. Wir beschränken uns bei diesen Betrachtungen auf wenige wichtige Größen. Im weiteren Verlauf Ihrer Ausbildung lernen Sie weitere Begriffe der Regelungstechnik kennen.

Zur Einführung betrachten wir lediglich folgende Größen:

Tabelle: Grundbegriffe der Regelungstechnik

Begriff	Formelzeichen	Beispiel, Erläuterung
Regelgröße	x	Diese physikalische Größe soll beeinflusst/gesteuert/geregelt werden, z. B. Raumtemperatur ϑ
Sollwert, Führungsgröße	w	Die Regelgröße soll diesen Sollwert erreichen, z. B. $\vartheta_{Soll} = 20$ °C
Regeldifferenz	e	Abweichung des Sollwertes vom Istwert

Fachkunde Elektrotechnik, Kapitel: Grundschaltungen der Regelungstechnik

Eine Steuerung verfolgt das Ziel, dass eine bestimmte Größe (z. B. Raumtemperatur) einen vorgegebenen Sollwert (z. B. 20 °C) erreicht. Eine Regelung verfolgt das **identische Ziel**. Die **Art und Weise**, wie dieses gemeinsame Ziel erreicht werden soll, ist jedoch bei Steuerungen und Regelungen **unterschiedlich**.

Arbeitsauftrag 1: Grundlegende Unterschiede zwischen Steuern und Regeln untersuchen

Beispiel 1: Auto

a) Ein Auto fährt eine Rechtskurve **(Bild 1)**. Der ideale Fahrweg ist rot eingezeichnet, somit ist der Sollwert *w* festgelegt. Als **Sollwert** wird hier die **Position** des Autos auf der **Mitte der rechten Fahrbahn** betrachtet. Es folgt eine Erklärung, die zeigt, warum es **nicht ratsam** ist, das Auto durch die Kurve **zu steuern**. Würde das Auto durch die Kurve gesteuert, so müsste der Autofahrer nämlich wie folgt handeln:

① Abschätzen, wie der Lenkradeinschlag gewählt werden müsste.

② Lenkrad einmal einschlagen.

③ Lenkradeinschlag während der kompletten Kurvendurchfahrt nicht mehr korrigieren.

④ Erst am Ende der Kurvendurchfahrt neuen Lenkradeinschlag einschätzen und wählen, damit Geradeausfahrt gelingt.

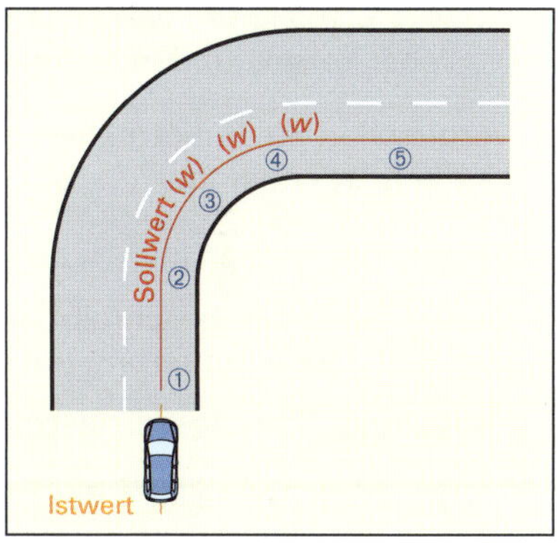

Bild 1: Sollwert bei Kurvenfahrt

1. Erklären Sie, wie Sie das Auto durch die Kurve bewegen würden!

①

②

③

④

→ Sie haben nun das **Auto durch die Kurve geregelt** und nicht gesteuert!

2. Worin unterscheidet sich demnach der Steuerungs- vom Regelungsvorgang?

1.

2.

b) Das Auto steht und besitzt ein Automatikgetriebe (d. h. Sie müssen nicht schalten). Sie möchten nun auf eine Geschwindigkeit von exakt 100 km/h beschleunigen **(Bild 1)**.

3. Was ist in diesem Fall die Regelgröße *x* und wie groß ist der Sollwert *w*?

Regelgröße:

Soll-Wert:

4. Wie müsste sich der Autofahrer verhalten, wenn er zum Erreichen des Sollwertes nur „steuern" dürfte?

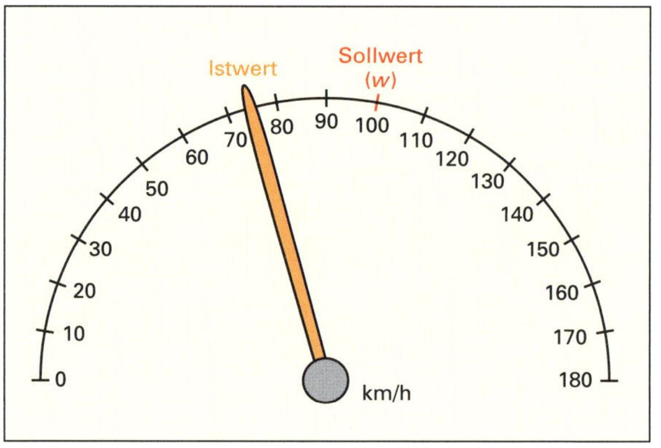

Bild 1: Ist- und Sollwert

5. Erklären Sie, wie Sie sich in der Praxis verhalten würden!

→ Sie haben die Geschwindigkeit also **geregelt**, da Sie ständig den Istwert (aktuelle Geschwindigkeit) mit dem Sollwert *w* (*v* = 100 km/h) verglichen haben. Auf eventuelle Abweichungen haben Sie so reagiert, dass sich der Istwert möglichst korrekt und in einem annehmbaren Zeitfenster dem Sollwert angleicht.

6. Vergleichen Sie Ihr Verhalten bei der Kurvendurchfahrt mit dem während der Beschleunigungsphase. Welche **Gemeinsamkeit** ist erkennbar?

7. Dieses Verhalten **beschreibt einen wesentlichen Unterschied zwischen Steuern und Regeln**. Vergleichen Sie mithilfe von **Bild 2** eine Steuerung mit einer Regelung und ergänzen Sie die folgenden Aussagen:

Regelung: Ständiges Erfassen des → ständiger Abgleich mit dem

→ ständige Anpassung des Istwertes an den !

Steuerung: ständiges Erfassen des Istwertes → ständiger Abgleich mit dem Sollwert

→ Anpassung des Istwertes an den Sollwert!

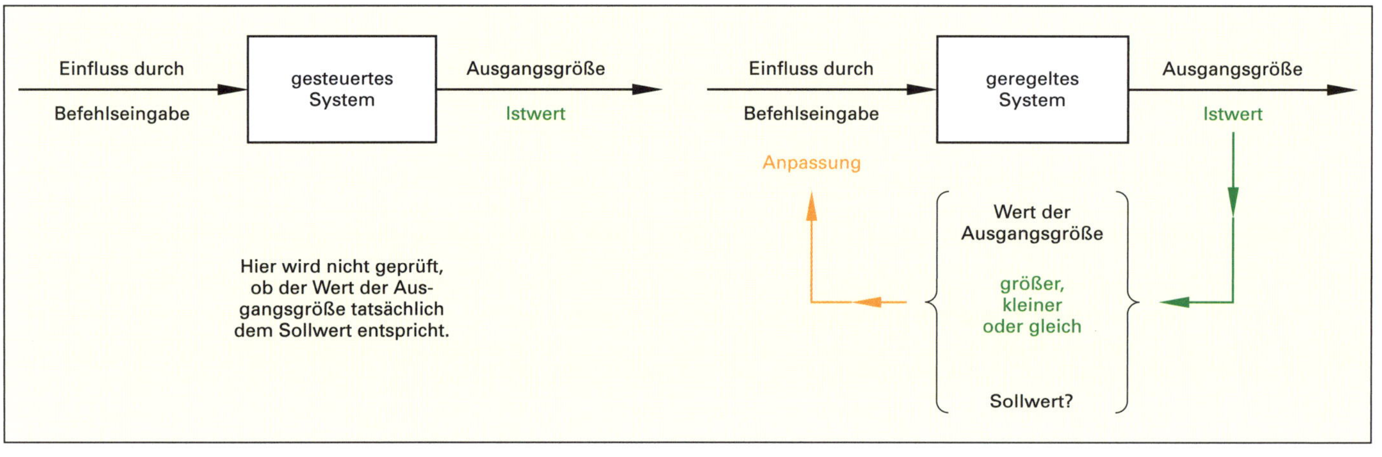

Bild 2: Vergleich zwischen Steuerung und Regelung

Arbeitsauftrag 2: Grundbegriffe und Eigenschaften der Regelungstechnik erarbeiten

Beispiel 2: Lötkolben, Lötstation

Bei Lötarbeiten werden abhängig von den zu verlötenden Objekten verschiedene Löttemperaturen benötigt. Für einfache Lötarbeiten können Lötkolben **(Bild 1)**, für anspruchsvolle Lötstellen jedoch Lötstationen **(Bild 2)** verwendet werden.

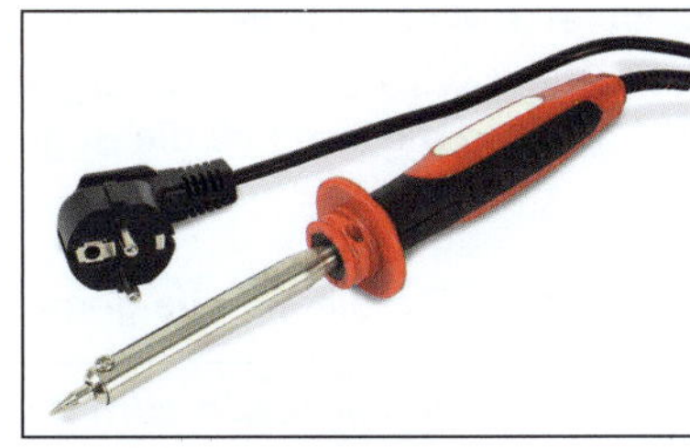

Bild 1: Lötkolben

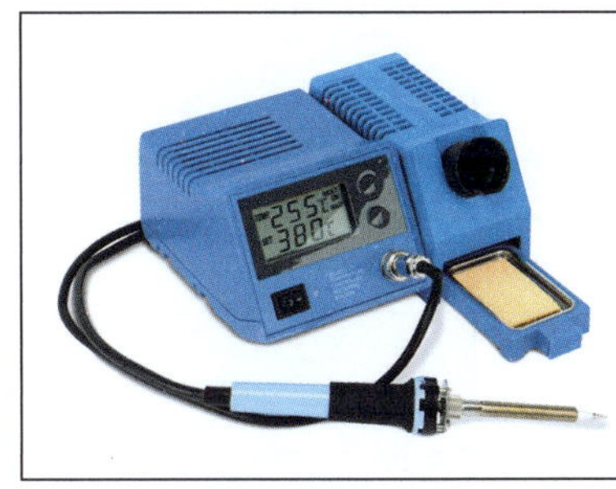

Bild 2: Lötstation

1. Welche Größe soll hier gesteuert bzw. geregelt werden?

Regelgröße x = ____________________

2. In welchem der beiden Bilder wird die Lötkolbentemperatur geregelt, in welchem gesteuert? Begründen Sie Ihre Antworten!

____

____

____

____

____

____

____

3. Den Unterschied **(Differenz)** zwischen dem Sollwert w und dem Istwert x nennt man **Regeldifferenz e (Tabelle)**. Wie lautet demnach die **Formel zur Berechnung der Regeldifferenz**?

e = ____________________

4. Berechnen Sie die **Regeldifferenz e** zwischen dem Sollwert w und dem Istwert x an der Lötstation in °C und tragen Sie den Wert in der **Tabelle** ein.

____

Tabelle: Grundbegriffe der Regelungstechnik

Formelzeichen	Begriff	Beispiel
e	Regeldifferenz	e =
w	Sollwert, Führungsgröße	w = 380 °C
x	Istwert der Regelgröße	x = 255 °C
r	Rückführgröße	r = 100 Ω

In der Regelungstechnik werden Signale exakt betrachtet. Die **aktuelle Temperatur** der Lötspitze, z. B. 255 °C, wird als **Istwert x** bezeichnet **(Bild 3)**. Dazu wird mit einem Temperatursensor die Temperatur in der Lötspitze gemessen und in ein elektrisches Signal, z. B. Widerstandswert 100 Ω, **umgewandelt (Bild 3)** und von der Lötstation weiterverarbeitet. Dieses elektrische Signal in Ohm **entspricht der Temperatur**, ist jedoch eine **andere physikalische Größe** und wird daher als **Rückführgröße r** bezeichnet.

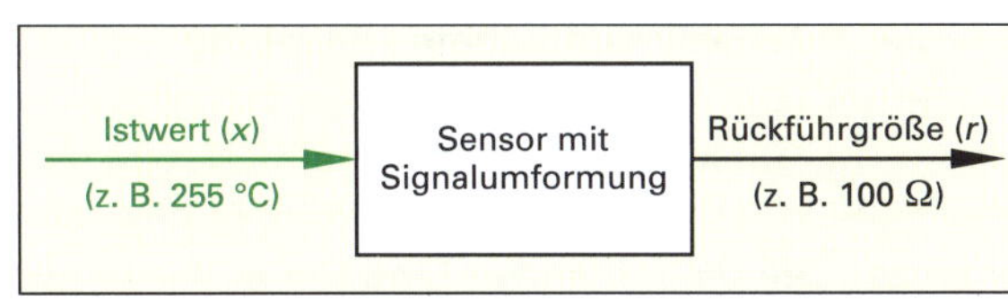

Bild 3: Sensor wandelt Istwert x in Rückführgröße r um

5. Welche Bauelemente der Elektrotechnik können für die Umwandlung einer Temperatur in einen Widerstandswert verwendet werden?

____

____

6. Ergänzen Sie **Bild 4** zu einem geschlossenen Regelkreis und trageb Sie die korrekten Zahlenwerte ein!

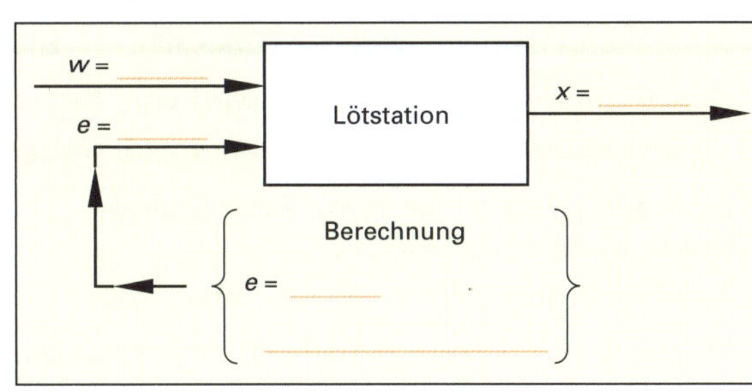

Bild 4: Geschlossener Regelkreis

7. Wir gehen davon aus, dass die Lötstation ordnungsgemäß funktioniert. Zeichnen Sie für diesen Fall den zu erwartenden Verlauf der Regeldifferenz e in Abhängigkeit von der Zeit t in das Diagramm **(Bild 5)** ein!

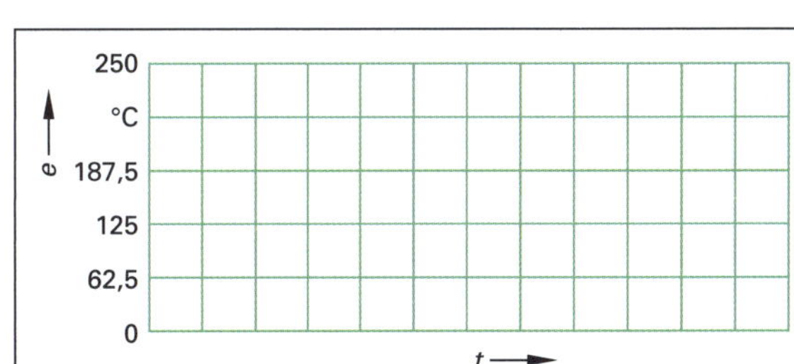

Bild 5: Verlauf der Regeldifferenz bei erfolgreicher Regelung

8. Beschreiben Sie den Verlauf der Regeldifferenz und leiten Sie daraus ein Ziel für die Regelung mit der Lötstation ab.

____

____

____

____

Arbeitsauftrag 3: Störende Einflüsse auf eine Regelung berücksichtigen

Beispiel 3: Warmwasserdusche

1. In Bild 1 wird ein Duschvorgang regelungstechnisch betrachtet. Was ist in diesem Fall die Regelgröße x?

2. Ergänzen Sie die **Tabelle** gemäß **Bild 1**.

Tabelle: Regelgrößen zum Duschvorgang

	Begriff	Formelbuchstabe
	Störgröße	z
①		
②		nicht festgelegt
③		
④		

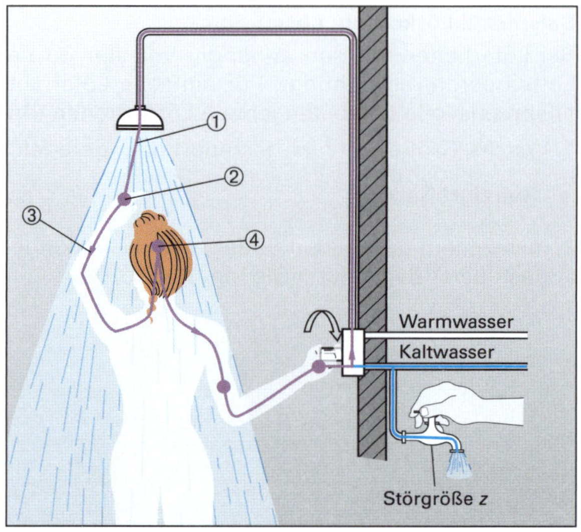

Bild 1: Temperaturregelung beim Duschen

3. Im **Bild 1** ist zu sehen, dass Kaltwasser über einen Wasserhahn außerhalb der Dusche entnommen wird. Erklären Sie, wie sich diese Kaltwasserentnahme auf die Regelgröße auswirkt.

Störende Einflüsse, die **von außen** auf das Regelsystem einwirken und so die Regelgröße stören bzw. verändern, werden als **Störgröße** ***z*** bezeichnet.

> Eine gut dimensionierte Regelung kann auf Störgrößen reagieren und deren Einflüssen entgegenwirken.

Arbeitsauftrag 4: Beispiel einer Beleuchtung in einem Innenraum beschreiben

Beispiel 4: Tageslichtabhängige Regelung

Durch die Nutzung des natürlichen Tageslichts kann die zu erzeugende Menge an Kunstlicht reduziert werden. Neben der An- und Abwesenheitserfassung von Personen kann so weitere Energie eingespart werden.

Ergänzen Sie die fehlenden Einträge in der folgenden, stichpunktartigen Beschreibung des Regelungsvorgangs:

1. Der Sensor ___ erfasst die die Beleuchtungsstärke auf dem Schreibtisch, z. B. E_{ist} = 600 lx. Diese setzt sich aus dem künstlichen Licht der Leuchten ___ und dem einfallenden Tageslicht ___ zusammen.

2. Dieser gemessene Istwert ___ wird vom Sensor in die Rückführgröße ___ umgewandelt und an das Steuergerät weitergeleitet.

3. Im Steuergerät ist der gewünschte Sollwert ___ der Beleuchtungsstärke mit E_{soll} = 500 lx gespeichert.

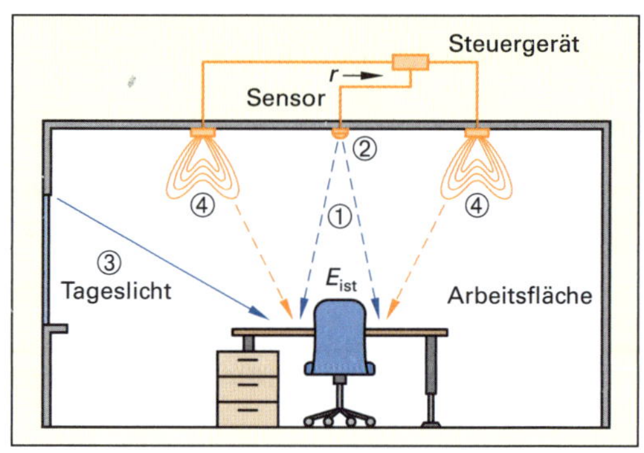

Bild 1: Tageslichtabhängige Regelung der Beleuchtungsstärke

4. Das Steuergerät bildet nun die Regeldifferenz ___ aus: ***e*** = ___

5. Da die Regeldifferenz negativ ist, regelt das Steuergerät die Leistung der dimmbaren Leuchten ___ so lange herunter, bis der Sensor eine Beleuchtungsstärke von ___ meldet.

6. Sinkt die einfallende Tageslichtmenge, z. B. in den Abendstunden, so trägt sie weniger zur Beleuchtungsstärke am Arbeitsplatz bei. Das Steuergerät ___ die Leistung der künstlichen Beleuchtung entsprechend.

> Der Energieeinsatz für die künstliche Beleuchtung wird tageslichtabhängig geregelt. Neben dem Komfort einer konstanten Beleuchtungsstärke sind zusätzlich Energieeinspareffekte zu erwarten.

7. Beschreiben Sie, wie die Elektroinstallation bei einer Helligkeitssteuerung für diesen Raum aussehen würde!

Testen Sie Ihre Fachkompetenz

1. Bewerten Sie nachfolgende Aussagen als **wahr** oder **falsch**:

a)	Sowohl bei einer Steuerung als auch bei einer Regelung wird ein Sollwert angestrebt.	
b)	Bei einer Steuerung erfolgt keine Überprüfung, ob der Sollwert erreicht wurde.	
c)	Bei einer Regelung erfolgt fortlaufend eine Überprüfung, ob der Sollwert erreicht wurde.	
d)	Eine Steuerung kann auf eine Störgröße reagieren.	
e)	Eine Regelung kann auf eine Störgröße reagieren.	
f)	Eine Störgröße wird mit dem Formelzeichen w bezeichnet.	
g)	Eine Regeldifferenz kann keine negativen Werte annehmen.	
h)	Eine Steuerung benötigt einen Sensor zur Erfassung der Regelgröße.	
i)	Wird die Regelgröße durch einen Sensor erfasst, so bezeichnet man das Signal dieses Sensors als Rückführgröße.	
j)	Beträgt die Regeldifferenz 20 °C und der Istwert 70 °C, so wurde ein Sollwert von 50 °C eingestellt.	
k)	Beträgt die Regeldifferenz 20 °C und der Istwert 70 °C, so wurde ein Sollwert von 90 °C eingestellt.	
l)	Zur Berechnung der Regeldifferenz gilt die Formel $e = w - r$.	
m)	Ein Tempomat eines Autos steuert die Geschwindigkeit des Autos.	
n)	Die Batterie eines Autos wird während der Fahrt durch einen Regelvorgang geladen.	

2. Im Folgenden wird der Vorgang des Brotbackens im heimischen Backofen betrachtet.

a) Was ist in diesem Fall die Regelgröße x?

b) Wie wird der Sollwert w von ϑ_{Soll} = 180 °C eingestellt?

c) Der Brotteig besitzt Raumtemperatur und wird in den auf 180 °C vorgeheizten Backofen gestellt. Für welche Größe der Regelungstechnik steht der relativ kalte Brotteig? Begründen Sie Ihre Antwort.

d) Während des Backprozesses wird die Backofentür geöffnet, um den Zustand des Brotes zu kontrollieren. Welche Größe der Regelungstechnik wird sich dadurch sprungartig vergrößern? Begründen Sie Ihre Antwort.

e) Nehmen Sie Stellung zu der Behauptung, man spare durch das Vorheizen des leeren Backofens Energie, da der Backvorgang so verkürzt werden kann.

Lernsituation: Analyse und Steuerung einer Palettenförderbandanlage

In einem Betrieb soll eine Förderbandanlage zum Transport von Fertigteilen gewartet werden. Um Reparatur- bzw. Wartungsarbeiten an z. B. Transport- und Fördereinrichtungen **(Bild 1)** vornehmen zu können, muss sich der Elektroniker mit diesen Anlagen vertraut machen und sich mit der Funktionsweise der jeweiligen Anlage und den einzelnen Komponenten auseinander setzen.

Da in der Praxis eine Vielzahl von unterschiedlichen Förderbandanlagen vorhanden sind, soll in unserem Beispiel an einem Modell einer Palettenförderbandanlage **(Bild 1)** die Funktionsweise der Anlage untersucht und in eine Steuerungstechnik mit Schützen umgesetzt werden.

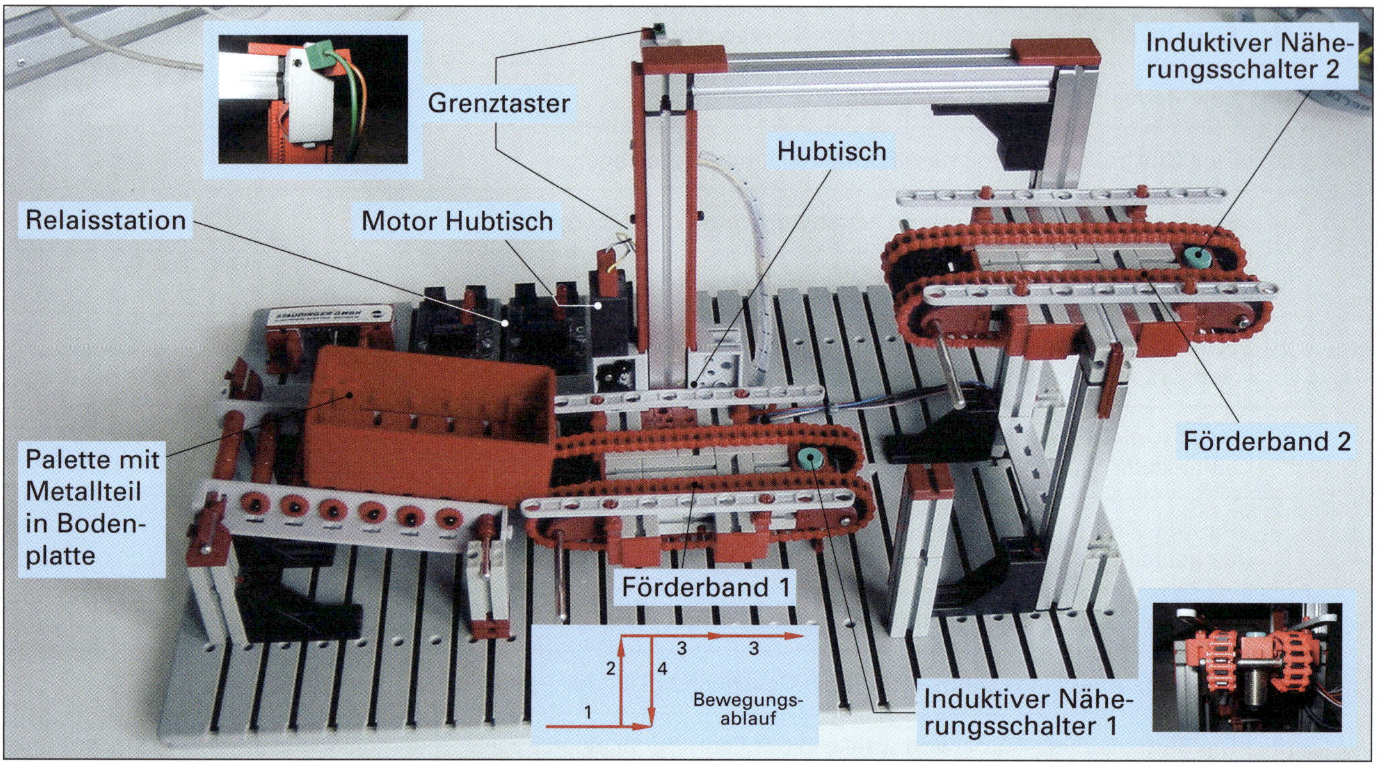

Bild 1: Modell einer Palettenförderbandanlage

Aufbau und Funktion der Palettenförderbandanlage

In der Darstellung **(Bild 1)** besteht die Palettenförderbandanlage aus einem Hubtisch mit zwei Förderbändern. Mit Elektromotoren wird die Palette auf dem Förderband 1 (Hubtisch) und dem Förderband 2 (starres Transportband) nach rechts in Richtung der Näherungsschalter bewegt.

Erreicht die Palette mit einem Metallteil in der Bodenplatte die Endlage auf Förderband 1 oder Förderband 2, schalten induktive Näherungsschalter (Sensoren) die Bandmotoren der Förderbänder ab. Der Hubtisch mit dem Förderband 1 einschließlich der Palette kann mit dem Hubtischantrieb **(Bild 2)** nach oben oder nach unten bewegt werden. Die Steuerung der Palettenförderbandanlage soll mit einer verbindungsprogrammierten Schützsteuerung realisiert werden. Eine Umsetzung der Steuerung mithilfe einer speicherprogrammierbaren Steuerung (SPS) ist später vorgesehen.

Bild 2: Hubtischantrieb

Der Ablauf der Palettenförderbandanlage soll im Automatikbetrieb oder im Handbetrieb durchgeführt werden können. Die Auswahl „Automatikbetrieb" bzw. „Handbetrieb" wird mit einem Wahlschalter vorgenommen.

Automatikbetrieb:
Ist Automatikbetrieb eingeschaltet, wird der festgelegte Steuerungsablauf nach einem Startsignal, ohne weitere Eingriffe des Bedienenden, bearbeitet. Die Palette mit dem Transportgut wird dem Förderband 1 über die Rampe zugeführt, übernommen und mittels Hubtisch an das Förderband 2 übergeben. Nach erfolgreichem Transport der Palette fährt der Hubtisch wieder in die untere Position und wird abgeschaltet.

Der Vorgang kann im Automatikbetrieb über das Bedienfeld, Taster START S2 **(Bild 1, Seite 102)** erneut gestartet werden.

Handbetrieb:
Bei Handbetrieb werden die Motoren jeweils einzeln im Tippbetrieb angesteuert.

Arbeitsauftrag 1: Erkunden der Palettenförderbandanlage

Um den Aufbau und die Funktionsweise dieser Anlage zu verstehen, soll die Palettenförderbandanlage erkundet werden.

1. Analysieren Sie den Aufbau der Palettenförderbandanlage und beschreiben Sie den Automatikbetrieb. Fertigen Sie eine schriftliche Funktionsbeschreibung der Anlage mithilfe eines Textverarbeitungsprogramms an. Stellen Sie Ihre Funktionsbeschreibung zusammen. Präsentieren Sie Ihr Ergebnis.

2. Nennen Sie die wichtigsten Teile (Komponenten) und die elektrischen Betriebsmittel der Palettenförderbandanlage.

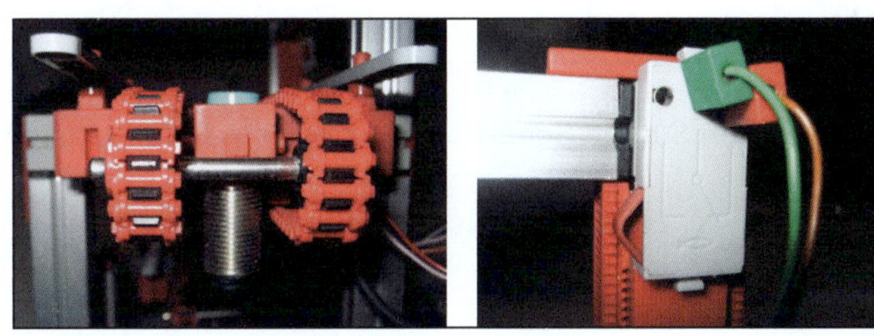

Bild 1: Sensor und Geber

3. Welche Arten von Sensoren bzw. Gebern **(Bild 1)** werden in der Anlage verwendet?

Bild 2: Relaisstation

4. Wie werden Hubtisch und Förderbänder angetrieben?

5. Wie wird die Steuerung **(Bild 2)** der Anlage ausgeführt?

Arbeitsauftrag 2: Aufbau und Funktion der Betriebsmittel des Bedienfeldes erklären

Die Betriebsmittel im Bedienfeld **(Bild 1 und Bild 2)** werden für den Steuerungsablauf im Automatik- und Handbetrieb (Wahlschalter S4) benötigt.

Die Meldeleuchten (Hand- und Automatikbetrieb) dienen zur Anzeige der jeweiligen Betriebsarten.

1. Analysieren Sie die dargestellten Betriebsmittel **(Bild 2)** und ordnen Sie die eingesetzten Betriebsmittel dem Bedienfeld **Bild 1** zu. Ergänzen Sie die folgende Tabelle.

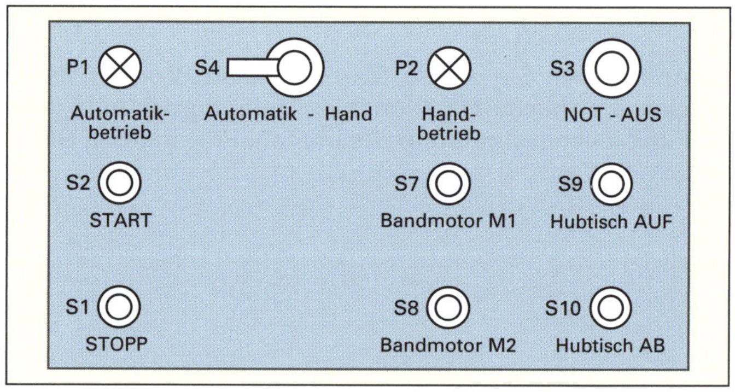

Bild 1: Bedienfeld und Betriebsmittel

Betriebsmittel	Kennzeichnung	Aufgabe
Wahlschalter		
NOT-AUS-Schalter		
Taster „EIN“		
Taster „STOPP“		
Meldeleuchte		

2. Zeichnen Sie die Schaltzeichen der Betriebsmittel zu **Bild 2** (Öffner und Schließer beachten).

Fachkunde Elektrotechnik, Sachwörter und Infoteil Schaltzeichen

a)
b)
c)
d)

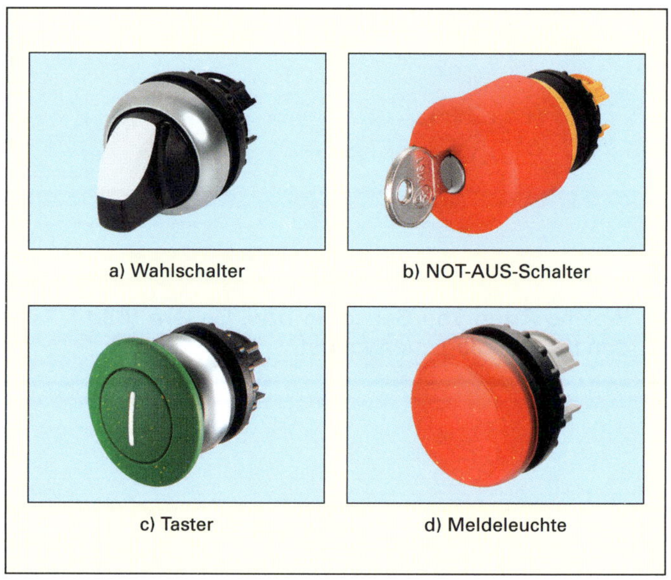

Bild 2: Betriebsmittel des Bedienfeldes

3. Geben Sie die Namen der Betriebsmittel **(Bild 2)** in englischer Sprache an.

Fachkunde Elektrotechnik, Sachwort und Fachbegriffe Englisch-Deutsch.

Arbeitsauftrag 3: Aufbau und Funktion von Gebern und Sensoren erklären

Für den Steuerungsablauf und zum Abschalten der Bandmotoren und des Hubtisches werden Sensoren und Endschalter (Grenztaster) **(Bild 1, Seite 100)** benötigt.

Durch die Bandmotoren der Förderbänder wird die Palette mit einem Metallteil in der Bodenplatte über einen induktiven Näherungsschalter **(Bild 1b)** bewegt. Damit werden die Motoren abgeschaltet.

Die Abschaltung des Hubtisches in der Aufwärts- und Abwärtsbewegung erfolgt durch Grenztaster bzw. Endschalter **(Bild 1a)**.

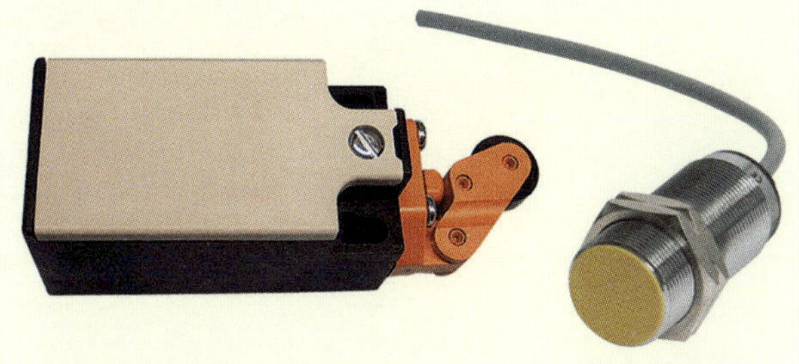
a) Endschalter b) Näherungsschalter

Bild 1: Endschalter und Näherungsschalter (Sensor)

www.Pepperl-Fuchs.com
www.eaton.de

Infoteil Binäre Sensoren, Seite 194

1. Beschreiben Sie die allgemeine Funktion **a)** des Endschalters und **b)** des induktiven Näherungsschalters.

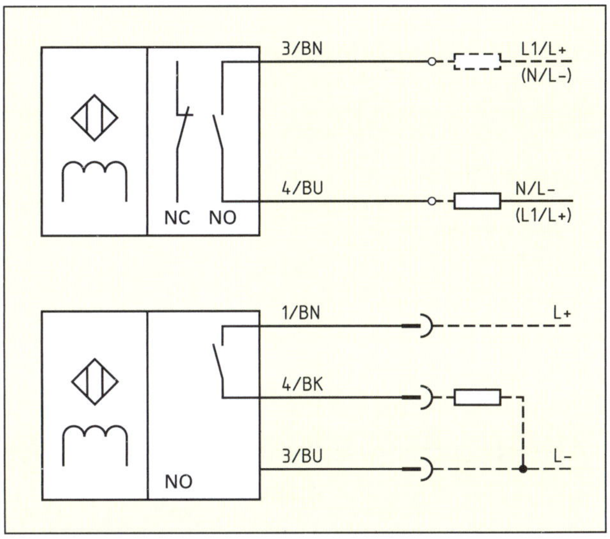

Bild 2: Ausführungsarten von induktiven Näherungsschaltern

2. Zeichnen Sie die Schaltzeichen der Schalter von Aufgabe 1.

Endschalter		Näherungsschalter	
Schließer	Öffner	Schließer	Öffner

3. **a)** Beschreiben Sie die Zweidraht- und Dreidrahtausführung von induktiven Näherungsschaltern. **b)** Analysieren Sie die beiden Ausführungsarten in **Bild 2**. **c)** Welche Bedeutung haben NO und NC?

4. Geben Sie die Namen der Betriebsmittel **a)** Endschalter und **b)** Näherungsschalter in englischer Sprache an.

5. Informieren Sie sich über die Fachbegriffe „Bemessungsschaltabstand, gesicherter Schaltabstand, Reduktionsfaktor und Schaltfrequenz“ beim Näherungsschalter und erklären Sie diese.

6. Was versteht man beim Steuern unter **a)** passiven und **b)** aktiven Sensoren?

7. Setzen Sie sich mit dem Begriff „Drahtbruchsicherheit“ bei Endschaltern auseinander und entscheiden Sie, ob die Endschalter vom Hubtisch der oberen und unteren Endlage **(Bild 1, Seite 100)** als Öffner oder als Schließer ausgeführt sein müssen.

Arbeitsauftrag 4: Funktion von Schützen und Schützkontakten analysieren und Schütze auswählen

- Schütze sind elektromagnetisch betätigte Fernschalter **(Bild 1)**.
- Schütze werden in Leistungsschütze und Hilfs- oder Steuerschütze unterteilt. Leistungsschütze haben meist drei Hauptkontakte und können zusätzlich mit Steuerkontakten ausgerüstet sein **(Bild 1)**.
- Die Steuerkontakte der Schütze werden mit Funktionsziffern und mit Ordnungsziffern bezeichnet.
- Schütze können durch den Anbau von Hilfsschalterbausteinen mit Steuerkontakten erweitert werden **(Bild 2)**.
- In Wechselstromkreisen beträgt die Steuerspannung meist AC 230 V.

Bild 2: Hilfsschalterbausteine

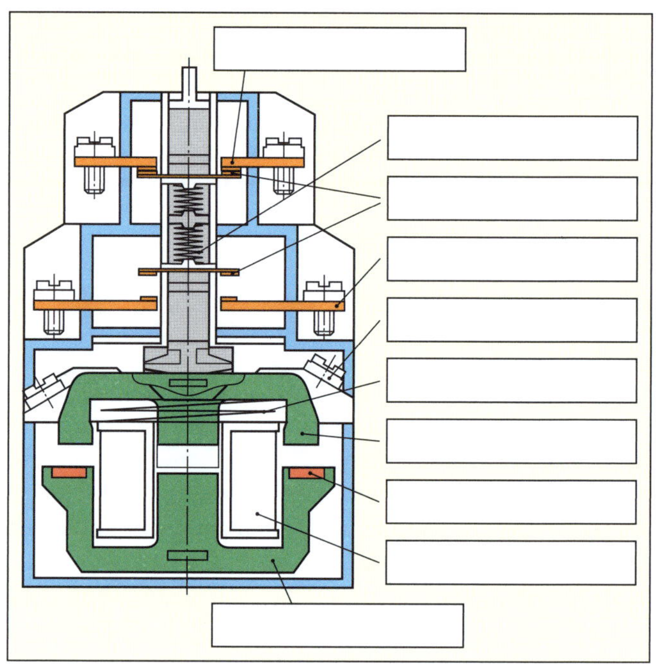

Bild 1: Aufbau eines Leistungsschützes

1. Informieren Sie sich anhand von Katalogunterlagen und Datenblättern **(z. B. Infoteil, Seite 189)** über Leistungs- und Hilfsschütze und benennen Sie vier Auswahlks

2. Ergänzen Sie die fehlenden Begriffe und Betriebsmittelbezeichnungen **a)** im **Bild 1, Seite 104** und **b)** im **Bild**.

3. Wie lauten die Kontaktbezeichnungen bei einem Schütz mit 3 Hauptstrom- und 4 Steuerkontakten (2 Schließer, 2 Öffner)?

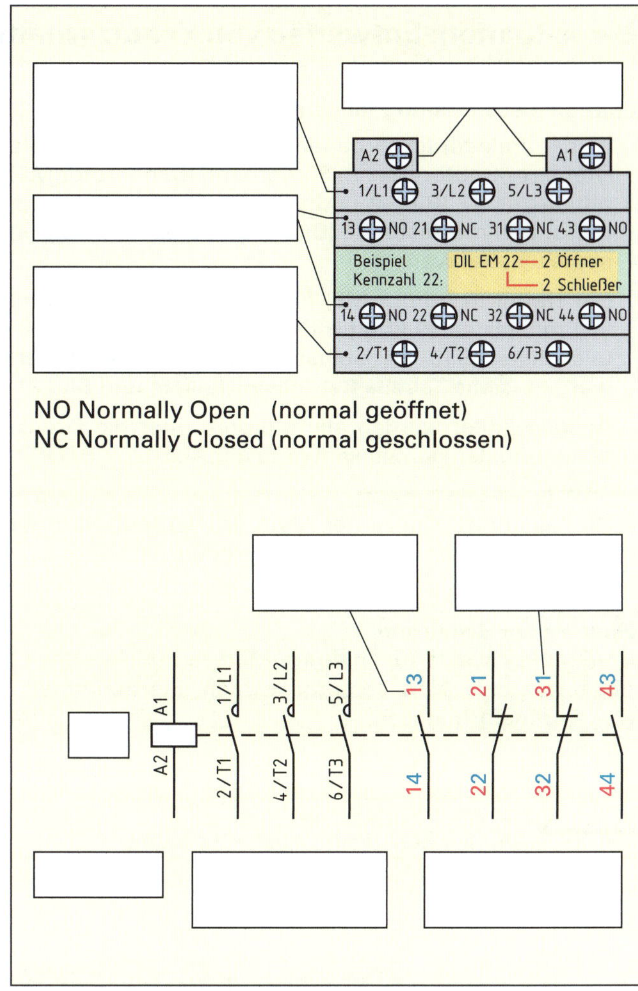

Bild: Kontaktbezeichnungen beim Leistungsschütz

Auswahl der Leistungsschütze

Die Leistungsschütze in der Palettenförderbandanlage **(Bild 1, Seite 100)** sollen ausgewählt werden.

Die zu schaltenden Bandmotoren sollen alle Käfigläufermotoren in 400-V-Drehstromausführung mit normalem Anlassen, Ausschalten während des Laufes sein. Der Hubtischmotor soll auch für Drehrichtungsumkehr geeignet sein.

4. Wählen Sie gemäß den Motorangaben und der Art der zu schaltenden Last (typischer Anwendungsfall) die dazugehörige Gebrauchskategorie **(Seite 190)** aus. Ergänzen Sie die **Tabelle**.

5. Wählen Sie die Leistungsschütze mit der gefundenen Gebrauchskategorie aus und tragen Sie diese in die **Tabelle** ein. Verwenden Sie dazu die Datenblätter im **Infoteil, Seite 189** und **Seite 190**.

Leistungsschütze, Gebrauchskategorien für Schütze: Infoteil, Seite 189 und Seite 190

Tabelle: Motordaten, Gebrauchskategorien für Schütze

Motor	Bemessungsleistung	Bemessungsspannung	Bemessungsstrom	Gebrauchskategorie	Typ Leistungsschütz
Bandmotor M1	3,0 kW	400 V	6,1 A		
Bandmotor M2	3,0 kW	400 V	6,1 A		
Hubtischmotor M3	4,0 kW	400 V	7,9 A		

Lernsituation: Entwerfen von Schützschaltungen

Funktionsbeschreibung (allgemein)

- In der Palettenförderbandanlage **(Bild 1)** sollen die Drehstrommotoren vom Förderband (Bandmotor M1) mit Taster S7 **(Bild 2)** und vom Förderband 2 (Bandmotor M2) mit Taster S8 **(Bild 2)** im Selbsthaltebetrieb eingeschaltet werden.
- Der Hubtisch (Motor M3) für die Aufwärtsbewegung soll mit Taster S9 und für die Abwärtsbewegung mittels Taster S10 im **Selbsthaltebetrieb** angesteuert werden **(siehe Tabelle Betriebsmittelliste und Bild 2)**.
- Ausgeschaltet werden alle Motoren über die Grenztaster und den gemeinsamen Taster AUS bzw. STOPP-Taster S1.
- Die Leistungsschütze der Motoren werden mit einer Steuerspannung AC 230 V angesteuert.

Hinweis zur Schaltung:
Steuerstromkreise für mehrere Motoren dürfen nicht direkt aus dem Netz versorgt werden. Sie benötigen Steuertransformatoren.

Fachkunde Elektrotechnik,
Kapitel: Elektrische Ausrüstung von Maschinen

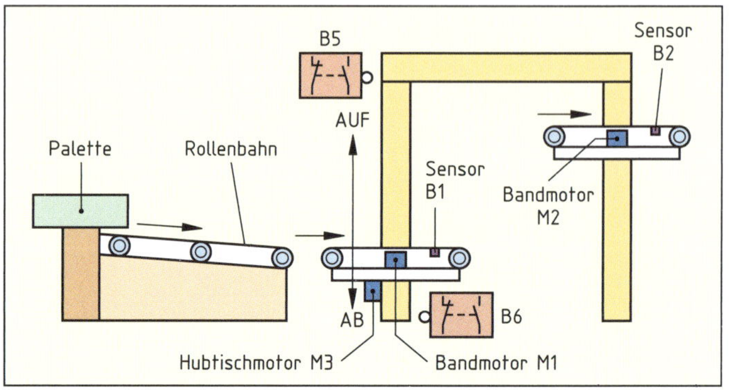

Bild 1: Technologieschema der Förderbandanlage

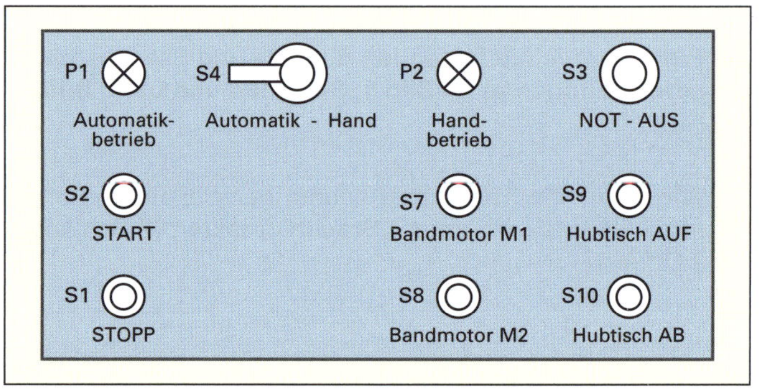

Bild 2: Bedienfeld der Palettenförderbandanlage

Tabelle: Betriebsmittelliste für Handbetrieb

Bez.	Betriebsmittel	Bez.	Betriebsmittel
F1	Hauptstromkreis	F5	Überlastrelais für M3
F2	Steuersicherung	B1	Induktiver Näherungsschalter (bedämpft 1-Signal)
S1	Taster STOPP		
B5	Grenztaster oben	B2	Induktiver Näherungsschalter
B6	Grenztaster unten	Q1	Schütz Bandmotor M1
S7	Taster Bandmotor M1	Q2	Schütz Bandmotor M2
S8	Taster Bandmotor M2	Q3	Schütz Hubtisch M3 AUF
S9	Taster Hubtisch AUF	Q4	Schütz Hubtisch M3 AB
S10	Taster Hubtisch AB	T1	Steuertransformator
F3	Überlastrelais für M1	F6	Sicherung für Steuertrafo
F4	Überlastrelais für M2		

Arbeitsauftrag 1: Schützschaltung mit Selbsthaltung für Bandmotor M1 entwerfen

Funktionsbeschreibung

- Der Motor M1 für das Förderband 1 **(Bild 3)** soll durch Betätigen des Tasters S7 über das Leistungsschütz Q1 eingeschaltet werden.
- Nach Loslassen des Tasters S7 soll sich das Schütz Q1 selbst halten.
- Abgeschaltet wird das Schütz Q1 durch Betätigen des Tasters S1.
- Ein Überlastrelais F3 für den Motorschutz und eine Steuersicherung F2 für den Kurzschlussschutz sollen zusätzlich eingesetzt werden.

Motoren dürfen bei Überlastung keinen Schaden nehmen, d. h. die Wicklungen müssen z. B. beim Blockieren der Läuferwelle durch ein Überlastrelais geschützt werden.

Fachkunde Elektrotechnik,
Kapitel: Schaltungstechnik

Hinweis zur Schaltung:
Werden der Taster S7 und der Taster S1 gleichzeitig betätigt, muss das Schütz Q1 abfallen bzw. darf nicht anziehen (Vorrangschaltung AUS).

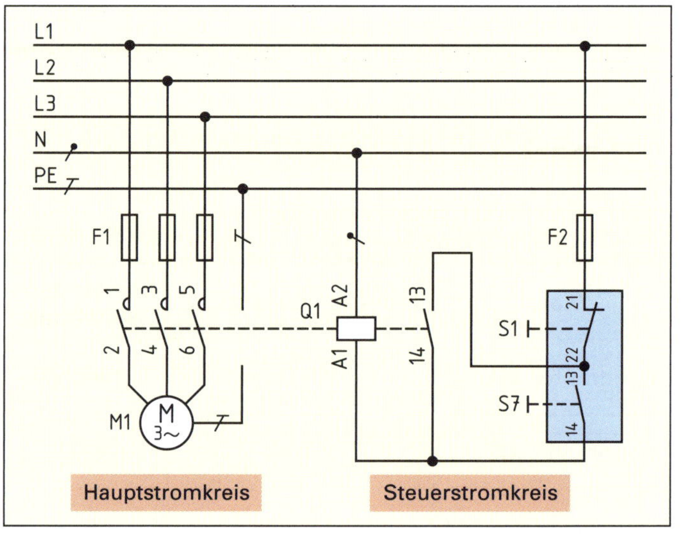

Bild 3: Prinzip einer Schützschaltung mit Selbsthaltung

1. Informieren Sie sich über die unterschiedlichen Arten für einen Motorschutz **(Bild 1)**. Nennen Sie einen passenden **Motorschutz** gegen Überlastung, z. B. für den Bandmotor des Förderbandes 1 **(Beachten Sie auch die Tabelle, Seite 105)**.

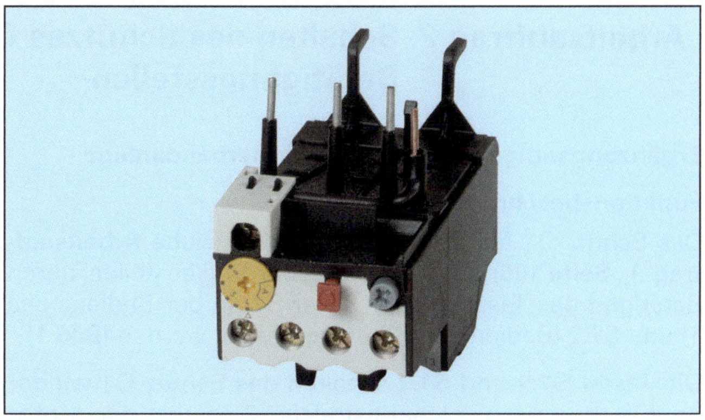

Bild 1: Überlastrelais für Motorschutz

2. Zeichnen und ergänzen Sie in **Bild 3** den Stromlaufplan in aufgelöster Darstellung für eine Schützschaltung mit Selbsthaltung von **Bild 3, Seite 106**.

   Hinweis: Die Steuerspannung für den Steuerstromkreis wird einem Steuertransformator T1 mit den Klemmen 2L1 und 2L2 **(Bild 3)** entnommen. Verwenden Sie die Funktionsbschreibung und die Betriebsmittelbezeichnungen aus der **Tabelle Seite 106**.

   Geben Sie alle notwendigen Kontakt- und Betriebsmittelbezeichnungen an.
   Hinweis: Verwenden Sie das Schaltschütz aus **Bild 2**, das Überlastrelais F3 und die Steuersicherung F2.

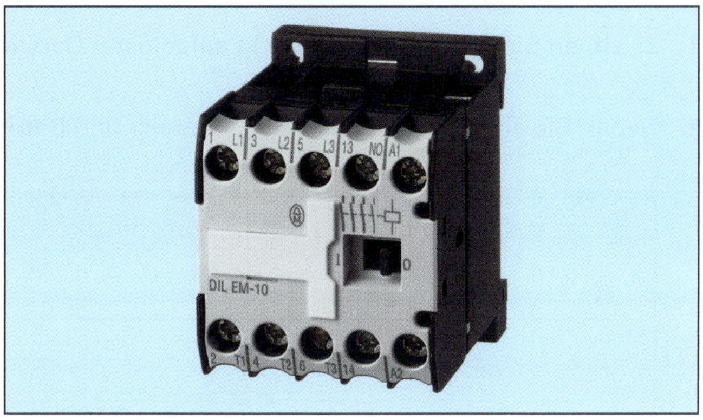

Bild 2: Schaltschütz

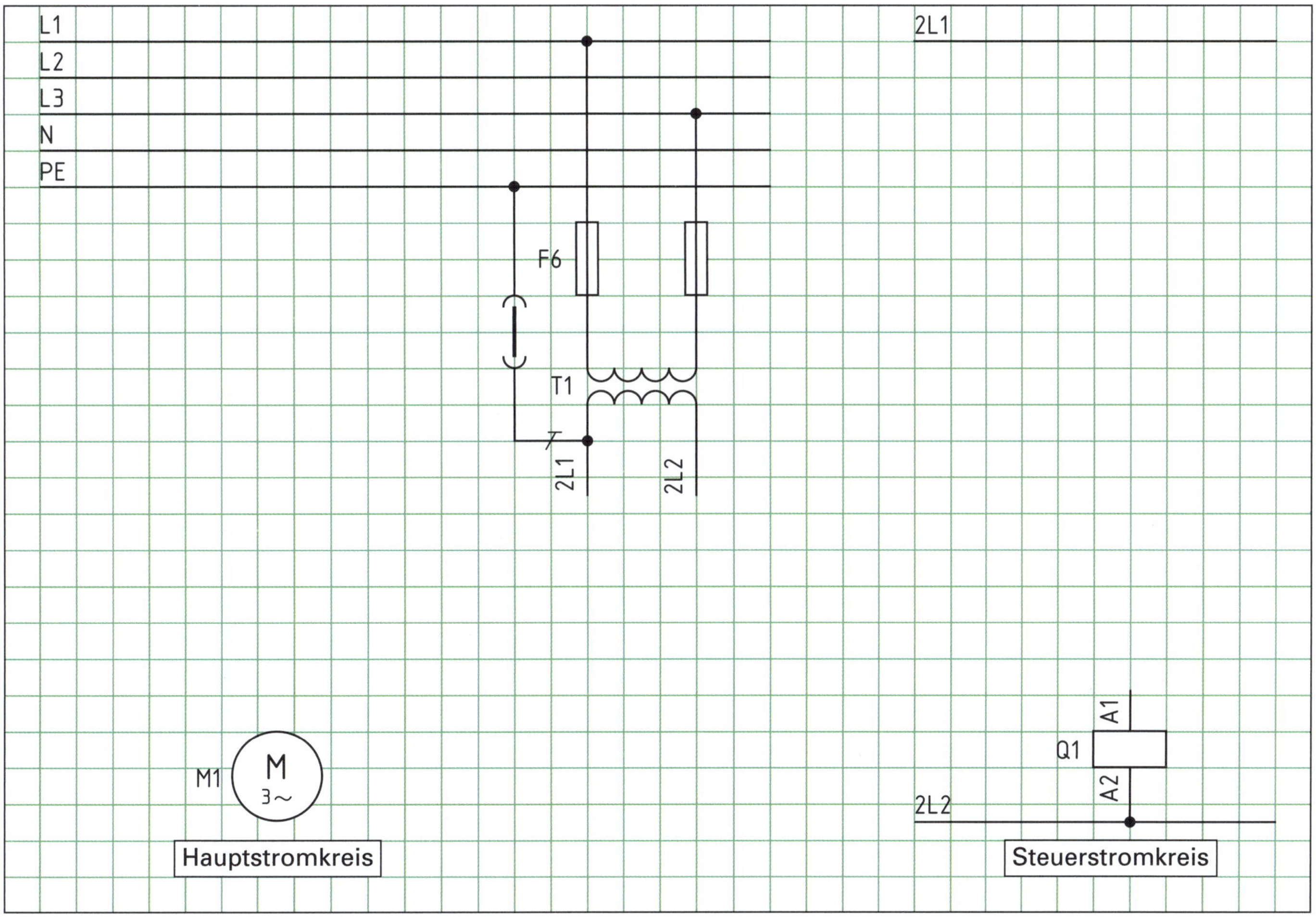

Bild 3: Schützschaltung mit Selbsthaltung

Arbeitsauftrag 2: Schalten des Schützes Q1 des Bandmotors M1 von zwei Betätigungsstellen

Ergänzungsaufgabe zur Palettenförderbandanlage

Funktionsbeschreibung

Das Schütz Q1 für den Bandmotor M1 **(siehe Arbeitsauftrag 1, Seite 106)** soll z. B. von zwei Bedienstellen durch Betätigen des Tasters S7.1 (Taster S7 an der Bedienstelle 1) und S7.2 (Bedienstelle 2) eingeschaltet werden **(Bild 1)**.

Die Taster S1.1 und S1.2 schalten das Schütz Q1 wieder ab. Ein thermisches Überlastrelais F3 schützt den Motor M1 gegen Überlastung.

Der Schaltzustand des Schützes Q1 wird durch die Meldeleuchten P3 „EIN" und P4 „AUS" signalisiert.

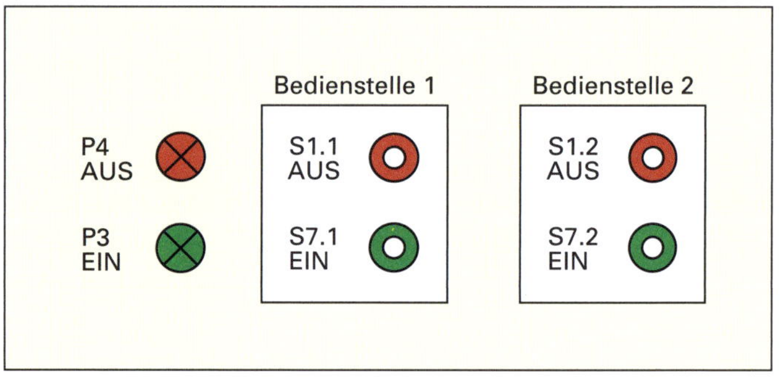

Bild 1: Schalten von 2 Betätigungsstellen

1. Zeichnen Sie den Stromlaufplan in aufgelöster Darstellung für den Steuerstromkreis mit Motorschutz **(Bild 2)**.

2. Geben Sie alle notwendigen Netz-, Kontakt- und Betriebsmittelbezeichnungen an.

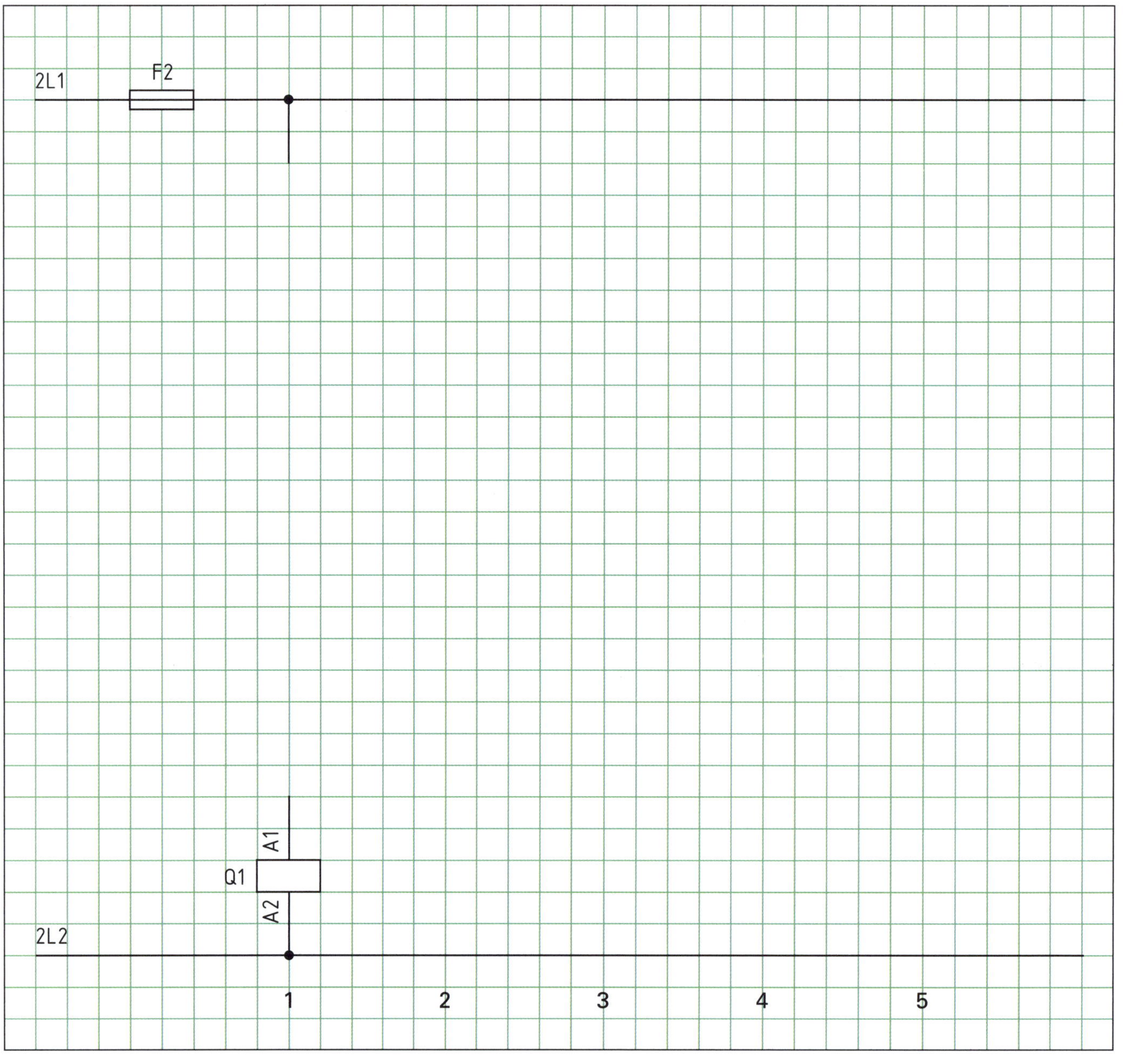

Bild 2: Schützschaltung mit zwei Betätigungsstellen

Arbeitsauftrag 3: Steuern des Bandmotors M1 mit induktivem Näherungsschalter B1

Der Bandmotor M1 für das Förderband 1 soll wie im Technologieschema **(Bild 1, Seite 106)** mit dem Taster S7 eingeschaltet und mit S1 abgeschaltet werden. Befindet sich eine Palette auf dem Förderband, wird der Bandmotor durch den induktiven Näherungsschalter B1 abgeschaltet.

Eingesetzt wird ein induktiver Näherungsschalter in Zweidrahtausführung **(Bild 1)**, der mittels Hilfsschütz K1 das Leistungsschütz Q1 abschaltet.

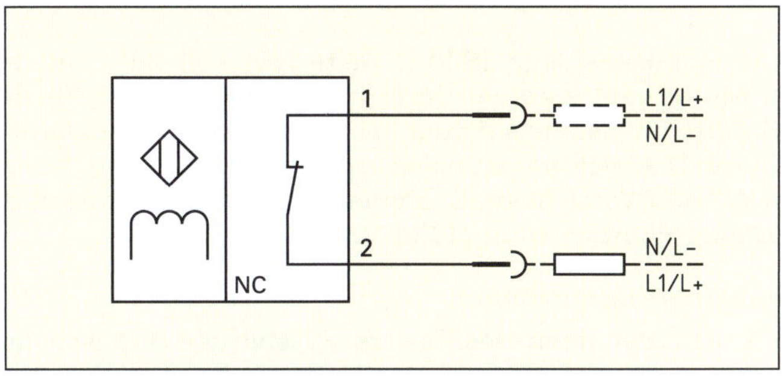

Bild 1: Induktiver Näherungsschalter für Wechselspannung in Zweidrahtausführung

1. Zeichnen Sie den Stromlaufplan des Steuerstromkreises **(Bild 2)** in aufgelöster Darstellung mit Abschaltung durch den induktiven Näherungsschalter B1 des STOPP-Tasters S1 und des Überlastkontaktes F3.
2. Geben Sie alle notwendigen Netz-, Kontakt- und Betriebsmittelbezeichnungen in **Bild 2** an.

Hinweis zur Schaltung:
Der Arbeitsauftrag 1, **Seite 106** wird jetzt zusätzlich durch den Einsatz des induktiven Näherungsschalters B1 erweitert.

Hinweis: Beachten Sie bei der Erstellung des Steuerstromkreises, dass Q1 nur einschaltbar ist, wenn sich der Hubtisch in der Grundstellung befindet, d. h. unterer Grenztaster B6 ist betätigt. Grenztaster B5 und B6 können aus Öffner- und Schließerkontakten bestehen.

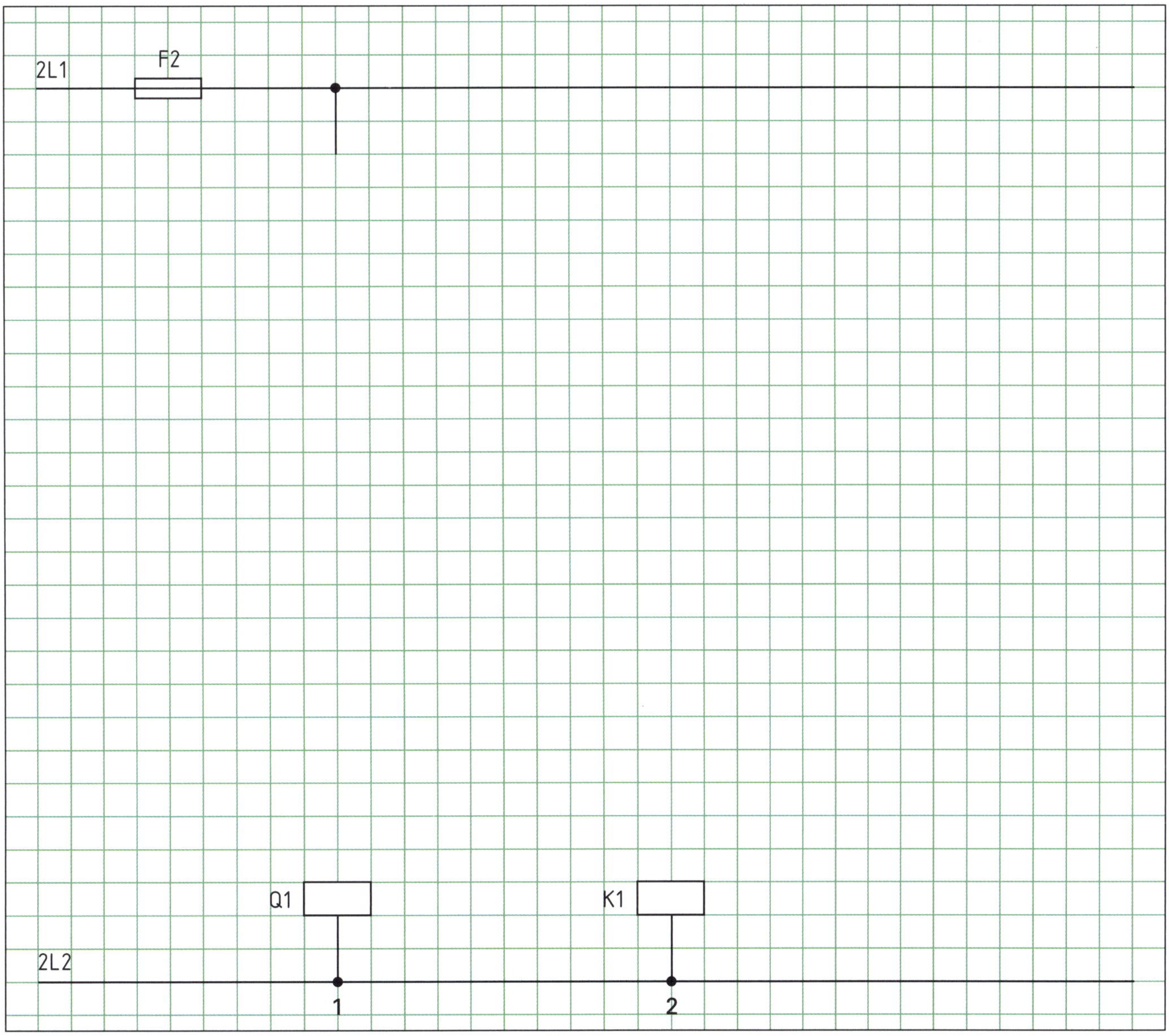

Bild 2: Stromlaufplan für den Bandmotor; Abschaltung mit induktivem Näherungsschalter

Arbeitsauftrag 4: Steuern einer Wendeschützschaltung zur Drehrichtungsumkehr für die Hubtischanlage

Die Hubtischanlage **(Bild 1, Seite 100)** soll auf- und abwärts bewegt werden. Dazu muss der Motor M3 für den Hubtisch in Rechtslauf oder in Linkslauf geschaltet werden. Diese Drehrichtungsumkehr erfordert besondere Kenntnisse und Vorsichtsmaßnahmen. Man verwendet dazu die Wendeschützschaltung **(Bild 1)**.

Funktionsbeschreibung:

- Durch Betätigen des Tasters S9 soll der Hubtisch aufwärts bewegt werden. Der Hubtisch bewegt sich nach oben und soll durch Betätigen des Grenztasters B5 automatisch abgeschaltet werden.
- Die Bewegung abwärts erfolgt durch Betätigen des Tasters S10. Erreicht der Hubtisch die untere Position, wird der Motor M3 durch den unteren Grenztaster B6 automatisch abgeschaltet.
- Eine Tasterverriegelung mit den Tastern S9 und S10 **(Bild 2)** und eine Schützverriegelung ist zu berücksichtigen, damit der Motor nur „aufwärts" oder „abwärts" eingeschaltet werden kann.

Fachkunde Elektrotechnik,
Kapitel: Schützschaltungen

- Der Austaster STOPP S1 und ein Überlastrelais F5 für den Motorschutz sind mit in die Steuerung einzubeziehen, damit die Anlage mittels STOPP-Taster und bei Überlast abgeschaltet wird.

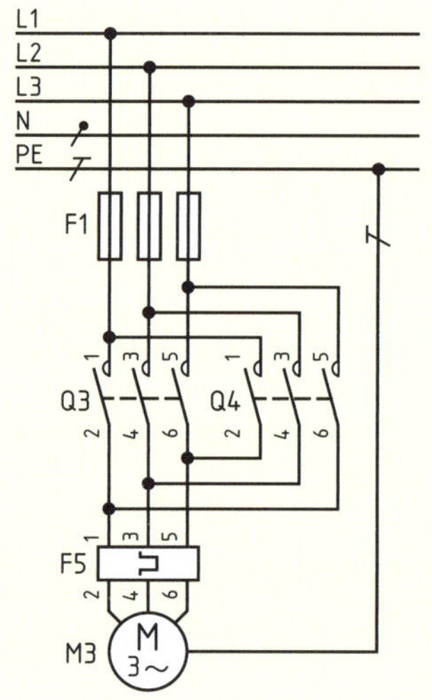

Betriebsmittelliste für Haupt- und Steuerkreis

F1	Überstromschutzeinrichtung (Hauptstromkreis)
F2	Steuerstromkreissicherung
F5	Überlastrelais (Motorschutz)
S1	Austaster STOPP
S9	Taster Hubtisch AUF
S10	Taster Hubtisch AB
Q3	Schütz Hubtisch AUF
Q4	Schütz Hubtisch AB
B5	Grenztaster oben
B6	Grenztaster unten
M3	Motor Hubtisch

Bild 1: Hauptstromkreis der Wendeschützschaltung

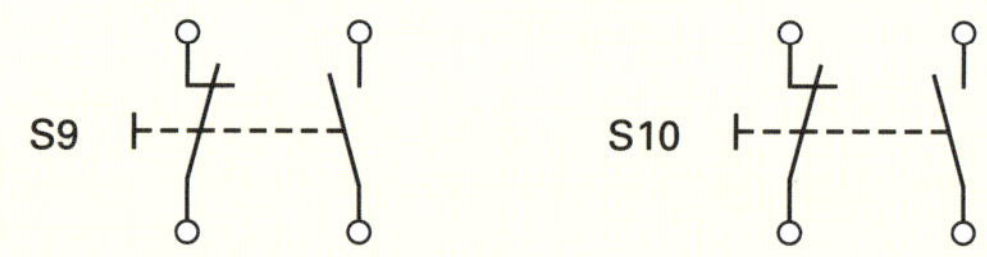

Bild 2: Taster für Auf- und Abwärtsbewegung

1. Wie erfolgt schaltungstechnisch die Drehrichtungsumkehr bei Drehstrommotoren?

2. **a)** Welche Auswirkungen hätte ein gleichzeitiges Anziehen der Schütze Q3 (Hubtisch AUF) und Q4 (Hubtisch AB) in **Bild 1** und **b)** wie kann das verhindert werden?

3. Welche Aufgabe hat eine Tasterverriegelung?

Drehstrommotoren mit Drehzahlen, z. B. 2900 1/min, können direkt vom Betriebszustand „Rechtslauf" in den „Linkslauf" umgeschaltet werden. Diese direkte Umschaltung bremst den Motor von der hohen Drehzahl sofort ab und beschleunigt ihn in der entgegengesetzten Drehrichtung. Dabei kann jedoch die Motorwicklung thermisch stark belastet werden. Eine indirekte Umschaltung über den Taster „AUS" reduziert diese thermische Beanspruchung.

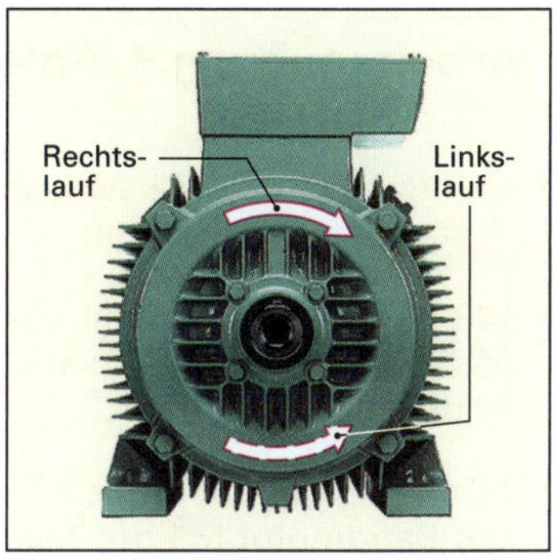

Bild 1: Drehstrommotor für Drehrichtungsumkehr

4. Ergänzen Sie den Stromlaufplan in aufgelöster Darstellung (Steuerstromkreis) unter Einbezug aller Verriegelungsmaßnahmen mit einer **a) direkten Umschaltung** der Drehrichtung **(Bild 2a)** und mit einer **b) „indirekten Umschaltung"** der Drehrichtung über „AUS" **(Bild 2b)** ein.

Fachkunde Elektrotechnik, Kapitel: Schaltungstechnik

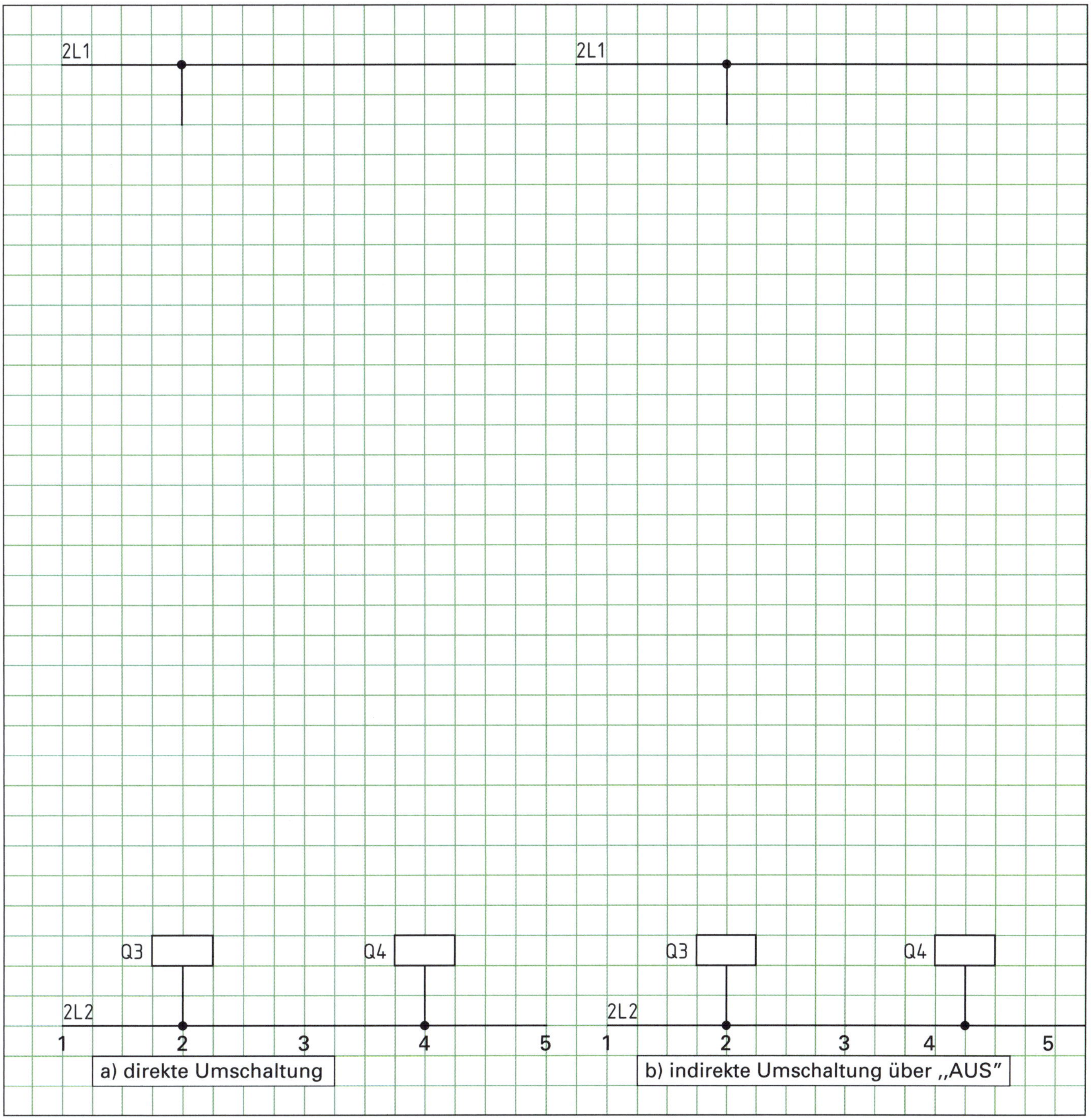

Bild 2: Drehrichtungsumkehr bei Drehstrommotoren mit Verriegelungsschaltungen

Arbeitsauftrag 5: Folgeschaltung mit Bandmotor M2 und Bandmotor M1 entwerfen

- Der Bandmotor M2 wird mit dem Schütz Q2 über den Taster S8 eingeschaltet.
- M2 darf aber erst dann einschalten, wenn der Hubtisch M3 **(Bild 1)** bereits aufwärts bewegt wurde und die obere Endlage erreicht hat.
- Nachdem der Bandmotor M2 eingeschaltet ist, kann auch der Bandmotor M1 mit Taster S7 eingeschaltet werden.
- Bei dieser Schaltung wird ein induktiver Näherungsschalter B2 in Zweidrahtausführung gewählt, der mithilfe des Hilfsschützes K2 das Schaltschütz Q2 abschaltet.
- Da die Palette vom Förderband 1 zu Förderband 2 übergeben wird, muss zuerst Bandmotor M2 mit S8 eingeschaltet werden.

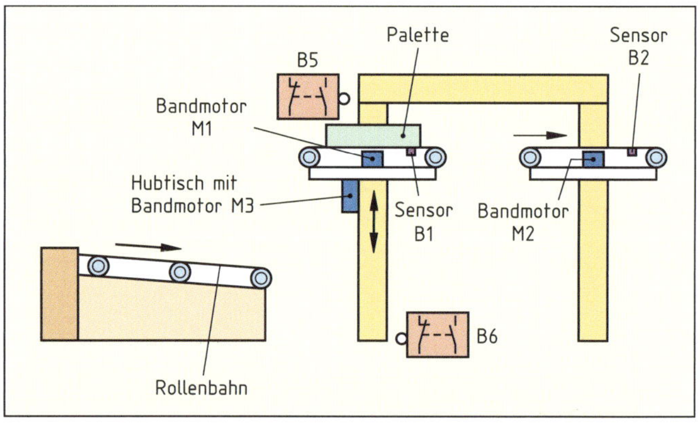

Bild 1: Technologieschema für die Folgeschaltung

- Die Abschaltung soll durch den induktiven Näherungsschalter B2, den gemeinsamen STOPP-Taster S1 oder durch die Überlastrelais F3 und F4 erfolgen. Erreicht die Palette auf Förderband 2 den induktiven Näherungsschalter B2, soll gleichzeitig mit dem Schütz Q2 auch das Schütz Q1 abgeschaltet werden.

1. Ergänzen Sie den Stromlaufplan **(Bild 2)** des Steuerstromkreises für Bandmotor M1 mit Q1 bzw. K1 und Bandmotor M2 mit Q2 bzw. K2.
2. Geben Sie alle notwendigen Netz-, Kontakt- und Betriebsmittelbezeichnungen an.

Hinweis zur Schaltung:
Der Bandmotor M1 wurde mit der Palette durch den induktiven Näherungsschalter B1 abgeschaltet. Der Hubtisch befindet sich in der oberen Endlage. Die Palette ist weiterhin auf dem bedämpftem Näherungsschalter B1 positioniert. Beachten Sie bei der Erstellung des Steuerstromkreises, dass die Grenztaster B5 und B6 aus Öffner- und Schließerkontakten bestehen.

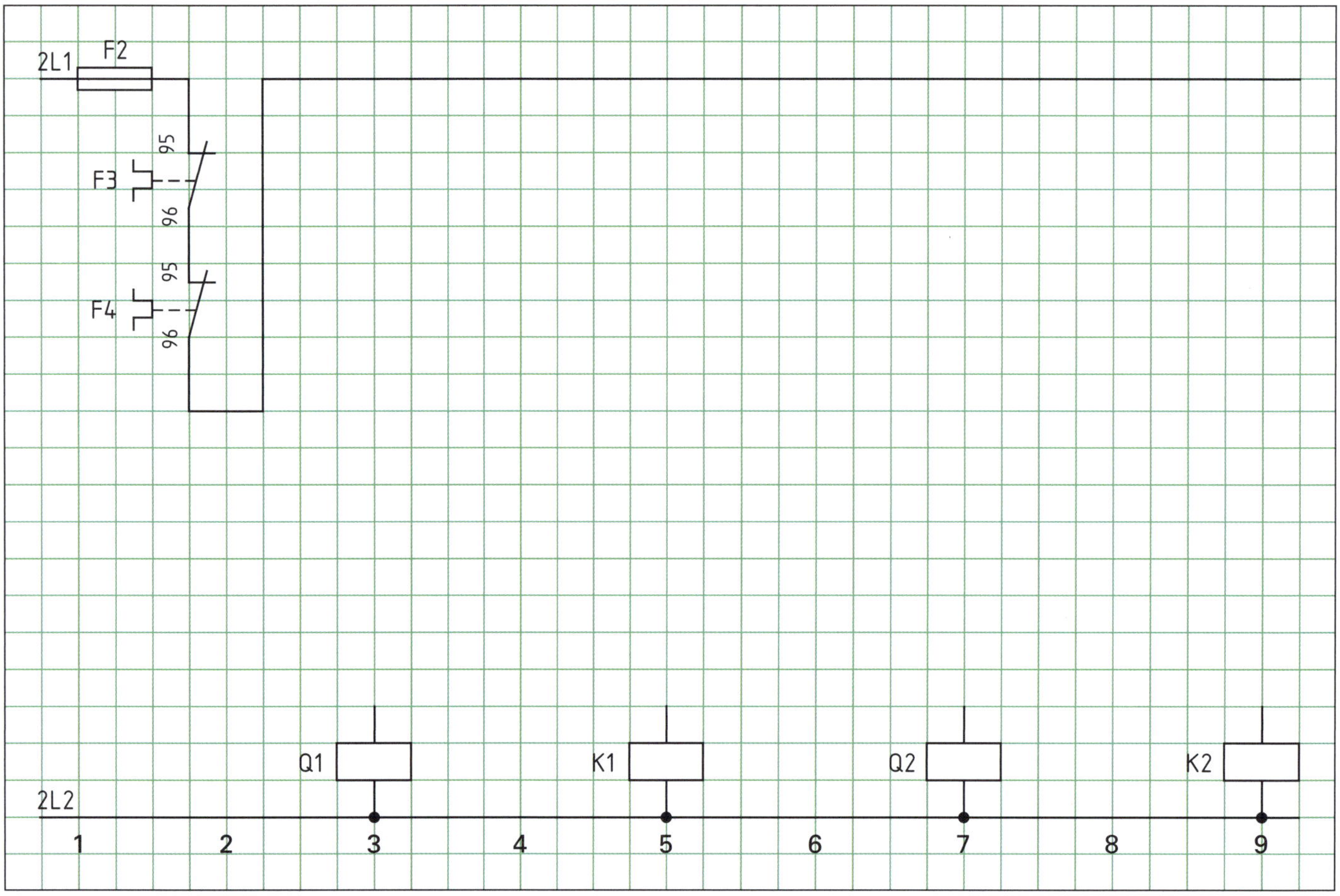

Bild 2: Folgeschaltung

Arbeitsauftrag 6: Entwurf von Schaltungen mit Verriegelungen

Ergänzungsaufgaben zur Palettenförderbandanlage

In Schützschaltungen ist es manchmal notwendig, dass nicht alle Verbraucher gleichzeitig eingeschaltet werden dürfen, z. B. bei Heizgeräten oder Motoren an Werkzeugmaschinen **(Bild 1)**.

Für das Schalten dieser Schütze sind aus diesem Grunde Verriegelungsschaltungen vorzusehen.

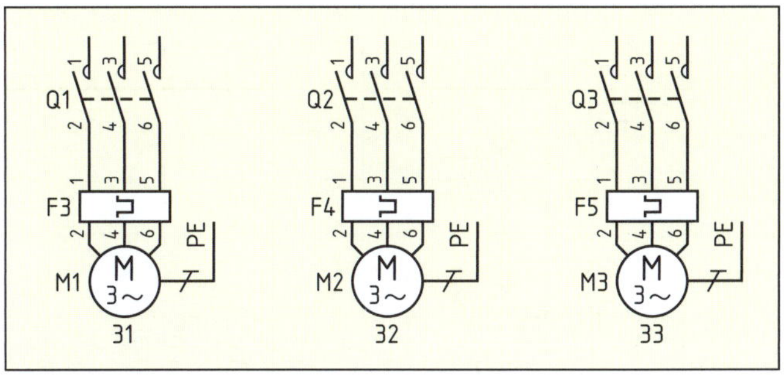

Bild 1: Motorenschaltung

Hinweis zur Gruppenarbeit: Informieren Sie sich über Teamarbeit, Visualisierung und Präsentation.

1. Entwerfen Sie in Gruppenarbeit die Stromlaufpläne in aufgelöster Darstellung für die Verriegelungsschaltungen 1 bis 4 auf den **Seiten 113 bis 115**.
2. Stellen Sie den anderen Gruppen Ihre Aufgabenstellung, d. h. die Funktionsbeschreibung vor.
3. Präsentieren Sie den erstellten Stromlaufplan mit Betriebsmittel- und Kontaktbezeichnungen Ihren Mitschülern, z. B. auf einem Flipchart.
4. Zeichnen Sie danach die erstellten Stromlaufpläne in die Bilder auf den **Seiten 113 bis 115** ein.

Fachkunde Elektrotechnik,
Kapitel: Berufliche Handlungskompetenz und Präsentation

Tabelle: Betriebsmittelbezeichnung

Bez.	Betriebsmittel	Bez.	Betriebsmittel
F2	Steuersicherung	F3	Motorschutz für M1
S1	Taster AUS für Q1 (M1)	Q1	Schütz für M1
S2	Taster EIN für Q1	F4	Motorschutz für M2
S3	Taster AUS für Q2 (M2)	Q2	Schütz für M2
S4	Taster EIN für Q2	F5	Motorschutz für M3
S5	Taster AUS für Q3 (M3)	Q3	Schütz für M3
S6	Taster EIN für Q3		

Hinweis: Auf einem NOT-HALT wird in den Prinzipschaltungen verzichtet.

Verriegelungsschaltung 1:

Zeichnen Sie den Stromlaufplan **(Bild 2)** in aufgelöster Darstellung für eine Förderbandanlage, bei der die drei Drehstrommotoren M1 **(Q1)**, M2 **(Q2)** und M3 **(Q3)** unter folgenden Bedingungen geschaltet werden:

Motor M2 und Motor M3 dürfen nicht gleichzeitig laufen, Motor M2 oder Motor M3 darf erst dann einschaltbar sein, wenn Motor M1 bereits läuft.

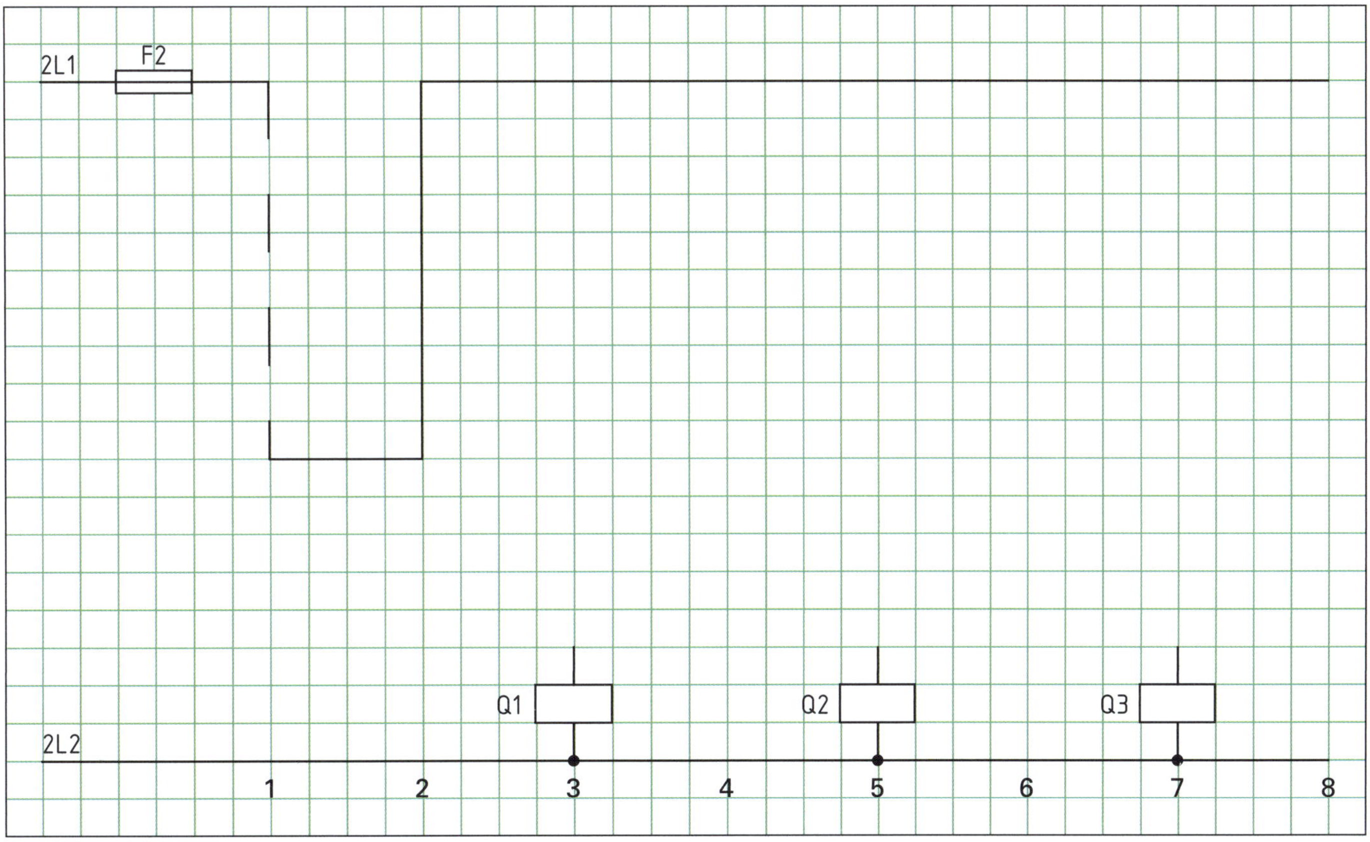

Bild 2: Folgeschaltung mit Verriegelung

Verriegelungsschaltung 2: Zeichnen Sie den Stromlaufplan **(Bild 1)** in aufgelöster Darstellung für eine Werkzeugmaschine, bei der die drei Drehstrommotoren M1 **(Q1)**, M2 **(Q2)** und M3 **(Q3)** unter folgenden Bedingungen geschaltet werden:
Von den 3 Motoren darf jeweils nur 1 Motor schaltbar sein. Ist z. B. Motor M1 eingeschaltet, darf Motor M2 bzw. Motor M3 nicht eingeschaltet werden können.

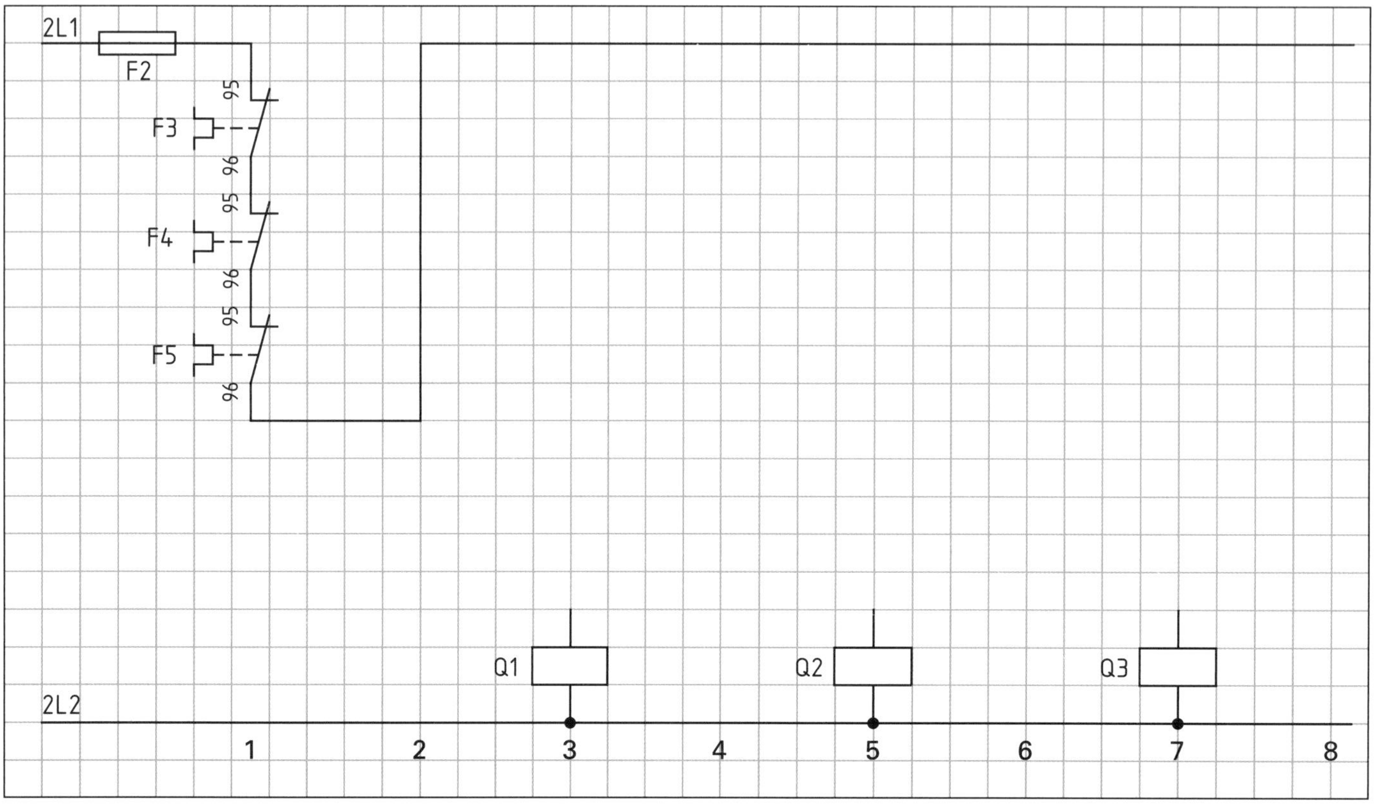

Bild 1: Auswahlschaltung EINS aus DREI

Verriegelungsschaltung 3: Zeichnen Sie den Stromlaufplan **(Bild 2)** in aufgelöster Darstellung für eine Werkzeugmaschine. Die drei Motoren M1 **(Q1)**, M2 **(Q2)** und M3 **(Q3)** sollen unter folgenden Bedingungen geschaltet werden:
Von 3 Motoren dürfen jeweils nur 2 Motoren schaltbar sein. Wenn z. B. Motor M1 und Motor M2 eingeschaltet sind, darf Motor M3 nicht mehr eingeschaltet werden können.

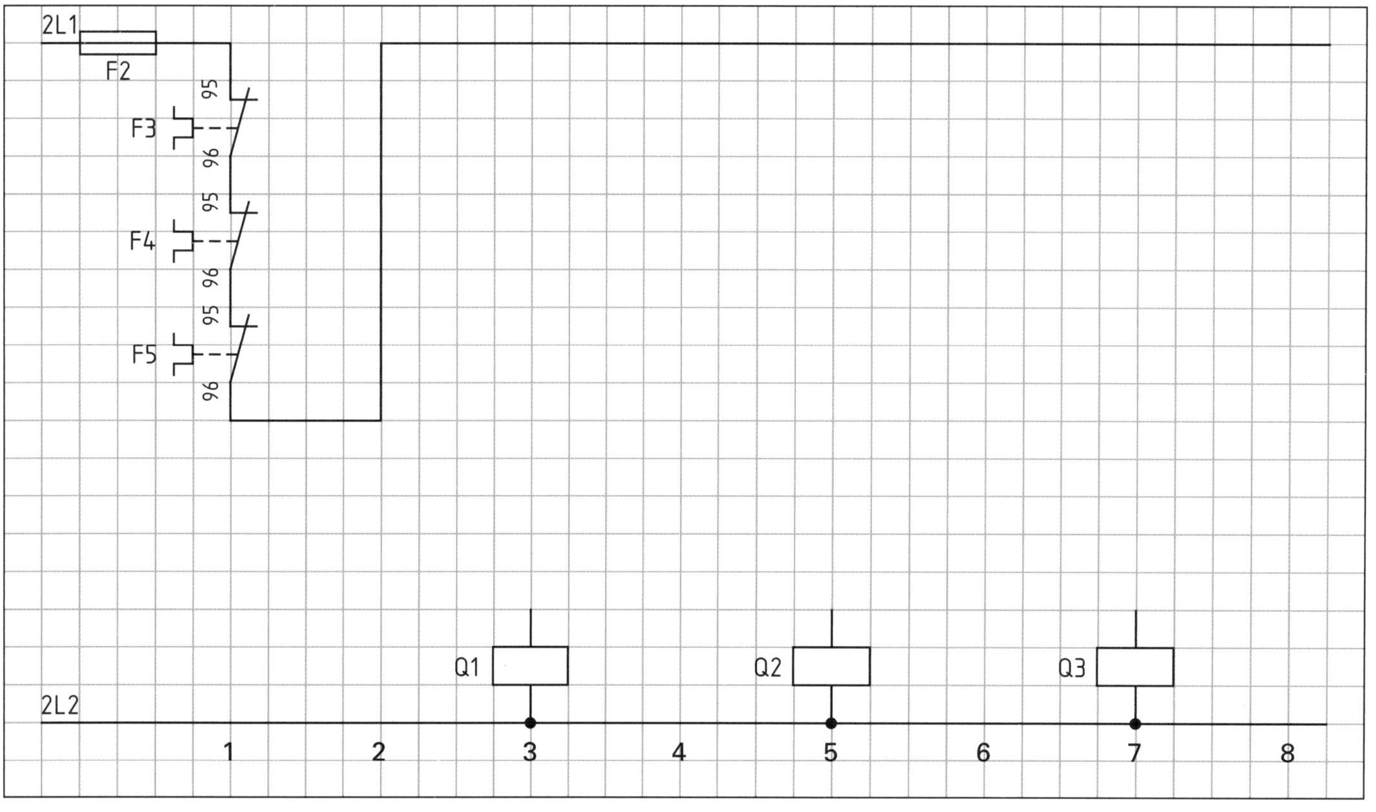

Bild 2: Auswahlschaltung ZWEI aus DREI

Verriegelungsschaltung 4: Zeichnen Sie den Stromlaufplan **(Bild 1)** in aufgelöster Darstellung für eine Förderbandanlage. In der Förderanlage sollen die drei Motoren M1 **(Q1)**, M2 **(Q2)** und M3 **(Q3)** unter folgenden Bedingungen geschaltet werden:

- Die 3 Motoren sollen in der Reihenfolge M1 – M2 – M3 einschaltbar sein. Beispiel: Motor M2 ist nur schaltbar, wenn Motor M1 bereits eingeschaltet ist. Motor M3 kann nur eingeschaltet werden, wenn Motor M2 bereits eingeschaltet ist.
- Die 3 Motoren dürfen nur in der Reihenfolge M3 – M2 – M1 abschaltbar sein. Beispiel: Motor M2 kann nur abgeschaltet werden, wenn M3 bereits abgeschaltet ist, bzw. M1, wenn M2 bereits abgeschaltet ist.

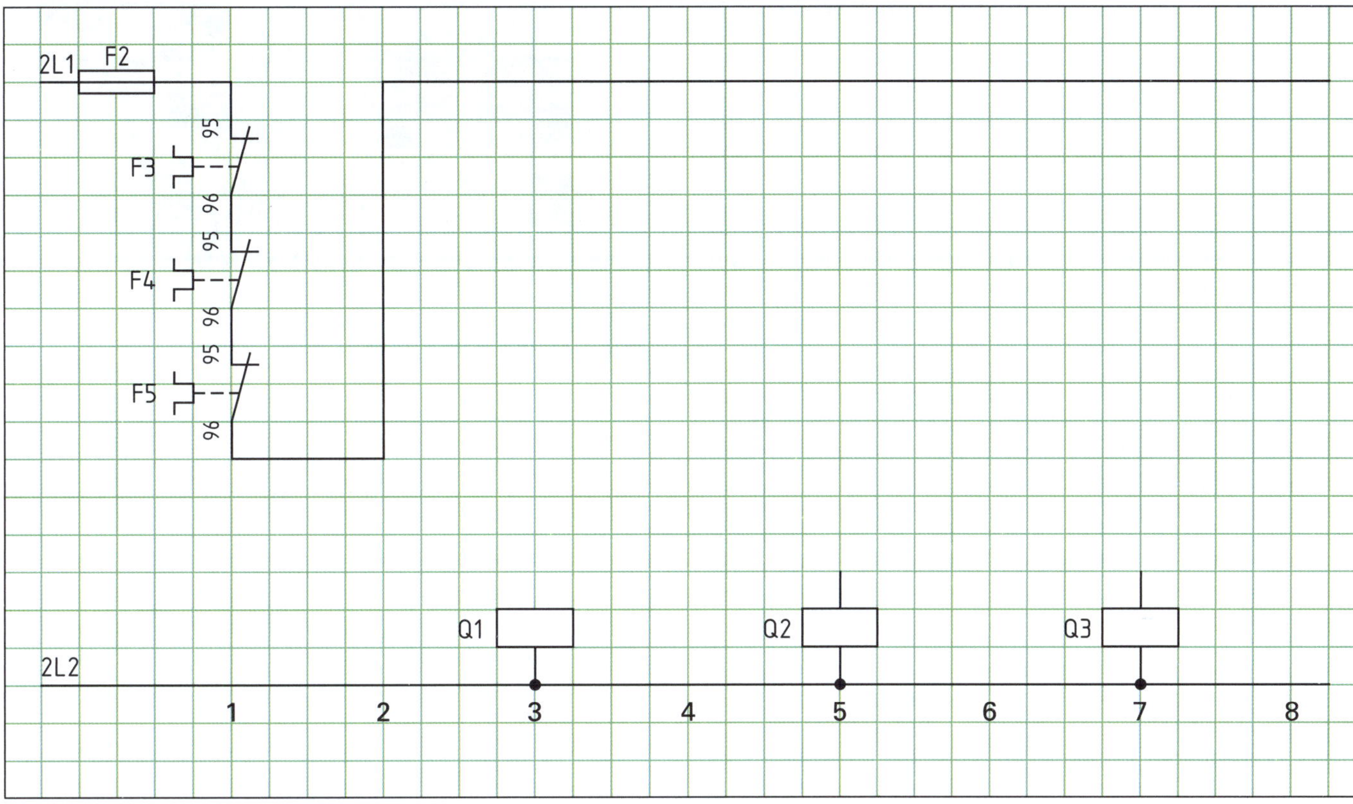

Bild 1: Folgeschaltung mit Verriegelung

Arbeitsauftrag 7: Verriegelungsschaltung beschreiben und analysieren

Ergänzungsaufgabe zur Palettenförderbandanlage

In der Verriegelungsschaltung **(Bild 2)** wird der Taster S3 betätigt.

1. Beschreiben Sie stichwortartig die Schaltung **(Bild 2)**, wenn der Taster S3 betätigt wird.

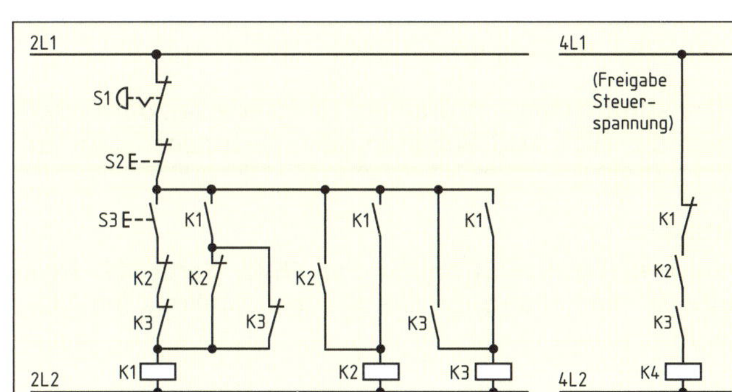

Bild 2: Verriegelungsschaltung

2. Das Schütz K4 schaltet eine Steuerspannung. Wann erfolgt die Freigabe der Steuerspannung mit K4?

3. Die Schützspule K1 brennt nach Freigabe der Steuerspannung durch. Welche Auswirkung hat dieser Defekt auf die Schaltung nach der Freigabe bzw. vor der Freigabe der Steuerspannung?

Arbeitsauftrag 8: Steuerung der Palettenförderbandanlage für Automatikbetrieb entwerfen

Im Kapitel „Entwerfen von Schützschaltungen" **(Seite 106)** wurden in der Palettenförderbandanlage alle Motoren über Handbetrieb mit den dazugehörigen Tastern eingeschaltet.

Im folgenden Arbeitsauftrag soll die Palettenförderbandanlage **(Bild 1)** im Automatikbetrieb gesteuert werden.

Funktionsbeschreibung:

- Nach Umschalten des Wahlschalters S4 auf Automatik leuchtet die Meldeleuchte P1 für den Automatikbetrieb **(Bild 2)**.
- Mit dem Taster „START" S2 wird das Hilfsschütz K3 geschaltet, das alle Taster „EIN" überbrückt. Der Förderbandmotor M1 wird eingeschaltet (Grenztaster B6 ist betätigt) und die erste Palette wird auf das Förderband 1 bewegt.
- Hat die Palette auf dem Förderband 1 (Förderbandmotor M1) die entsprechenden Position am induktiven Näherungsschalter B1 errelcht, stoppt das Förderband 1 **(siehe Arbeitsauftrag 3, Seite 109)**.
- Der Hubtisch fährt nach oben **(Bild 3)**. Ist die obere Position vom Hubtisch mit dem oberen Grenztaster B5 erreicht, stoppt der Hubtisch **(siehe Arbeitsauftrag 4, Seite 110)**.
- Danach schalten Förderbandmotor M2 und in Folgeschaltung Förderbandmotor M1 nacheinander ein. Die Palette mit dem Transportgut auf Förderband 1 wird dem Förderband 2 übergeben und bei Erreichen des induktiven Näherungsschalters B2 abgeschaltet **(siehe Arbeitsauftrag 5, Seite 112)**.
- Der Hubtisch fährt danach wieder in die untere Position und wird durch den unteren Grenztaster B6 abgeschaltet **(siehe Arbeitsauftrag 4, Seite 110)**.
- Hinweis: Wird die Palette vom Förderband 2 entfernt, kann der Vorgang erneut gestartet werden.
- Der automatisierte Durchlauf kann jederzeit durch Betätigen des NOT-AUS-Schalters S3 unterbrochen werden.

Aufgabe:

Zeichnen Sie den Stromlaufplan **(Bild, Seite 117)** in aufgelöster Darstellung für den Steuerstromkreis mit Motorschutz.

Geben Sie alle notwendigen Netz-, Kontakt- und Betriebsmittelbezeichnungen an.

Hinweis zur Schaltung:

- Verwendung des Hilfsschützes K1 (Siehe Arbeitsauftrag 3, Seite 109)
- Verwendung des Hilfsschützes K2 (Siehe Arbeitsauftrag 5, Seite 112)
- Verwendung des Hilfsschützes K3 (Überbrückung aller Taster „EIN" für Handbetrieb)
- Grenztaster B5 und B6 haben Öffner- und Schließerkontakt

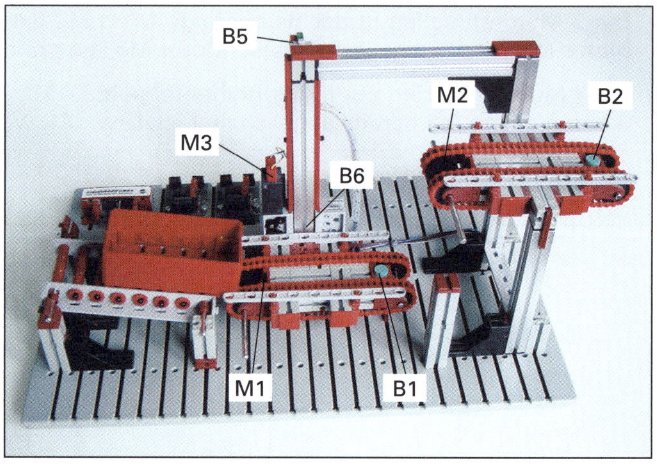

Bild 1: Palettenförderbandanlage

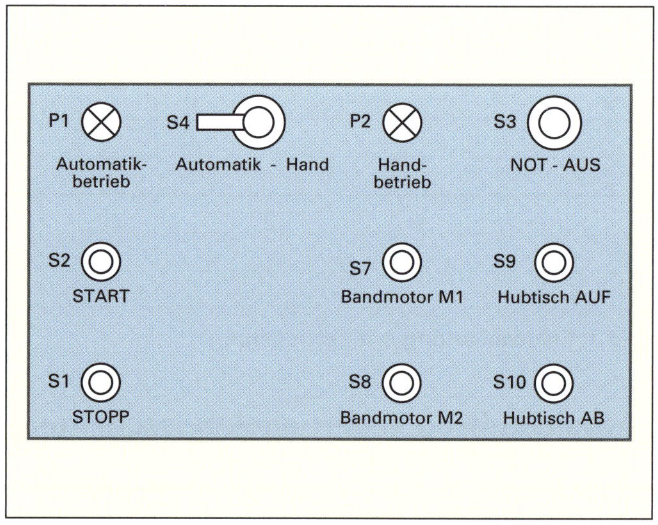

Bild 2: Bedienpult

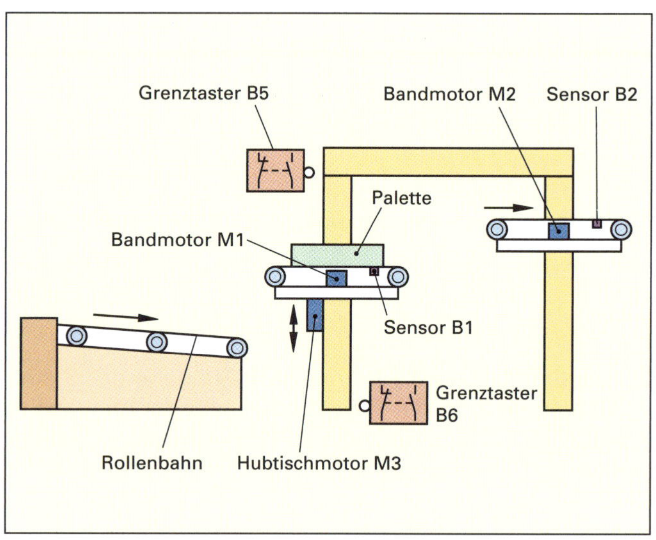

Bild 3: Technologieschema vom Palettentransport

Tabelle: Betriebsmittelliste

Bezeichnung	Betriebsmittel	Bezeichnung	Betriebsmittel
F2	Steuersicherung (Spannung vom Steuertransformator)	B2	induktiver Näherungsschalter (Förderbandmotor M2)
S1	Taster AUS, STOPP	F3	Überlastrelais für M1
S2	Taster EIN, START	F4	Überlastrelais für M2
S3	NOT-AUS-Schalter	F5	Überlastrelais für M3
S4	Schalter Automatik-Hand-Betrieb	Q1	Schaltschütz für M1
B5	Grenztaster OBEN	Q2	Schaltschütz für M2
B6	Grenztaster UNTEN	Q3	Schaltschütz für M3 AUF
S7	Taster Bandmotor M1	Q4	Schaltschütz für M3 AB
S8	Taster Bandmotor M2	K1	Hilfsschütz für B1
S9	Taster Hubtisch AUF	K2	Hilfsschütz für B2
S10	Taster Hubtisch AB	K3	Hilfsschütz für Automatikbetrieb
B1	induktiver Näherungsschalter (Förderbandmotor M1)	P1	Meldeleuchte Automatikbetrieb
		P2	Meldeleuchte Handbetrieb

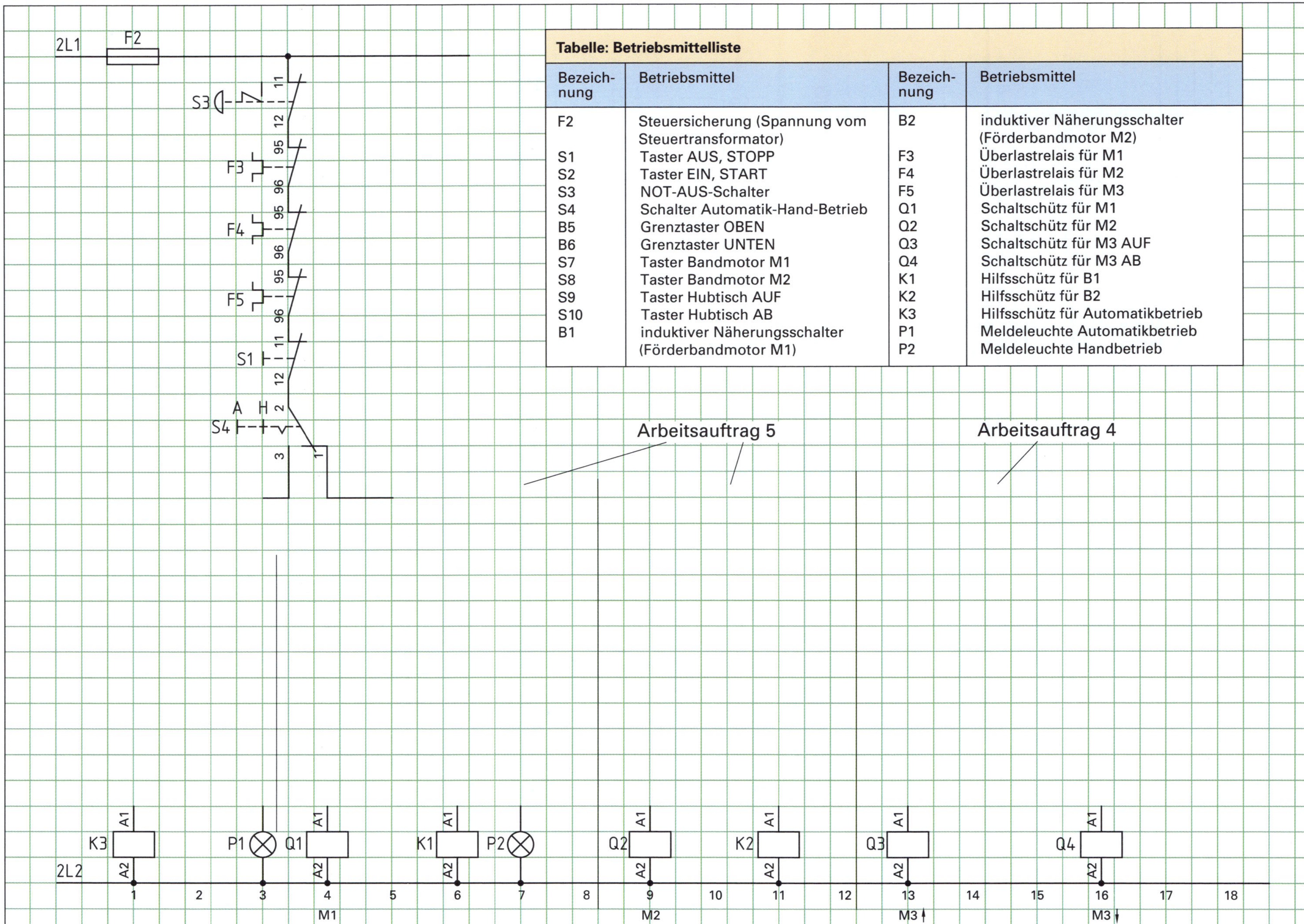

Bild: Palettenförderbandanlage im Automatikbetrieb

Testen Sie Ihre Fachkompetenz

1. Welche Vorteile hat die Anwendung von Schaltungen mit Schützen?

-
-
-
-

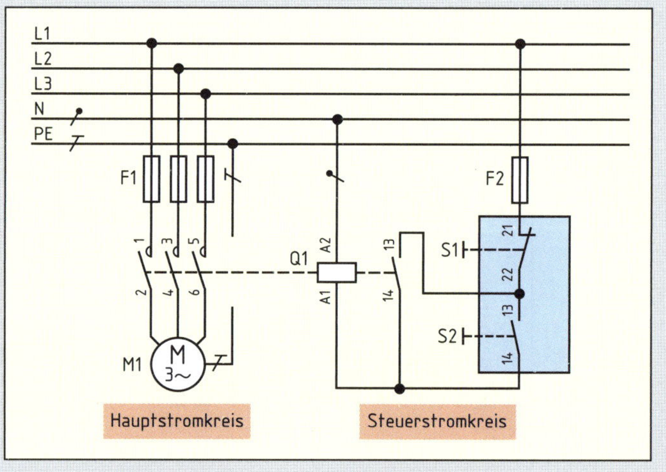

Bild 1: Schützschaltung mit Selbsthaltung

2. Welche Folgen hätte ein Drahtbruch zwischen der Klemme 22 von S1 und Klemme 13 von Q1 **(Bild 1)**?

3. Beim Anschluss des Motors wurden die Außenleiter L2 und L3 vertauscht **(Bild 1)**. Welche Auswirkungen hat das Vertauschen der Leiter auf **a)** den Steuerstromkreis und **b)** auf den Hauptstromkreis?

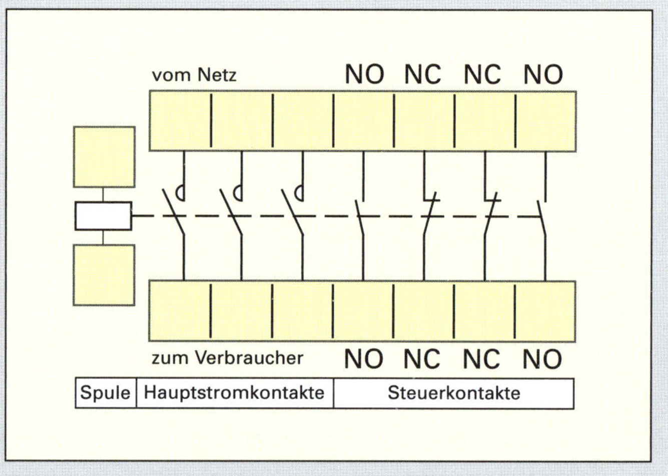

Bild 2: Anschlussbezeichnungen beim Hauptschütz

4. Ergänzen Sie in **Bild 2** die Anschlussbezeichnungen des Hauptschützes.

5. Beschreiben Sie die Funktion der Schaltung in **Bild 3**, wenn Taster S4 betätigt wurde.

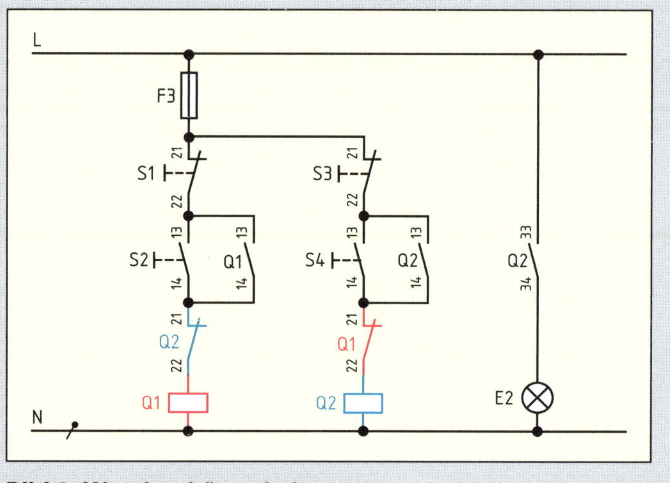

Bild 3: Wendeschützschaltung

6. In der Schaltung **(Bild 3)** wurde vor dem Schütz Q1 versehentlich ein Schließerkontakt 23-24 von Q2 eingebaut. Beschreiben Sie die Funktion, wenn **a)** Taster S2 und **b)** Taster S4 betätigt wurden.

Lernsituation: Steuerung einer Rolltoranlage einrichten

Die Zufahrt zu einem Firmengelände ist in vielen Fällen durch ein Tor **(Bild 1)** geschlossen. Dieses wird nur dann geöffnet, wenn Fahrzeuge auf das Gelände fahren oder es verlassen. Die Bedienung der Torsteuerung erfolgt durch den Pförtner. Im Rahmen einer Erneuerung soll die alte verbindungsprogrammierte Schützsteuerung durch eine speicherprogrammierbare Steuerung ersetzt werden. Die Steueraufgabe soll mit einem Kleinsteuergerät z. B.: **LOGO!**[1], **easy**[2] oder **Pharao**[3] realisiert werden.

Bei **verbindungsprogrammierten Steuerungen (VPS)** ergibt sich die Funktion der Steuerung durch die Verdrahtung. Bei einer **speicherprogrammierten Steuerung (SPS)** ist das Steuerprogramm als Software im Programmspeicher abgelegt. Eine Programmänderung ist bei einer SPS einfacher durchzuführen, da die Verdrahtung nicht geändert werden muss.

Bild 1: Rolltoranlagen

Aufbau und Funktion der Rolltoranlage

- Von der Pförtnerloge aus kann die Rolltoranlage mit den Tastern AUF, ZU und STOPP bedient werden.
- Ein Elektromotor **(Bild 2 und Infoteil Seite 192)** bewegt das Rolltor nach rechts oder links. Eine Schützverriegelung und eine Verriegelung im Programm des Kleinsteuergerätes verhindern gleichzeitigen Rechts-Links-Lauf.
- Grenztaster schalten den Motor bei vollkommen offenem oder geschlossenem Tor ab.
- Eine Warnleuchte zeigt an, ob sich das Rolltor bewegt.
- Durch eine Sicherheitsdruckleiste **(Infoteil Seite 191)** am Rolltor wird sichergestellt, dass beim Schließen des Tores keine Personen verletzt oder Sachen eingeklemmt und beschädigt werden.
- Mit zwei zusätzlichen Lichtschranken **(Infoteil Seite 191)** lässt sich die Fahrtrichtung eines Fahrzeugs bestimmen und durch die Steuerung auswerten.

www.siemens.de
www.eaton.de
www.theben.de

- Fachkunde Elektrotechnik, Kapitel: Infoteil
- Tabellenbuch Elektrotechnik

Bild 2: Elektromotor zum Antrieb eines Rolltores

Arbeitsauftrag 1: Erkunden der Anlage

1. Vervollständigen Sie die Tabelle **(Seite 120)** aller elektrischen Betriebsmittel der Rolltoranlage. Informieren Sie sich im Fachkundebuch oder Tabellenbuch über die Schaltzeichen und Kennbuchstaben der einzelnen Betriebsmittel und tragen Sie diese entsprechend dem Beispiel in die Tabelle ein.

[1] geschütztes Warenzeichen der Firma Siemens.
[2] geschütztes Warenzeichen der Firma Moeller.
[3] geschütztes Warenzeichen der Firma Theben.

Tabelle: Betriebsmittel der Rolltoranlage

Betriebsmittel	Betriebsmittel-kennzeichnung	Schaltzeichen im Stromlaufplan	Funktionsbeschreibung
Taster STOPP (Öffner) 	S0	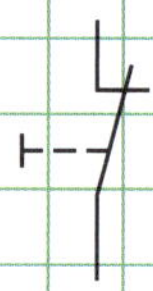	Taster STOPP zum Anhalten des Rolltors
Taster AUF (Schließer) 			
Taster ZU (Schließer) 			
Endschalter Tor AUF (Öffner) 			
Endschalter Tor ZU (Öffner) 			
Sicherheitsdruckleiste (Öffner) 			
Lichtschranken (Wechsler) 			
Warnleuchte 			
Drehstrommotor 			
Hauptschütze 			
Kleinsteuergerät 	–	–	

2. Erstellen Sie ein **Technologieschema (Seite 128)** der Rolltoranlage. Zeichnen Sie, entsprechend dem Beispiel „STOPP" auf dem Arbeitsblatt, die elektrischen Betriebsmittel mit Schaltzeichen und Kennzeichnung an der ungefähren praxisbezogenen Position im Technologieschema ein.

3. Informieren Sie sich über die Funktion und den Aufbau eines Kleinsteuergerätes z. B.: LOGO!. Vervollständigen Sie den prinzipiellen Aufbau **(Bild)** des Kleinsteuergerätes.

- siehe LOGO! Handbuch
- www.siemens.de/logo

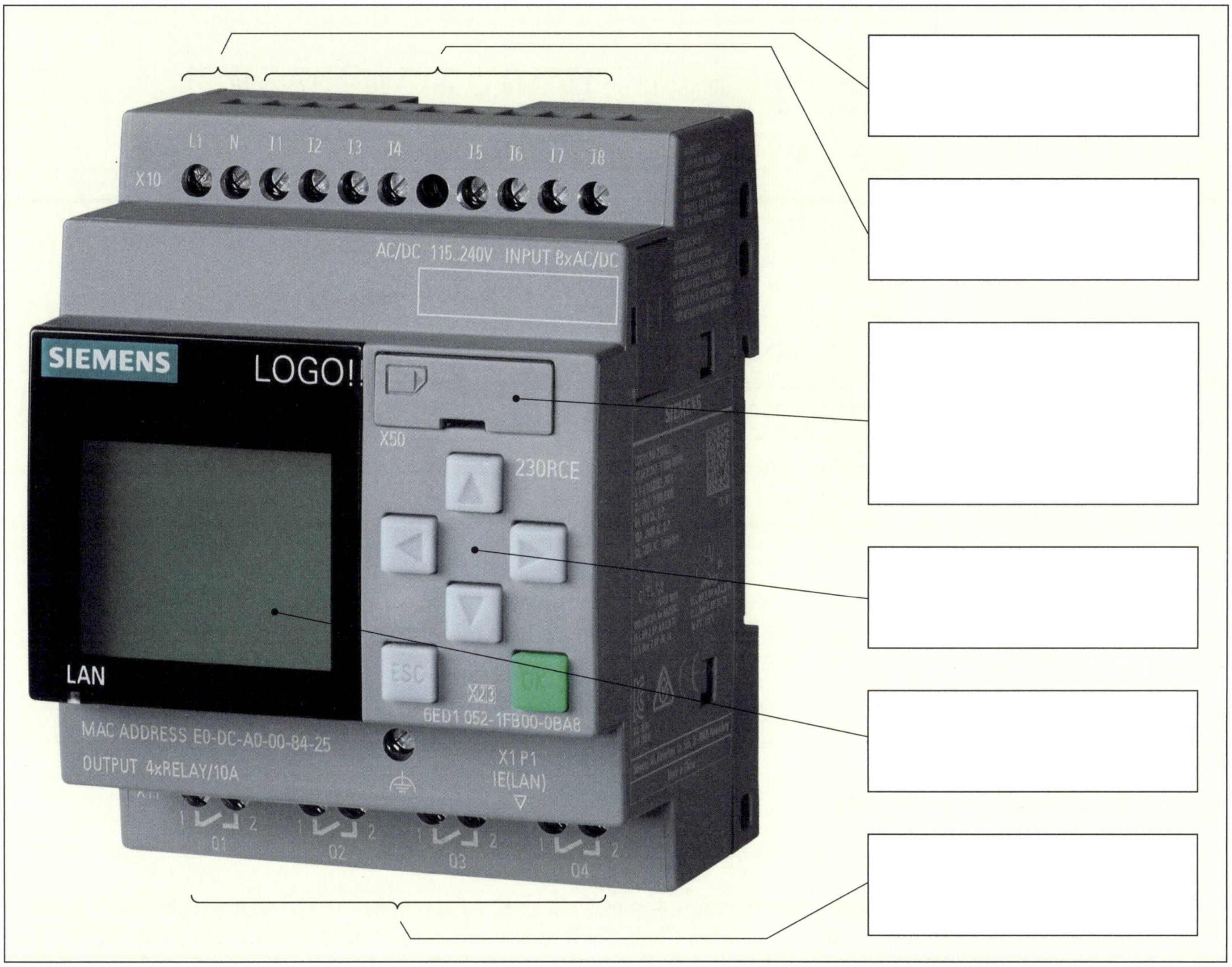

Bild: Aufbau einer Kleinsteuerung

4. Wie viele Ein- und Ausgänge der Kleinsteuerung werden benötigt? Wählen Sie aufgrund der benötigten Ein- und Ausgänge eine geeignete Kleinsteuerung aus einem Elektrokatalog aus. Vervollständigen Sie die **Zuordnungsliste (Seite 128)** auf dem Arbeitsblatt. In der Zuordnungsliste werden den elektrischen Betriebsmitteln die entsprechenden Ein- und Ausgänge der Kleinsteuerung zugeordnet.

Benötigte Eingänge: ______________________

Benötigte Ausgänge: ______________________

Ausgewählte Kleinsteuerung: ______________________

5. Vervollständigen Sie die Beschaltung der Kleinsteuerung **(Bild 1, Seite 122)** mit allen Betriebsmitteln der Zuordnungsliste **(Seite 128)** aus Teilaufgabe 4. Informieren Sie sich über die Anschlussbedingungen von Sensoren und Aktoren an den Ein- und Ausgängen eines Kleinsteuergerätes.

Achtung: Beim Anschluss der Schütze für Rechts-Links-Lauf des Rolltormotors an das Kleinsteuergerät ist eine Hardwareverriegelung vorzusehen **(siehe auch Seite 110 und Seite 113)**.

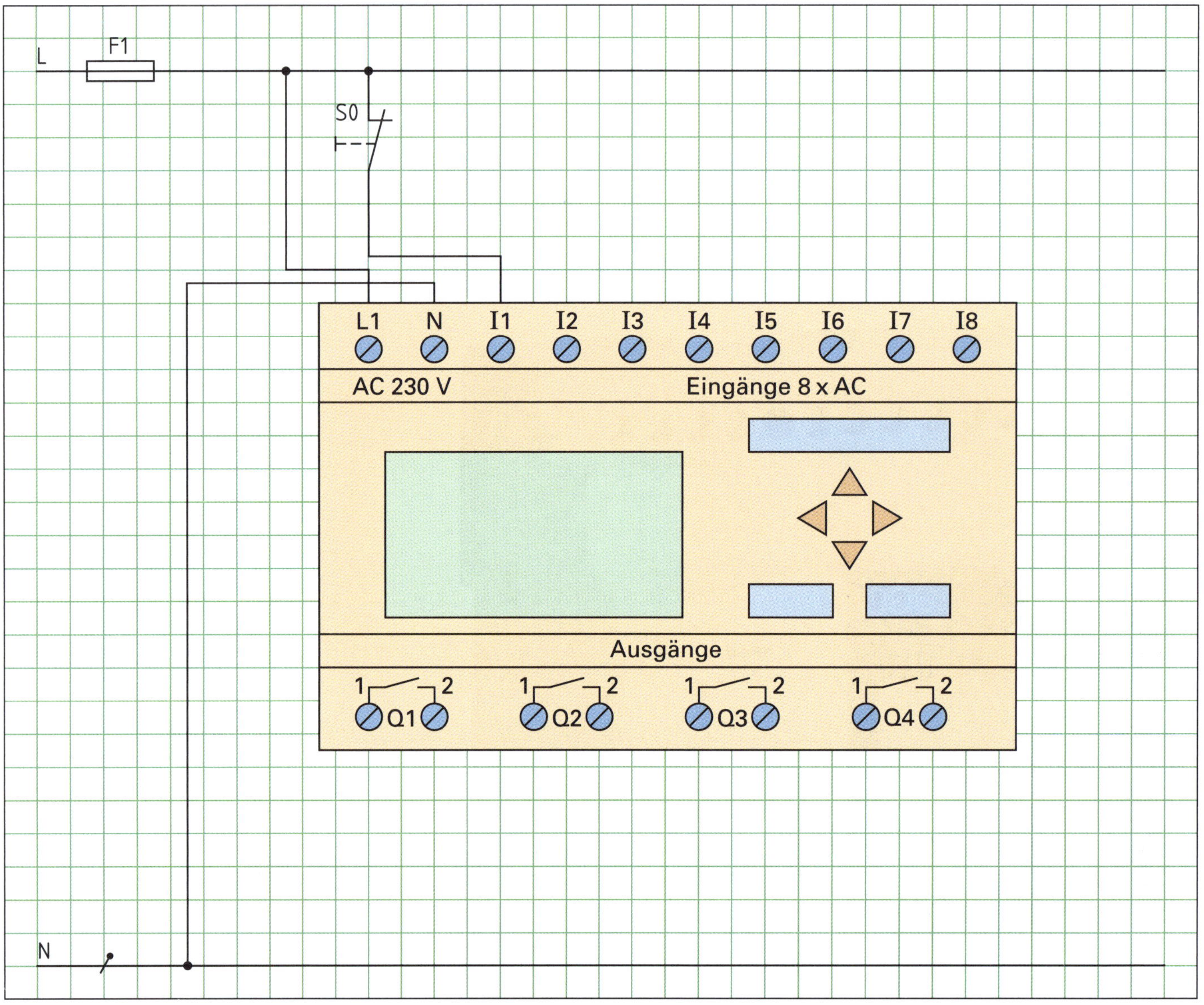

Bild 1: Beschaltung der Kleinsteuerung

Anschluss der Eingänge:
An die Eingänge eines Kleinsteuergerätes können Sensoren, z. B. Taster, Schalter, Lichtschranken oder Dämmerungsschalter angeschlossen werden. Darüber hinaus gibt es Kleinsteuergeräte, die zusätzliche Analogeingänge besitzen. Angaben über die Sensoreigenschaften findet man in den Datenblättern.

Anschluss der Ausgänge:
Bei vielen Kleinsteuergeräten sind die Ausgänge über Relais geschaltet. Die Kontakte **(Bild 2)** der Relais sind potenzialfrei von der Spannungsversorgung und von den Eingängen. An die Ausgänge kann man verschiedene Lasten (Aktoren) anschließen, z. B. Lampen, Leuchtstofflampen, Motoren oder Schütze. Angaben über die Eigenschaften der Last findet man in den Datenblättern des jeweiligen Kleinsteuergerätes. Kleinsteuergeräte können auch mit Transistorausgängen **(Bild 3)** bestückt sein. Bei diesen Ausgängen ist die getrennte Einspeisung der Lastspannung nicht notwendig, da das Kleinsteuergerät die Spannungsversorgung der Last übernimmt.

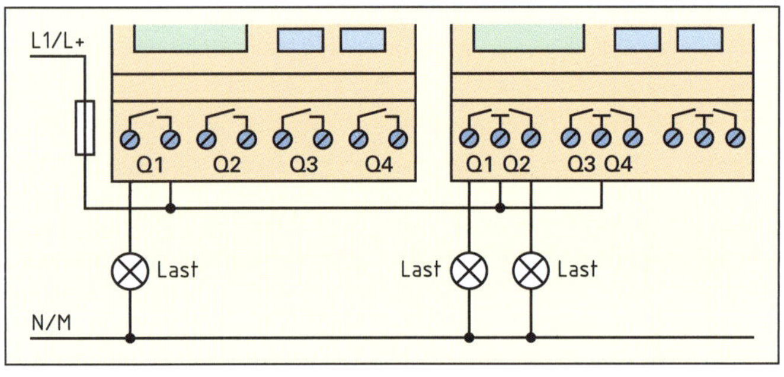

Bild 2: Kleinsteuergerät mit potenzialfreien Ausgängen

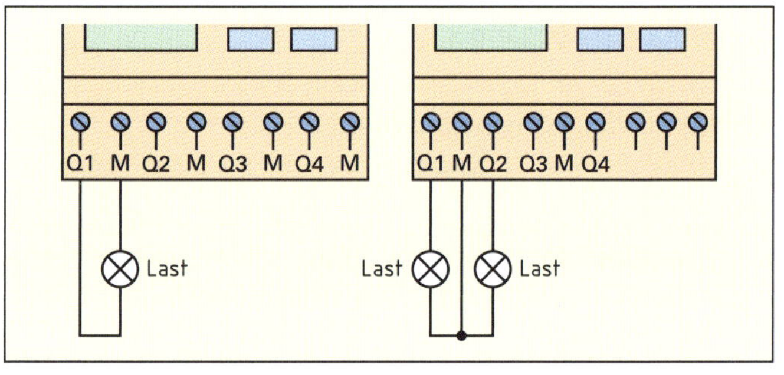

Bild 3: Kleinsteuergerät mit Transistorausgängen

Arbeitsauftrag 2: Erkundung eines Rolltores

1. Erkunden Sie ein Rolltor, z. B. bei einer Firmeneinfahrt. Fertigen Sie eine schriftliche Funktionsbeschreibung für das Rolltor an. Untersuchen Sie die Betriebsmittel **Torantrieb/Motoreinheit, Sensoren, Steuerung und Bedieneinheit**. Fotografieren Sie eventuell die Betriebsmittel mit einer Digitalkamera. Fügen Sie die Bilder in die Funktionsbeschreibung mithilfe eines Textverarbeitungsprogramms ein.

2. Vervollständigen Sie das Blockschaltbild **(Bild 1)**, das den Zusammenhang der Komponenten **Motor, Steuerung, Bedienung** und **Sensorik** darstellt.

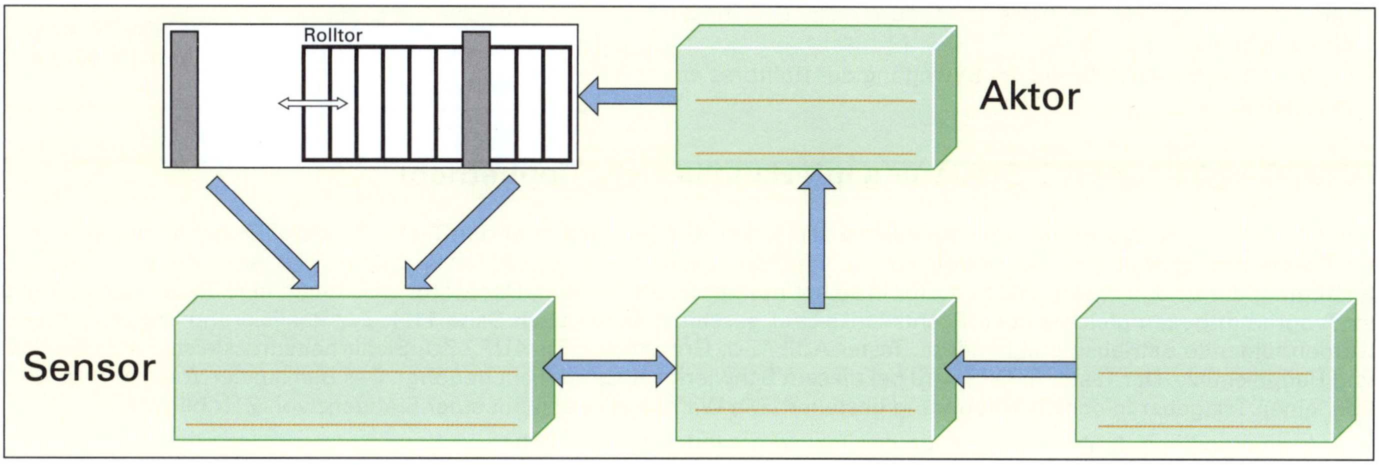

Bild 1: Blockschaltbild

Arbeitsauftrag 3: Informationen über elektrische Betriebsmittel sammeln

In diesem Arbeitsauftrag erfahren Sie mehr über den Aufbau, den Anschluss und die Funktion elektrischer Betriebsmittel, z. B. Lichtschranke, Sicherheitsdruckleiste, Elektromotor oder Grenztaster.

> Fachkunde Elektrotechnik,
> Kapitel: Binäre Sensoren

1. Informieren Sie sich über optische Näherungsschalter und Lichtschranken **(Infoteil, Seite 191 und Seite 194)**.

2. Die dargestellten 24-V-Sensoren (Lichtschranken) im 3- und 4-Leitersystem **(Bild 2)** unterschiedlicher Bauart (NPN und PNP) sollen die Eingänge des Kleinsteuergerätes (24 V Ausführung) I1, I2 und I3 ansteuern. Zeichnen Sie die korrekte Verdrahtung der Sensoren mit der Versorgungsspannung und der Eingangsbelegung des Kleinsteuergerätes. Geben Sie die richtige Farbkennzeichnung der Sensoranschlüsse an **(Bild 2)**.

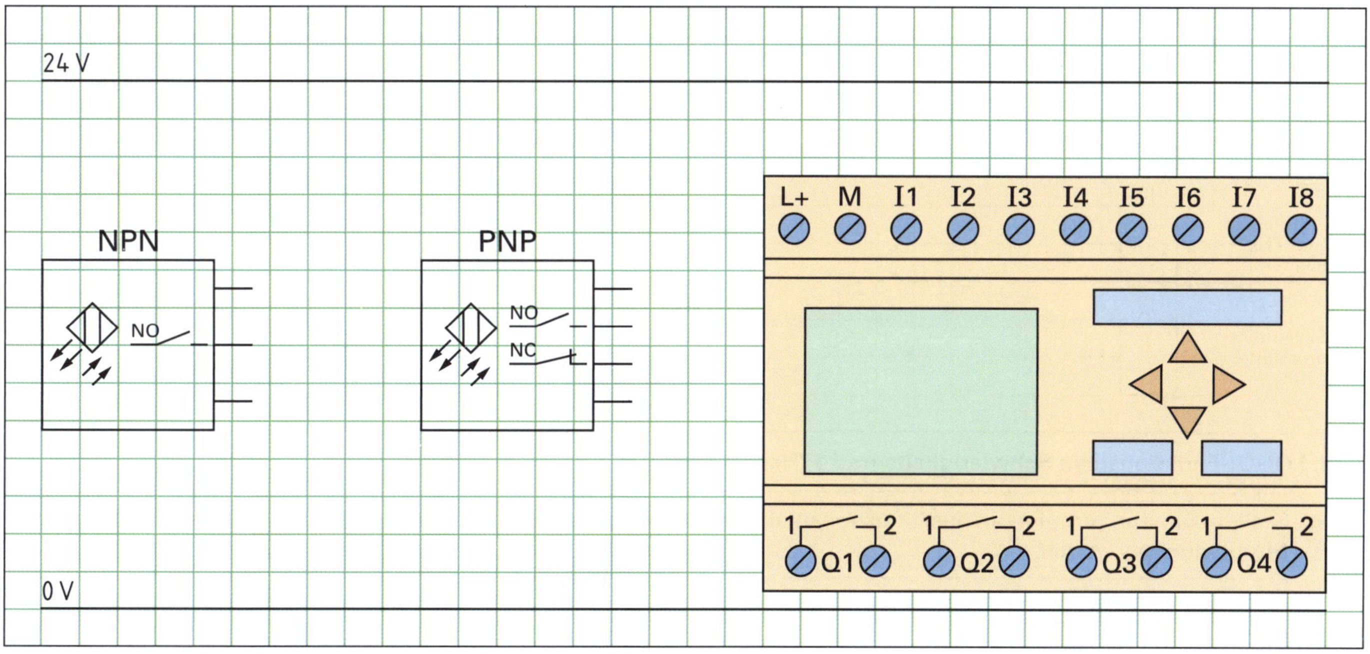

Bild 2: Anschluss von Sensoren unterschiedlicher Bauart

Arbeitsauftrag 4: Entwurf der Steuerung

Der Entwurf der Steuerung des Rolltores ist in drei Schwierigkeitsgrade aufgeteilt **(Tabelle)**. Alle Schwierigkeitsgrade haben folgende Eigenschaften gemeinsam:

- Der Motor soll durch eine Schützverriegelung und im Programm des Kleinsteuergerätes gegen gleichzeitigen Rechts-Links-Lauf geschützt werden.
- Das Schließen des Rolltores wird durch die Sicherheitsdruckleiste unterbrochen.
- Die Endstellung des Rolltores wird durch die Grenztaster überwacht.
- Die Warnleuchte ist während der Bewegung des Rolltores eingeschaltet.

Tabelle: Schwierigkeitsgrade
1. Steuerung mit Handbetrieb (Tippbetrieb)
2. Steuerung mit Automatikbetrieb
3. Steuerung mit erweitertem Automatikbetrieb

Die Programmiersoftware **LOGO!** für Kleinsteuergeräte verwendet die Darstellung des **Funktionsplanes (FUP)**. Im Gegensatz dazu verwendet die Programmiersoftware **easy** für Kleinsteuergeräte die Darstellung des **Kontaktplanes (KOP)**.

Schwierigkeitsgrad 1: Steuerung mit Handbetrieb (Tippbetrieb)

Das Rolltor wird im **Tippbetrieb** entweder durch den Taster AUF geöffnet oder den Taster ZU geschlossen. In der Betriebsart **Tippbetrieb** bewegt sich das Rolltor nur solange der Taster AUF oder der Taster ZU betätigt wird. Bei gleichzeitiger Betätigung der beiden Taster bleibt das Tor in seiner momentanen Position. Der Motor wird durch eine **Tasterverriegelung** im Programm gegen gleichzeitigen Rechts-Links-Lauf geschützt **(siehe auch Seite 110)**. Zur Realisierung dieser Aufgabe werden folgende Betriebsmittel benötigt: Taster AUF / ZU, Grenztaster Tor AUF / ZU, Sicherheitsdruckleiste, Warnleuchte und Hauptschütze. Der Taster STOPP wird bei diesem Schwierigkeitsgrad nicht benötigt. Das Blinken der Warnleuchte wird über einen Taktgeber in der Kleinsteuerung gesteuert. Die Warnleuchte soll mit einer Frequenz von 2 Hz blinken.

1. Informieren Sie sich über die Funktion des Taktgebers **(Infoteil Seite 193)**.
2. Vervollständigen Sie den Funktionsplan **(Bild)** der Steuerung für das Kleinsteuergerät.
3. Geben Sie den Funktionsplan in den PC ein und simulieren Sie das Programm.

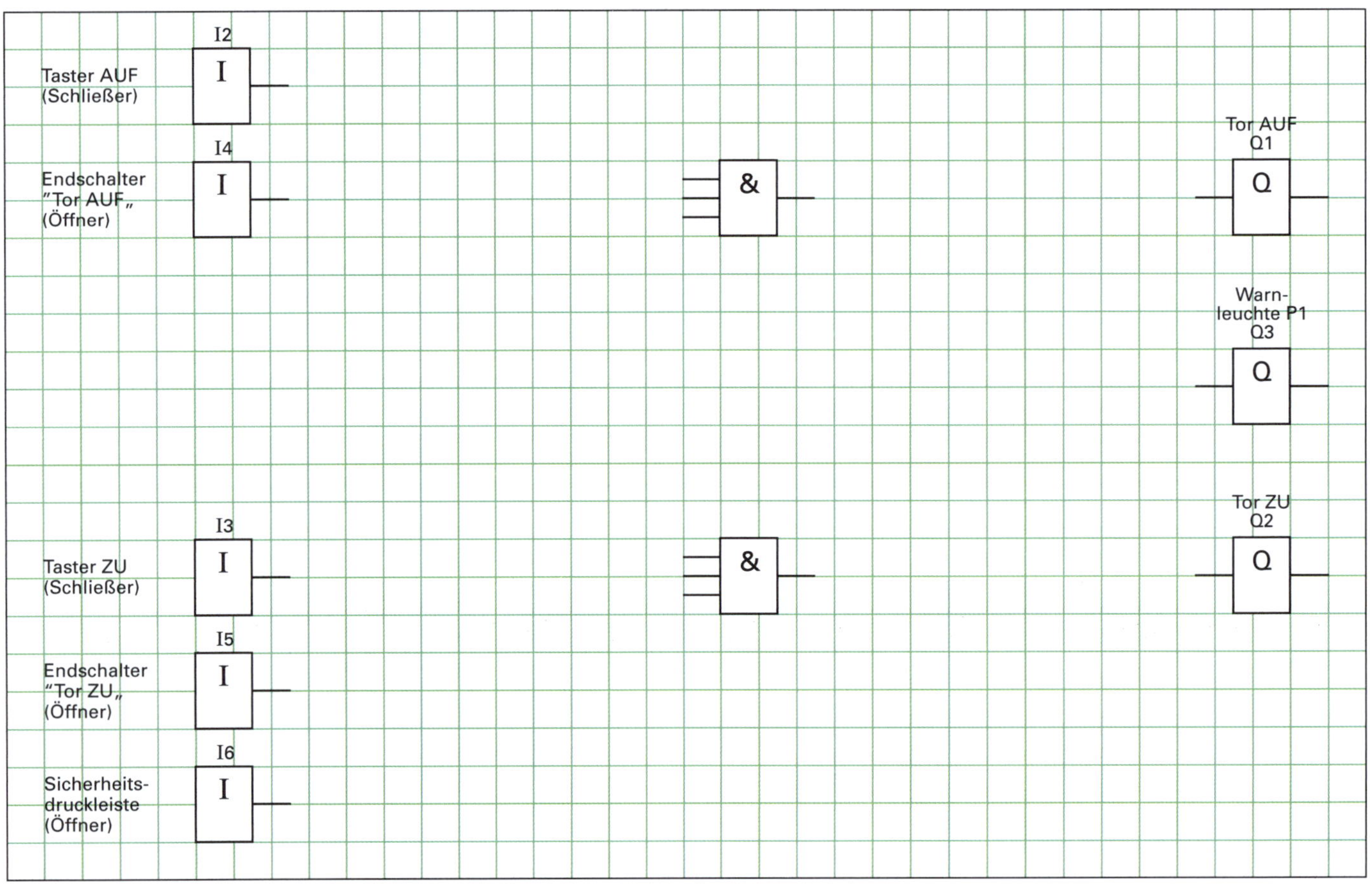

Bild: LOGO!-Funktionsplan Schwierigkeitsgrad 1 (Handbetrieb)

Stellen Sie zur Simulation des Funktionsplans in der Programmiersoftware **„LOGO!Soft Comfort“** folgende Simulationsparameter ein:

I1: Taster (Öffner)	I4: Schalter	I5: Schalter
I2: Taster (Schließer)	I3: Taster (Schließer)	I6: Schalter

Schwierigkeitsgrad 2: Steuerung mit Automatikbetrieb

Durch die Taster AUF bzw. ZU wird die Bewegung des Tores eingeleitet, sofern die Gegenrichtung nicht eingeschaltet ist. Das Tor wird im Normalfall ganz geöffnet bzw. geschlossen. Das Beenden der Fahrt erfolgt durch den jeweiligen Grenztaster oder jederzeit durch den Taster STOPP. Die Warnleuchte ist 5 Sekunden vor Beginn und während der Fahrt des Tores eingeschaltet.

1. Erstellen Sie entsprechend der **Tabelle** eine Übersicht der folgenden Sonderfunktionen des Kleinsteuergerätes: Ansprech- und Rückfallverzögerung, Selbsthalterelais, Stromstoßrelais, Taktgeber und Wochenschaltuhr.
2. Informieren Sie sich über die genaue Funktion der Ansprech- und Rückfallverzögerung des Kleinsteuergerätes **(Infoteil Seite 193)**.
3. Vervollständigen Sie den Funktionsplan **(Bild)** der Steuerung für das Kleinsteuergerät. Tipp: Verwenden Sie Merker **(Seite 126)**.

Tabelle: Übersicht der Sonderfunktionen

Darstellung im Stromlaufplan	Darstellung in LOGO!	Bezeichnung der Sonderfunktion
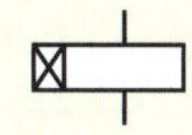	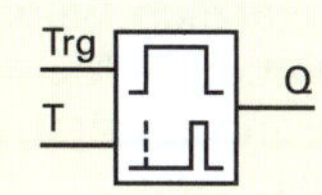	Ansprech-verzögerung

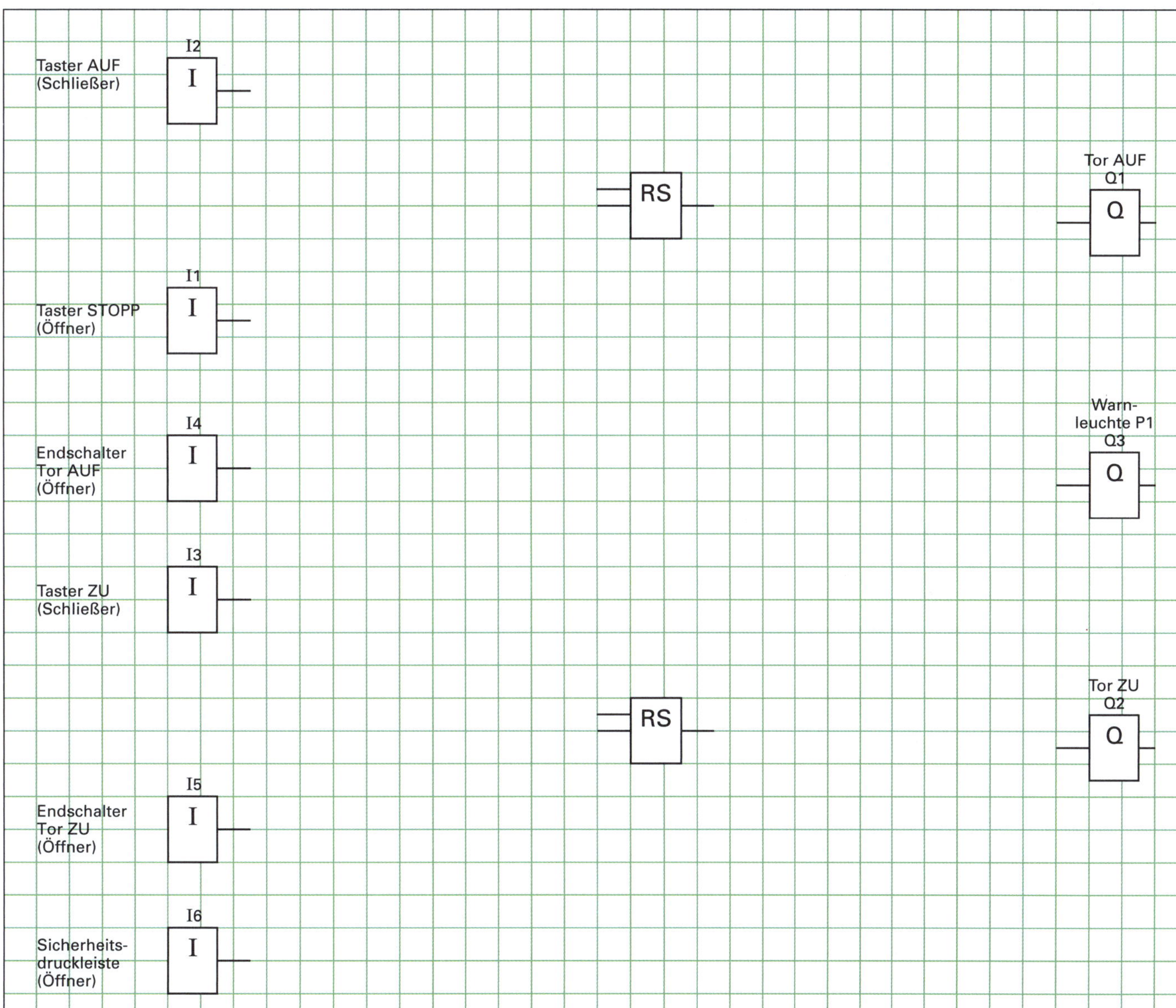

Bild: LOGO!-Funktionsplan Schwierigkeitsgrad 2

4. Erstellen Sie den Funktionsplan mit Ihrem Programm und simulieren Sie die Funktion.
5. Wird beim Schließen des Rolltores die Sicherheitsdruckleiste betätigt, fährt das Tor automatisch in die Position „Tor geöffnet". Erweitern Sie den Funktionsplan und testen Sie Ihr Programm.

Schwierigkeitsgrad 3: Steuerung mit erweitertem Automatikbetrieb

> Merker können wie Ausgänge verwendet werden. Der Ausgang eines Merkers ist nicht auf eine Anschlussklemme am Kleinsteuergerät geführt und kann nur intern verwendet werden. Merker werden mit einem M im Funktionsplan gekennzeichnet, z. B. M1. Am Ausgang eines Merkers liegt immer das Signal des vorherigen Programmzyklus an. Innerhalb eines Programmzyklus kann sich der Wert am Ausgang nicht verändern. Die Anzahl der zur Verfügung stehenden Merker hängt vom verwendeten Kleinsteuergerät ab.

Beim erweiterten Automatikbetrieb werden zusätzlich zum Schwierigkeitsgrad 2 die Signale der Lichtschranken ausgewertet. Mithilfe der beiden Lichtschranken B4 und B5 kann eine **Fahrtrichtungserkennung** vorgenommen werden. Möchte ein Fahrzeug einfahren, so muss der AUF-Taster betätigt werden. Nach Durchqueren der Lichtschranken schließt das Tor automatisch. Wenn ein Fahrzeug ausfahren möchte, öffnet das Tor automatisch. Zusätzlich werden die ein- und ausfahrenden Fahrzeuge gezählt. Eine Meldeleuchte in der Pförtnerloge signalisiert, ob die Parkkapazität von 30 Fahrzeugen auf dem Firmengelände erreicht ist.

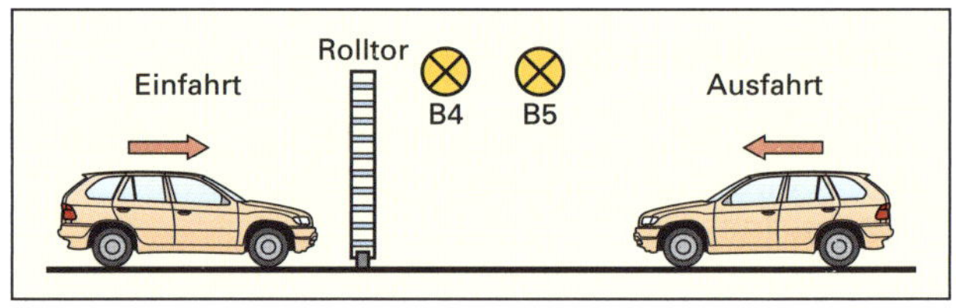

Bild 1: Fahrtrichtungserkennung mit Lichtschranken

An der Ausfahrt des Rolltores sind zur Fahrtrichtungserkennung zwei Lichtschranken (B4 und B5) installiert **(Bild 1)**. Die Signale beider Lichtschranken sind an den Eingängen 1 und 2 des Kleinsteuergerätes angeschlossen. Durchquert ein Fahrzeug eine Lichtschranke, schaltet der entsprechende Ausgang auf 1.

1. Ergänzen Sie den **Funktionsplan (Bild, Seite 127)** zur Fahrtrichtungserkennung entsprechend **Bild 2**. Der Ausgang Y1 soll schalten, wenn ein Fahrzeug in das Firmengelände einfährt und der Ausgang Y2 soll schalten, wenn ein Fahrzeug ausfährt. Vervollständigen Sie zuerst das **Impulsdiagramm (Bild 3)** für B4, B5, Y1 und Y2 für die Ein- und Ausfahrt!

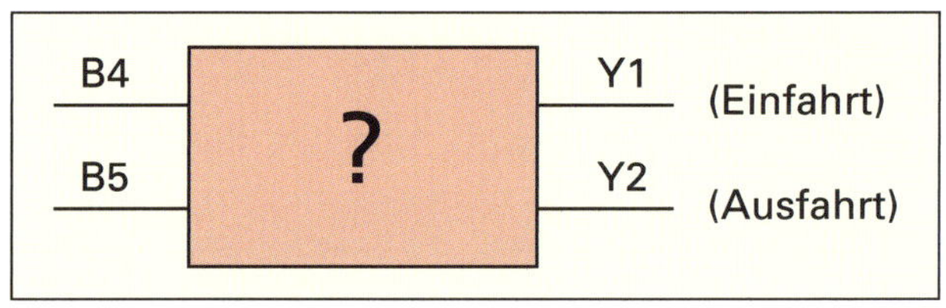

Bild 2: Funktionsplan

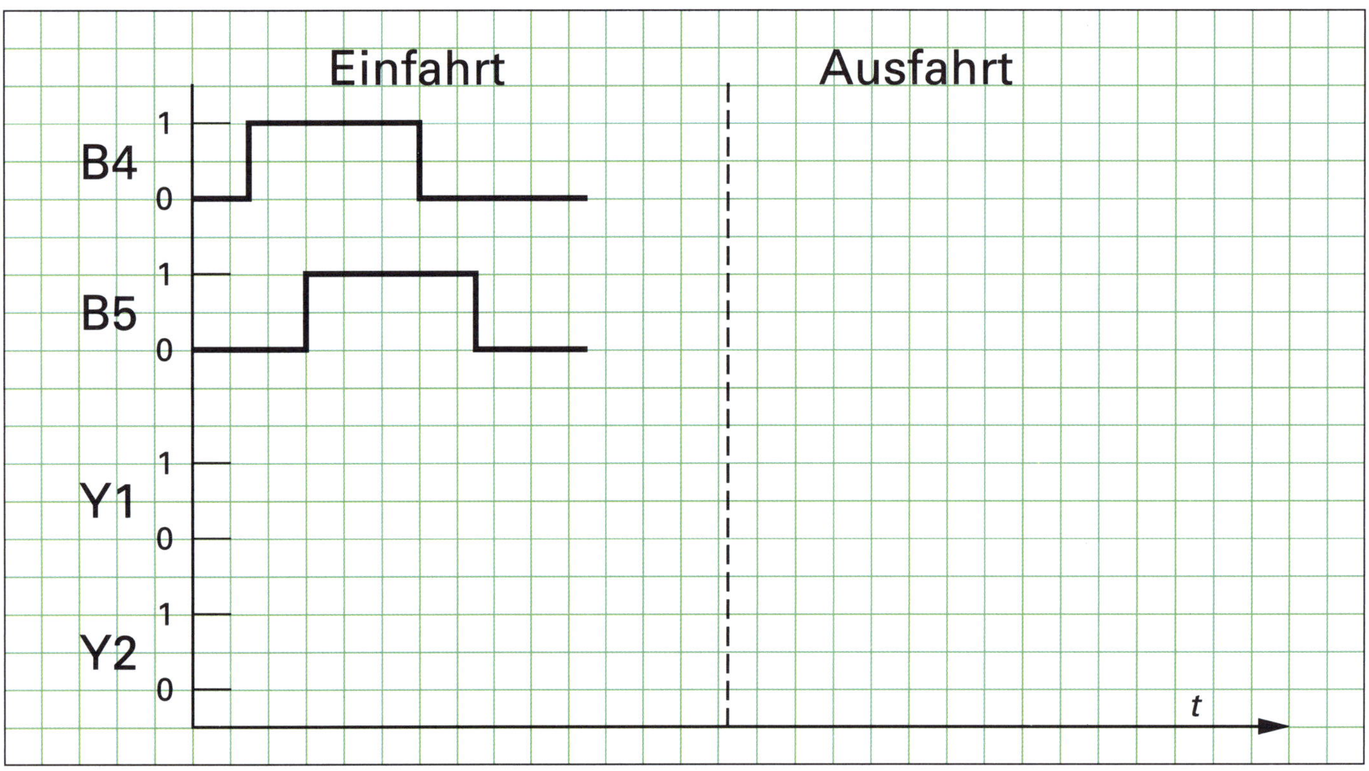

Bild 3: Impulsdiagramm für die Ein- und Ausfahrt

Über einen Zähler soll festgestellt werden, wie viele Fahrzeuge sich auf dem Firmengelände befinden. Die einfahrenden Autos sollen hochgezählt werden, die ausfahrenden Autos müssen wieder herunter gezählt werden. Eine Meldeleuchte P2 in der Pförtnerloge soll melden, wenn 30 Fahrzeuge oder mehr auf dem Firmengelände sind.

1. Informieren Sie sich über die Funktion des Vor-/Rückwärtszähler **(Infoteil, Seite 192)**.
2. Ergänzen Sie den Funktionsplan **(Bild, Seite 127)** um die Funktionalität der Zählerschaltung. Tragen Sie die Meldeleuchte P2 in die Zuordnungsliste auf **Seite 128** ein.

S57, S58

3. Erweitern Sie den **Funktionsplan** von Schwierigkeitsgrad 2 **(Bild, Seite 125)** um die Funktion der Richtungserkennung und des Zählers. Achten Sie dabei auf die Vorgaben von Schwierigkeitsgrad 3.

4. Erstellen Sie den **Funktionsplan** mit Ihrem Programm und simulieren Sie die Funktion.

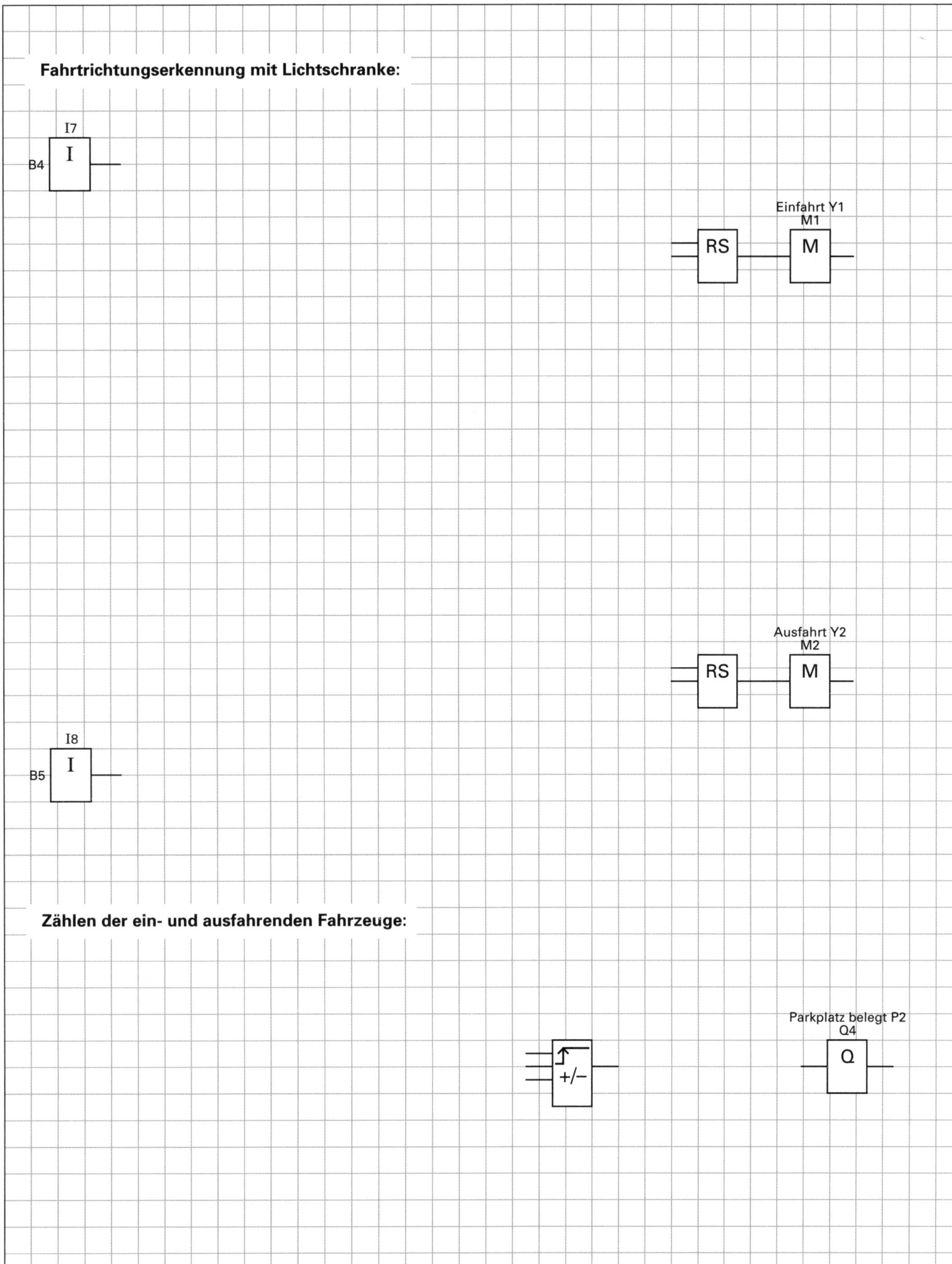

Bild: LOGO!-Funktionsplan der Fahrtrichtungserkennung mit Lichtschranken und Zähler

Technologieschema der Rolltoranlage

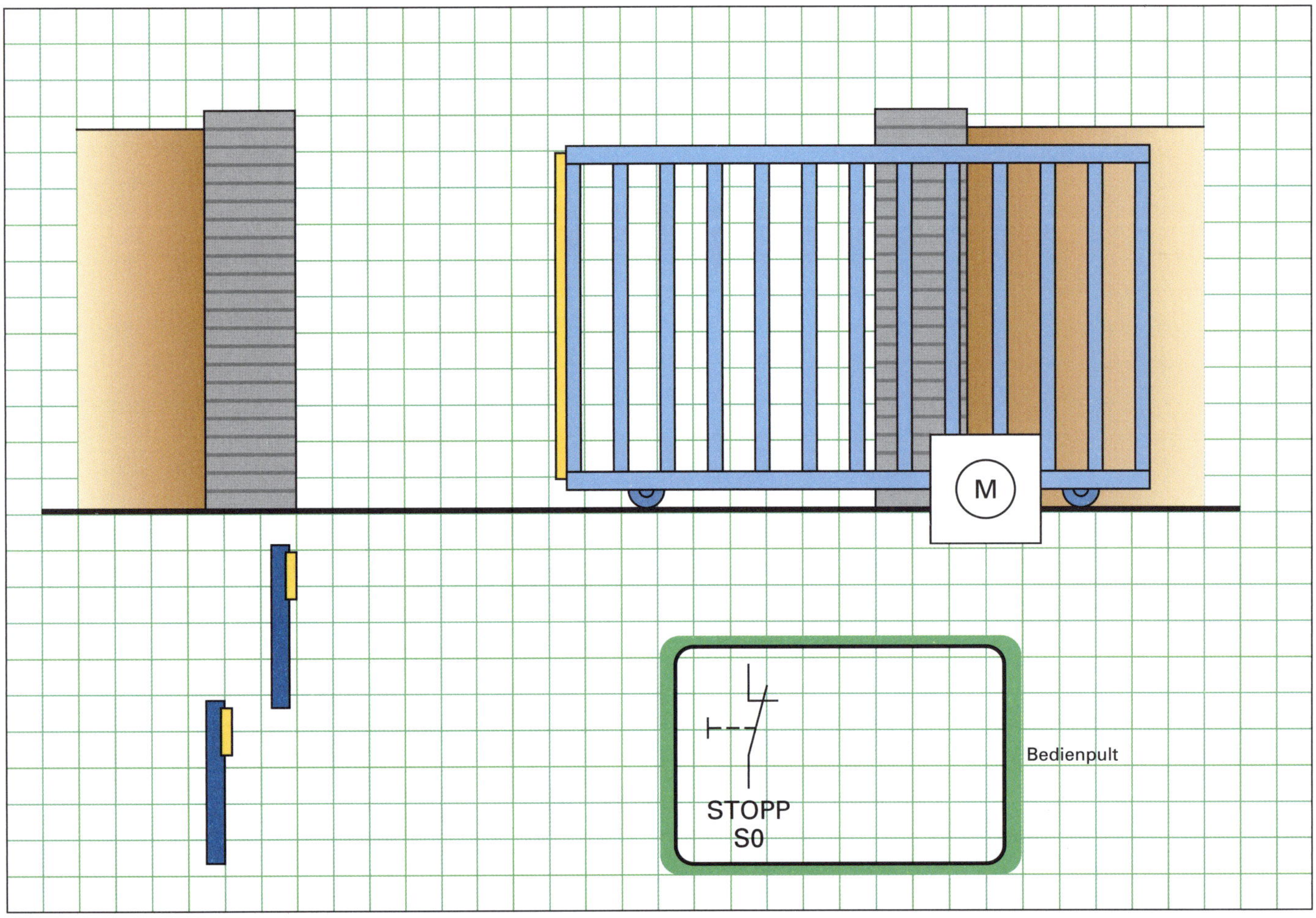

Zuordnungsliste

Ein- und Ausgänge des Kleinsteuergerätes	Betriebsmittel-kennzeichnung	Beschreibung
I1	S0	Taster STOPP (Öffner)

Testen Sie Ihre Fachkompetenz

1. Das Tor einer Elektro-Werkstatt **(Bild)** wird durch den Taster S1 (AUF) und den Taster S2 (AB) im **Tippbetrieb** geöffnet oder geschlossen. Die untere Endstellung meldet Endschalter B1, die obere Endstellung meldet Endschalter B2. Die beiden Kontrollleuchten P1 und P2 zeigen die Endstellung des Tores an. P1 leuchtet wenn das Tor geöffnet ist. P2 leuchtet wenn das Tor geschlossen ist. Eine Hardware-Schützverriegelung und eine Tasterverriegelung im Programm des Kleinsteuergerätes verhindern gleichzeitigen Rechts-Links-Lauf des Motors. Bei Überlastung des Motors soll das Tor durch das Überlastrelais F1 sofort abgeschaltet werden. Erstellen Sie das Programm für ein Kleinsteuergerät wie z. B. **LOGO!**, **Easy** oder **Pharao**.

a) Erstellen Sie eine Zuordnungstabelle und skizzieren Sie den Anschluss der elektrischen Betriebsmittel z. B. Taster, Endschalter, Hauptschütze an das Kleinsteuergerät.

b) Zeichnen Sie je nach Kleinsteuergerät den Funktionsplan oder den Kontaktplan.

c) Geben Sie den Funktionsplan bzw. Kontaktplan in das Kleinsteuergerät ein und simulieren Sie das Programm.

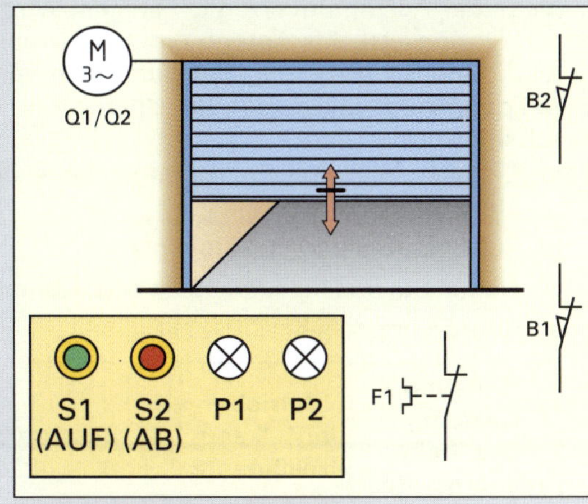

Bild: Rolltor Elektrowerkstatt

a) Zuordnungstabelle:

Ein- und Ausgänge des Kleinsteuergerätes	Betriebsmittelkennzeichnung	Beschreibung
		Taster Rolltor AUF (Schließer)
		Taster Rolltor AB (Schließer)
		Endschalter Rolltor geschlossen (Öffner)
		Endschalter Rolltor offen (Öffner)
		Überlastrelais (Öffner)
		Hauptschütz, Rolltor AUF, Motor Rechts-Lauf
		Hauptschütz, Rolltor ZU, Motor Links-Lauf
		Meldeleuchte Rolltor geöffnet
		Meldeleuchte Rolltor geschlossen

Anschluss:

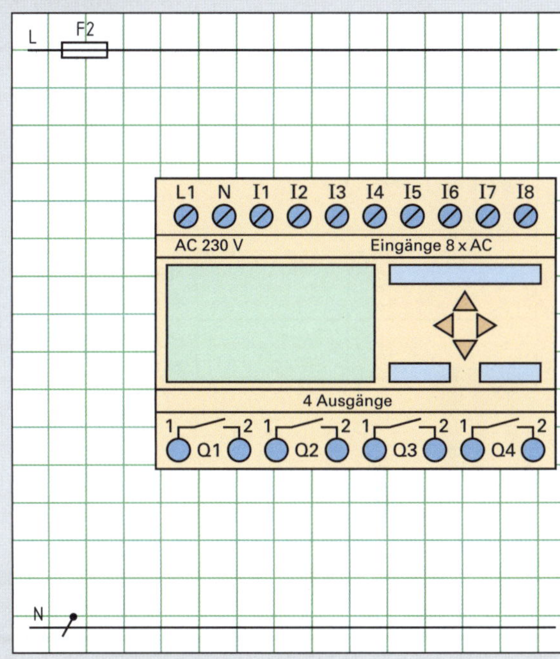

b) LOGO!-Funktionsplan:

2. Für einen Baustellenaufzug **(Bild)** ist ein Steuerungsprogramm zu entwickeln. Der Aufzugskorb soll sich zwischen den beiden Endschaltern „oben" und „unten" automatisch bewegen können. Bei Betätigung des STOPP-Tasters bleibt der Aufzug unverzüglich stehen. Wird anschließend der AUF- / AB-Taster betätigt, wird die Fahrt automatisch fortgesetzt. Als Antrieb dient ein Drehstrommotor, der über die Schütze Q1 (AUF) und Q2 (AB) geschaltet wird. Eine Schützverriegelung und eine Verriegelung im Programm des Kleinsteuergerätes verhindern gleichzeitigen Rechts-Links-Lauf. Bei Überlastung des Motors soll der Aufzug durch das Überlastrelais F1 sofort abgeschaltet werden.

a) Erstellen Sie eine Zuordnungstabelle und skizzieren Sie den Anschluss der Betriebsmittel an das Kleinsteuergerät.

b) Zeichnen Sie den Funktionsplan.

c) Geben Sie den Funktionsplan bzw. Kontaktplan in das Kleinsteuergerät ein und simulieren Sie das Programm.

a) Zuordnungstabelle:

Ein- und Ausgänge des Kleinsteuergerätes	Betriebsmittelkennzeichnung	Beschreibung
		Taster Aufzug AUF (Schließer)
		Taster Aufzug STOPP (Öffner)
		Taster Aufzug AB (Schließer)
		Endschalter Aufzug unten (Öffner)
		Endschalter Aufzug oben (Öffner)
		Überlastrelais (Öffner)
		Hauptschütz, Aufzug AUF
		Hauptschütz, Aufzug AB

Anschluss:

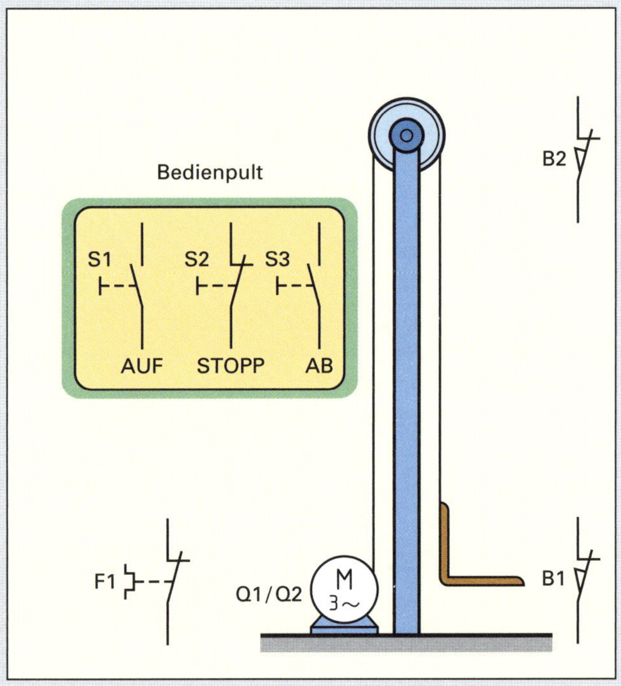

Bild: Baustellenaufzug

Anschluss

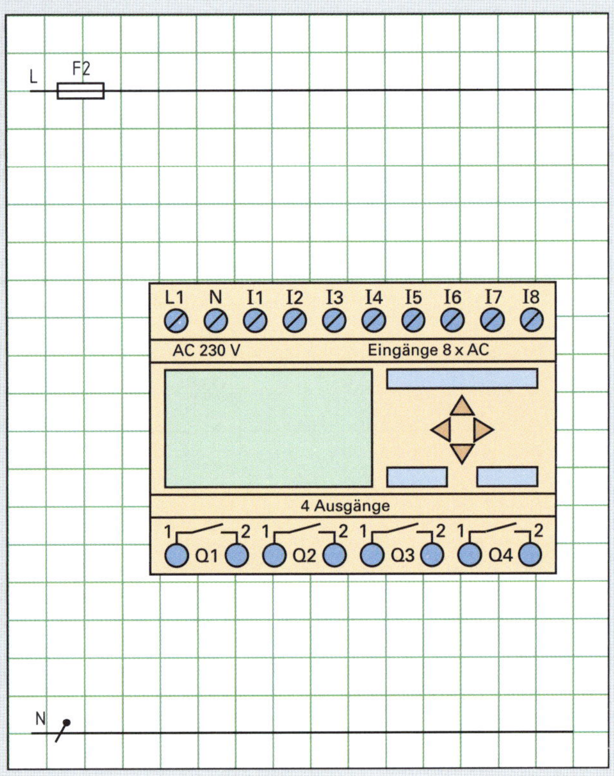

b) Funktionsplan:

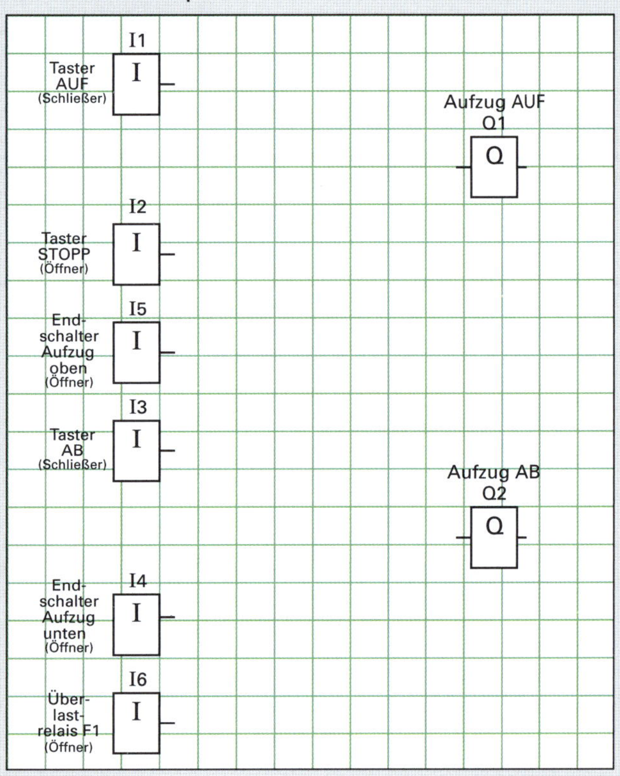

3. Drei Förderbänder **(Bild a)** bilden eine Förderanlage zum Kiestransport. Die Antriebsmotoren können einzeln ein- und ausgeschaltet werden. Eine geeignete Einschaltfolge, zuerst Band 1 – dann Band 2 – zuletzt Band 3, und Ausschaltfolge in umgekehrter Reihenfolge sollen Stauungen des Fördergutes verhindern (siehe auch **Seite 115**, Verriegelungsschaltung 4).

Die **verbindungsprogrammierte Steuerung (Bild b)** soll durch eine **speicherprogrammierte Steuerung** mit einem Kleinsteuergerät ersetzt werden.

a) Erstellen Sie eine Zuordnungsliste und skizzieren Sie den Anschluss der Betriebsmittel an das Kleinsteuergerät.

b) Zeichnen Sie den Funktionsplan **(Seite 132)**.

c) Geben Sie den Funktionsplan in das Kleinsteuergerät ein und simulieren Sie das Programm.

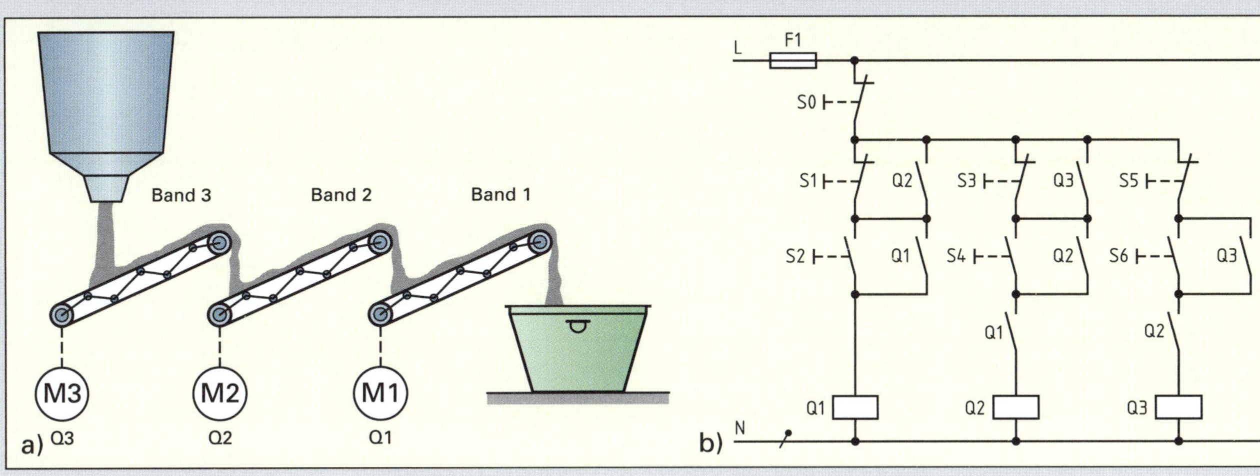

Bild: Förderanlage mit Schützsteuerung

a) Zuordnungstabelle:

Ein- und Ausgänge des Kleinsteuergerätes	Betriebsmittelkennzeichnung	Beschreibung
		Taster Anlage AUS (Öffner)
		Taster Motor M1 AUS (Öffner)
		Taster Motor M1 EIN (Schließer)
		Taster Motor M2 AUS (Öffner)
		Taster Motor M2 EIN (Schließer)
		Taster Motor M3 AUS (Öffner)
		Taster Motor M3 EIN (Schließer)
		Hauptschütz, Motor M1
		Hauptschütz, Motor M2
		Hauptschütz, Motor M3

Anschluss:

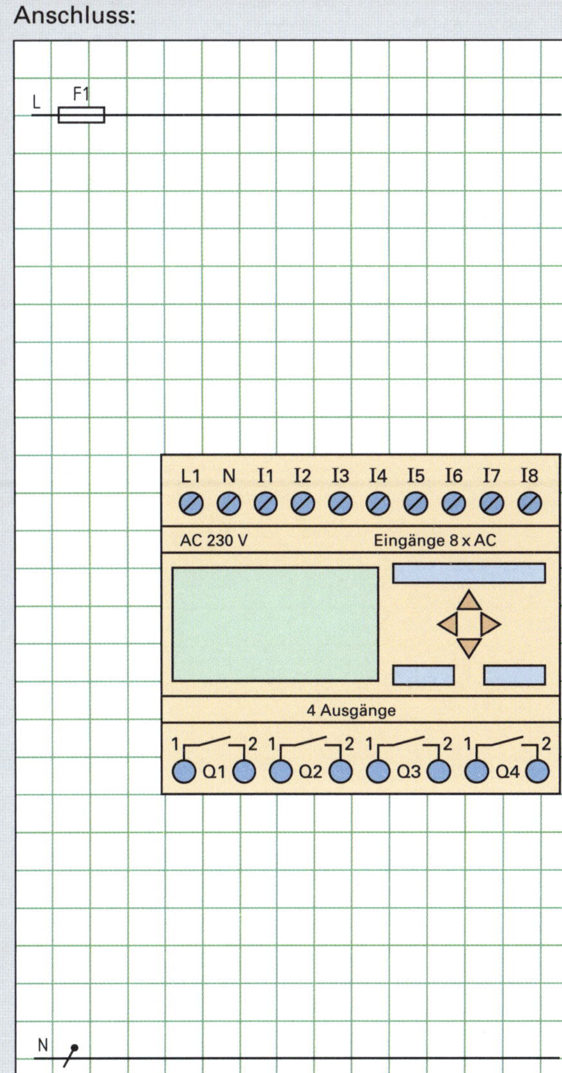

b) Funktionsplan:

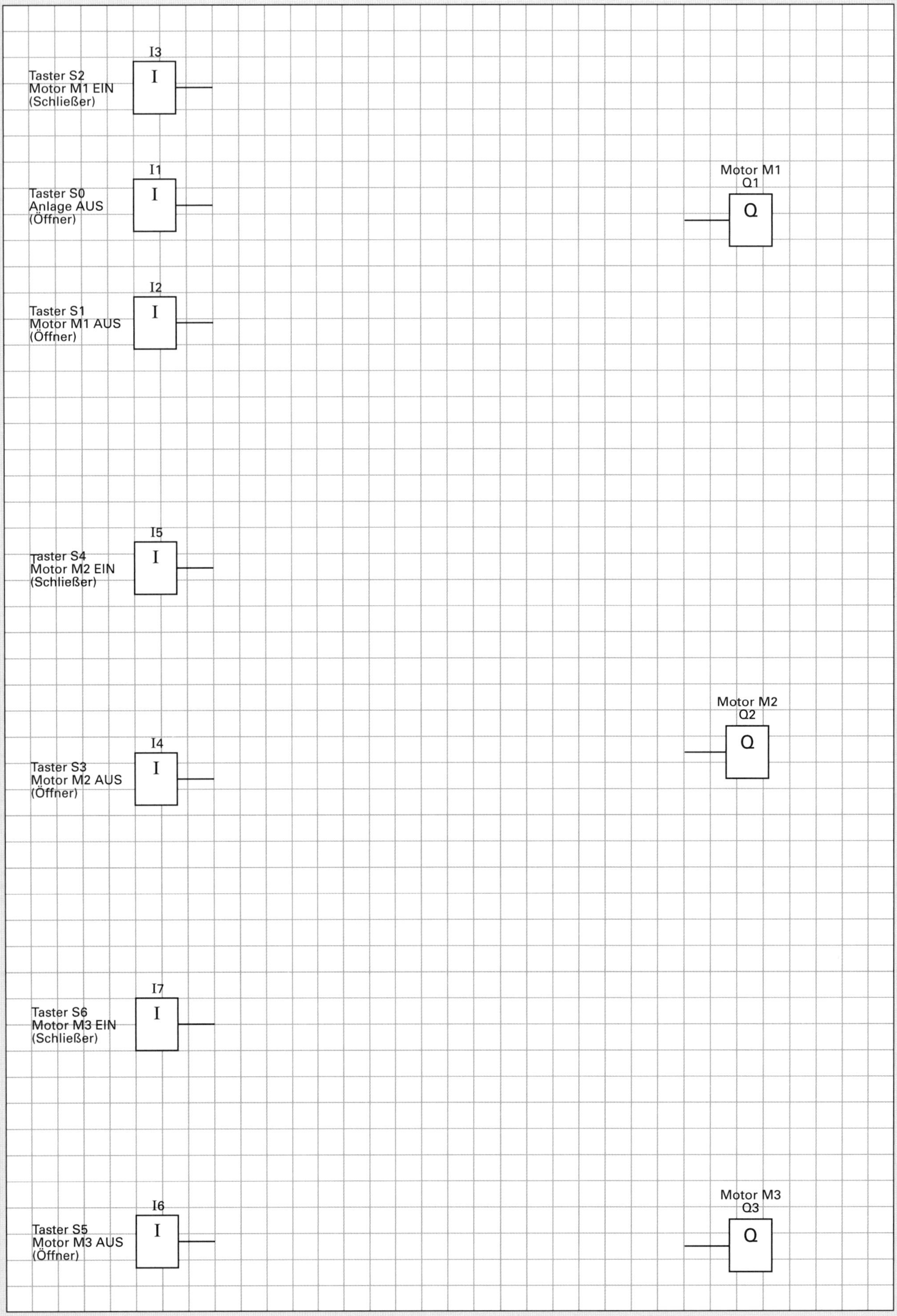

Informationstechnische Systeme bereitstellen

Lernsituation: Analysieren eines Personal Computers

Die Firma Elektrorundumfix führt die Installation von Elektroanlagen und Computernetzwerken aus. Seit einem Jahr wurde auch die Erweiterung und Reparatur von Personal Computer **(Bild 1)** in das Angebot aufgenommen.

Ein Kunde, der sich soeben einen neuen PC gekauft hat, gibt den Auftrag, seinen ein Jahr alten Computer zu überprüfen, bevor er ihn weiter veräußert. Es soll die vorhandene Hard- und Software des alten Computers getestet und der Zustand protokolliert werden. Sie sollen den PC in der Werkstatt in Betrieb nehmen und die Überprüfung durchführen.

Fachkunde Elektrotechnik, Kapitel: Computer, Programme und Peripherie

Bild 1: Personal Computer (PC)

Arbeitsauftrag 1: Analysieren der Anschlüsse und Bedienelemente

1. Auf der Vorder- und Rückseite des PC befinden sich verschiedene Anschlüsse und Bedienelemente **(Bild 2 und Bild 3)**. Nennen Sie in der **Tabelle** jeweils die dafür richtige Bezeichnung.

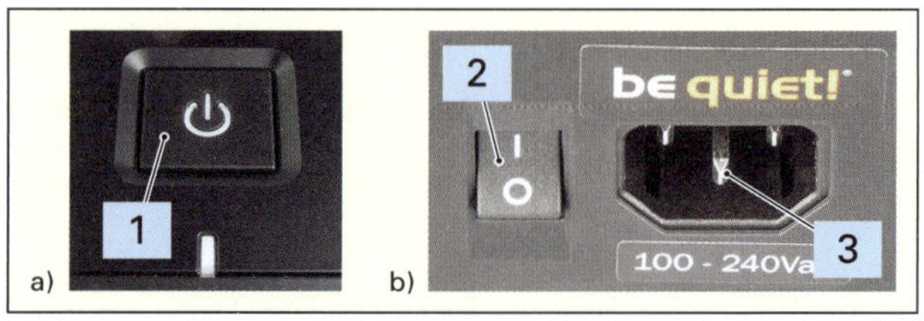

Bild 2: Bedienelemente am PC

Bild 3: Anschlüsse am PC

Tabelle: Anschlüsse und Bedienelemente

Nr.	Bezeichnung
1	
2	
3	
4	
5	
6	
7	
8	
9	
10	
11	
12	
13	
14	
15	
16	

2. Welche unterschiedliche Auswirkung hat das Betätigen des Tasters **(Bild 2a)** im Vergleich mit dem Schalter **(Bild 2b)**?

Arbeitsauftrag 2: Untersuchen des Startvorgangs

Das Starten des PC ist ein längerer Vorgang. Er wird auch als Booten bezeichnet. Das **Bild** zeigt den prinzipiellen Ablauf des Boot-Vorgangs **a)** mit BIOS[1]-Firmware und **b)** mit UEFI[2]-Firmware.

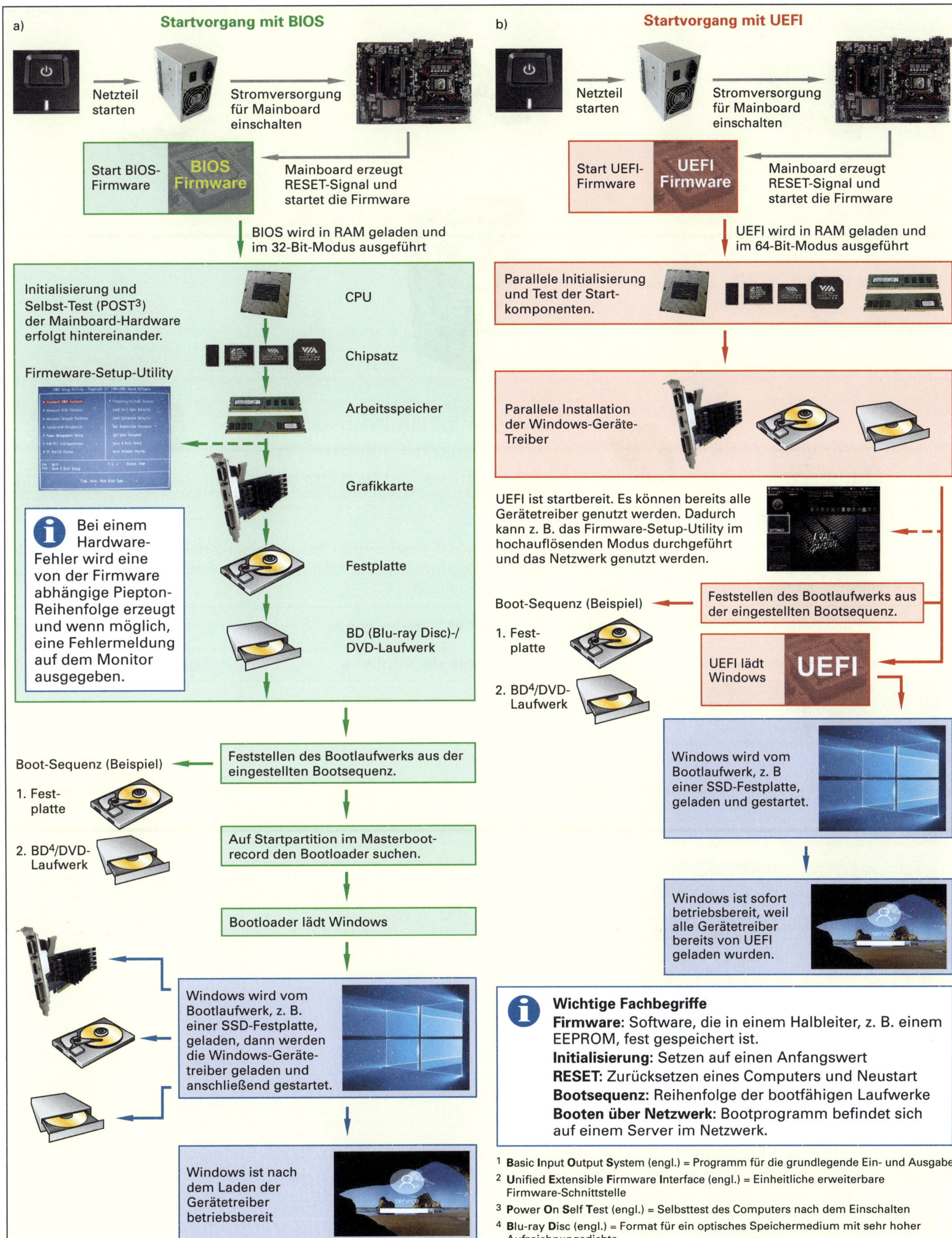

Wichtige Fachbegriffe

Firmware: Software, die in einem Halbleiter, z. B. einem EEPROM, fest gespeichert ist.
Initialisierung: Setzen auf einen Anfangswert
RESET: Zurücksetzen eines Computers und Neustart
Bootsequenz: Reihenfolge der bootfähigen Laufwerke
Booten über Netzwerk: Bootprogramm befindet sich auf einem Server im Netzwerk.

[1] **B**asic **I**nput **O**utput **S**ystem (engl.) = Programm für die grundlegende Ein- und Ausgabe
[2] **U**nified **E**xtensible **F**irmware **I**nterface (engl.) = Einheitliche erweiterbare Firmware-Schnittstelle
[3] **P**ower **O**n **S**elf **T**est (engl.) = Selbsttest des Computers nach dem Einschalten
[4] **B**lu-ray **D**isc (engl.) = Format für ein optisches Speichermedium mit sehr hoher Aufzeichnungsdichte

Bild: Boot-Vorgang von BIOS und UEFI

1. Der PC muss vor der Inbetriebnahme mit der Peripherie, z. B. Monitor, Maus und Tastatur, zu einem Computersystem **(Bild)** verbunden werden. Dazu werden Anschluss- bzw. Verbindungsleitungen und evtl. auch Adapter benötigt. Beschreiben Sie die notwendigen Anschlüsse und Verbindungen (siehe Beispiel im **Bild**). Geben Sie neben dem PC-Anschluss **(Bild 3, Seite 134)** auch die benötigten Anschluss- bzw. Verbindungsleitungen mit den richtigen Fachbegriffen im **Bild** an.

   Neben den abgebildeten Peripheriegeräten und Anschlussdosen sollen alle folgenden Leitungen verwendet werden: USB-A/B-Leitung, DVI-D-Verbindungsleitung, Patchkabel

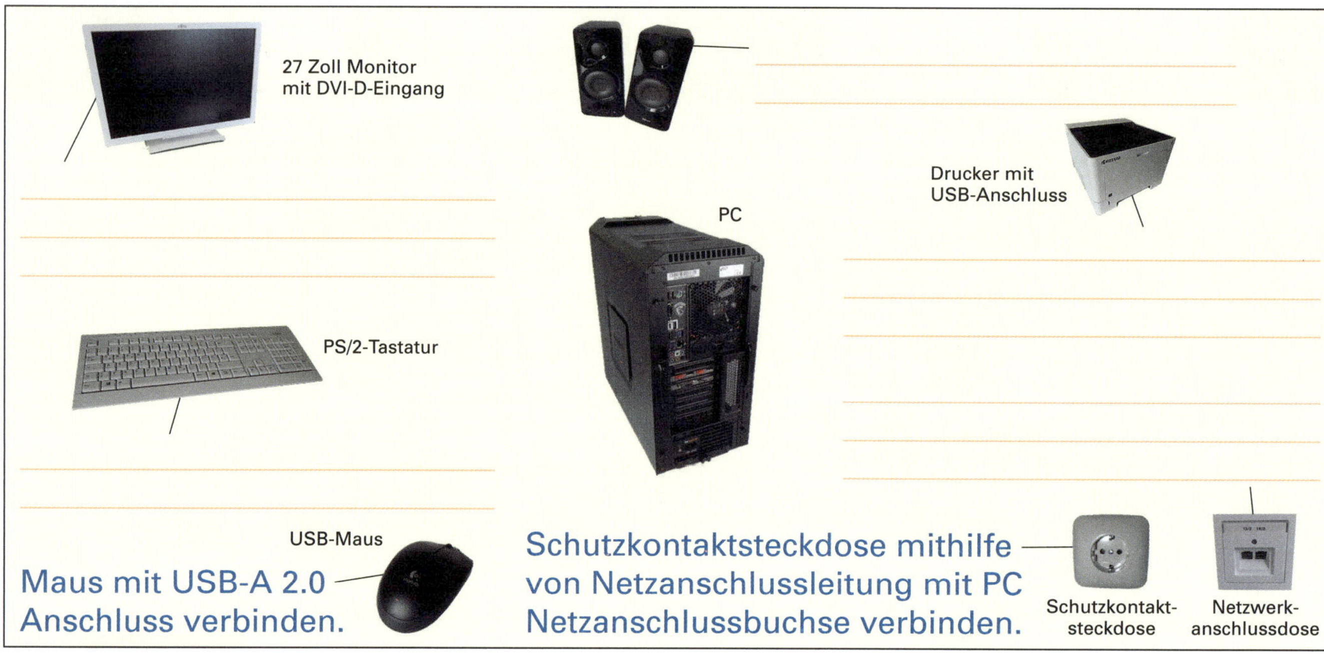

Bild: Computersystem

2. Nach dem Einschalten können während des Startvorgangs mit bestimmten Tasten verschiedene Funktionen **(Tabelle)** für Einstellungen und Beeinflussung des Startvorgangs aufgerufen werden. Nennen Sie jeweils die notwendige Taste und erklären Sie die Möglichkeiten der dadurch ausgelösten Funktion.

Tabelle: Funktionen für Einstellungen und Beeinflussung des Startvorgangs

Bezeichnung der Funktion	Möglichkeit der Funktion	Auslösen der Funktion
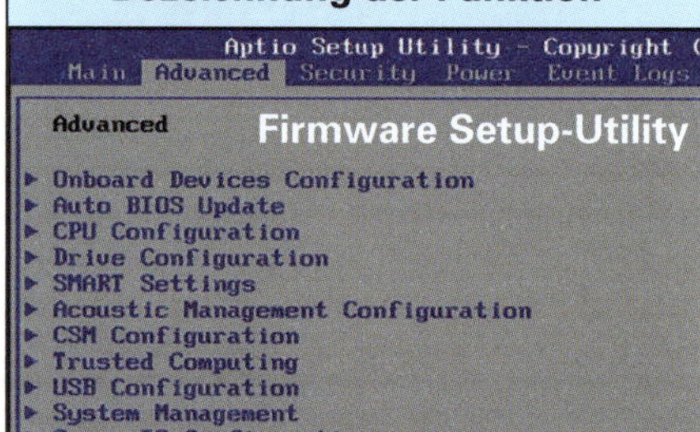 Firmware Setup-Utility		Je nach Firmware-Version nach dem Start z. B. die Tasten F1, F2 oder ENTF drücken.
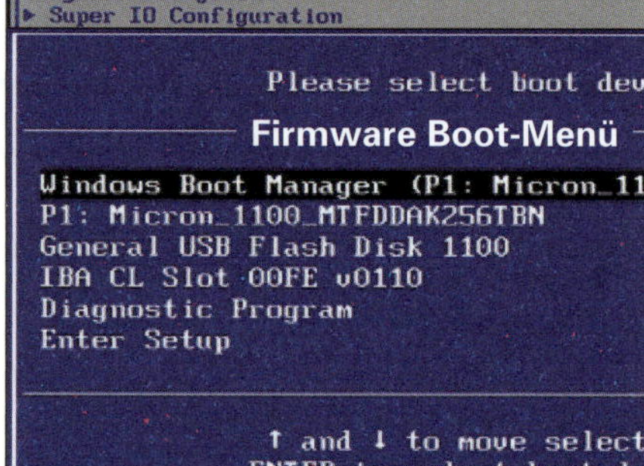 Firmware Boot-Menü		
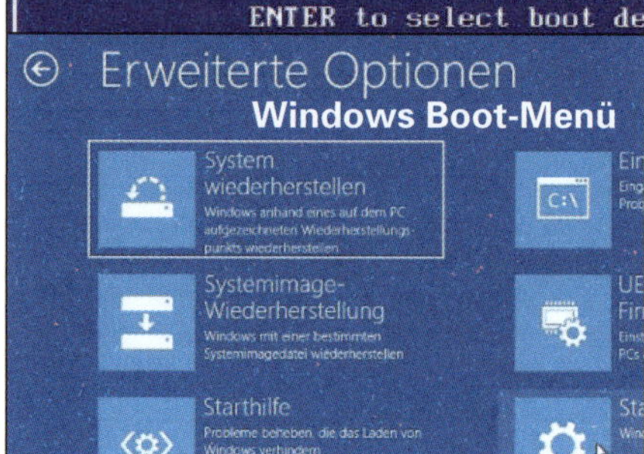 Windows Boot-Menü	In diesem Menü können Einstellungen für den Windows-Start durchgeführt werden, z. B. Abgesicherter Modus zur Fehlereingrenzung, bei dem Windows nur noch mit den wichtigsten Treibern gestartet wird.	

3. Kurz nach dem Einschalten erscheint die Fehlermeldung **(Bild 1)**.

```
Reboot and Select proper Boot device or Insert Boot Media in
selected Boot device and press a key
```

Bild 1: Fehlermeldung

Nennen Sie drei mögliche Fehlerursachen.

1. ____________________
2. ____________________
3. ____________________

4. Gleich nach dem Start erscheint die Meldung **(Bild 2)**, die nach ca. 1 Minute ausgeblendet wird. Danach verläuft der Startvorgang **(Seite 135)** normal. Welcher Einstellungsfehler bewirkt diese Verzögerung?

```
CLIENT MAC ADDR: 90 1B 0E FD 2A 30
DHCP . . . .
```

Bild 2: Warten auf IP-Adresse vom DHCP[1]-Server

5. Am Ende des Startvorgangs erscheint das Anmeldefenster auf dem Bildschirm **(Bild 3)**. Welchen Zweck verfolgt die Angabe von Benutzername und Kennwort?

Bild 3: Anmeldefenster

6. Nach dem Anmelden kann durch die Tastenkombination Strg-Alt-Entf das Menü **(Bild 4)** aufgerufen werden. Welche Möglichkeiten sind dadurch gegeben?

1. ____________________
2. ____________________
3. ____________________
4. ____________________
5. ____________________

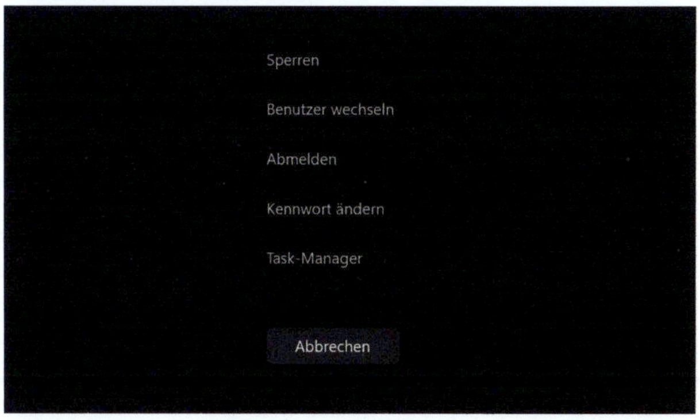

Bild 4: Menü nach Tastenkombination Strg-Alt-Entf

7. Es sollen das verwendete Betriebssystem, die CPU sowie die Bestückung des Arbeitsspeichers (RAM) ermittelt werden. Wie gelangt man bei Windows 10/11 an das Fenster **(Bild 5)**, um die gewünschten Daten zu entnehmen?

System › Info

Gerätespezifikationen

Gerätename	PC-01
Vollständiger Gerätename	PC-01.schule.bshof.tsc
Prozessor	13th Gen Intel(R) Core(TM) i7-13700 2.10 GHz
Installierter RAM	32,0 GB (31,6 GB verwendbar)
Geräte-ID	F3EF4740-EBA7-4332-9D5B-C9A7E85F0E3A
Produkt-ID	00331-10000-00001-AA839
Systemtyp	64-Bit-Betriebssystem, x64-basierter Prozessor
Stift- und Toucheingabe	Für diese Anzeige ist keine Stift- oder Touchein

Verwandte Links Domäne oder Arbeitsgruppe Systemschutz Erweiterte Syste

Windows-Spezifikationen

Edition	Windows 11 Pro
Version	23H2

Bild 5: Systemdaten (Auswahl)

[1] DHCP, Abk. für: **D**ynamic **H**ost **C**onfiguration **P**rotocol (engl.) = Protokoll zur Konfiguration der Netzwerkeinstellungen für einen PC durch einen Server (DHCP-Server)

Arbeitsauftrag 3: Untersuchen der BIOS- und UEFI-Firmware-Einstellungen

Bei einem RESET wird je nach Konfiguration entweder die BIOS- oder die UEFI-Firmware **(Seite 135)** gestartet. Diese Pro gramme haben mehrere Aufgaben. Sie setzen bestimmte ICs (Integrierte Schaltkreise) auf einen Anfangszustand (Initialisierung) und es wird ein Selbsttest (POST) durchgeführt. Weiterhin stellt die Firmware Programme zur Steuerung der auf dem Motherboard vorhandenen Hardware zur Verfügung. Diese Programme werden auch als Treiber bezeichnet. Die Treiber werden bereits beim Start benötigt, um z. B. die Bedienung mit der Tastatur zu ermöglichen oder das Betriebssystem von der Festplatte zu laden.

Fachkunde Elektrotechnik, Kapitel: Computer, Programme und Peripherie

1. Erklären Sie den Begriff „Firmware“.

2. In dem Schaltkreis **(Bild 1)** ist die Firmware gespeichert. Der Inhalt dieses Speichers muss auch nach dem Ausschalten beim nächsten Start noch vorhanden sein.

a) Welche grundlegende Speichertechnologie wird dazu verwendet?

b) Welche Möglichkeit entsteht dadurch?

3. Beschreiben Sie kurz drei grundlegende Aufgaben der Firmware, z. B. BIOS oder UEFI.

4. Beim Start wird evtl. kurzzeitig der folgende Text angezeigt:

„Press DEL to SETUP“

Beim Betätigen der Taste DEL (Delete, engl. = entfernen) erscheint bei einem BIOS z. B. die Benutzeroberfläche **(Bild 2)** und bei einem UEFI z. B. die Benutzeroberfläche **(Bild 3)**.

Welche Vorteile bietet dabei UEFI?

5. Nennen Sie weitere 3 Vorteile von UEFI gegenüber BIOS.

Bild 1: Firmware-Schaltkreis

www.edv-lehrgang.de/bios-basic-input-output-system/

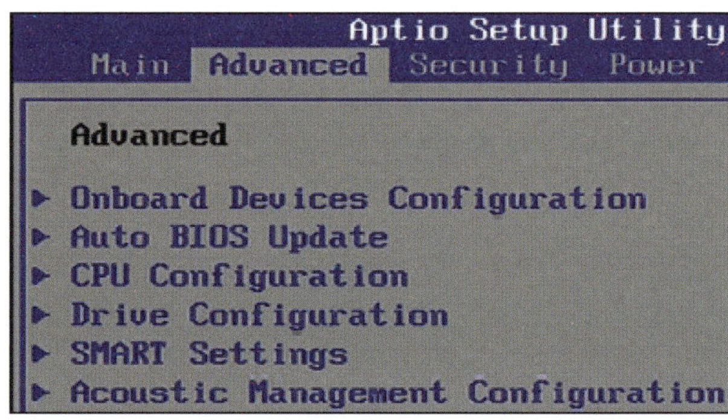

Bild 2: Benutzeroberfläche bei der BIOS-Firmware

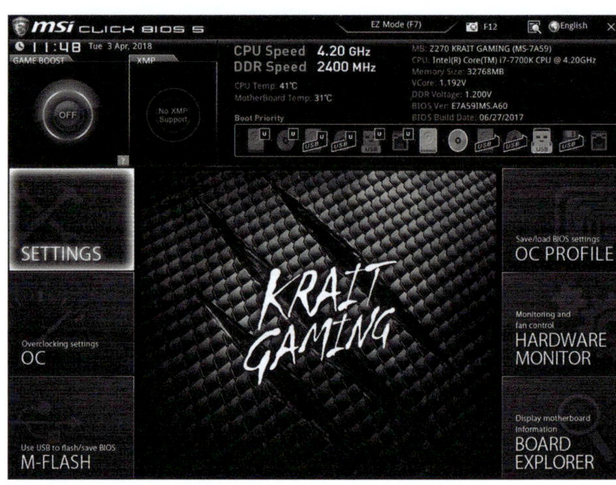

Bild 3: Benutzeroberfläche bei der UEFI-Firmware

Die Einstellungen für die Firmware werden mithilfe des Firmware Setup-Utility durchgeführt und im CMOS-RAM gespeichert. Der CMOS-RAM ist ein statischer Schreib-/Lese-Speicher (SRAM, Seite 145) mit einem sehr geringen Energiebedarf. Damit das CMOS-RAM auch im ausgeschalteten Zustand seine Informationen behält, wird es bei nicht vorhandener Netzteilspannung von einer Lithium-Knopfzelle (Seite 139, Bild 1) mit Strom versorgt.

6. Das CMOS-RAM ist ein Halbleiterspeicher mit einem extrem niedrigen Energiebedarf. Welche Daten werden im CMOS-RAM gespeichert?

Bild 1: Lithium-Knopfzelle für CMOS-RAM

7. Auf dem Mainboard befindet sich eine Lithium-Knopfzelle **(Bild 1)**. Welche Aufgabe erfüllt die Lithium-Knopfzelle und wie groß ist die Spannung?

8. Untersuchen Sie die Einstellungsmöglichkeiten des CMOS-Setup-Utility. Ordnen Sie die folgenden Bezeichnungen für Menüpunkte im Hauptmenü den Einstellungsmöglichkeiten **(Tabelle)** zu:
Security, Load Fail-Safe Defaults, Standard CMOS Features, Boot

Tabelle: Beispiele für Einstellmöglichkeiten im CMOS Setup Utility

Einstellmöglichkeiten	Bezeichnung der Menüpunkte
Uhrzeit und Datum	
Standard Vorgabewerte für das CMOS-RAM laden, z. B. nach Austausch der Lithium-Knopfzelle	
Bootsequenz	
Zugriff auf das CMOS-Utility nur über Passwort ermöglichen	

9. Innerhalb der meisten Firmware Setup-Utilities können Temperaturen, z. B. die CPU-Temperatur, sowie auch andere wichtige Größen überprüft werden. Erklären Sie die Bedeutung der folgenden Bezeichnungen aus dem Hardware-Monitor **(Bild 2)** einer UEFI-Firmware und geben Sie den angezeigten Wert dazu an.

a) Temperature CPU

b) System/5V

c) CPU Core

Bild 2: Hardware Monitor

10. Welche Veränderung im Startverhalten des PC wird durch das Ändern der Bootsequenz **(Bild 3)** erreicht?

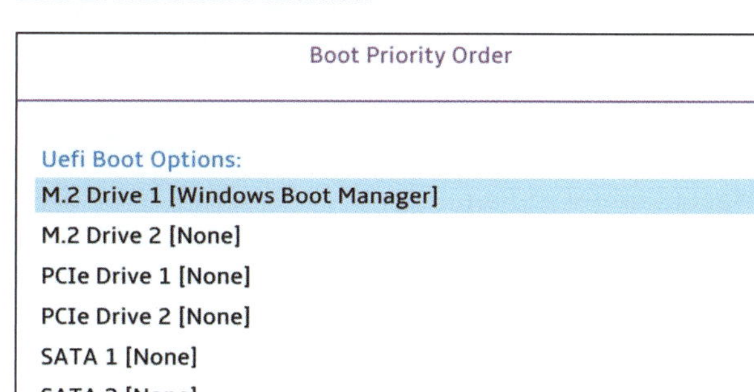

Bild 3: Einstellung der Boot-Sequenz

11. Ein Kunde beanstandet, dass sein Rechner instabil ist, also öfter „abstürzt“, nachdem er bestimmte Änderungen mit dem Firmware-Setup-Utility vorgenommen hat. Er hat jedoch das Passwort vergessen **(Bild 1)** und kann darum seine Änderungen nicht mehr korrigieren.

In der Beschreibung des Motherboards **(Bild 2)** wird eine Erklärung gegeben, mit der das Problem gelöst werden kann. Übersetzen Sie die angegebenen Hinweise in den blauen Feldern und tragen Sie diese in **Bild 2** ein.

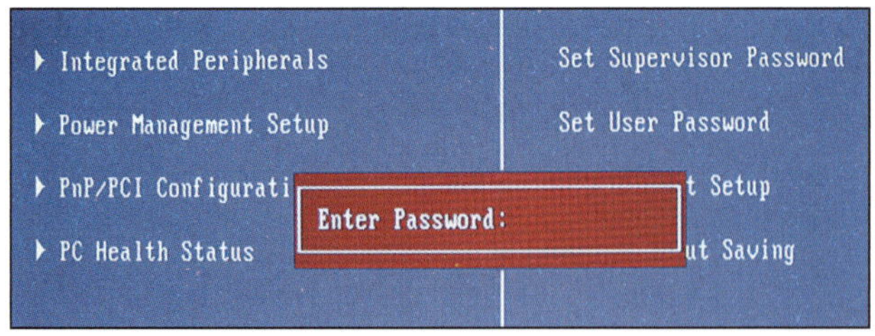

Bild 1: Passworteingabe für Firmware-Setup-Utility

____

____

____

Jumpers

A1 Clear CMOS Setting (JP1)

JP1 is used to clear CMOS data. Clearing CMOS will result in the permanently erasing previous system configuration settings and the restoring original (factory-set) system settings.

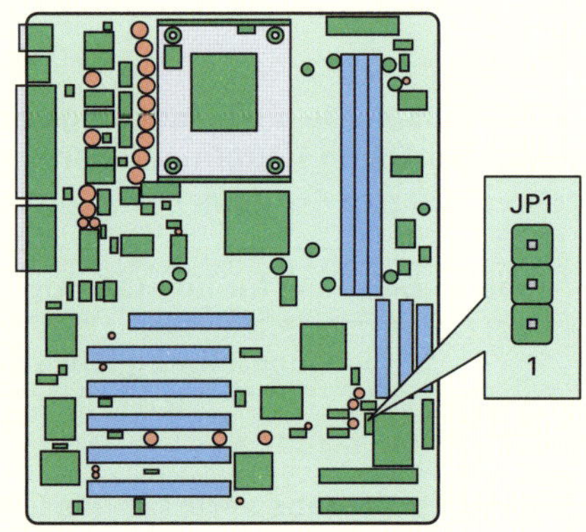

Step 1: Turn off the system power (PC -> Off).
Step 2: Remove ATX Power cable from ATX Power connector.
Step 3: Remove jumper cap from JP1 pins 1-2.
Step 4: Place the jumper cap on JP1 pin 2-3 for a few seconds.
Step 5: Return the jumper cap to pin 1-2.
Step 6: Plug ATX Power cable into ATX Power connector.
Step 7: Turn on the system power (PC -> On).

Schritt 1: _______________

Schritt 2: _______________

Schritt 3: _______________

Schritt 4: _______________

Schritt 5: _______________

Schritt 6: _______________

Schritt 7: _______________

Bild 2: Auszug aus Motherboard-Beschreibung

12. Erklären Sie weitere Möglichkeiten **(Tabelle)**, um den Zugang für die Firmware-Einstellungen wieder zu erhalten.

www www.biosflash.com

Tabelle: Beispiele zur Problemlösung bei nicht mehr vorhandenem Firmware-Kennwort

Möglichkeit	Erläuterung der Vorgehensweise
Masterkennwort beim Hersteller-Support erfragen	
Batterie für CMOS-RAM entnehmen	

Arbeitsauftrag 4: Untersuchen des Mainboards

Um das Mainboard und dessen Anschlüsse zu prüfen, muss der PC geöffnet werden. Durch eine Sichtprüfung können bereits einige Fehlerquellen **(Tabelle)** erkannt werden. Vor dem Arbeiten an der Hardware im Computer müssen wichtige vorbeugende Vorsichtsmaßnahmen beachtet werden, um Schäden an der Hardware zu verhindern!

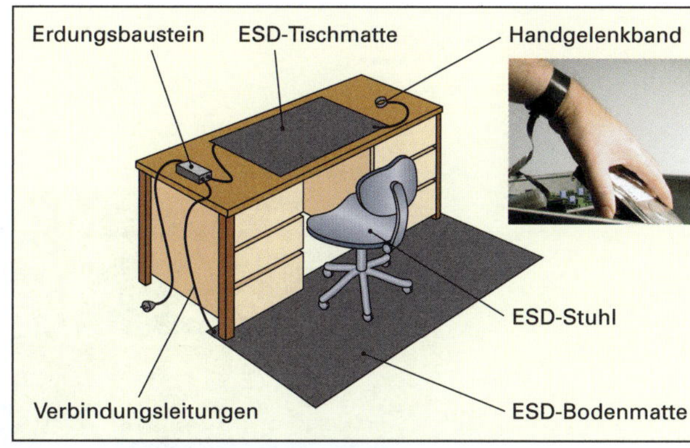

Bild 1: ESD (Electro Static Discharge)-Arbeitsplatz

1. Warum soll eine Überprüfung des PCs, bei der möglicherweise elektronische Bauelemente berührt werden können, an einem ESD-Arbeitsplatz **(Bild 1)** erfolgen?

Bild 2: Hauptschalter und Netz-Anschlussbuchse

2. Welche Gefahr besteht, wenn der PC nur heruntergefahren und nicht am Hauptschalter **(Bild 2)** ausgeschaltet oder das Netzanschlusskabel abgesteckt wird?

3. Beschreiben Sie zu den Bildern in der **Tabelle** jeweils **a)** die Fehlerquelle und **b)** die möglichen Folgen.

Tabelle: Mögliche Fehlerquellen im Computer (Beispiele)	
a) b)	**Netzteil-Stecker** 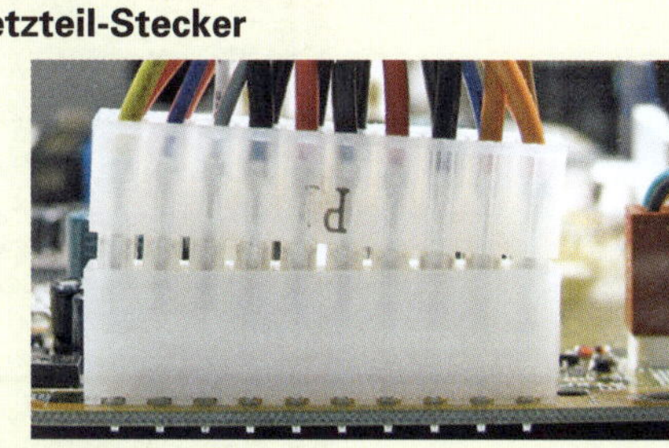
a) b)	**Steckkarte** 
a) b)	**Motherboard** 

4. Benennen Sie die Komponenten und Anschlüsse auf dem Motherboard **(Bild)**.

www de.wikibooks.org/wiki/Computerhardware

Bild: Motherboard

1. ______________________
2. ______________________
3. ______________________
4. ______________________
5. ______________________
6. ______________________
7. ______________________
8. ______________________
9. ______________________
10. ______________________
11. ______________________
12. ______________________
13. ______________________
14. ______________________

5. Ein wesentlicher Bestandteil des Motherboards ist der Chipsatz. Er ist ein Verbund verschiedener Schaltkreise, die den Aufbau des PC-Motherboards bestimmen. Durch den Chipsatz werden mögliche CPU- und Speicher-Arten, Ein/Ausgabe-Schnittstellen, z. B. SATA, USB 3.1, und Bussysteme (z. B. PCIe-Bus) festgelegt. Der Chipsatz **(Bild)** hat in Verbindung mit den daran beteiligten Komponenten einen hohen Einfluss auf die Leistungsfähigkeit des PCs. Recherchieren Sie zwei verschiedene Chipsatzhersteller mit jeweils einer Chipsatzbezeichnung **(Seite 183)**.

1. ______________ 2. ______________

6. Wodurch wird bei dem Chipsatz **(Bild)** ein hoher Datendurchsatz zum Arbeitsspeicher und zur Grafikkarte erreicht?

____

____

____

7. Der Chipsatz ist ein wesentliches Kriterium für den Aufbau und die Leistungsfähigkeit eines Motherboard. Ermitteln Sie vier wichtige Eigenschaften für das Motherboard, die durch den Chipsatz festgelegt werden. Geben Sie zu jeder Eigenschaft auch ein Beispiel **(Seite 183)** an.

1. ______________
2. ______________
3. ______________
4. ______________

8. Nennen Sie neben dem Chipsatz vier weitere Komponenten in einem PC, welche einen großen Einfluss auf die Arbeitsgeschwindigkeit des Gesamtsystems haben.

1. ______________
2. ______________
3. ______________
4. ______________

9. Wodurch unterscheidet sich ein PCIe x16 Steckplatz von einem PCI x1 Steckplatz?

____

____

____

____

10. Eine Core i7 CPU enthält bereits einen eigenen Grafikprozessor (GPU) zur Erzeugung des Signals für einen Digital-Monitor. Wie kann die Grafikleistung, z. B. für CAD Software, gesteigert werden, wenn die Leistung der GPU auf der CPU nicht ausreicht?

____

____

____

Motherboard-Merkmale (Auswahl)

- Prozessorunterstützung, z. B. Core i9
- Formfaktor, z. B. ATX oder micro ATX
- Chipsatz, z. B. Intel B760 oder AMD B650
- Arbeitsspeicher, z. B. DDR5 max. 7600 MHz, 5 DIMM-Steckplätze, max. 192 GB, Dual-Channel
- Erweiterungssteckplätze, z. B. 2x PCIe x16 4.0
- Speicheranschlüsse, z. B. 6x SATA 6 Gb/s oder 2x M.2 Steckplätze Key M (NVMe SSD)
- USB-Anschlüsse, z. B. 2x USB-A 3.2 Gen 2, 6x USB 3.2 Gen 1, 6x USB 2.0
- Netzwerk: 1x 2.5GBase-T LAN, 1x GbE, Wi-Fi 6 (802.11ax), Bluetooth 5.1
- Audio: 7.1-Kanal High-Def. Audio (8 Kanäle)
- Besondere Features: RGB-LED-Beleuchtung, integrierte I/O-Blende, Overclocking-Unterstützung

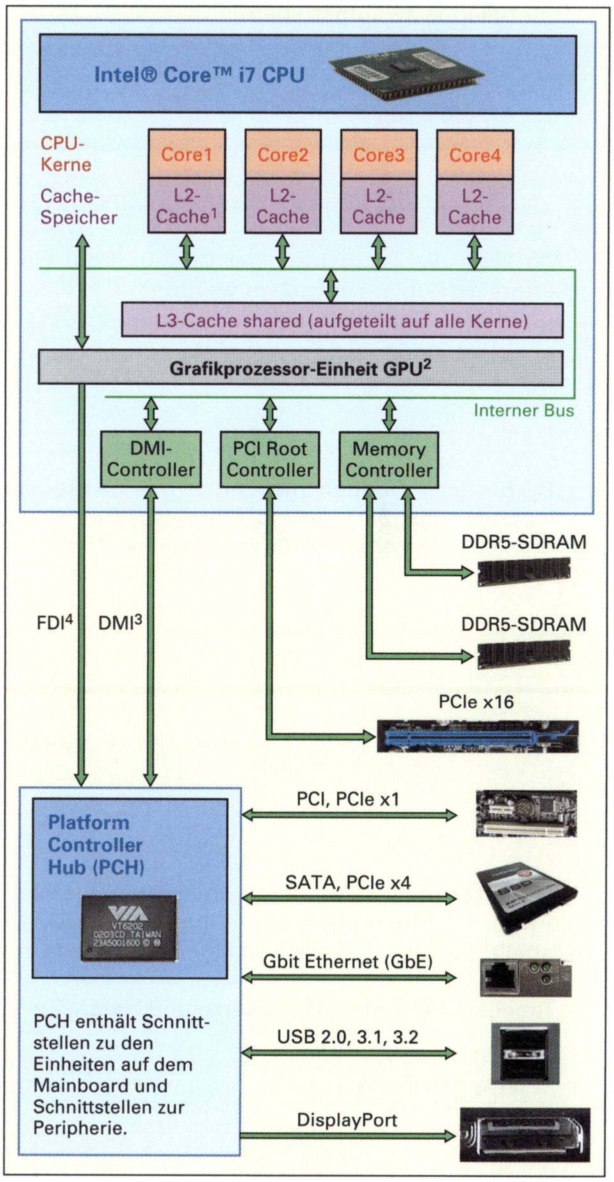

Bild: Chipsatz-Architektur (Beispiel)

Fachkunde Elektrotechnik, Kapitel: Mikroprozessor (CPU)

[1] Cache (engl.) = Zwischenspeicher
[2] GPU, Abk. für: **G**raphics **P**rocessing **U**nit (engl.) = Grafikprozessor-Einheit
[3] DMI, Abk. für: **D**irect **M**emory **I**nterface (engl.) = Direkte Medienschnittstelle
[4] FDI, Abk. für: **F**lexible **D**isplay **I**nterface (engl.) = Flexible Anzeige Schnittstelle

Arbeitsauftrag 5: Untersuchen der CPU

Der Mikroprozessor **(Bild 1)** ist die Steuerzentrale des Computers, darum wird er auch als Central Processing Unit (CPU) bezeichnet. Er wird von einem Takt angetrieben. Je höher die Taktfrequenz desto schneller bearbeitet die CPU die Befehle eines Programms. Es ist jedoch nicht alleine von der CPU abhängig, wie schnell der gesamte Computer arbeitet, weil die CPU auch mit anderen Komponenten, z. B. dem Chipsatz und dem Arbeitsspeicher (RAM), zusammenarbeitet.

CPU (Unterseite)

CPU im Stecksockel LGA 1151 (CPU-Oberseite mit Wärmeleitpaste benetzt)

Bild 1: Mikroprozessor (CPU)

Bild 2: Kühler für Mikroprozessor

> Je schneller ein Schaltkreis getaktet wird, desto höher ist der Leistungsverlust innerhalb des Bauteils und dessen Wärmeentwicklung. Überschreitet die Temperatur einen bestimmten Grenzwert, wird das Halbleitermaterial zerstört.
>
> Beim Überschreiten der maximalen Taktfrequenz ist neben der Erwärmung auch die richtige Funktion nicht mehr gewährleistet, weil manche Bauteile nicht für die hohe Taktfrequenz ausgelegt sind.

1. Warum ist die Sockelart, z. B. LGA 1151 **(Bild 1)**, bei einem Mikroprozessor ein wichtiges Auswahlkriterium?

2. Warum wird zwischen CPU **(Bild 1)** und Kühler **(Bild 2)** eine Wärmeleitpaste aufgetragen?

3. Wie kann die Temperatur der CPU und die Funktion des Lüfters im Kühler kontrolliert werden?

4. „PC-Bastler" erhöhen manchmal die Taktfrequenz (Overclocking), um die Leistungsfähigkeit ihres Computers zu verbessern. Nennen Sie drei nachteilige Auswirkungen.
   1.
   2.
   3.

5. Geben Sie vier wichtige Merkmale mit einem Wertbeispiel an, die für die Auswahl einer CPU **(Seite 183)** wichtig sind:
   1. 2.
   3. 4.

6. Motherboards sind mit ihren Chipsätzen auf bestimmte CPU-Typen ausgelegt. Ermitteln Sie zu den aktuellen Herstellern für PC-Mikroprozessoren, Intel und AMD, jeweils den leistungsfähigsten CPU-Typ **(Seite 183)**. Geben Sie in der Tabelle zu jeder CPU die jeweiligen Kennwerte von **Aufgabe 5** an.

Tabelle: CPU-Typen, Kennwerte und Hersteller

Hersteller des Mikroprozessors	Intel®	AMD®
	Typ:	Typ:
	1.	1.
Kennwerte	2.	2.
	3.	3.
	4.	4.

Arbeitsauftrag 6: Untersuchen der Halbleiterspeicher RAM und ROM

Halbleiterspeicher werden z. B. in RAM und ROM eingeteilt. Während im ROM Programme und Daten gespeichert werden, die auch nach dem Ausschalten noch erhalten bleiben (= nicht flüchtiger Speicher), wird der RAM für Programme und Daten verwendet, die sich während des Betriebes ändern können (= flüchtiger Speicher).

1. Geben Sie in **Tabelle 1** jeweils die ungekürzte Bezeichnung der Abkürzung an und erklären Sie deren Bedeutung.

Tabelle 1: Allgemeine Bezeichnungen für Halbleiterspeicher und deren Bedeutung

Abkürzung	Bezeichnung	Bedeutung
ROM		
RAM		

2. Bei den Halbleiterspeichern werden einige grundsätzliche Technologien unterschieden. Ergänzen Sie die folgende Übersicht:

Fachkunde Elektrotechnik,
Kapitel: Halbleiterspeicher

Halbleiterspeicher

Flüchtige Speicher ⇓

- **SRAM = Static RAM**

Nicht flüchtige Speicher ⇓

- **PROM = Programmable ROM**

3. Bei einem PC-Arbeitsspeicher (RAM) werden mehrere Speicherchips auf einem Speichermodul zusammengefasst. Diese gibt es in unterschiedlichen Ausführungen (**Tabelle 2**). Die Bezeichnung, z. B. DDR4-2400 8 GB, enthält u. a. die maximale Speichertaktfrequenz, z. B. 2400 MHz, für den Zugriff auf den Speicher. Bei jedem Takt werden 8 Bytes übertragen. Daraus kann die maximale Datenübertragungsgeschwindigkeit (Bandbreite) berechnet werden. Ergänzen Sie die fehlenden Kennwerte in der **Tabelle 2** und notieren Sie dabei auch den Rechenweg zur Berechnung der Bandbreite.

Tabelle 2: Wichtige Kennwerte von RAM-Speichermodulen (Beispiele) für PC

		Modul PC4-19200 (DDR4-2400) 8 GB	Modul PC5-57600 (DDR5-7200) 16 GB
Speichermodul			
Wichtige Kennwerte	Speicherkapazität in GiB und MiB:		
	Speicher-Taktfrequenz in MHz:		
	Bandbreite in GB/s:		

4. Wodurch wird verhindert, dass ein falscher Speichertyp in das Mainboard eingesteckt werden kann?

5. Die meisten Mainboards unterstützen den Dual-Channel Betrieb für den Betrieb der Arbeitsspeicher.
Welcher Vorteil wird dadurch erreicht und welche Voraussetzungen müssen für diesen Betrieb vorhanden sein.

Arbeitsauftrag 7: Untersuchen der Stromversorgung

1. Messen oder recherchieren Sie die Leistungsaufnahme mit einem Leistungsmessgerät bei einem

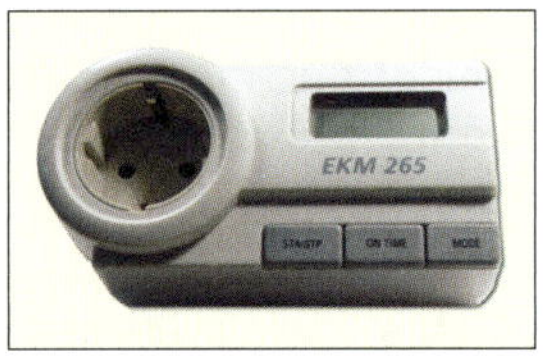

a) PC im Betrieb mit Desktop

b) PC im Betrieb mit bewegter Grafik

c) Monitor

d) Welche Bedeutung hat die Leistungsangabe auf dem Netzteilaufdruck **(Bild)** im Vergleich mit den von Ihnen gemessenen Werten?

2. Einern PC-Netzteil (300 W) wird durch die angeschlossenen Komponenten eine mittlere Leistung P_{ab} von 150 W entnommen. Berechnen Sie die Leistungsaufnahme P_{zu} eines Netzteils

a) mit 80 Plus Bronze-Zertifizierung **(siehe i-Box)** und

b) mit 80 Plus-Titanium-Zertifizierung.

$\eta =$ → $P_{zu} =$

a)

b)

3. Berechnen Sie die elektrische Arbeit W_{jahr} und die Energiekosten VE in € für ein Computersystem mit einem Computer (P_{comp} = 125 W) und einem Monitor (P_{Mon} = 30 W) für ein Jahr bei einer durchschnittlichen täglichen Betriebszeit von 6 h und bei einem Arbeitspreis VP = 0,38 €/kWh.

Netzteil-Merkmale (Auswahl)

- Leistung P_{ab}, die vom Netzteil abgegeben werden kann, z. B. 650 W.
- Max. Strom pro Spannung, z. B. 3,3 V 15 A
- Wirkungsgrad η (%) gibt das Verhältnis von abgegebener Leistung P_{ab} zur zugeführten Leistung P_{zu} an. Mit speziellen Zertifizierungen, z. B. ,,Energy Star" oder „80-plus", wird der Nachweis erbracht, dass das Netzteil bestimmte Mindestanforderungen an den Wirkungsgrad erfüllt . Bei der 80-plus Spezifikation wird mit zusätzlichen Angaben, z. B. Bronze oder Titanium, darauf hingewiesen, wie weit der min. geforderte Wirkungsgrad von 80 % überschritten wird. Ausgehend von einem Leistungsfaktor cos Phi von 90 % und einer Last von 50 % müssen mindestens folgende Wirkungsgrade erreicht werden:

  Bronze 88 %, Silber 90 %, Gold 92 %, Platinum 94 %, Titanium 96 %
- Formfaktor, z.B. ATX oder micro ATX, gibt einen Hinweis auf die Baugröße, Form, Montagepunkte und Anschlüsse von Computerkomponenten, z. B. Motherboard, Netzteil und Gehäuse, an. Bei gleichem Formfaktor passen die Komponenten mechanisch und elektrisch zueinander.
- Anschlüsse für das Mainboard, z. B. 1x24 Pin ATX, 6x15 Pin SATA
- Lautstärke des Lüfters, z. B. 28 dB(A)
- Abschirmung von Leitungen zur Verringerung von elektromagnetischen Störstrahlungen.
- Kühlung, z. B. temperaturgeregelt und Anzahl der Lüfter.
- Leistungsfaktor-Korrektur zur Verringerung der Blindleistung, z. B. mit Aktiv-PFC.

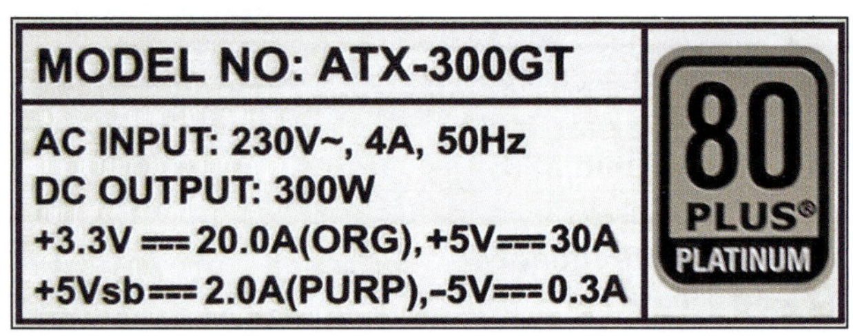

Bild: Netzteilaufdruck (Ausschnitt)

Arbeitsauftrag 8: Untersuchen der Massenspeicher

1. Geben Sie die Bezeichnungen für die Festplattenarten **(Bild 1)** mit Abkürzung und Ausschreibung an.

   a) ____________________

   b) ____________________

2. Nennen Sie drei Vorteile einer SSD gegenüber einer HDD.

   1. ____________________

   2. ____________________

   3. ____________________

3. Wie sind die Bezeichnungen (Abkürzung) für die Anschlüsse der Festplatten **a)** in **Bild 2** und **b)** in **Bild 3**?

   a) __________ **b)** __________

4. Die Laufwerke in einem PC, z. B. CD, DVD oder Festplatten, sind mit dem Netzteil über ein Stecksystem verbunden. Dazu gibt es verschiedene Stromversorgungsstecker **(Bild 4)**. Geben Sie die an den Steckern anliegenden Spannungen gegen Masse an und berechnen Sie die minimale und maximale Spannung für die angegebenen Toleranzen.

   A: ______ **Min. – 5 %:** ______ **Max. + 5 %:** ______

   B: ____________________

   C: ______ **Min. – 5 %:** ______ **Max. + 5 %:** ______

   D: ______ **Min. – 5 %:** ______ **Max. + 5 %:** ______

> **SSD mit M.2-Anschluss**
> Diese SSDs können unterschiedliche Schnittstellen, z. B. SATA und PCIe, verwenden **(Bild 3)**. Um Verwechslungen zu verhindern, haben die Anschlussstecker eine Kennung, z. B. Key B.
>
> Die PCIe-Schnittstelle nutzt für SSDs üblicherweise das NVMe-Protokoll, während SATA-Geräte meistens das langsamere AHCI-Protokoll verwenden. SSDs mit PCIe-Schnittstelle sind dadurch etwa drei- bis zehnmal schneller als SSDs mit SATA-Schnittstelle.

5. Bei einem PC soll eine SSD mit 1 TB nachgerüstet werden. Im Manual des Motherboard wird beschrieben, dass ein Slot Key M sowie ein Slot Key B vorhanden sind. Die möglichen Höhen der Speichermodule sind mit 60 mm und 80 mm angegeben. Wählen Sie für die SSD **a)** den richtigen Key aus, um die maximale Datenübertragungsrate zu erreichen und **b)** bestimmen Sie dazu die möglichen Formfaktoren.

   a) __________ **b)** __________

6. Nennen Sie vier Merkmale einer SSD-Festplatte. Geben Sie jeweils auch einen Wert aus den Prospektdaten **(Seite 183)** dazu an.

____

____

____

____

____

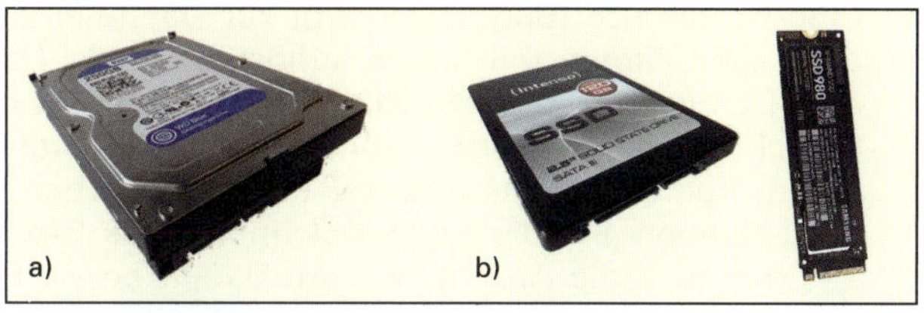

Bild 1: Festplattenarten

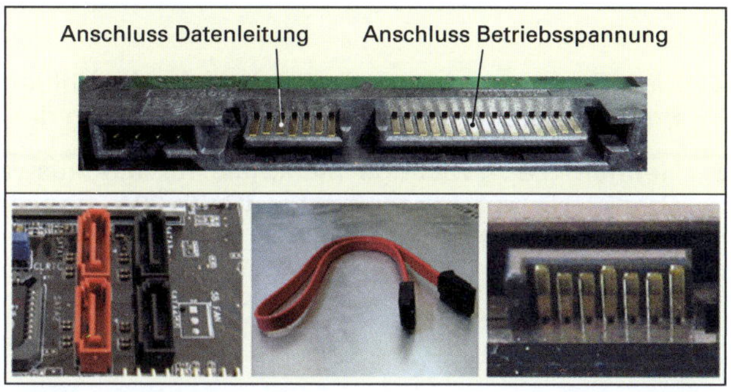

Bild 2: SATA-Anschluss

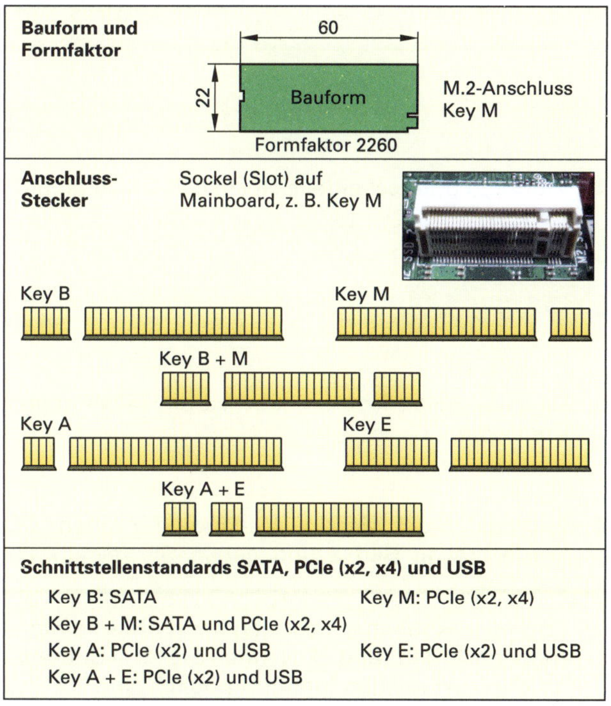

Bild 3: Festplatten mit M.2-Anschluss

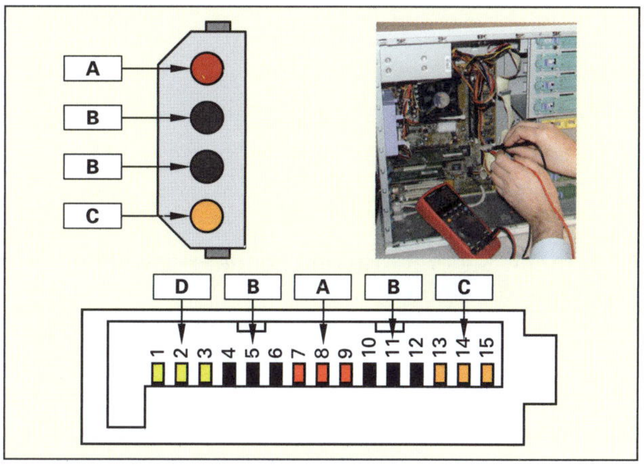

Bild 4: Stromversorgungsstecker

Arbeitsauftrag 9: Untersuchen von Grafikschnittstelle und Monitor

1. Eine Grafikkarte **(Bild 1)** benötigt zur Darstellung von Bildern oder Filmen mit hoher Auflösung große Datenmengen. Damit die Daten schnell genug von der CPU bzw. dem Speicher geliefert werden können, wird die Grafikkarte in einem speziellen Steck-Sockel des Motherboards betrieben. Nennen Sie die Kurzbezeichnung des Stecksockels, aus der auch die Anzahl der zum Datentransport notwendigen seriellen Hochgeschwindigkeitsverbindungen, auch Lane (engl. = Fahrbahn) genannt, hervorgeht.

2. Eine Grafikkarte kann unterschiedliche Anschlüsse haben. Ergänzen Sie die fehlenden Bezeichnungen in der **Tabelle**.

3. Nennen Sie 4 wichtige Merkmale für die Auswahl einer Grafikkarte aus Prospektdaten **(Seite 184)** und geben Sie jeweils ein Beispiel dazu an.

4. Wodurch unterscheidet sich ein DVI-D von einem DVI-I-Anschluss?

5. Welches zusätzliche Signal wird bei HDMI gegenüber DVI übertragen?

6. Ergänzen Sie 5 wichtige Merkmale für einen LED-Monitor **(Seite 184)** in **Bild 2** und geben Sie jeweils einen Wert dazu an.

7. Computer können gleichzeitig mit mehreren Monitoren betrieben werden **(Bild 2)**. Nennen Sie zwei Betriebsarten, die für den zusätzlichen Monitor möglich sind.
   1.
   2.

8. Nennen Sie drei Kriterien bei der Auswahl einer Tisch-Halterung für einen Monitor.

9. Benennen Sie das Monitor-Anschlusszubehör in **Bild 3**.

Bild 1: Grafikkarte auf Motherboard

Tabelle: Anschlüsse an der Grafikkarte

Anschluss	Bezeichnung
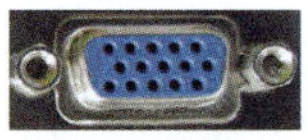	

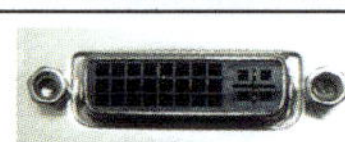	

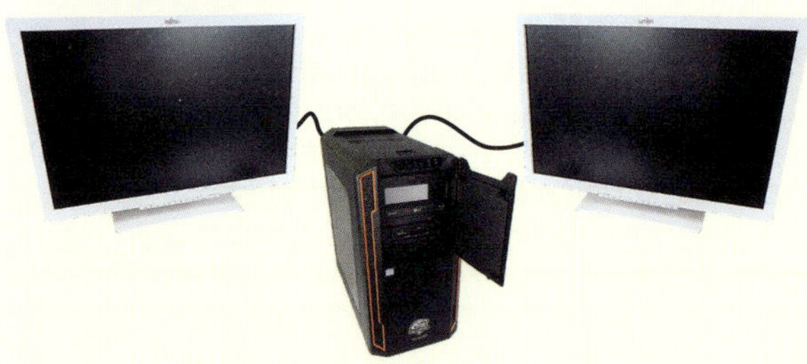

Wichtige Monitormerkmale:

1.
2.
3.
4.
5.

Bild 2: Betrieb mit mehreren LED-Monitoren

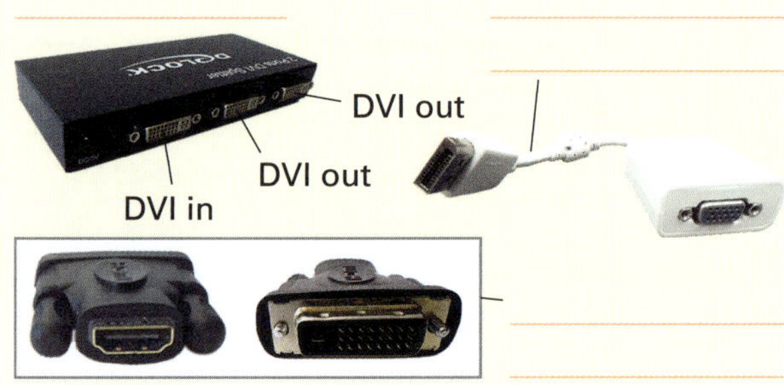

Bild 3: Zubehör für Monitoranschlüsse (Beispiele)

Arbeitsauftrag 10: Untersuchen der Software

Software kann vereinfacht in Anwendungsprogramme, z. B. Word oder Excel, und Systemprogramme, z. B. Betriebssystem und Treiber, eingeteilt werden. Damit ein Anwendungsprogramm die Hardware des PCs, z. B. einen Drucker, nutzen kann, werden Treiberprogramme benötigt. Aufgrund der Vielzahl unterschiedlicher Hardware wäre es erforderlich, dass jedes Anwendungsprogramm eine breite Palette an Treiberprogrammen bereitstellt. Zur Vermeidung dieses Problems und zur einfachen Verwaltung des Computers wird ein Betriebssystem benötigt. Das Betriebssystem steuert mithilfe der Treiber die Hardware **(Bild 1)**. Es bildet in Verbindung mit der Hardware eine einheitliche Plattform für die Anwendungsprogramme. Bei der Überprüfung eines Computers ist es darum wichtig, das reibungslose Zusammenspiel von Betriebssystem und Hardware zu prüfen.

Ein wesentlicher Punkt bei dem Zusammenspiel zwischen dem Betriebssystem und der Hardware sind die Treiber, die für die Steuerung der einzelnen Hardwarekomponenten zuständig sind. Da ein Betriebssystem unmöglich sämtliche Hardware kennen kann, ist für jede Hardware-Komponente ein spezifischer Treiber erforderlich. Um die Installation eines Betriebssystems zu vereinfachen, wird von den Betriebssystemherstellern in der Regel eine Vielzahl von aktuellen Treibern mitgeliefert. Dadurch wird nicht bei jeder neu installierten Hardware ein Treiber benötigt. Das Betriebssystem erkennt neue Hardware, sucht nach einem passenden Treiber und installiert diesen oder fordert den Anwender auf, einen Datenträger mit dem entsprechenden Treiber anzugeben.

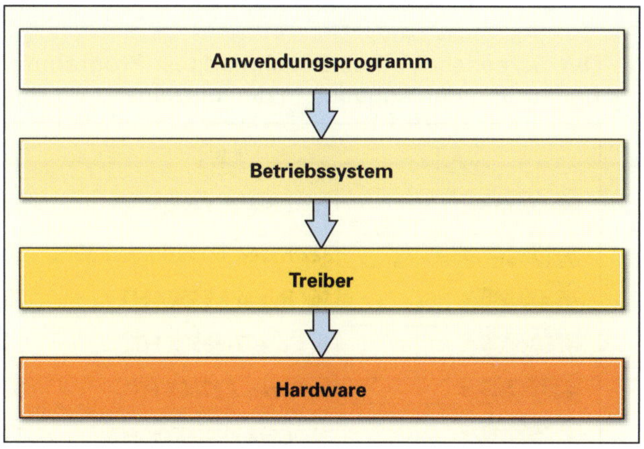

Bild 1: Prinzipielle Architektur eines Computers

Fachkunde Elektrotechnik, Kapitel: Software

Starten Sie den Gerätemanager z. B. über ein Menü, das durch einen Klick mit der rechten Maustaste auf den Windows-Start-Button erscheint.

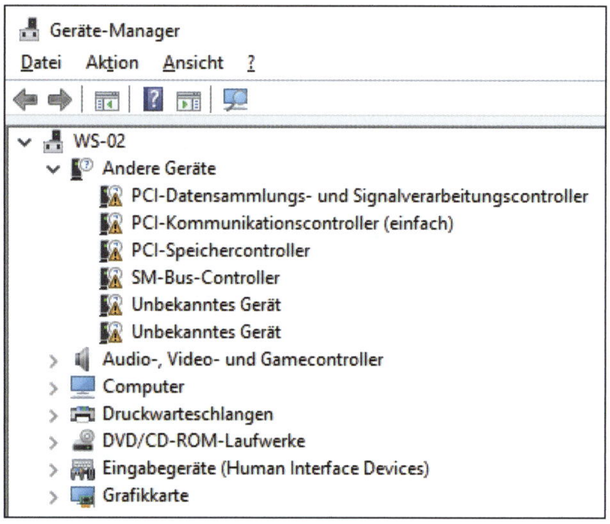

Bild 2: Geräte-Manager

1. Welche Bedeutung haben die Symbole mit dem Ausrufezeichen **(Bild 2)**?

2. Wie kann man Abhilfe schaffen, damit das Ausrufezeichen **(Bild 2)** nicht mehr angezeigt wird?

3. Beschreiben Sie die einzelnen Schritte bei der Installation eines Treibers aus dem Geräte-Manager **(Bild 2)**.
   - Mit rechter Maustaste auf das Gerät klicken, bei dem der Treiber fehlt.

Arbeitsauftrag 11: Überprüfen der Leistungsfähigkeit

Nachdem die Hardware und Software untersucht und konfiguriert wurde, soll nun die Leistungsfähigkeit des PCs geprüft werden. Dazu gibt es spezielle Diagnoseprogramme.

www www.chip.de/downloads

Die Leistungsfähigkeit eines Computers wird mithilfe von Benchmarktests gemessen. Dazu wird der Computer mit einer Aufgabe, z. B. dem Beschreiben und Lesen des Arbeitsspeichers, beschäftigt und dabei die Zeit gemessen, wie lange er dafür benötigt. Da ein Computer sehr unterschiedliche Aufgaben bewältigen kann und er dabei in bestimmten Bereichen sehr gut und in anderen Bereichen vielleicht weniger gut arbeitet, werden Benchmarktests meist nach verschiedenen Kriterien durchgeführt.

1. Der Screenshot eines Benchmarktest-Programms **(Bild 1)** zeigt das Ergebnis eines Speichertests an. Geben Sie die Bedeutung der Angaben in den einzelnen, mit Buchstaben A bis F gekennzeichneten Spalten an.

A	B	C	D	E	F
89001 MB/s	24x Core i9-13900K HT	3000 MHz	Asus ROG Maximus Z790 Extreme	Z790 Int.	Dual DDR5-5600
84780 MB/s	32x Ryzen Threadripper 397...	3800 MHz	Gigabyte TRX40 Aorus Xtreme	TRX40	Quad DDR4-3200
48508 MB/s	16x Ryzen 9 3950X HT	3500 MHz	Gigabyte X570 Aorus Elite	X570	Dual DDR4-3200
47982 MB/s	6x Core i7-6850K HT	3600 MHz	Asus Strix X99 Gaming	X99	Quad DDR4-2400
44811 MB/s	8x Ryzen 7 2700X HT	3700 MHz	Asus Crosshair VII Hero	X470	Dual DDR4-2933
41760 MB/s	10x Core i9-10900K HT	3700 MHz	Gigabyte Z490 Aorus Elite AC	Z490 Int.	Dual DDR4-2933
31176 MB/s	4x Core i7-7700K HT	4200 MHz	ASRock Z270 Extreme4	Z270 Ext.	Dual DDR4-2133

Bild 1: Benchmarktest (Screenshot)

A: ______________________ D: ______________________

B: ______________________ E: ______________________

C: ______________________ F: ______________________

2. Recherchieren Sie **(Seite 184)** zwei verschiedene Software-Werkzeuge (Tools) für Leistungstests an einem PC und geben Sie deren Namen an.

1. ______________________ 2. ______________________

Installieren Sie, falls möglich, ein Software-Werkzeug zur Leistungsfeststellung aus **Aufgabe 2**.

3. Geben Sie drei verschiedene Benchmarktests für Hardware an, die das Tool SiSoftware Sandra Lite durchführen kann **(Seite 184)**.

1. ______________________

2. ______________________

3. ______________________

4. Mit dem Diagnoseprogramm lassen sich neben den Leistungstests viele Informationen zur Computerhardware und Software darstellen. Ermitteln Sie mithilfe des Screenshots **(Bild 2)** aus einem Diagnoseprogramm die in der Tabelle geforderten Informationen.

Tabelle: Informationen zur CPU aus dem Diagnoseprogramm (Beispiele)	
Typ	
Taktfrequenz	
Sockel	
Anzahl der Kerne	

Informationsliste	Wert
CPU-Eigenschaften	
CPU Typ	8C+8c Intel Core i7-13700, 5088 MHz
CPU Bezeichnung	Raptor Lake-S
CPU stepping	B0
Befehlssatz	x86, x86-64, MMX, SSE, SSE2, SSE3
Min / Max CPU Multiplikator	8x / 21x
Engineering Sample	Nein
L1 Code Cache	32 KB per core
L1 Datencache	[TRIAL VERSION]
L2 Cache	2 MB per core (On-Die, ECC,
L3 Cache	30 MB (On-Die, ECC, Full-Speed)
CPU Technische Informationen	
Gehäusetyp	1700 Contact FC-LGA
Gehäusegröße	45 mm x 37.5 mm
Fertigungstechnologie	10 nm, CMOS, Cu, High-K + Metal
Typische Leistung	65 W
CPU Hersteller	
Firmenname	Intel Corporation
Produktinformation	https://ark.intel.com
Treiberupdate	http://www.aida64.com

Bild 2: Diagnoseprogramm (Screenshot)

Testen Sie Ihre Fachkompetenz

1. Beim Bootvorgang werden auf der Suche nach dem Bootlaufwerk nacheinander bestimmte Laufwerke in einer im BIOS oder UEFI festgelegten Reihenfolge **(Bootsequenz Bild 1)** angesprochen. Wie kann durch die Einstellung der Bootsequenz die Dauer des Startvorgangs verringert werden?

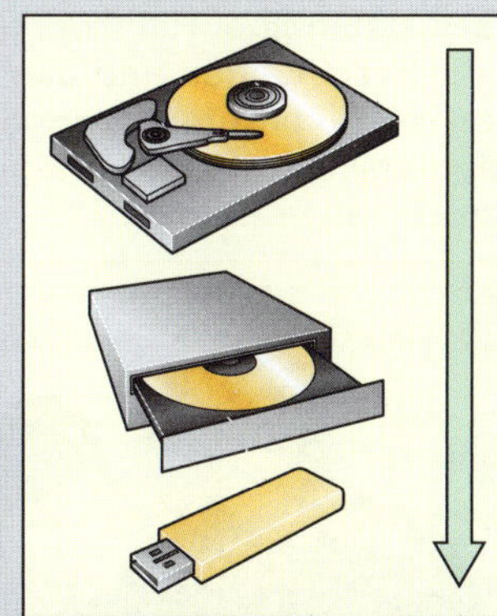

Bild 1: Bootsequenz

2. Wie erfolgt nach dem Starten des PCs mithilfe der Starttaste **(Seite 135)**, das Starten der Firmware, z. B. UEFI?

3. Kurz nach dem Einschalten ertönt eine Folge von Pieptönen und der Rechner bootet nicht. Welche grundsätzliche Information ergibt die Pieptonfolge und wie kann man die genaue Bedeutung ermitteln?

4. Der Arbeitsspeicher eines PCs soll für den Dual-Channel-Betrieb erweitert werden. Dazu wird ein zusätzliches Speichermodul **(Bild 2)** benötigt. Welche Kriterien müssen beim Kauf des Speichers berücksichtigt werden?

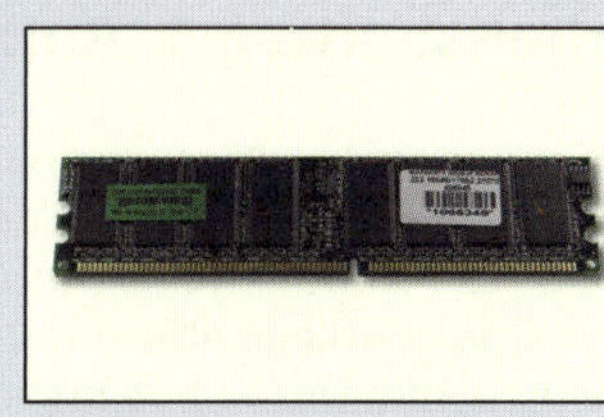

Bild 2: Speichermodul

5. An eine Grafikkarte mit DVI-I-Ausgang soll ein VGA-Monitor angeschlossen werden. Welche Art von Monitor kann am DVI-I-Ausgang angeschlossen werden? Welches Problem ist vorhanden und wie kann es gelöst werden?

6. Bei einem günstigen Angebot für eine gebrauchte Grafikkarte **(Bild 3)** wird auf einen beiliegenden Windows 7 32-Bit Treiber hingewiesen. Die Grafikkarte soll in einen PC mit dem Betriebssystem Windows 11 64-Bit eingebaut werden. Was ist vor dem Kauf zu beachten?

Bild 3: Grafikkarte

7. Ein Kunde behauptet, sein Rechner entspricht nicht mehr der bisher gewohnten Leistungsfähigkeit. Beschreiben Sie die Vorgehensweise, um die Beanstandung zu prüfen.

8. Warum sollte bei einem Windows®-Betriebssystem immer das neueste Update installiert sein?

Lernsituation: Planen und Bereitstellen eines Personal Computers nach Auftrag

Ein selbstständiger Handwerksmeister, der bisher in seinem Betrieb für Sanitär, Heizung und Solartechnik den Computer nur für Bestellungen und den Austausch von E-Mails genutzt hat, möchte nun sämtliche Verwaltungs- und Planungsarbeiten mit dem Computer erledigen. Er wendet sich an die Firma Elektro Rundumfix und bittet um ein Angebot über ein Computersystem zur Bewältigung seiner Aufgaben. Sie sind für die Bearbeitung des Auftrages zuständig und gehen dabei methodisch vor **(Bild 1)**.

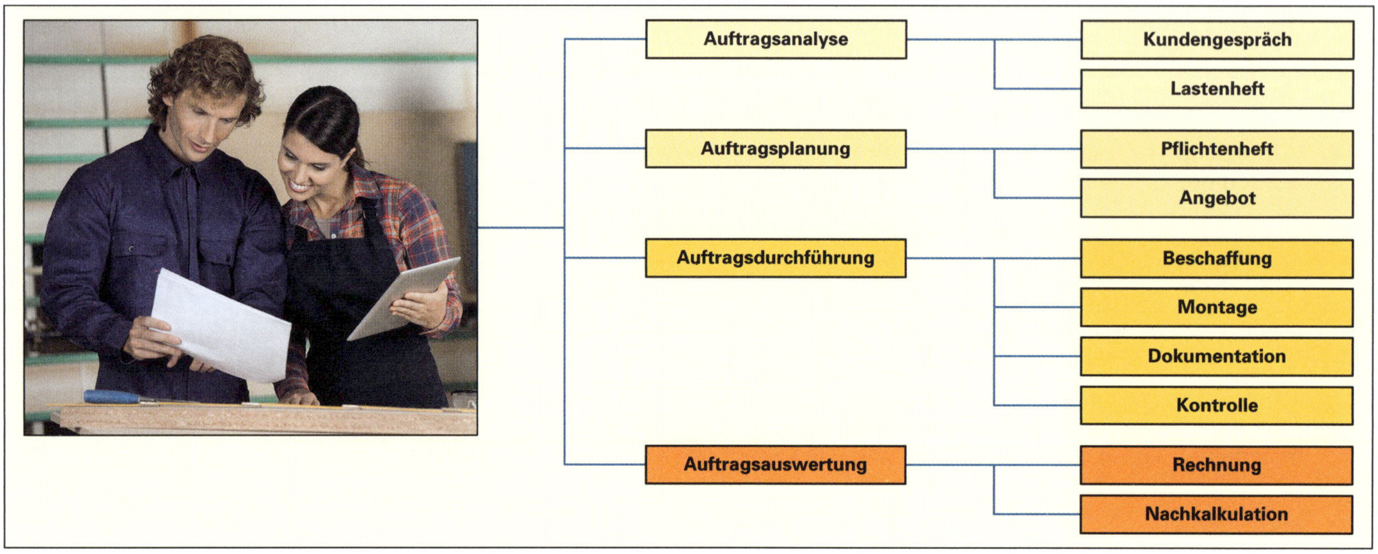

Bild 1: Vorgehensweise bei der Planung und Bereitstellung eines PCs

Arbeitsauftrag 1: Auftragsanalyse – Kundengespräch und Lastenheft

Es muss genau geklärt werden, welchen Anforderungen der Computer heute und in Zukunft genügen soll. Dabei geht es hauptsächlich um die Forderungen des Kunden, der das Gerät möglichst optimal nutzen möchte, und nicht um technische Details. Ein Kunde, der Beratung sucht, wird selten einen Computer z. B. mit einer bestimmten Taktfrequenz und festgelegter Speicherkapazität verlangen, sondern einen Computer, bei dem er z. B. mit seinem 3D-Planungsprogramm rationell arbeiten kann. Der Kunde erkennt an einem gut vorbereiteten Gespräch die Kompetenz einer Firma und gewinnt Vertrauen. Darum muss der Berater über die Möglichkeiten des Computereinsatzes Bescheid wissen. Neben dem Computer selbst spielt die Peripherie eine große Rolle, denn erst dadurch entsteht aus dem Computer ein komplettes Computersystem.

Fachkunde Elektrotechnik, Kapitel: Computer, Programme und Peripherie

1. Auf dem Computermarkt gibt es eine Vielzahl von Peripherie, die Sie kennen sollten, um einen Kunden umfassend beraten zu können. Ergänzen Sie in der Übersicht **(Bild 2)** die fehlenden Bezeichnungen.

Bild 2: Peripherie für ein Computersystem

2. Geben Sie zu den peripheren Geräten **(Tabelle)** Argumente an, die für den Einsatz in einem Sanitär- und Heizungs-Betrieb geeignet sind. Außerdem hat jedes Peripheriegerät individuelle technische Leistungsmerkmale. Darum müssen beim Beratungsgespräch die jeweils wichtigen technischen Daten für ein Gerät geklärt werden, damit der Kunde später die Peripherie erhält, die seinen Anforderungen entspricht.

Tabelle: Einsatzgebiet und Auswahlkriterien für periphere Geräte (Beispiele)

Peripheres Gerät	Argumente für den Einsatz	Wichtige Daten für die Leistung des Gerätes (Auswahlkriterien)
Laserdrucker 		
LED-Monitor 27 Zoll Full HD 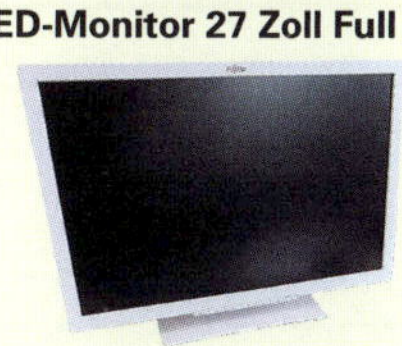		
Scanner 		
Internet-Router 		

3. Bei dem Kundengespräch sollen alle wichtigen Anforderungen an das Computersystem abgefragt werden, um daraus ein Angebot zu erstellen. Ergänzen bzw. erweitern Sie die Mindmap **(Bild)**.

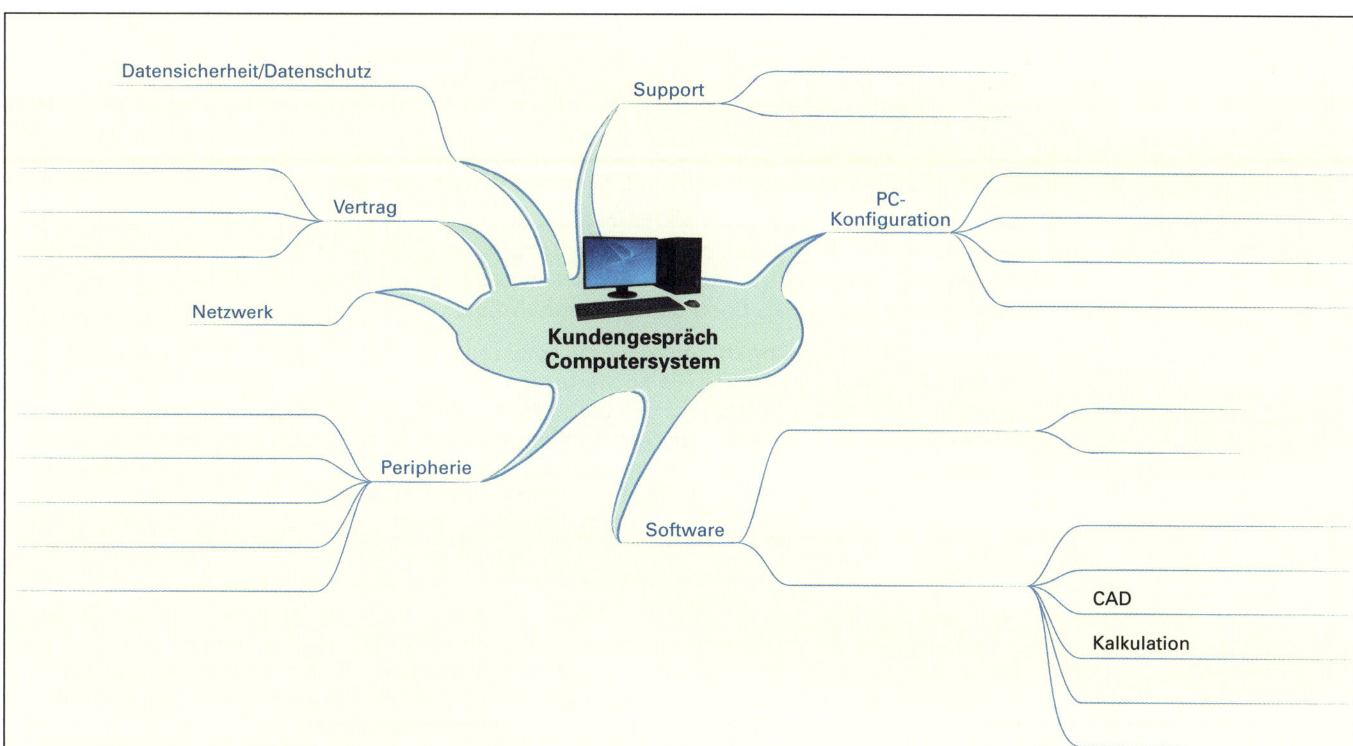

Bild: Mindmap zum Kundengespräch

4. Das Verkaufsgespräch für das Computersystem soll durch eine Präsentation unterstützt werden. Bei der Planung der Präsentation soll der Inhalt der Mindmap **(Seite 153)** in eine sinnvolle Ablaufstruktur gebracht werden. Ergänzen Sie die zeitliche Gliederung der Themen **(Tabelle)** für die Präsentationsfolien.

Tabelle: Präsentationsgliederung

Folientitel	Kurzbeschreibung, Inhalte
Einleitung	Kurze Vorstellung der Firma, Serviceleistungen, Kompetenz demonstrieren und Sympathie wecken
Software	Bilder von nützlichen Anwendungen (Screenshots), Interesse beim Kunden wecken
Vertrag	Hinweise auf zuverlässige Einhaltung der Lieferzeiten, Möglichkeit der Anlieferung, evtl. Verlängerung der Garantiezeit
Dank	Danke für die Aufmerksamkeit evtl. mit Bild zum Präsentationsthema

Erstellen Sie die Präsentation mit einem Präsentationsprogramm, z. B. Powerpoint®.

5. Als Grundlage für das Angebot zum Computersystem soll ein Lastenheft erstellt werden.

Die Bezeichnung **Lastenheft** ist ein Begriff aus dem Projektmanagement. Begriffe zum Projektmanagement sind in einer Norm (DIN 69901-5) festgelegt. Allgemein entspricht das Lastenheft sämtlichen Forderungen des Auftraggebers an die Lieferungen und Leistungen des Auftragnehmers.

Es dient als Grundlage zur Einholung von Angeboten. Bei Bauprojekten wird das Lastenheft auch als Leistungsverzeichnis bezeichnet. Der Auftragnehmer muss die Forderungen des Auftraggebers aus dem Lastenheft, in die für ihn damit verbundenen Pflichten, umsetzen, um die entsprechenden Lieferungen und Leistungen zu erbringen. Mit dem **Pflichtenheft** erhält der Auftragnehmer eine genaue Zusammenstellung der notwendigen Materialien und Arbeiten, um die Anforderungen des Kunden zu erfüllen. Mit dem Zuordnen von Preisen für die einzelnen Positionen im Pflichtenheft erstellt der Auftragnehmer das Angebot.

Auftraggeber ⇒ Lastenheft ⇒ Auftragnehmer ⇒ Pflichtenheft ⇒ Angebot

Das Erstellen des Lastenheftes ist in der Regel die Aufgabe des Auftraggebers. Bei kleineren Projekten, wie einem Einplatz-Computersystem, erledigt das manchmal auch der Auftragnehmer als Service für den Kunden. Er fasst dabei die wichtigen Informationen, als Grundlage für sein Angebot, aus dem Gespräch mit dem Kunden zusammen. Bei größeren Projekten werden die Lastenhefte z. B. durch spezielle IT-Abteilungen des Auftraggebers oder, wenn der Auftraggeber selbst nicht dazu in der Lage ist, durch spezielle externe Firmen erstellt.

Fachkunde Elektrotechnik, Kapitel: Projektmanagement

Das Lastenheft zum Computersystem soll mindestens folgende Inhalte haben:

Name des Auftraggebers, Beschreibung des zu erstellenden Produktes, präzise Anforderungen an das Produkt, Gewährleistungsforderungen, geforderte Dokumentationen, Termin der Fertigstellung, Ort der Übergabe.

Erstellen Sie das Formular für ein einfaches Lastenheft zur Erstellung eines Angebotes für ein Computersystem. Es soll dazu dienen, die Anforderungen des Kunden festzuhalten. Um bei späteren eventuellen Unstimmigkeiten mit dem Kunden den zuständigen Kundenberater ermitteln zu können, soll dessen Name und Unterschrift enthalten sein. Das Formular soll auch für zukünftige Verkaufsgespräche verwendet werden. Ergänzen Sie das noch unvollständige Formular **(Bild)** mit Zeilen, Spalten und Bezeichnungen. Für die Beschreibung der Anforderungen sollen für das folgende Lastenheft mindestens 11 Einträge möglich sein.

Firma Elektro Rundumfix – Zuverlässig, schnell und preisgünstig

Lastenheft / Anforderungskatalog aus Beratungsgespräch

Auftraggeber: ______ **Kundenberater:** ______ **Datum:** ______

Bezeichnung des Projektes: ______

Anforderungen:

______
______
______
______
______
______
______
______
______
______
______
______

Termin der Fertigstellung: ______ **Ort der Übergabe:** ______

Gewährleistung: ______

Unterschrift Kundenberater ______ **Ort, Datum, Unterschrift Auftraggeber** ______

Bild: Formular Lastenheft

Erstellen Sie das Lastenheft-Formular mit einem Textverarbeitungsprogramm.

6. Ermitteln Sie die für den Auftrag wichtigen Fakten für ein Lastenheft zu einem Computersystem. Verwenden Sie das von Ihnen entworfene Formular **(Bild)** und tragen Sie darin alle Anforderungen ein, die aus den nachstehenden Angaben des Kunden Fa. Solar-Müller abgeleitet werden können.

Das Computersystem muss bei mir bis spätestens zum Beginn des nächsten Monats einsatzbereit sein. Ab diesem Zeitpunkt werde ich mit einem 3-D-Planungsprogramm die Pläne für Solaranlagen am PC erstellen. Entsprechende Vorlagen und Demofilme in HD-Qualität werde ich dazu aus dem Internet, über den bereits bestellten Glasfaser-Anschluss, herunterladen. Manchmal werde ich auch aus Prospekten Bilder übernehmen. Den Kunden möchte ich die fertigen Vorschläge in Farbe im DIN-A3-Format und als DVD unterbreiten. Für die Verwaltung im Büro möchte ich sämtliche Werbebriefe, ca. 3000 Stück, als Serienbriefe, z. B. mit Word, erstellen oder Angebote per E-Mail versenden. Die Büro- und Planungssoftware für Windows 11 habe ich bei einer Softwareschulung bereits gekauft. Der Computer soll zunächst über ein schnelles WLAN mit dem Internet-Router verbunden werden und für die Integration in ein drahtgebundenes lokales Netzwerk vorbereitet sein.

Führen Sie Rollenspiele durch, bei der ein Partner die Anforderungen stellt und die Zuhörer daraus ein Lastenheft erstellen. Dabei ist auch wichtig, zu erkennen, wo nachgefragt werden muss.

Arbeitsauftrag 2: Auftragsplanung und Angebotserstellung

Aus dem Lastenheft des Kunden soll ein Angebot erstellt werden. Dazu legt man die im Lastenheft oft nur ungenau gestellten Anforderungen des Auftraggebers nun durch konkrete Materialien und Leistungen in einem Pflichtenheft fest. Dabei soll ein optimales Verhältnis von Aufwand zu den gestellten Anforderungen erreicht werden, damit ein kostengünstiges Angebot erstellt werden kann. Das Angebot muss möglichst genau auf die Forderungen aus dem Lastenheft zugeschnitten sein. Das erfordert einige Kenntnisse und Erfahrung aus der Computertechnik sowie aktuelle Informationen zu den auf dem Markt angebotenen Komponenten und deren Preise. Der Händler plant den PC aus Einzelkomponenten **(Bild 1)**, die den Kundenforderungen aus dem Lastenheft entsprechen.

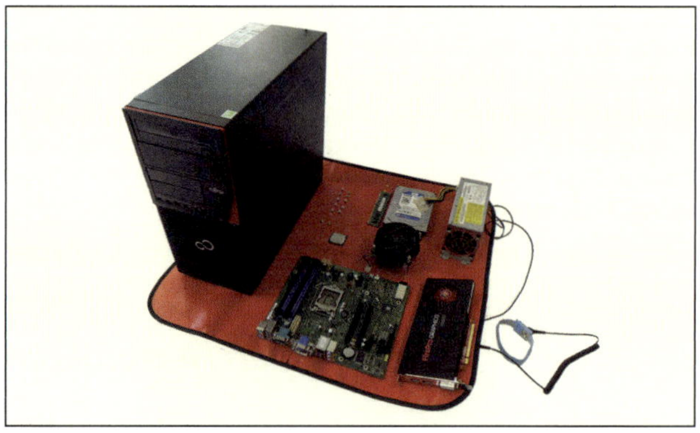

Bild 1: Komponenten für einen PC

1. Beim Verkaufsgespräch zum Computersystem für 3D-CAD-Anwendungen wurden folgende Anforderungen **(Bild 2)** an den PC im Lastenheft festgelegt.

> Leistungsfähige Grafikkarte für 3-D-Anwendungen,
> Leistungsfähiges Mainboard für CAD-Anwendungen,
> Netzwerk-Anbindung über WLAN mit hoher Datenübertragungsrate, Gigabit Ethernet-Anschluss,
> DVD-Brenner, große Festplattenspeicherkapazität,
> aktuelles Betriebssystem.

Bild 2: Auszug aus dem Lastenheft

Aus den Angaben muss zunächst der Selbstkostenpreis für das benötigte Material kalkuliert werden. Für das Zusammenstellen des Materials wird ein Formular benötigt, das folgende Informationen enthalten soll:

Stück, Bezeichnung, Lieferant, Bestellnummer, Einzel- und Gesamtpreis.

Ergänzen Sie das noch unvollständige Formular **(Bild 3)** mit den fehlenden Bezeichnungen.

2. Recherchieren Sie zu den beim Verkaufsgespräch gestellten Anforderungen **(Bild 2)** die notwendigen Komponenten aus dem Angebot des Großhändlers „PC-Store" **(Seiten 183 und 184)** und tragen Sie die ausgewählten Komponenten in das von Ihnen erstellte Formular **(Bild 3)** mit den Preisen ohne MwSt. ein. Berechnen Sie daraus die Gesamtkosten (ohne MwSt.) für das Material.

Materialliste für Projekt ______________________

Pos				Bestellnr.	Einzelpreis in €	Gesamtpreis in €
1						
2						
3						
4						
5						
6						
7						
8						
9						
10						
11						

Gesamtkosten ohne Mwst.: __________

Bild 3: Formular für Materialliste und Feststellung der Materialselbstkosten

Realisieren Sie das Formular für die Materialliste mit einem Kalkulationsprogramm, z. B. Excel.

3. Damit das Angebot erstellt werden kann, müssen neben dem Material auch sämtliche Arbeiten, die zur Herstellung des PCs erforderlich sind, kalkuliert werden. Beschreiben Sie die notwendigen Tätigkeiten **(Tabelle)**.

Tabelle: Arbeiten bei der Herstellung eines Computersystems

Arbeitsschritt	Beschreibung der Tätigkeit
	Materialbeschaffung durch Versenden von Bestellungen und Überprüfen der Lieferungen.

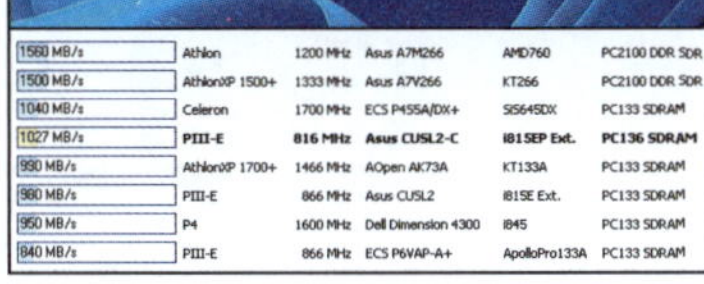	

4. Es soll das Angebot aus dem Pflichtenheft erstellt werden.

> Die Gesamtheit der ausgewählten Materialien und auszuführenden Arbeiten ergeben die vom Auftragnehmer zu übernehmenden Pflichten. Die schriftliche Zusammenstellung sämtlicher Positionen wird darum auch als Pflichtenheft bezeichnet. Aus den im Pflichtenheft aufgeführten Materialien und Arbeiten muss noch der Bruttoverkaufspreis kalkuliert werden, um ein Angebot zu erstellen. Der Betrieb muss, um seine Kosten zu decken, einen Zuschlag auf Arbeit und Material kalkulieren. Darin sind auch die im Betrieb anfallenden Kosten, z. B. Energiekosten, enthalten, die nicht direkt mit dem Auftrag zusammenhängen. Außerdem benötigt ein Betrieb einen Gewinn, damit er, z. B. für die Sicherung seiner Zukunft, Investitionen tätigen kann.

Ergänzen Sie die fehlenden Positionen in der Darstellung **(Bild)** zur prinzipiellen Vorgehensweise bei der Berechnung (Kalkulation) des Angebotspreises.

Fachkunde Elektrotechnik, Kalkulation und Angebot

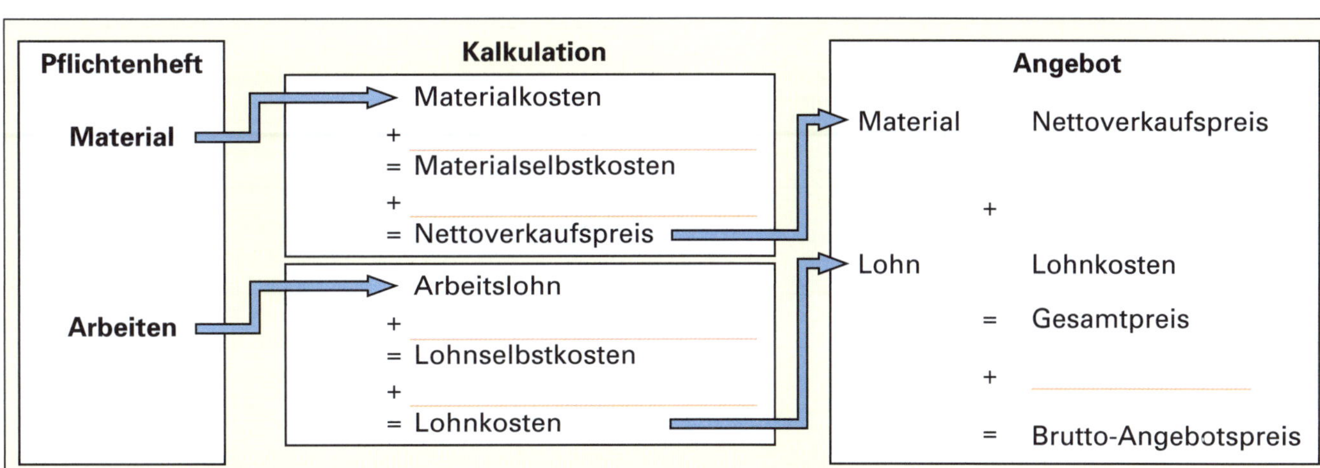

Bild: Vom Pflichtenheft zum Angebot

5. Einfacher wird die Erstellung eines Angebotes, wenn für jedes Teil, das geliefert und montiert werden soll, der Materialverkaufspreis inklusive des dafür notwendigen Montagelohns bereits bekannt sind **(Tabelle Seite 158)**.

Beispiel: Ein Händler kauft eine Festplatte zum Netto-Selbstkostenpreis von 53,77 €. Das Einbauen einer Festplatte inklusive Anschluss dauert bei einem Auszubildenden 5 Minuten. Der Aufschlag auf das Computermaterial soll vom Betrieb mit 10 % festgelegt sein. Der Stundenverrechnungssatz ist mit 27.- € netto festgelegt.

Ergänzen Sie mit den Angaben aus dem Beispiel die Position 2 in der **Tabelle Seite 158** für den Einbau von 2 Festplatten.

Tabelle: Auszug aus einer Kalkulation zu einem Personal Computer							
Pos	**Menge**	**Einheit**	**Bezeichnung**	**Material pro Einheit in €**	**Lohn pro Einheit in €**	**Einzelpreis in €**	**Gesamtpreis in €**
1	1	Stück	Motherboard	98	4,80	102,80	102,80
2							

10. Ergänzen Sie das noch unvollständige Formular **(Bild)** und erstellen Sie damit das Angebot der Firma Elektro Rundumfix an den Kunden Fa. Solar-Müller für einen PC ohne Peripherie. Entnehmen Sie die benötigten Positionen aus der bereits erstellten Aufstellung für Material und Arbeiten **(Seite 156)**. Führen Sie für jede Position die Menge, Bezeichnung sowie den kalkulierten Einzelpreis (EP) und Gesamtpreis (GP) auf. Verwenden Sie zur Kalkulation für das Material einen Zuschlag von 10 % für Gemeinkosten und Gewinn auf den Selbstkostenpreis. Ermitteln Sie die Lohnkosten für die Herstellung des PCs mit Hilfe der angegebenen Montagezeiten **(Seite 184)** und einem Stundenverrechnungssatz von 27,- € für einen Auszubildenden. Bieten Sie das Betriebssystem Windows 11 Enterprise inklusive Installation, Einrichtung und Test für eine Netto-Pauschale von 150.- € an.

Firma Elektro Rundumfix – Zuverlässig, schnell und preisgünstig
Sonnenstr. 2
12345 Musterort

Angebotsdatum: 3.9.2024
Kunden-Nr. 123456
Angebotsnummer: 1024/24

Angebot Computer

Pos.	Menge	Bezeichnung	EP in €	GP in €
1	1	Midi Tower CoolPower ZX	73,85	73,85
2	1	Netzteil Pure Power 10 inkl. Montage	72,86	72,86
3				
4				
5				
6				
7				
8				
9				
10				

Gesamtpreis:

MwSt. 19%

Gesamtpreis inkl. MwSt.

Bild: Formular Angebot

Erstellen Sie das Angebot mit einem Tabellenkalkulationsprogramm.
Starten Sie einen Wettbewerb um das preiswerteste Angebot und das grafisch schönste Formular.

Arbeitsauftrag 3: Auftragsdurchführung – Beschaffung der Komponenten

Das Angebot wurde vom Kunden angenommen und der Auftrag erteilt. Nun müssen die benötigten Komponenten beschafft werden. Das Motherboard MSI MAG B760M (Best.Nr. MB4031) und die Grafikkarte Gigabyte GeForce GTX 1650 4 GB DDR5 (Best.Nr. GK1034) sollen von der Firma PC-Store per E-Mail bestellt werden. Ergänzen Sie das noch unvollständige Bestellformular **(Bild)**, sodass es auch in Zukunft als E-Mail-Anhang für Bestellungen verwendet werden kann. Tragen Sie die Bestellung ein.

Firma Elektro Rundumfix –
Zuverlässig, schnell und preisgünstig

Bestellung:

Bild: Bestellformular

Erstellen Sie das Bestellformular mit einem Textverarbeitungsprogramm.

Arbeitsauftrag 4: Auftragsdurchführung – Montage des Personal Computers

1. Für die Montage des Personal Computers soll eine bestimmte Reihenfolge eingehalten werden. Ergänzen Sie die **Tabelle** mit den folgenden zu montierenden Teilen:

   Datenleitungen, Stromversorgungsleitungen, Festplatten-/DVD-Laufwerke, Grafikkarte, Netzteil, Anschlussblende für Motherboard, Gewindebuchsen für Motherboardbefestigung, Gehäuseanschlüsse für Taster und Anzeigen, CPU und Kühler, Motherboard, Speicher.

   Bringen Sie die Montageschritte in die richtige Reihenfolge und geben Sie, wenn es notwendig ist, Hinweise, die beachtet werden sollen. Die Gliederung soll später für andere Mitarbeiter als Checkliste für die Montage-Arbeiten verwendet werden. Im Feld „OK" kann der Montageschritt bestätigt werden.

Tabelle: Montageschritte für einen PC

Teile für Montage	Hinweise zur Beachtung	OK
Anschlussblende Motherb.	Blende muss zu Motherboardanschlüssen passen	
Gewindebuchsen Motherb.		

2. Das Motherboard und die Steckkarten sollten auf einer elektrisch leitenden Unterlage **(Bild 1)** abgelegt werden. Begründen Sie diese Vorgehensweise.

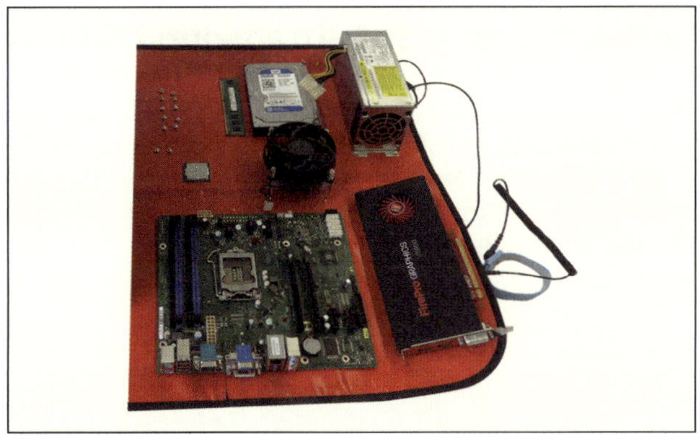

Bild 1: Ablage auf elektrisch leitender Unterlage

3. **Bild 2** zeigt eine Vorsichtsmaßnahme, die beim Einbauen einer Steckkarte durchgeführt werden soll. Begründen Sie die Vorgehensweise.

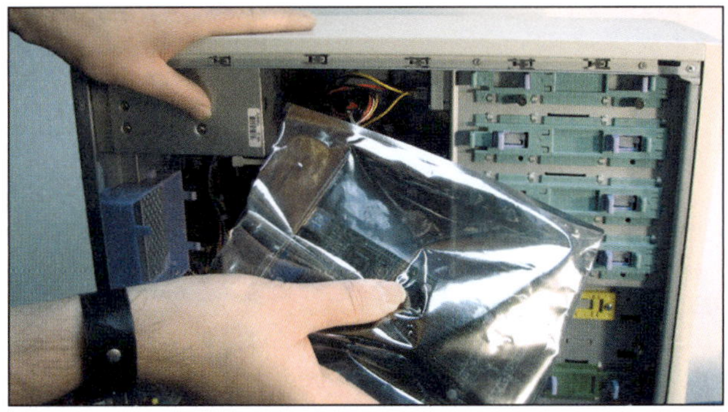

Bild 2: Potenzialausgleich herstellen

4. Bei der Montage eines Computers müssen die verschiedenen benötigten Komponenten im Computergehäuse befestigt und mit den Leitungen verbunden werden. Dabei können bei Unachtsamkeiten eventuell Probleme entstehen. Beschreiben Sie die Gefahren, die in den Bildern **(Tabelle)** aus der Montage erkennbar sind.

Tabelle: Unsachgemäße Montage

Beschreibung möglicher Gefahren	Montagebilder

5. Zur Herstellung der Leitungsverbindungen zum Motherboard befindet sich im Manual (Handbuch) des Motherboards unter anderem die nachstehende Beschreibung **(Bild)**. Erläutern Sie die Hinweise der englischen Beschreibung der Reihe nach.

Front-Panel Connectors

C1 ATX Power On/Off Switch Connector (Power ON)

The Power On/Off Switch is a momentary type switch used for turning on or off the system ATX power supply. Attach the connector cable from the Power Switch to the 2-pin (Power ON) header on the mainboard.

Note: Please notice all the LED connectors are directional. If your chassis´s LED does not light up during running, please simply change to the opposite direction.

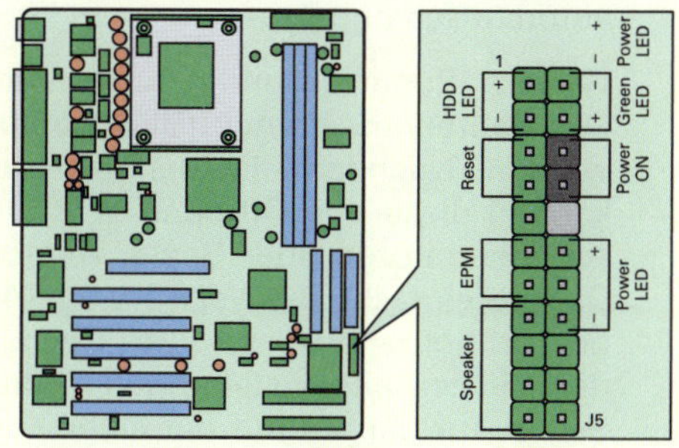

Bild: Auszug Motherboardbeschreibung

Anschlüsse für die PC-Vorderseite.

Hinweis:

6. Nachdem die Hardware des PCs fertig montiert ist, muss das Betriebssystem installiert und eingerichtet werden. Ergänzen Sie die **Tabelle** durch das Eintragen der folgenden Arbeitsschritte:
Systemsicherung durchführen, Betriebssystem installieren, Festplatte formatieren, Festplatte partitionieren, Betriebssystemdateien kopieren, fehlende Treiber installieren, Betriebssystem einrichten, Update für Betriebssystem durchführen, Booten vom installationsmedium.

Beachten Sie die richtige Reihenfolge und beschreiben Sie kurz den jeweiligen Arbeitsschritt.

Tabelle: Arbeitsschritte für die Installation und Einrichtung des Betriebssystems

Arbeitsschritt	Beschreibung
Booten vom Installationsmedium	Starten der Installation mit einem Startprogramm (Bootprogramm), das z. B. auf einem USB-Stick oder einer DVD gespeichert ist.

7. Welche Software wird für ein Mainboard nach der Installation des Betriebssystems und dessen Update oft noch benötigt und kann z. B. von der Webseite des Herstellers heruntergeladen werden?

Bei der Installation des Betriebssystems werden bestimmte lokale Benutzer und Benutzergruppen automatisch angelegt.

Weitere Benutzer und Gruppen können in der „Computerverwaltung“ **(Bild 1 oben)** hinzugefügt werden. Nachdem die Benutzer erstellt wurden, können diese den Gruppen, z. B. der Gruppe der Administratoren oder Gäste, zugeordnet werden. Das vereinfacht die Verwaltung (Administration) des Computersystems. Zum Beispiel können bei den Sicherheitseinstellungen **(Bild 1 unten)** die Rechte für den Zugriff auf einen Ordner direkt an eine Gruppe vergeben werden, anstatt sie einzelnen Benutzern zuordnen zu müssen. Mit Zugriffsrechten wird festgelegt, ob ein User oder eine Gruppe das Recht zum Lesen oder Schreiben hat oder beides darf, oder dass er kein Recht für den Zugriff auf einen Ordner erhält.

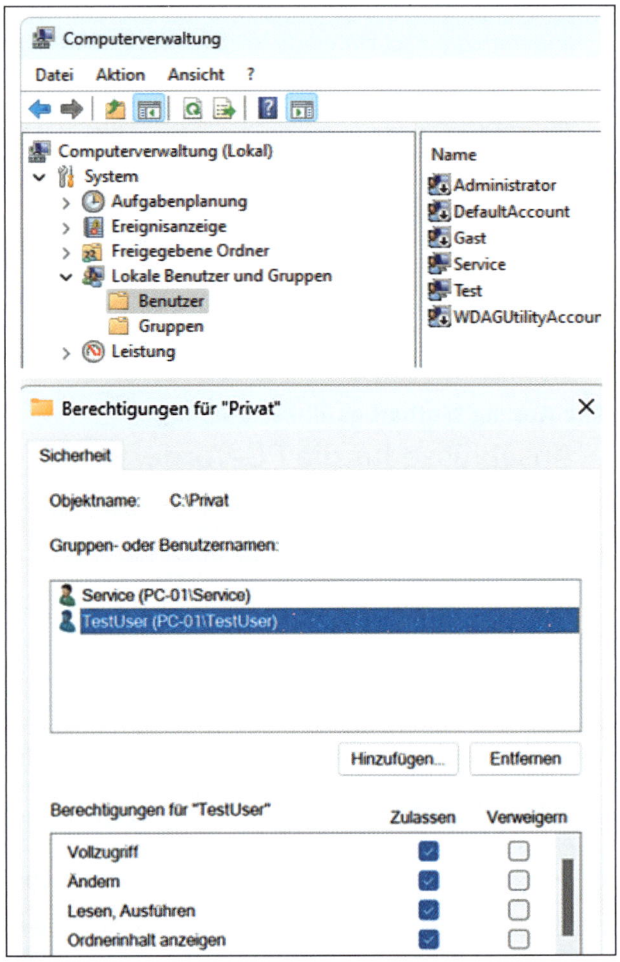

Bild 1: Benutzerverwaltung und Sicherheitsrechte

8. Legen Sie einen zusätzlichen Benutzer mit dem Namen „TestUser“ an. Geben Sie ihm das Passwort „user“. In welcher bereits vorhandenen Gruppe befindet sich dieser User nach dem Anlegen?

9. Wodurch kann der User die gleichen Rechte wie der Administrator erlangen?

10. In welchem Verzeichnis werden die Informationen für jeden User gespeichert?

11. Speichern Sie beim Benutzer „Administrator“ und „TestUser“ jeweils eine Textdatei im Ordner „Dokumente“ und auf dem Desktop und geben Sie jedem dieser beiden Benutzer eine unterschiedliche Hintergrundfarbe auf seinen Desktop. Untersuchen Sie, ob jeder Benutzer seine eigenen Einstellungen und Dateien behält und beschreiben Sie Ihr Ergebnis.

Zum weiteren Ausbau des Computersystems ist noch ein Drucker notwendig. Dazu muss der gewünschte Drucker z. B. mit dem USB-Anschluss des PCs verbunden werden. Beim Eingeben des Textes „Drucker“ in die Suchzeile am unteren Rand der Benutzeroberfläche wird der Punkt „Drucker und Scanner“ zur Auswahl angeboten. Beim Bestätigen dieses Auswahlpunktes erscheint ein Fenster mit einem Button „Gerät hinzufügen“. Beim Hinzufügen eines Druckers wird der entsprechende Treiber für den Drucker installiert und eine Druckerwarteschlange **(Bild 2)** auf dem Rechner angelegt, in der die Druckaufträge abgelegt werden können. Diese werden dann nacheinander abgearbeitet.

www downloads.zdnet.de/treiber

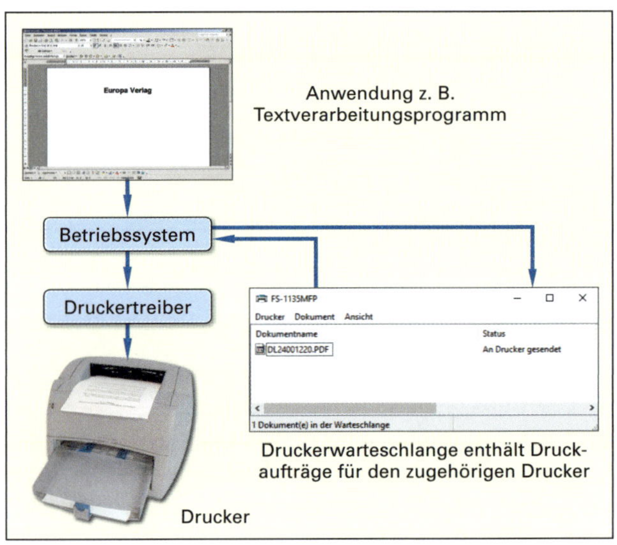

Bild 2: Drucker und Druckerwarteschlange

Arbeitsauftrag 5: Ergonomie, Ökonomie und Ökologie

Der Computerarbeitsplatz soll beim Kunden nach ergonomischen Gesichtspunkten aufgestellt werden.

> **i** Mit dem Begriff „Ergonomie" wird eine Wissenschaft bezeichnet, die sich mit der menschlichen Arbeit beschäftigt und das Ziel verfolgt, die Arbeitsbedingungen an den Menschen anzupassen.

> www ergonomie-am-arbeitsplatz.de

1. In **Bild** sind einige wichtige Bestandteile gekennzeichnet, welche die Ergonomie des Arbeitsplatzes bestimmen. Benennen Sie diese Teile. Welche Bedingung sollten Sie erfüllen?

A: Tastatur, z. B. neigbar

B: ______

C: ______

D: ______

E: ______

Bild: Computerarbeitsplatz

2. Bei der Ergonomie des Arbeitsplatzes spielt der Bildschirm eine wesentliche Rolle. In der **Tabelle 1** sind verschiedene Probleme aufgeführt, welche die Arbeit eines Anwenders erschweren. Finden Sie dazu Lösungen.

Tabelle 1: Probleme und Lösungen bei der Ergonomie des Computerbildschirms

Problem	Lösung
Auf dem Bildschirm wird das Licht der Raumbeleuchtung reflektiert.	
Bei hoher Umgebungsbeleuchtung ist das Bild nicht mehr genau zu erkennen.	
Bei vielen gleichzeitig geöffneten Textfenstern sind die Zeichen nur mit Anstrengung zu lesen.	

3. Bei Computern und deren Peripherie haben Ökonomie und Ökologie eine immer größere Bedeutung. Unter Ökonomie versteht man die Wirtschaftlichkeit eines Gerätes, z. B. den Betrieb mit geringem Stromverbrauch. Mit Ökologie meint man die Umweltverträglichkeit, z. B. die Möglichkeit der Entsorgung der Bestandteile des Gerätes.

Geben Sie in der **Tabelle 2** Beispiele an, wie Ökologie und Ökonomie bei einem Computer erreicht werden kann.

Tabelle 2: Ökonomie und Ökologie bei Computersystemen (Beispiele)

Problem	Lösung
Erreichen von Ökonomie	
Erreichen von Ökologie	

Arbeitsauftrag 6: Auftragskontrolle, Auftragsauswertung und Rechnungsstellung

Um den Kunden die Bestandteile und die einwandfreie Funktion des PCs zu dokumentieren sollen sämtliche wichtigen Daten schriftlich zu einem Prüfprotokoll zusammengefasst werden, um sie dem Kunden mit dem Rechner zu übergeben.

1. Die **Tabelle 1** zeigt einige wichtige Bestandteile des PCs. Ergänzen Sie die Tabelle. Orientieren Sie sich dabei an einem Diagnoseprogramm **(Bild 1)** in der Lernsituation „Analyse eines PCs" **(Seite 150)**.

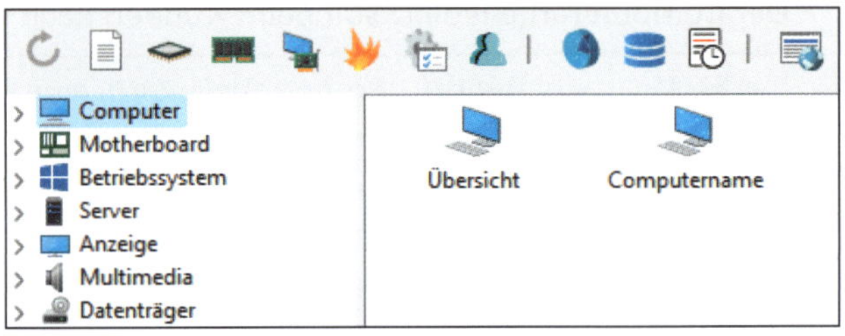

Bild 1: Diagnoseprogramm (Beispiel)

Tabelle 1: Bestandteile und Inhalte der Dokumentation für einen PC (Auswahl)	
Betriebssystem	Name und Version
Motherboard	
Anzeige	
Datenträger	

2. Welche Tests und Werte sollten dokumentiert werden?

3. Welche Art von Datensicherung sollte nach der Fertigstellung des PCs durchgeführt werden?

4. Ergänzen Sie das noch unvollständige Rechnungsformular **(Bild 2)** der Elektrofirma Rundumfix an den Handwerksbetrieb Fa. Solar-Müller. Erstellen Sie mit diesem Formular die Rechnung für den Auftrag zum Herstellen eines Computers. Führen Sie den PC aus Ihrem Angebot **(Seite 158)** als eine Position auf.

Fachkunde Elektrotechnik, Kapitel: Rechnungsstellung

Firma Elektro Rundumfix – Zuverlässig, schnell und preisgünstig
Sonnenstr. 2
12345 Musterort
Tel. 01234-1234
www.elektro-rundumfix.de
e-Mail: support@elektro-rundumfix.de

Rechnung

Pos.	Menge	Bezeichnung	Einzelpreis in €	Gesamtpreis in €

Gesamtpreis:
MwSt. 19%
Gesamtpreis inkl. MwSt.

Bild 2: Formular Rechnung

Erstellen Sie die Rechnung mit einem Textverarbeitungsprogramm und starten Sie einen Wettbewerb um das schönste grafisch gestaltete Rechnungsformular.

Testen Sie Ihre Fachkompetenz

1. Welche Argumente sprechen bei einem Beratungsgespräch für den Einsatz eines Laserdruckers **(Bild 1)** anstatt der Verwendung eines Tintenstrahldruckers?

Bild 1: Laserdrucker

2. Bei der Recherche nach einer schnellen SSD-Festplatte **(Bild 2)** mit einer Speicherkapazität von 500 GB werden folgende Festplattentypen miteinander verglichen.

Typ 1: *SSD, SATA, Lesen/Schreiben 560/530 MB/s, MTBF 1500000 h*

Typ 2: *SSD, M.2, NVMe (PCIe 4.0 x4), Lesen/Schreiben 4000/3600 MB/s MTBF 1500000h*

Welche der beiden Festplatten ist um welchen Faktor schneller? Begründen Sie die höhere Geschwindigkeit.

Bild 2: SSD-Festplatten

3. Bei der Auswahl der CPU bestimmt neben der Taktfrequenz auch die Größe des Cache-Speichers die Leistungsfähigkeit der CPU. Warum wird durch die Vergrößerung des Cache-Speichers die Leistungsfähigkeit gesteigert?

4. Bevor die Festplatte formatiert wird, muss sie partitioniert werden. Erklären Sie den Begriff „Partitionierung".

5. Beim Einbau einer neuen Hardware wird im Geräte-Manager ein fehlender Treiber **(Bild 3)** angezeigt. Warum benötigt ein Betriebssystem einen Treiber?

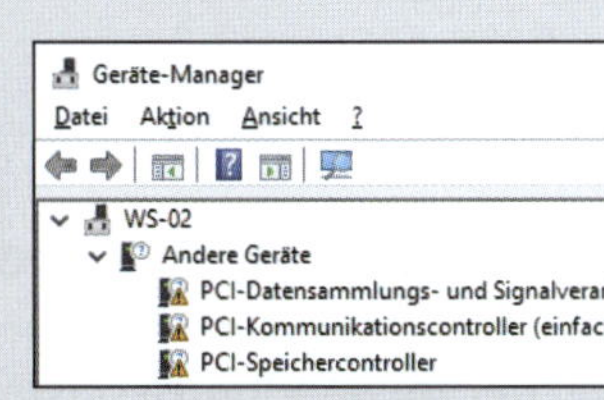

Bild 3: Treiberproblem

6. Bei der Installation eines Druckers wird auf dem PC eine Warteschlange **(Bild 4)** angelegt. Welchen Vorteil bewirkt die Druckerwarteschlange?

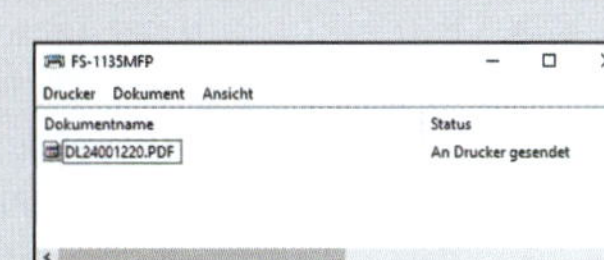

Bild 4: Warteschlange

7. Manche PC-User verwenden für ihren Computer grundsätzlich zur Anmeldung den Benutzer „Administrator", der mit administrativen Rechten ausgestattet ist. Warum ist es sinnvoll, wenn unterschiedliche Benutzer an dem PC arbeiten, andere Benutzer ohne administrative Rechte für diesen PC anzulegen und zu verwenden?

8. Beim Einrichten eines Computerarbeitsplatzes spielt die Beleuchtung eine wichtige Rolle. Erklären Sie, welche Einflüsse dabei beachtet werden müssen.

Lernsituation: Auswählen, Installieren, Einrichten und Einsetzen von Software

Damit der Kunde mit dem PC die Verwaltungstätigkeiten in seinem Betrieb durchführen kann, benötigt er neben der Systemsoftware **(Bild)** für die Verwaltung und den Betrieb seines Computers auch noch Anwendungssoftware **(Bild)** als Werkzeug zur Erledigung seiner Büroarbeit. Außerdem ist ein Internetzugang mit der Möglichkeit E-Mails auszutauschen erforderlich.

Fachkunde Elektrotechnik,
Kapitel: Software

Bild: System- und Anwendungssoftware

Arbeitsauftrag 1: Unterscheidung von Anwendungs- und Systemsoftware

Im Gespräch mit dem Kunden muss analysiert werden, welche Art von Software benötigt wird. Grundsätzlich wird zwischen Software für den Anwender (Anwendungssoftware) und der Software für das Computersystem (Systemsoftware) unterschieden. Geben Sie für die angegebenen Oberbegriffe **(Tabelle 1)** zu den Softwarearten jeweils drei unterschiedliche Produkte aus Softwareangeboten **(Seite 184)** an. Geben Sie bei der Anwendungssoftware zur Produktbezeichnung auch das Einsatzgebiet der Software an.

Tabelle 1: Aktuelle Produkte zu Anwendungs- und Betriebssoftware (Beispiele)

Art der Software	Aktuelle Software-Angebote
Anwendungssoftware, z. B. für die Elektrotechnik	• • •
Systemsoftware	• • •

Arbeitsauftrag 2: Unterscheidung von Branchen- und Standardsoftware

1. Bei der Anwendungssoftware wird zwischen Standard-, Branchen- und Individualsoftware unterschieden.

> Ein Handwerker benötigt meist verschiedene Programme, die miteinander ein Gesamtsystem bilden und die betriebliche Organisation unterstützen. Zum Beispiel wird bei einem Betrieb eine Software für Finanzbuchhaltung, Rechnungswesen, Auftragsverwaltung, Adressverwaltung mit Kundenkartei und Lagerverwaltung benötigt. Dabei müssen diese Programme so zusammenarbeiten, dass z. B. beim Verkaufen eines Ersatzteiles der Lagerbestand automatisch geändert, der Vorgang in der Buchhaltung registriert und evtl. in der Kartei des Kunden gespeichert wird. Meistens sind diese Programmpakete auf die Probleme einer bestimmten Branche (Branchensoftware), z. B. das Elektrohandwerk, abgestimmt. Braucht ein Betrieb eine Software, die ganz speziell nur für ihn erstellt werden muss, spricht man von Individualsoftware.

Recherchieren Sie im Internet eine Branchensoftware für das Unternehmen Solar-Müller **(Seite 155)** und geben Sie die für diese Firma mindestens notwendigen Bestandteile aus dem Programmpaket in der **Tabelle 2** an.

www.sage.de

Tabelle 2: Bestandteile einer Branchensoftware (Beispiel)

Name des Produktes	Bestandteile des Branchenpaketes

2. Branchensoftware ist im Vergleich zu Standardsoftware meist teurer. Darum soll zunächst eine Beratung erfolgen und die Software vor dem Kauf genau getestet werden. Erstellen Sie eine E-Mail **(Bild)** an die Firma Sage, um einen Beratungstermin zur Branchensoftware „Sage 50 Handwerk" für die Fa. Solar-Müller zu vereinbaren.

An:	Betreff:

Bild: E-Mail-Formular

3. Standardsoftware wird für die Standardprobleme, wie sie in einem Büro (engl. Office) anfallen, eingesetzt. Nennen Sie Einsatzmöglichkeiten zu den in **Tabelle 1** angegebenen Arten von Standardsoftware für das Büro.

Tabelle 1: Arten von Standardsoftware für das Büro

Standardsoftware	Einsatzmöglichkeiten
Textverarbeitungs-programm	Schreiben von Bestellungen, Geschäftsbriefen, Werbebroschüren, …
Tabellenkalkulations-programm	
Präsentations-programm	
Datenbankverwaltungs-programm	
Zeitmanagement-programm	

4. Für die Verwendung in einem Büro werden meist mehrere Standardprogramme benötigt. Darum werden diese Programme oft auch in einem Paket angeboten. Recherchieren Sie zwei verschiedene aktuelle Programmpakete aus dem Bereich der Standardsoftware für die Büroverwaltung und geben Sie deren Bestandteile an **(Tabelle 2)**.

Tabelle 2: Office-Pakete und deren Bestandteile

Programmpaketname	Bestandteile

Installieren Sie, falls möglich, ein Office-Paket auf Ihrem Rechner.

Arbeitsauftrag 3: Installieren, Einrichten und Einsetzen von Anwendersoftware

1. Für die Bereitstellung von technischen Informationen werden oft Dateien im Portable Document Format (PDF) verwendet. Damit diese Dokumente gelesen werden können, muss ein spezielles Leseprogramm (Reader) installiert sein.

   a) Nennen Sie den Namen des Programms:

   b) Nennen Sie die Adresse der Website des Herstellers **(Bild 1)** für den Download:

Bild 1: Adobe Logo

2. Damit das Versenden von Dateien über das Internet nicht zu lange dauert, müssen diese von ihrer Größe gering gehalten werden. Um die Dateigröße zu verkleinern gibt es Kompressionsprogramme **(Bild 2)**, welche die Datenmenge reduzieren. Nachdem die Dateien übertragen wurden, müssen sie vom komprimierten Zustand wieder in den normalen Zustand zurückversetzt werden. Nennen Sie verschiedene Programme **(Seite 184)**, welche diese Aufgabe erledigen können. Geben Sie auch die Adresse der Website des Herstellers an:

   -
   -
   -

> Installieren Sie ein Kompressions-Programm und komprimieren Sie eine Datei.
> Vergleichen Sie die komprimierte und unkomprimierte Größe der Datei.

3. Für das Versenden von E-Mails wird ein E-Mail-Client-Programm benötigt, mit dem E-Mails an einen E-Mail-Server **(Bild 2)** versandt oder davon abgeholt werden können. Der E-Mail-Client muss dazu konfiguriert werden, damit der Zugriff auf die beteiligten Server, z. B. IMAP- oder SMTP-Server, ermöglicht wird.

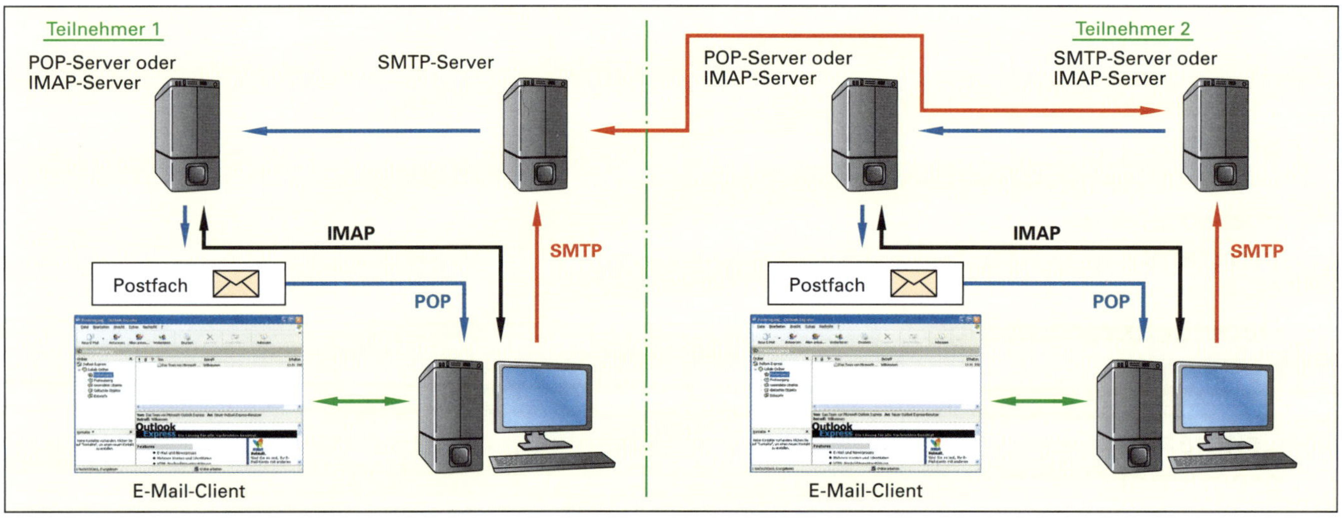

Bild 2: Prinzipieller Weg beim Versenden und Empfangen einer E-Mail im Internet

Geben Sie drei E-Mail-Client-Programme an.

4. Nennen Sie die grundlegenden Einstellungen bzw. Eingaben die notwendig sind, um ein E-Mail-Client-Programm zum Versenden und Abrufen sowie Verwalten von E-Mails mit IMAP über die notwendigen Server **(Bild 2)** einzurichten.

> **E-Mail-Server**
>
> SMTP[1]-Server versenden E-Mails.
>
> POP[2]- und IMAP[3]-Server empfangen E-Mails. Bei einem POP-Server werden die E-Mails nach dem Abholen durch den Client in der Regel auf dem Server gelöscht und lokal auf dem Client gespeichert und verwaltet.
>
> Bei einem IMAP-Server werden die E-Mails auf dem Server belassen und dort verwaltet. Die Clients erhalten durch eine Synchronisation zwischen Server und Client eine aktuelle Kopie der E-Mails auf dem Server. Das hat den Vorteil, dass von mehreren verschiedenen Geräten die E-Mails abgerufen und verwaltet werden können.
>
> [1] SMTP, Abk. für: Simple Mail Transfer Protocol (engl.) = Einfaches Mail-Übertragungsprotokoll
>
> [2] POP, Abk. für: Post Office Protocol (engl.) = Postfach-Protokoll
>
> [3] IMAP, Abk. für: Internet Message Access Protocol (engl.) = Internet Nachrichtenzugriffsprotokoll

Testen Sie Ihre Fachkompetenz

1. In einem Betriebssystem, z. B. Windows 11, sind zunehmend auch Standard-Anwendungssoftware, z. B. Textverarbeitungs- oder Zeichen-Programme, enthalten. Geben Sie drei solche Programme mit der jeweiligen Bezeichnung im Betriebssystem an.

2. Der Vorsitzende eines Vereins möchte auf einfache Weise die Adressen und Daten seiner Vereinsmitglieder mit dem Computer verwalten. Welche Art von Software und welches Programm würden Sie empfehlen?

3. Bei der Installation von Software wird meistens ein Installationsprogramm gestartet, damit die Installation automatisch durchgeführt wird. Bei diesem Vorgang werden eine Anzahl unterschiedlicher Dateien in verschiedene Verzeichnisse kopiert. Den Dateityp erkennt man an seiner Endung (Suffix) z. B. „.docx". Daran ist auch die Art des Dateiinhaltes erkennbar. Nennen Sie zu den in der **Tabelle 1** angegebenen Datei-Endungen die Art des Inhaltes.

Tabelle 1: Datei-Endungen und Art des Datei-Inhaltes

.exe		.dll	
.bat		.inf	
.doc .docx		.txt	
.xls .xlsx		.ppt .pptx	
.pdf		.jpg	
.png		.gif	
.mp4		.mp3	
.bak		.zip	

4. Zu welchem Zweck werden PDF-Dateien genutzt und welchen Vorteil haben Dateien im PDF-Format?

5. Einige Anwender ziehen den Einsatz des Linux-Betriebssystems gegenüber dem Windows-Betriebssystem vor. Welche Gründe sprechen für den Einsatz von Linux und welche für Windows? Ergänzen Sie **Tabelle 2**.

Tabelle 2: Vergleich der Systemsoftware Windows und Linux

Betriebssystem	Vorteile

Lernsituation: Integrieren eines Computers in ein vorhandenes Netzwerk

Ein PC soll in ein lokales Netzwerk (LAN) integriert werden und die vorhandenen Möglichkeiten (Ressourcen), wie den Drucker und den zentralen Internetzugang, gemeinsam mit anderen PCs nutzen. Ordnen Sie die folgenden Begriffe den Bestandteilen des lokalen Netzwerkes (LAN) im **Bild** richtig zu:

Server, PC-Arbeitsstation, Netzwerkdrucker, Anschlussdose, Installationsleitung, Patchkabel, Switch mit 16 Ports, Patchfeld mit 8 Ports, DSL-Router

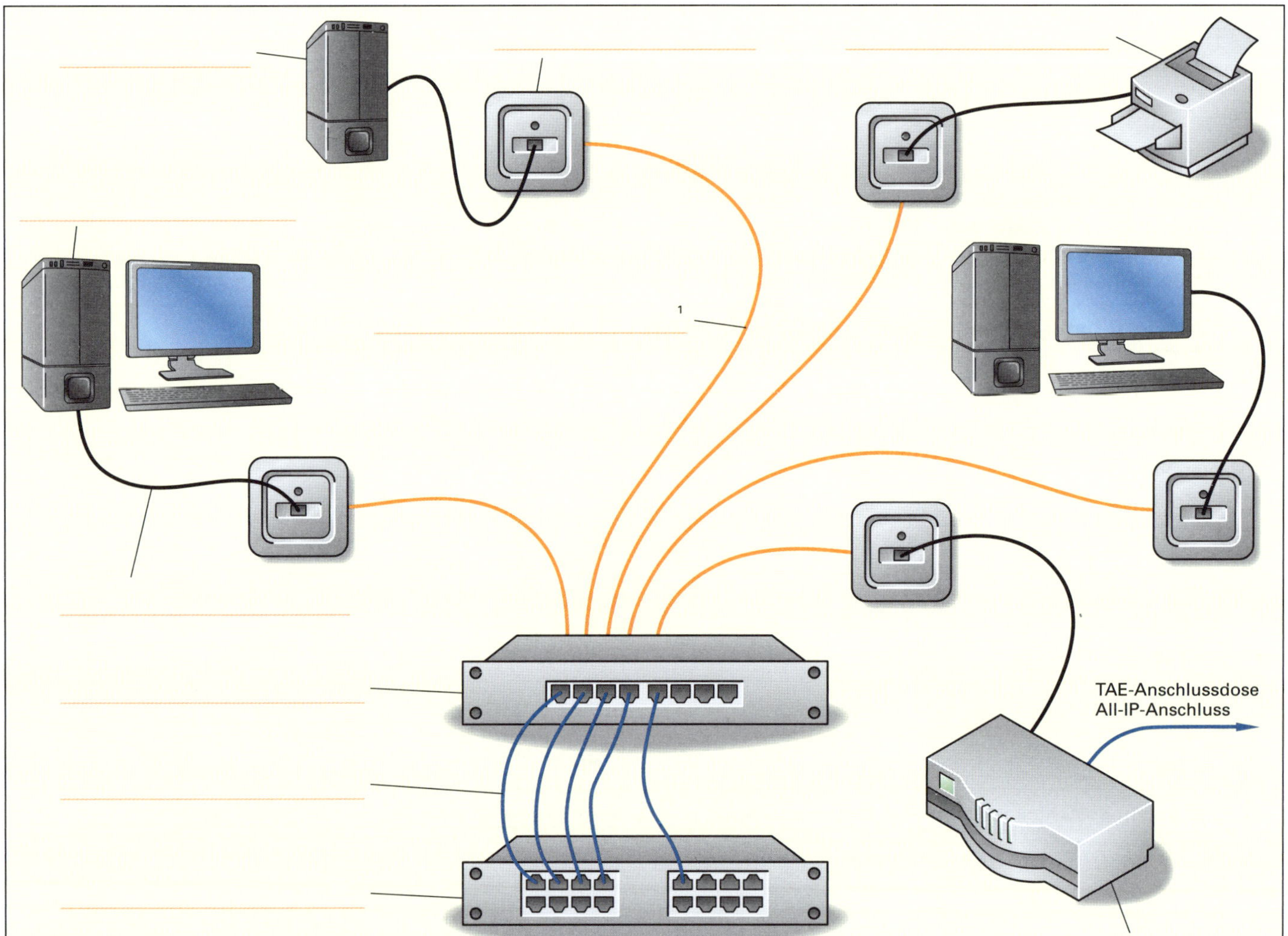

[1] Installationsleitungen für Computernetzwerke werden in Herstellerkatalogen meist als Datenleitungen bezeichnet

Bild: Lokales Netzwerk

Arbeitsauftrag 1: Analyse der Bestandteile eines Computer-Netzwerkes

1. Ein lokales Netzwerk (LAN) beinhaltet eine Vielzahl von einzelnen Komponenten **(Bild)**. Beschreiben Sie die Aufgabe der in der Tabelle gezeigten Komponenten.

Tabelle: LAN-Komponenten	
Switch 	
Patchfeld 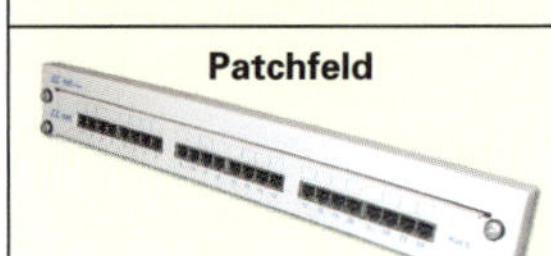	

Fachkunde Elektrotechnik, Kapitel: Vernetzung von Computern

Arbeitsauftrag 2: Anschließen des Computers an ein Netzwerk

1. Ein PC soll in das Netzwerk integriert werden. Welche Hardware, Software und Arbeiten sind dazu erforderlich?

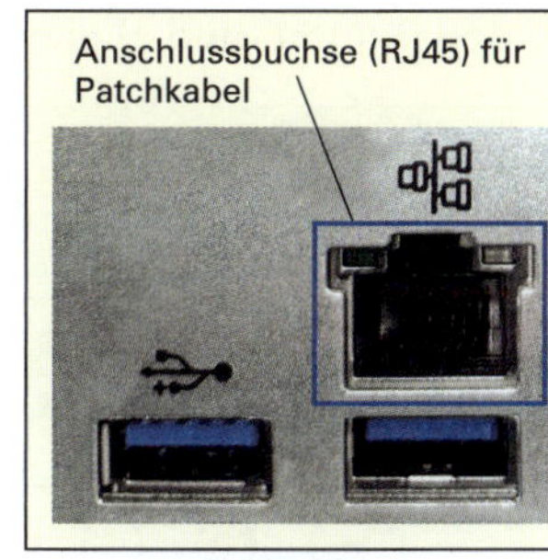

Bild 1: PC-Netzwerkanschluss

2. Bei den einzelnen verwendeten Komponenten in einem LAN werden als Qualitätskriterium auch Kategorien, z. B. Kat.7, genannt. Die Kategorie informiert über die Fähigkeit der Komponente, hohe Übertragungsgeschwindigkeiten, z. B. 1 Gbit/s, zu unterstützen. Je höher die Geschwindigkeit der Daten, desto höher sind die Frequenzen, die darüber geleitet werden müssen. Recherchieren Sie im Internet, für welche Frequenzen die folgenden Kategorien eingesetzt werden können und ergänzen Sie **Tabelle 1**.

Tabelle 1: Kategorien und Übertragungsfrequenzen

Kategorie	Maximale Frequenz	Kategorie	Maximale Frequenz	Kategorie	Maximale Frequenz
Kat. 5e		Kat. 6		Kat. 7	

3. Ergänzen und beschriften Sie im **Bild 2** die notwendigen Komponenten und Verbindungsleitungen für die Integration eines netzwerkfähigen PC in ein lokales Netzwerk nach dem Gigabit-Ethernet (GbE)-Standard. Geben Sie jeweils die mindestens notwendige Kategorie an, um eine Datenübertragungsrate von 1 Gbit/s zu erreichen sowie die maximal zulässige Leitungslänge.

Bild 2: PC-Anschluss an ein lokales Netzwerk (LAN)

ℹ Wenn nur zwei netzwerkfähige Computer miteinander verbunden werden sollen, gibt es eine einfache Möglichkeit, bei der lediglich eine spezielle Netzwerkleitung benötigt wird.

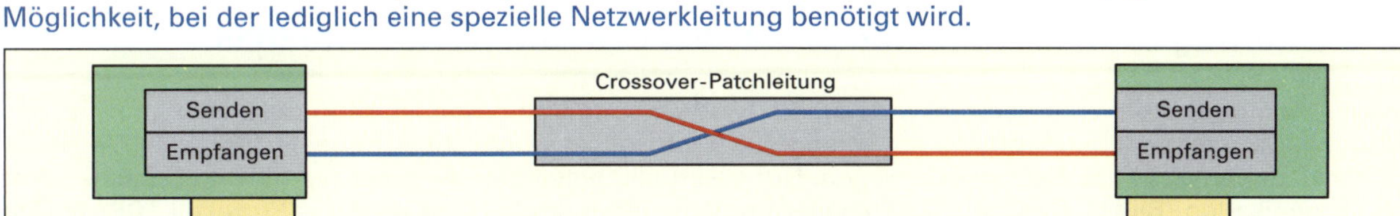

4. Zur Herstellung von Netzwerk-Verbindungen werden verschiedene Werkzeuge verwendet **(Tabelle 2)**. Finden Sie die richtigen Bezeichnungen und beschreiben Sie den Verwendungszweck.

Tabelle 2: Werkzeuge für die Netzwerkmontage

Werkzeug	Bezeichnung und Verwendungszweck
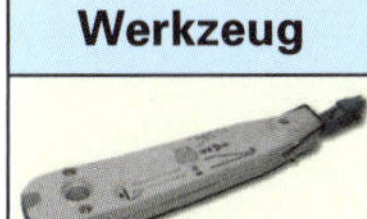	

5. Beim Auflegen der Leitungen **(Bild 2)** können die Leitungsfarben nach zwei unterschiedlichen Spezifikationen (EIA/TIA 568 A und B) angeschlossen werden. Ergänzen Sie in den Ringen **(Bild 1)** jeweils die richtigen Leitungs-Farben.

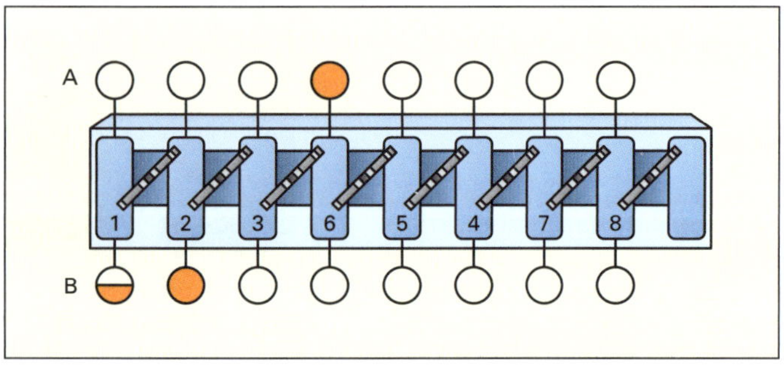

Bild 1: Farbkennzeichnungen nach EIA/TIA 568

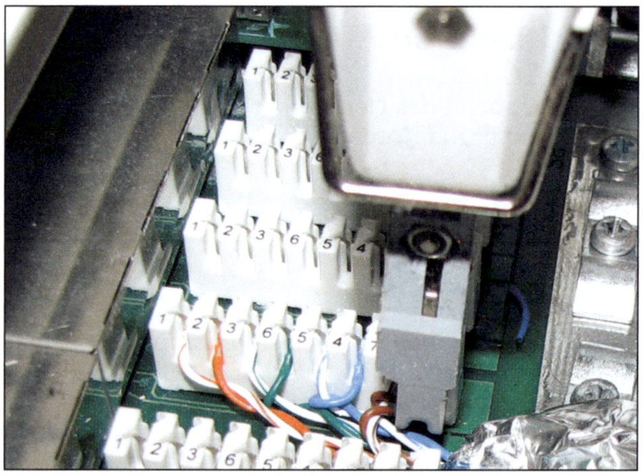

Bild 2: Netzwerkleitung auflegen

6. Ergänzen Sie die fehlenden Verbindungen **(Bild 4)** der Twisted-Pair (verdrillten) Leitung zum RJ45-Stecker **(Bild 3)** nach EIA/TIA 568B. Beachten Sie dazu **Bild 1**.

www www.kabelscheune.de/Netzwerkstecker-RJ45-Belegung-nach-EIA-TIA-Farbcode/

Bild 3: Netzwerkleitung und RJ45-Stecker

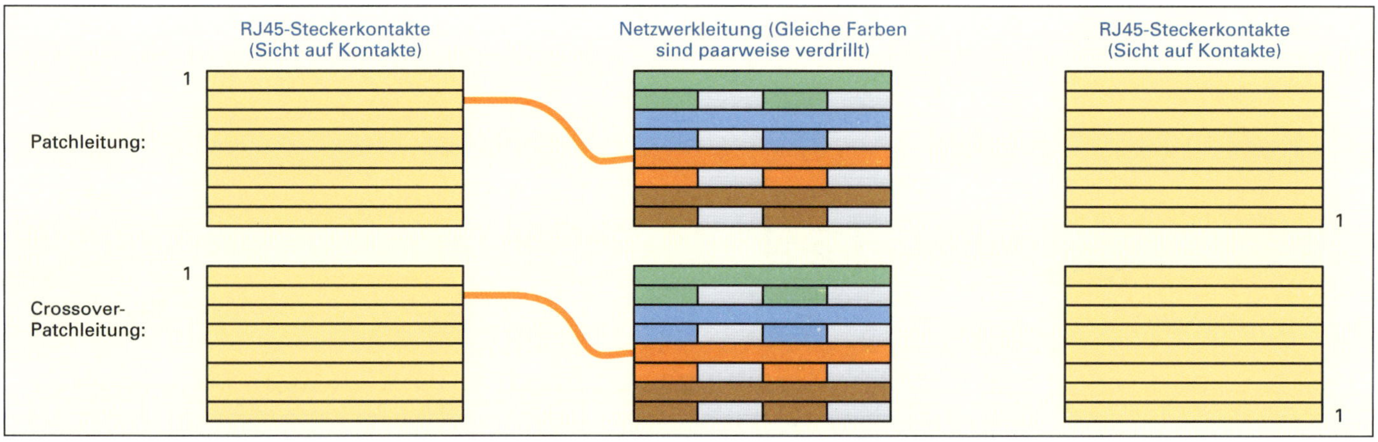

Bild 4: Anschlussbelegung bei einem RJ45-Stecker an einer Netzwerkleitung

Arbeitsauftrag 3: Installation und Einrichten des Netzwerk-Protokolls

Wenn ein Computer über eine Netzwerkkarte an ein Netzwerk angeschlossen ist, kann noch kein Informationsaustausch stattfinden. Dazu ist noch ein Protokoll notwendig. Ein Protokoll ist vergleichbar mit einer Sprache, die verwendet wird, um Informationen über das Netz zu übertragen. Nur wenn alle beteiligten Rechner die gleiche Sprache sprechen, kann die Kommunikation **(Bild 5)** zwischen den Rechnern funktionieren. Im Internet wird das Protokoll **TCP/ IP** (**T**ransmission **C**ontrol **P**rotocol / **I**nternet **P**rotocol) verwendet.

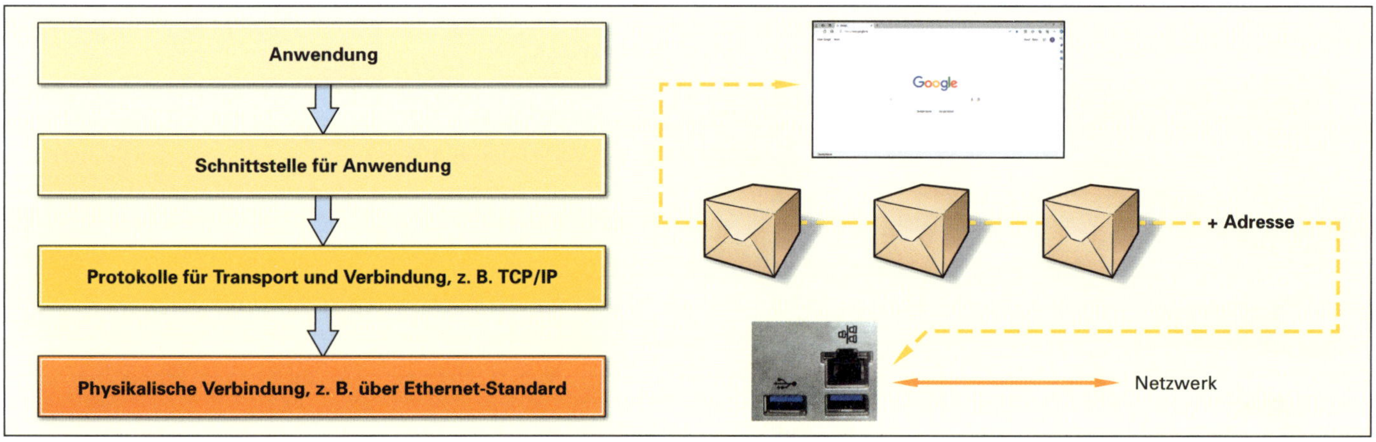

Bild 5: Schichtenarchitektur bei der Kommunikation in einem Netzwerk

In einem lokalen Netzwerk (LAN) wird in der Regel das TCP/IP-Protokoll verwendet, darum wird dieses Protokoll bei der Installation eines Betriebssystema automatisch installiert. Anschließend müssen die IP-Einstellungen, z. B. die Vergabe einer IP-Adresse und einer Subnetzmaske, durchgeführt werden. Zur Analyse der TCP/IP-Einstellungen gibt es grafische Tools aus Windows sowie einfache Befehle auf Konsolenebene (Eingabeaufforderung, **Bild 1**). Die Konsolenbefehle haben den Vorteil, dass sie sich in der Zeit der verschiedenen Betriebssystemgenerationen kaum geändert haben und auf unterschiedlichen Betriebssystemplattformen, z. B. Windows und Linux, verfügbar sind. Zum Erkennen der vorhandenen Netzwerkeinstellungen gibt es in der Eingabeaufforderung **(Bild 1)** den Befehl „ipconfig“.

1. Im lokalen Netz wird in der Regel das TCP/IP-Protokoll aus dem Internet verwendet. Finden Sie die Ausschreibung der Bezeichnungen TCP und IP.

TCP: ______________________

IP: ______________________

Fachkunde Elektrotechnik,
Kapitel: Vernetzung von Computern

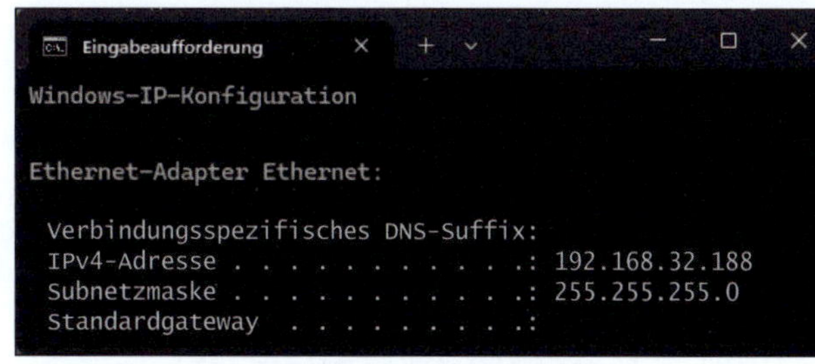

Bild 1: IP-Konfiguration mit „ipconfig“

Jeder Rechner besitzt beim TCP/IP-Protokoll eine eigene IP-Adresse. Diese darf in dem Netz, in dem sie vergeben wurde, nur einmal vorhanden sein.

Die IP-Adresse besteht im Wesentlichen aus zwei Teilen **(Bild 2)**. Bei dem Teil der IP-Adresse, der die Rechneradresse angibt, muss beachtet werden, dass die Werte 0 und 255 für spezielle Anwendungen reserviert sind und darum nicht verwendet werden dürfen.

Um verschiedene Netzwerke mit jeweils unterschiedlicher Anzahl von Rechnern erzeugen zu können, sind die IP-Adressen in Klassen **(Bild 3)** eingeteilt. Diese unterscheiden sich dadurch, dass in jeder Klasse eine unterschiedliche Anzahl von Rechnern untergebracht werden kann. Die sogenannte Subnetzmaske gibt an, an welcher Stelle der Netzwerkanteil der IP-Adresse steht.

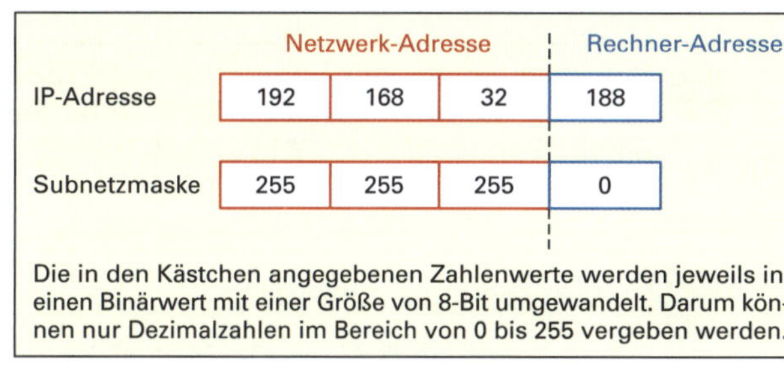

Bild 2: Bestandteile einer IP-Adresse

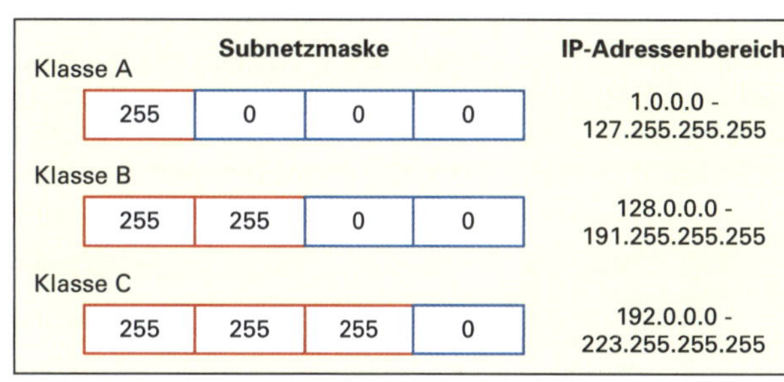

Bild 3: Einteilung der IP-Adressen in Klassen

2. Welche IP-Adresse besitzt der PC aus **Bild 1**? Welcher Klasse **(Bild 4)** wird diese Adresse zugeordnet und welche Adressen sind im IP-Bereich des PCs prinzipiell möglich? Geben Sie dazu die Anfangs- und Endadresse an.

IP-Adresse: ______________ **IP-Anfangsadresse im Bereich des PC:** ______________

Klasse: ______________ **IP-Endadresse im Bereich des PC:** ______________

Wenn jeder PC in einem LAN eine weltweit nur einmal vorhandene IP-Adresse erhalten sollte, würde der Vorrat an vorhandenen IP-Adressen nicht ausreichen. Darum sind für die lokalen Netze eigene IP-Adressenbereiche **(Bild 4)** festgelegt. Diese kommen im öffentlichen Netz nicht vor und dürfen dafür in jedem LAN verwendet werden.

Klasse A: 10.0.0.0	**–**	**10.255.255.255**
Klasse B: 172.16.0.0	**–**	**172.31.255.255**
Klasse C: 192.168.0.0	**–**	**192.168.255.255**

Bild 4: Private IP-Adressenbereiche

3. Ein neuer PC soll in ein Netz eingebunden werden, in der folgende Adresse mit „ipconfig“ bereits ermittelt wurde:

172.20.45.20

a) Welche Klasse wird verwendet?

____

b) Tragen Sie in die Maske **(Bild 5)** die benötigten Einstellungen ein.

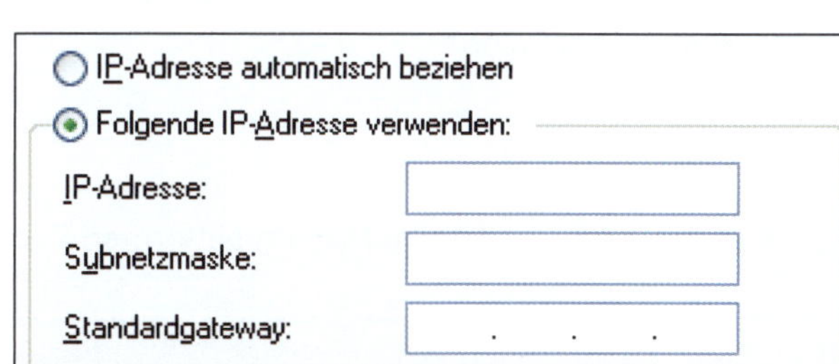

Bild 5: IP-Adresse und Subnetzmaske

Arbeitsauftrag 4: Testen der Netzwerkverbindung

Nach den Protokolleinstellungen soll die Verbindung getestet werden. Dazu gibt es in der Eingabeaufforderung **(Bild 1)**, auch Konsole genannt, einen Konsolenbefehl mit der Bezeichnung „ping". Viele der Konsolenbefehle für den Test einer Netzwerkverbindung haben zusätzliche Möglichkeiten (Optionen), welche sich mit dem Zusatz „/?" anzeigen lassen.

Ermitteln Sie die IP-Adresse des Rechners zu dem Sie die Verbindung testen wollen. Prüfen Sie mit „ping" die Funktion.

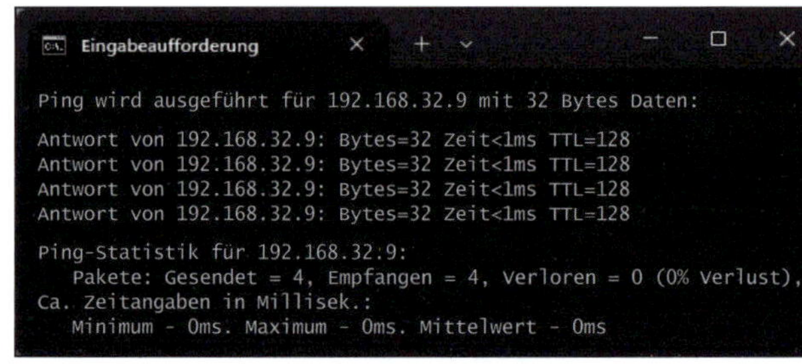

Bild 1: Testen mit dem Befehl „ping"

1. Dokumentieren Sie die Anzeige, wenn nach erfolgreicher Verbindung eine Unterbrechung durch das Ziehen des Netzwerksteckers aus dem Netzwerkanschluss herbeigeführt wird. Verwenden Sie dazu den Befehl „ping" mit der Option –t.

2. Welchen Nutzen bietet die Option „–t"?

Bei Problemen mit einer Netzwerkverbindung kann die Leitung inklusive Steckverbindung mit einem Leitungstester **(Bild 2)** auf Durchgang geprüft werden.

www.leitungspruefer.de

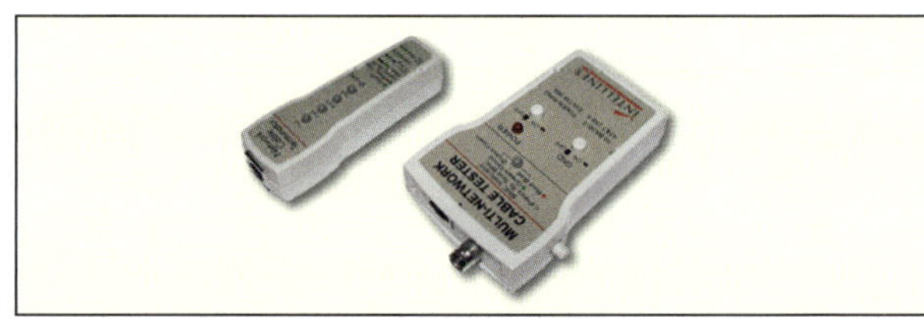

Bild 2: Leitungstester

Arbeitsauftrag 5: Zugriff auf Netzwerkressourcen

Auf einem Rechner im Netzwerk, zu dem die Verbindung mit dem Befehl „ping" bereits erfolgreich getestet wurde, soll über das Netzwerk eine Datei abgelegt werden. Dazu ist es notwendig, dass auf dem betreffenden Rechner eine Freigabe für das Netzwerk erstellt wird. Außerdem muss der User auf dem entfernten Rechner das Recht besitzen, dass er auf die Ressource in der Freigabe zugreifen darf, um die Sicherheit der Daten zu gewährleisten **(Bild 3)**.

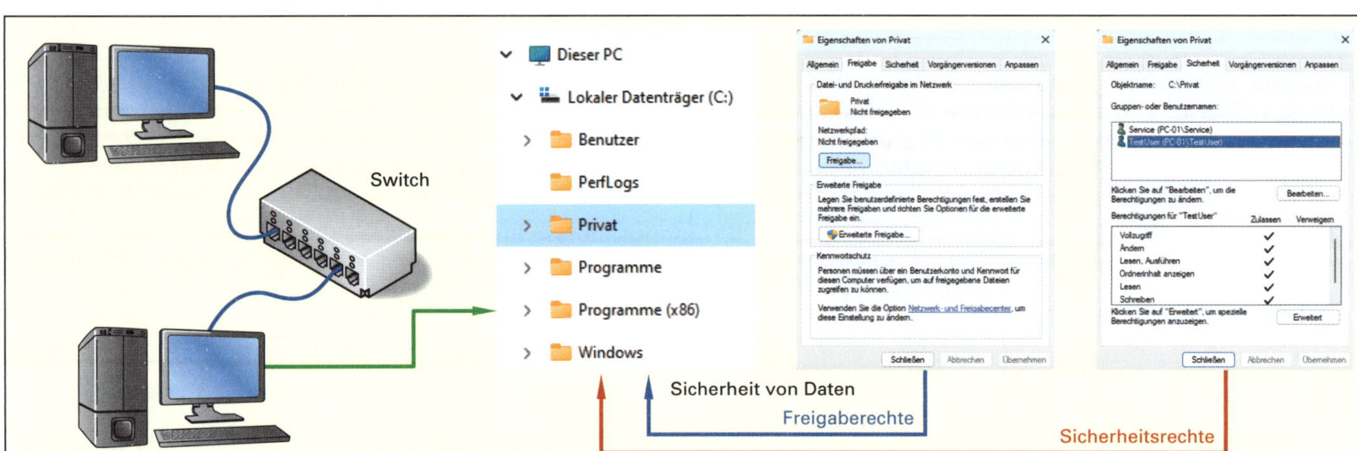

Bild 3: Freigabe und Sicherheit von Daten im Netzwerk

1. Öffnen Sie über den Windows-Explorer den freigegebenen Ordner eines anderen Rechners. Welche Folge hat es, wenn Sie mit Ihrem momentanen Anmeldenamen und Benutzerkennwort nicht als User auf dem Rechner mit der Freigabe angelegt worden sind?

2. Sie sollen eine Textdatei auf einem entfernten Rechner ablegen. Welche Voraussetzungen sind dafür notwendig?

Arbeitsauftrag 6: Verbindung mit dem Internet

In einem lokalen Netzwerk (LAN) wird ein zentraler Internetzugang eingerichtet, um alle im LAN befindlichen PCs an das Internet anzubinden. Dazu wird ein Internetrouter **(Bild 1)** benötigt. Dieser ist auf der einen Seite mit dem lokalen Netzwerk verbunden und auf der anderen Seite mit dem öffentlichen Netz. Der Internetrouter erhält von den PCs im LAN die Datenpakete, deren Ziel nicht im eigenen LAN liegt, z.B. ein Datenpaket an einen Server im Internet. Der Internetrouter, der in der Praxis oft nur als Router bezeichnet wird, ist das Gateway („Torweg") zum Internet.

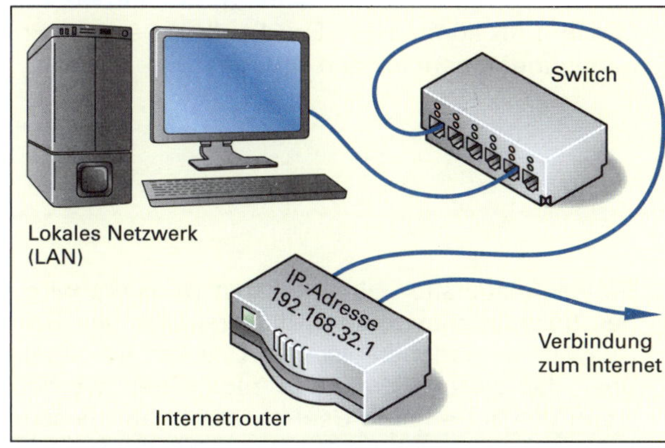

Bild 1: Internetrouter im lokalen Netzwerk (LAN)

1. Es soll für ein lokales Netzwerk **(Bild 1)** ein Internetzugang über einen DSL All-IP-Anschluss hergestellt werden. Ergänzen Sie die folgende Darstellung **(Bild 2)** mit den benötigten Leitungen. Beschriften Sie die Komponenten und zeichnen Sie die notwendigen Verbindungen ein. Verwenden Sie folgende Bezeichnungen:

   TAE-Anschlussdose, DSL-Router mit VoIP-Gateway

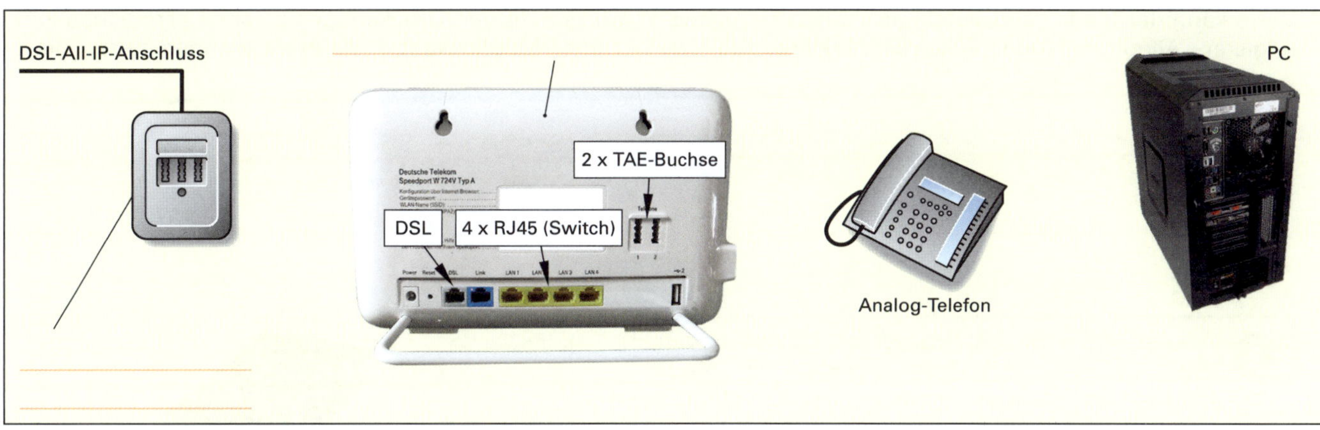

Bild 2: Internetzugang über DSL-All-IP-Anschluss

2. Wenn der PC mit der IP-Adresse 192.168.32.20 bei einer Internetverbindung den Weg über den Router finden soll, muss eine zusätzliche Eingabe bei den TCP/IP-Einstellungen durchgeführt werden. Damit der Rechner weiß, an wen er ein Paket senden muss, wenn sich die Gegenstelle nicht im eigenen LAN befindet, gibt es die Einstellmöglichkeit „Gateway". Alle Datenpakete mit Zieladressen, die nicht im eigenen LAN liegen, werden an das Gateway geleitet. Die Funktion des Gateways wird durch den Router **(Bild 1)** verwirklicht. Ergänzen Sie die fehlenden Einträge in der Bildschirmmaske **(Bild 3)** um den Zugang über den Router zu erlangen.

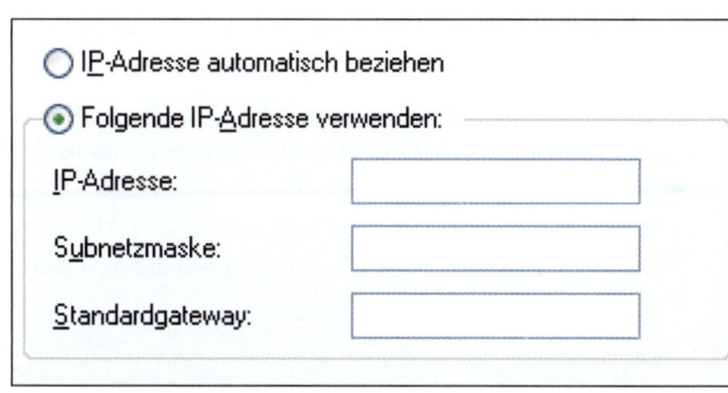

Bild 3: IP-Einstellungen für Betrieb mit DSL-Router

Bei der Suche nach Webseiten im Internet wird ein Browser, z. B. Firefox, MS-Edge oder Google-Chrome, benötigt. Im Browser müsste das gewünschte Ziel, z. B. eine Webseite, mit seiner IP-Adresse und dem Dienst, z. B. http, der die Anfrage beantworten soll, angegeben werden.
Eine IP-Adressen ist jedoch ähnlich schwierig zu merken wie das Einprägen von Telefonnummern. Darum gibt man die Zieladresse (URL[1]) mit einem Namen, z. B. **http://www.europa-lehrmittel.de**, an. Allerdings muss dieser Name noch in eine IP-Adresse umgewandelt werden. Dazu gibt es im Internet einen Dienst, der als DNS (Domain Name Service) bezeichnet wird. Er hat eine ähnliche Aufgabe wie die Telefonauskunft. Damit der in den Browser eingegebene Zielname über den DNS in eine IP-Adresse umgewandelt werden kann, wird die DNS-Adresse benötigt. Diese ist abhängig von dem Provider, bei dem der Zugang zum Internet erfolgt.

3. Finden Sie eine DNS-IP-Adresse für den Provider T-Online.

Provider: T-Online **DNS-IP-Adresse:** ....

URL[1] = Uniform Ressource Locator (engl.) = einheitlicher Quellenanzeiger

Arbeitsauftrag 7: Einbinden eines Netzwerkdruckers

1. Ein Drucker an einem PC kann für das Netzwerk freigegeben werden. Dadurch wird dieser PC zum Printserver. Andere PCs im LAN können ihre Druckaufträge an den Printserver leiten. Nennen Sie verschiedene Vorteile eines Printservers gegenüber einem lokalen Drucker.

Bei der Installation eines lokalen Druckers wird während des Installationsvorgangs die Freigabe des Druckers zur Auswahl angegeben. Ist der Drucker freigegeben, kann über das Netzwerk auf ihn zugegriffen werden **(Bild 1)**, wenn der betreffende User ein Recht auf diesem Rechner besitzt. Der PC mit dem Drucker wird zum Printserver.

Installieren Sie einen Netzwerkdrucker.

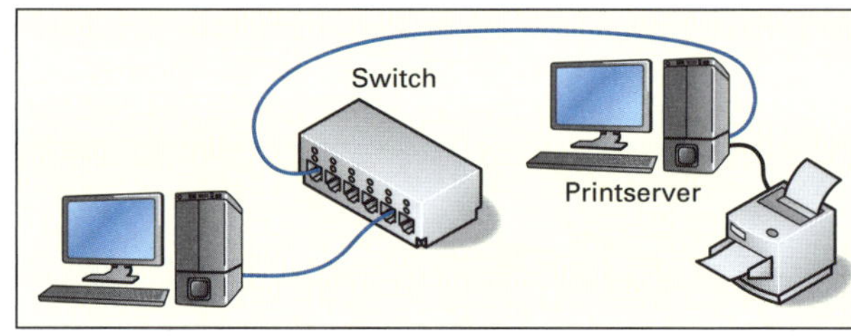

Bild 1: Drucker im lokalen Netzwerk

2. In den Einstellungen des Betriebssystems (Systemsteuerung → „Geräte und Drucker anzeigen") werden die installierten Drucker angezeigt. Mit einem Klick mit der rechten Maustaste auf den Drucker erscheint ein Auswahlmenü. Darin kann der Punkt „Druckereigenschaften" ausgewählt werden. In den Druckereigenschaften erscheinen z. B. die Register „Allgemein" und „Freigabe". Erklären Sie zwei nützliche Möglichkeiten, die in diesen beiden Registern verwendet werden können.

Anstatt einen PC als Printserver zu verwenden, kann ein Printserver mit ausschließlich dieser Funktion auch einzeln installiert werden **(Bild 2)**. Viele Drucker haben bereits einen Netzwerkanschluss **(Bild 3)**. Hier ist der Printserver gleich im Drucker integriert.

Bild 2: Printserver

3. Anstatt eines Printservers **(Bild 1 und Bild 2)** ist es meist einfacher, einen netzwerkfähigen Drucker **(Bild 3)** einzusetzen.
   a) Wie wird der Netzwerkdrucker in das LAN eingebunden und welche Verbindungsleitung wird dazu benötigt?

   b) Welche zusätzliche Möglichkeit für den Anschluss an einen PC bietet der Netzwerkdrucker **(Bild 3)**?

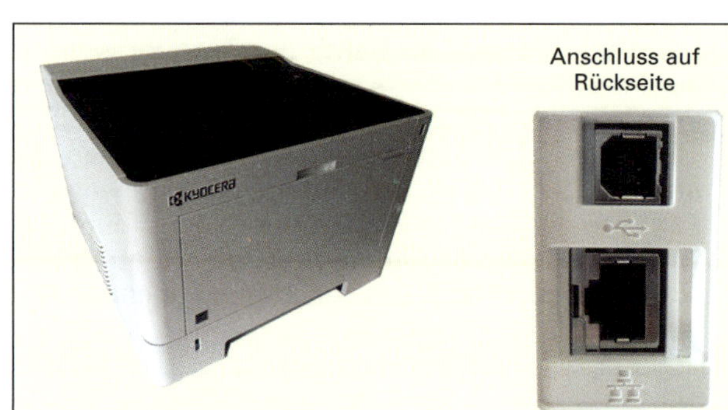

Bild 3: Netzwerkdrucker

4. Es gibt auch Möglichkeiten Dokumente drahtlos von einem PC, z. B. einem Notebook, auf einen Drucker auszugeben. Ergänzen Sie die **Tabelle**.

Tabelle: Standards für das drahtlose Anbinden von Druckern

Standard	Übertragungsmedium	Frequenz	Maximale Reichweite
WLAN			
Bluetooth			

Testen Sie Ihre Fachkompetenz

1. PCs werden zunehmend in lokale Netzwerke integriert. Ergänzen Sie die Mindmap **(Bild 1)** mit Argumenten für die verschiedenen Vorteile, die ein lokales Computernetzwerk bietet, und präsentieren Sie Ihr Ergebnis.

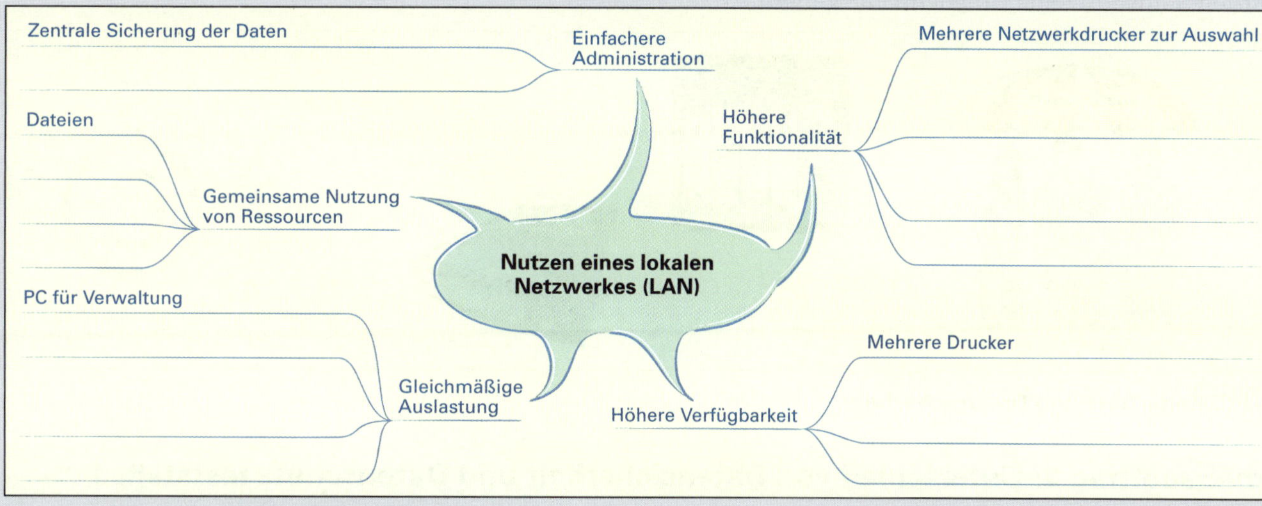

Bild 1: Nutzen eines lokalen Netzwerkes

2. In einem Netzwerk werden **a)** Installationsleitungen und **b)** Patchkabel verwendet. Beschreiben Sie in der **Tabelle 1** die jeweiligen Merkmale und das Einsatzgebiet.

Tabelle 1: Installationsleitung und Patchleitung

Leitung	Merkmale	Einsatzgebiet
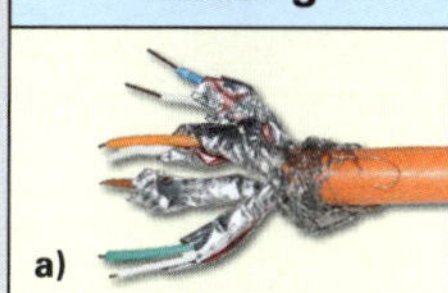 a)		
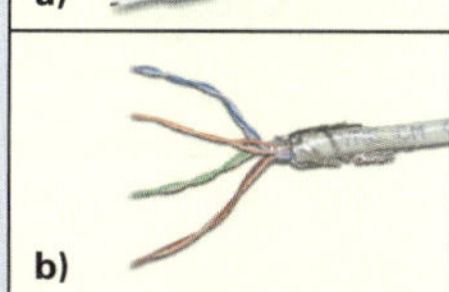 b)		

3. Auf der Rückseite eines PCs befindet sich der Netzwerkanschluss **(Bild 2)**.

a) Welche Bezeichnung hat das benötigte Anschlusskabel für die Anschlussbuchse?

b) Nennen Sie zwei typische Datenübertragungsraten, die bei diesem Netzwerkanschluss genutzt werden.

c) Welche Informationen können aus den beiden LEDs an der Anschlussbuchse gewonnen werden (2 Beispiele angeben)?

a) **b)**

c)

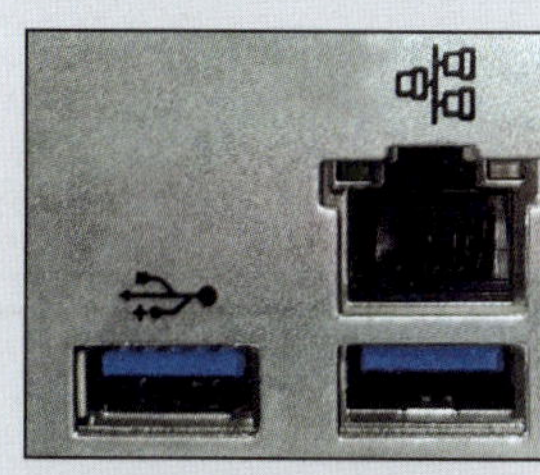

Bild 2: PC-Netzwerkanschluss

4. Für die Untersuchung von Netzwerkverbindungen gibt es neben den Befehlen wie „ping“ und „ipconfig“ noch weitere Befehle, die vor allem für Prüfungen bei der Verbindung über das Internet wichtig sein können. Finden Sie Möglichkeiten für die Anwendung dieser Befehle und tragen Sie die Ergebnisse in die **Tabelle 2** ein.

Tabelle 2: Mögliche Befehle für Untersuchungen von Netzwerkverbindungen (Auswahl)

Konsolenbefehl	Verwendungszweck
tracert	
netstat	

Lernsituation: Gewährleisten von Datensicherheit, Datenschutz und Urheberrechten

In der Firma eines Handwerkers soll nach der Fertigstellung eines kleinen Firmennetzwerkes die Datensicherheit und der Datenschutz **(Bild 1)** umgesetzt werden. Außerdem möchte der Handwerker sicher sein, dass er, bei der von ihm eingesetzten Software, keine Urheberrechte verletzt.

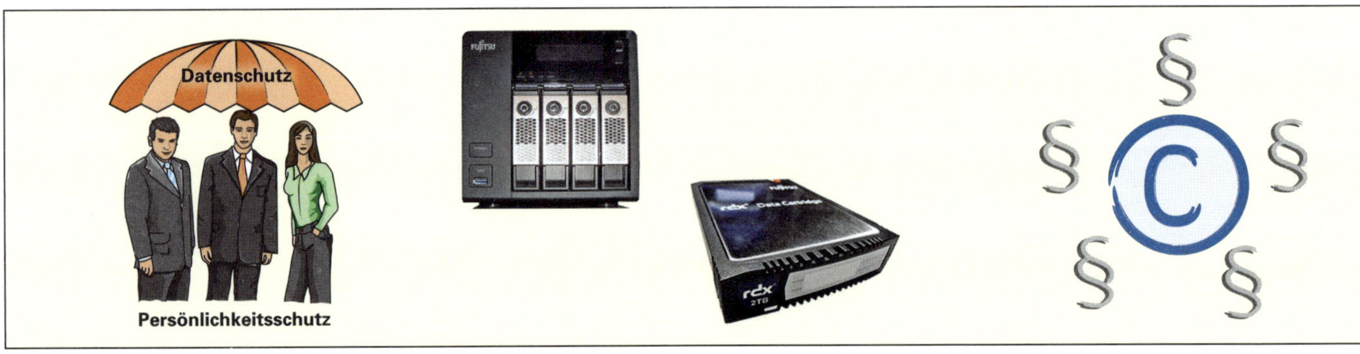

Bild 1: Datenschutz und Datensicherheit

Arbeitsauftrag 1: Unterschied von Datensicherheit und Datenschutz feststellen

1. Die Begriffe Datensicherheit und Datenschutz werden fälschlich oft gleichbedeutend verwendet oder verwechselt. Eine klare Abgrenzung dieser Begriffe ist jedoch wichtig. Erklären Sie die Oberbegriffe „Datenschutz" und „Datensicherheit" in der **Tabelle**.

Fachkunde Elektrotechnik, Kapitel: Datensicherheit, Datenschutz und Urheberrechte

Tabelle: Datenschutz und Datensicherheit

Begriff	Erklärung
Datensicherheit	
Datenschutz	

2. Ergänzen Sie die Mindmap **(Bild 2)** mit Inhalten zum Thema „Datensicherheit".

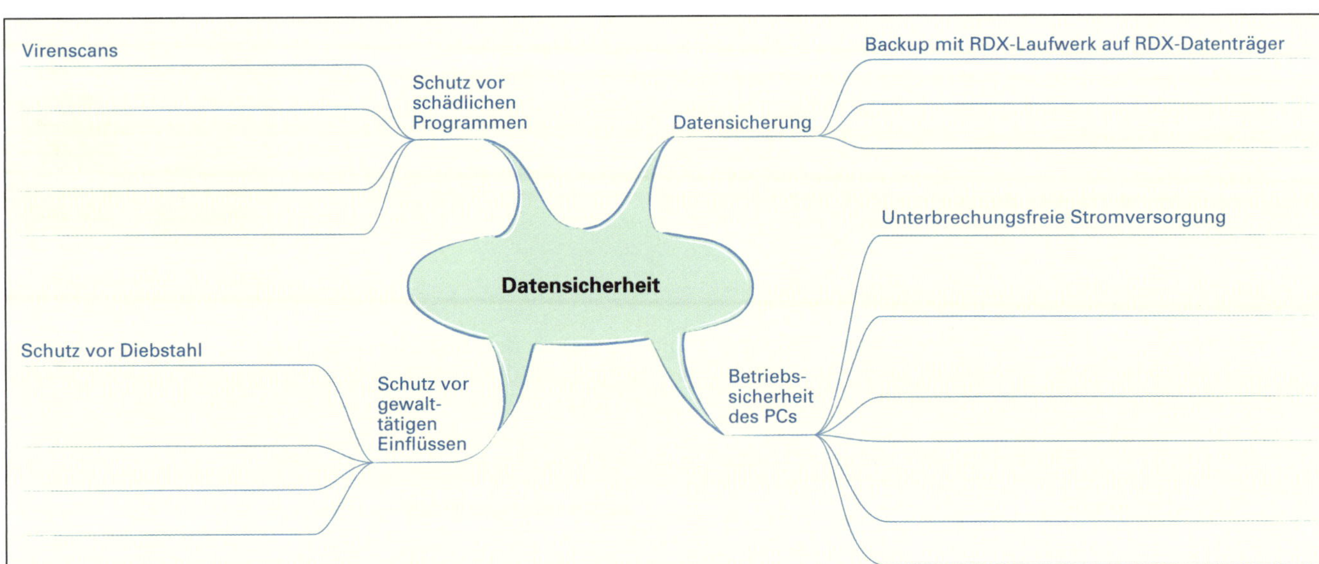

Bild 2: Herstellen von Datensicherheit

3. Nennen Sie Beispiele für mögliche Verletzungen des Datenschutzes bei einem Computersystem.

Arbeitsauftrag 2: Herstellen von Datensicherheit

Ein zentraler Punkt zur Gewährleistung von Datensicherheit ist die regelmäßige Erstellung von Datensicherungen (Backups). Dazu wird eine Backup-Software benötigt. Es kann die im Betriebssystem, z. B. Windows 11, bereits enthaltene Sicherungssoftware **(Bild 1)** oder auch spezielle zusätzliche Backup-Software verwendet werden. Bei Windows 11 wird ein Werkzeug „Sichern und Wiederherstellen" **(Bild 1)** bereitgestellt, das von Microsoft bereits seit Windows 7 zum Einsatz kommt. Damit kann ein komplettes Systemabbild auf einem externen Speichermedium, z. B. einer externen Festplatte, erstellt werden.

Viele Backup-Programme bieten die Möglichkeit, neben einer Komplettsicherung (Normalsicherung) auch inkrementelle und differenzielle Datensicherungen durchzuführen **(Bild 2)**. Dabei werden durch die Auswertung von Archivbits **(i-Box)** nur veränderte Dateien gesichert. Das verringert die Datenmenge und verkürzt die Dauer der Datensicherung.

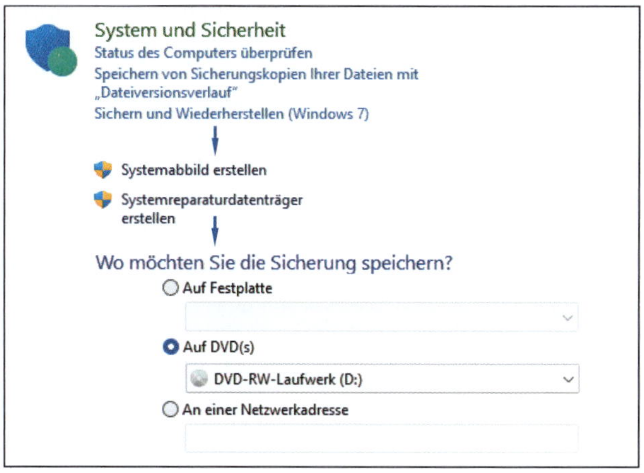

Bild 1: Datensicherung bei Windows 11

> Beim Anlegen einer neuen Datei oder Ändern einer vorhandenen Datei werden auf der Festplatte Archivbits gesetzt. Diese Archivbits haben für ein Datensicherungsprogramm **(Bild 2)** eine Funktion, die ähnlich einer Ampel ist. Wenn das Archivbit einer Datei gesetzt ist, wird signalisiert, hier hat sich etwas geändert und darum muss die Datei gesichert werden. Wenn die geänderten Daten gesichert sind, kann vom Datensicherungsprogramm das Archivbit wieder zurückgesetzt werden.

www.bsi-fuer-buerger.de
www.pchilfe.org

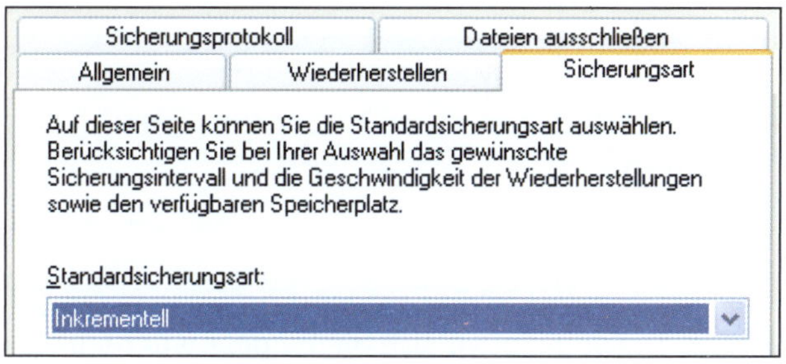

Bild 2: Sicherungsbetriebsarten

Ermitteln Sie die Unterschiede der verschiedenen Sicherungsbetriebsarten hinsichtlich der gesicherten Dateien und dem Setzen oder Rücksetzen des Archivbits. Tragen Sie die Ergebnisse in die **Tabelle** ein.

Tabelle: Verschiedene Sicherungsbetriebsarten

Sicherungsmodus	Gesicherte Dateien und Verwaltung des Archivbits
Normal	
Inkrementell	
Differenziell	

Arbeitsauftrag 3: Herstellen von Datenschutz

Beschreiben Sie eine Möglichkeit zur Unterstützung des Datenschutzes an einem PC.

Arbeitsauftrag 4: Erkennen der Gefahr von schädlichen Programmen

1. Es gibt eine Vielzahl von schädlichen Programmen (Malware), die ungewollt auf dem Rechner platziert werden und dort Schaden anrichten oder geheime Informationen weitergeben. Je nach Arbeitsweise und Zielsetzung dieser Programme wird z. B. zwischen Viren, Trojanern und Würmern unterschieden. Der Anwender eines PCs muss sich der Gefahren bewusst sein, die durch solche Programme entstehen. Außerdem sollte er den Ausbreitungsweg dieser Programme kennen, um vorbeugende Maßnahmen treffen zu können. Ergänzen Sie die **Tabelle 1** mit wichtigen Informationen über die Verbreitung und möglichen Gefahren dieser Programme.

Tabelle 1: Gefahr und Verbreitung von schädlichen Programmen (Auswahl)

Art	Verbreitung (Beispiele)	Gefahren (Beispiele)
Virus		
Trojaner		
Wurm		

2. Ein Anwender stellt sich die Frage, ob er bereits schädliche Programme auf seinem Rechner hat. Dazu benötigt er spezielle Programme zur Erkennung **(Bild)** und der anschließenden Beseitigung. Nennen Sie Beispiele für verschiedene aktuelle Antiviren-Programme auf dem Software-Markt, die dafür eingesetzt werden können.

Bild: Viruswarnung

3. Neben Viren, Würmern und Trojanern gibt es noch eine Reihe zusätzlicher unerwünschter Software. Erklären Sie die Bedeutung der Begriffe in der **Tabelle 2**. Geben Sie auch jeweils eine Art von Software zur Abwehr an.

Tabelle 2: Angriffe aus dem Internet und deren Abwehr

Art des Angriffs	Bedeutung	Abwehr-Software
Spam		
Spyware		
Zugriff auf den Rechner		
Phishing		
Ransomware		

4. Welche wichtigen Anforderungen müssen an ein Komplettpaket für die Abwehr von Angriffen aus dem Internet gestellt werden, um einen möglichst umfassenden Schutz zu erhalten?

Arbeitsauftrag 5: Bedeutung von Urheber- und Medienrecht

Medienrecht ist ein Oberbegriff für die rechtliche Regelung in allen Bereichen, die mit Medien zu tun haben. Ein zunehmender Bereich ist die Verteilung von Informationen mithilfe der Informationstechnik, z. B. dem Internet. Damit verbunden ist auch die Wahrung der Urheberrechte **(Bild)**. Das bedeutet, dass die Erstellung, Verwendung und Verarbeitung solcher Inhalte ohne Erlaubnis des Urhebers rechtliche Konsequenzen haben kann.

Viele Programme im Internet stehen zum Download bereit. Doch nicht alle Programme sind uneingeschränkt nutzbar. Sie unterliegen festgelegten Bestimmungen des Urhebers. Bei Programmen existieren einige gängige Bezeichnungen **(Tabelle)**, die einen Hinweis auf solche Rechte geben.

Bild: Copyright-Symbol

1. Ergänzen Sie in der **Tabelle** die Erklärung für verschiedene Bezeichnungen zum Urheberrecht.

Tabelle: Copyrightbezeichnungen (Auswahl) und deren Bedeutung

Bezeichnung	Bedeutung
Public Domain	
Shareware	
Freeware	
Adware	

2. Neben Programmen sind beim Umgang mit dem Computer auch noch andere Werke vom Urheberrecht betroffen. Geben Sie drei Beispiele dazu an.

-
-
-

3. Welche Konsequenzen entstehen aus Urheberrechtverletzungen für den Inhaber der Urheberrechte?

4. Nennen Sie verschiedene Möglichkeiten, wie man am Beispiel eines Computerprogramms als Urheber die Verletzung seiner Rechte erschweren kann.

Testen Sie Ihre Fachkompetenz

1. Für einen IT-Fachmann ist es wichtig, wirksame Maßnahmen zu ergreifen, um mögliche Gefahren für die Sicherheit von Daten zu verhindern. Finden Sie für die in der **Tabelle** angegebenen Gefahren entsprechende vorbeugende Maßnahmen zur Sicherheit der Daten.

Tabelle: Maßnahmen für Datensicherheit

Gefahr	Erklärung der vorbeugenden Maßnahmen
Schädliche Programme z. B. Viren und Würmer, …	
Stromausfall noch vor dem Speichern auf die Festplatte	
Festplatte defekt	
Diebstahl des PC	

2. Wodurch können schädliche Programme den Datenschutz verletzen?

3. Ergänzen Sie die Mindmap **(Bild)** mit verschiedenen Möglichkeiten zur Herstellung von Datenschutz in einem Netzwerk.

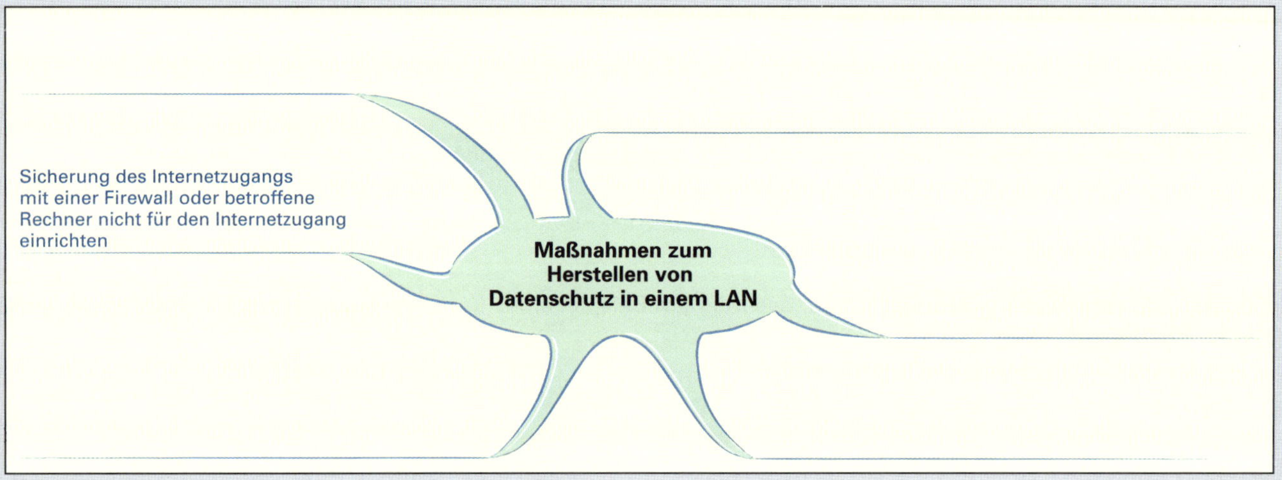

Bild: Maßnahmen zum Herstellen von Datenschutz

PC Hard- und Software – Auszug aus Großhändlerkatalog (alle Preise ohne MwSt.)

Mainboards

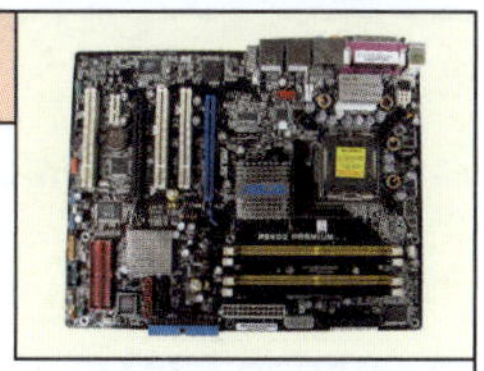

MSI MAG B760M Mortar WiFi
micro ATX, Chipsatz Intel B760, Sockel LGA 1700, CPUSupport für Intel Core, Pentium Gold, Celeron Prozessoren der 12. 13. und 14. Generation, max. 192 GB RAM, 4 x DIMM-Slot, DDR5 bis zu 7800 MHz (OC), 1 x DisplayPort, 1 x 2.5 GBase-T, 1 x WiFi 6E, 1 x USB-C 3.2 Gen 2x2, 3 x USB-A 3.2 Gen 2, 4 x USB-A 2.0, PCIe x16 5.0, PCIe x4 3.0, 1 x M.2 M-Key PCIe 4.0 x4, 4 x SATA 600, HD-Audio 8 Kanal
Best.Nr. MB4031 — 136,89 €

Gigabyte B650 EAGLE AX
ATX, Chipsatz AMD B650, Sockel AM5, CPU-Support für AMD Ryzen, Prozessoren der Serie 7000/8000, max. 192 GB RAM, 4 x DIMM-Slot, Dual-Channel, DDR5 bis 7600 MHz (OC), 1 x DisplayPort, 1 x HDMI, 1 x GbE, WiFi 6E, Bluetooth 5.3, 1 x USB-C 3.2 Gen 1, 2 x USB-A 3.2 Gen 2, 6 x USB-A 2.0, 1 x PS/2, PCIe x16 4.0, 1 x PCIe x16 3.0, 2 x M.2 M-Key PCIe 4.0 x4, 1 x M.2 M-Key PCIe 5.0 x4, 4 x SATA 600, HD-Audio 8
Best.Nr. MB4032 — 144,12 €

ASRock 2690 Extreme
ATX, Chipsatz Intel Z690, Sockel LGA 1700, CPU-Support für Intel Core der 12. Generation, max. 128 GB RAM, 4 x DIMM-Slot, DDR4 bis zu 5000 MHz (OC) , 1 x DisplayPort, 1 x HDMI, 1 x 2.5 GBase-T, 1 x GbE, 1 x USB-C 3.2 Gen 1, 4 x USB-A 3.2 Gen 1, 6 x USB-A 2.0, 1 x PCIe x16 5.0, 1 x PCIe x16 4.0 (x4 Modus), 1 x PCIe x16 3.0 (x4 Modus), 1 x PCIe x1 3.0, 2 x M.2 M-Key PCIe 4.0 x4, 8 x SATA 600, HD-Audio 8 Kanal
Best.Nr. MB4033 — 167,98 €

Speicher

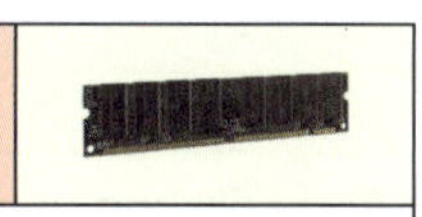

G.Skill DIMM DDR4-4800 (PC 4-38400)
32 GB Kit (2x16 GB)
Best.Nr. SP2010 — 108,32 €

Corsair DIMM DDR5-7200 (PC 5-57600)
32 GB Kit (2x16 GB)
Best.Nr. SP2020 — 131,85 €

CD/DVD/BD-Laufwerk

CD/DVD-Brenner
ASUS DRW-24D5MT
SATA, CD-R 48x, DVD+/-R 24x, DVD-RAM 5x
Best.Nr. LW1232 — 14,20 €

CD/DVD/BD-Brenner
LG BH16NS40 Super Multi Blue
SATA 1,5 Gbit/s, CD 48x, DVD 16x, BD 12x
Best.Nr. LW1245 — 63,78 €

Zubehör

CPU-Kühler
Alpenföhn Brocken 4
Sockel LGA 1151, 1156, 1700, AM4, AM5, Luftdurchsatz 94 m^2/h, Lautstärke 22,8 dBA
Best.Nr. ZB1422 — 67,14 €

Mikroprozessoren

Sockel LGA 1700

Intel Core i7-14700K
20 Kerne (8 P-Kerne, 12 E-Kerne), L3-Cache 33 MB, L2-Cache 28 MB, CPU-Takt 3,4 GHz (P-Kerne), 2,5 GHz (E-Kerne), Anzahl Threads 28, max. Leistungsaufnahme 125 W, Intel UHD Grafik, max. Speicher 192 GB, DDR5-5600, DDR4-3200, Dualchannel
Best.Nr. CP1010 — 361,34 €

Intel Core i5-12400
6 Kerne, L3-Cache 18 MB, L2-Cache 7,5 MB, CPU-Takt 2,5 GHz, Anzahl Threads 12, max. Leistungsaufnahme 65 W, Intel UHD 730, max. Speicher 128 GB, DDR5-4800, DDR4-3200, Dualchannel
Best.Nr. CP1020 — 134,37 €

Intel Core i3-12100
4 Kerne, L3-Cache 12 MB, L2-Cache 5 MB, CPU-Takt 3,3 GHz, Anzahl Threads 8, max. Leistungsaufnahme 60 W, Intel UHD 730, max. Speicher 128 GB, DDR5-4800, DDR4-3200, Dualchannel
Best.Nr. CP1030 — 92,35 €

Sockel AM5

AMD Ryzen 7 7700
8 Kerne, L3-Cache 32 MB, L2-Cache 8 MB, CPU-Takt 4,2 GHz, Anzahl Threads 16, max. Leistungsaufnahme 65 W, AMD Radeon Graphics, GPU Takt 2,2 GHz, max. Speicher 128 GB, DDR5-5200, Dualchannel
Best.Nr. CP1040 — 201,60 €

AMD Ryzen 7 8700G
8 Kerne, L3-Cache 16 MB, L2-Cache 8 MB, CPU-Takt 3,8 GHz, Anzahl Threads 16, max. Leistungsaufnahme 65 W, AMD Radeon 780 M, GPU Takt 2,9 GHz, max. Speicher 256 GB, DDR5-5200, Dualchannel
Best.Nr. CP1050 — 201,60 €

Festplatten

HDD WD Blue
HDD, 3,5", 4 TB, SATA-600, 6 Gbit/s, 5400 U/min, Cache 256 MB, Übertragungsrate max. 185 MB/s
Best.Nr. FP1034 — 98,31 €

HDD ST4000 IronWolf Pro
HDD, 3,5", 4 TB, SATA III, 6 Gbit/s, 7200 U/min, Cache 256 MB, MTBF 2000000 Stunden, 24/7 Dauerbetrieb
Best.Nr. FP1037 — 123,45 €

SSD 870 EVO 500 GB
SSD, 2,5", 500 GB, SATA III, 6 Gbit/s, Geschwindigkeit Lesen/ Schreiben 560 MB/s / 530 MB/s, Schreib-/Lesevorgänge (IOPS) 88000/98000, MTBF 1500000 Stunden
Best.Nr. FP1039 — 53,77 €

SSD WD_Black SN850X 4 TB
SSD, 4 TB, Anschluss M.2, Formfaktor 2280, NVMe, PCIe 4.0 x4, Geschwindigkeit Lesen/Schreiben 7300 MB/s / 6600 MB/s, Schreib-/Lesevorgänge (IOPS) 1100000/1200000
Best.Nr. FP1040 — 239,49 €

PC Hard- und Software – Auszug aus Großhändlerkatalog (alle Preise ohne MwSt.)

Gehäuse/Netzteil

Midi Tower

Cool Tower SX
micro ATX/ATX,
Einbauschächte
2 x 5,25" extern,
3 x 2,5" intern,
2 x 3,5" intern,
Frontanschlüsse 1 x USB 2.0, 2 x USB 3.2 Gen 1,
Audio In/Out
Best.Nr. GH5080 — 75,55 €

CoolPower ZX
micro ATX/ATX, Einbauschächte 1 x 5,25" extern, 4 x 2,5" intern, 2 x 3,5" intern, Frontanschlüsse 1 x USB 2.0 2 x USB 3.2 Gen 1
Best.Nr. GH5090 — 67,14 €

Netzteil

ATX Pure Power 10 750 W
Best.Nr. NT6065 — 63,78 €

µATX Power 3 450 W
Best.Nr. NT6035 — 52,86 €

Grafikkarten

Sapphire Radeon RX 550 Pulse 2 GB DDR5
AMD Radeon RX 550, DisplayPort, HDMI, DVI-D, PCIe x16 3.0, max. Auflösung 5120 x 2880, DirectX12, Open-GL 4.50
Best.Nr. GK1084 — 75,55 €

Gigabyte GeForce GTX 1650 4 GB DDR5
nVidia GeForce GTX 1650, DisplayPort, HDMI, DVI-D, PCIe x16 3.0, max. Auflösung 7680 x 4320, DirectX12, OpenGL 4.50
Best.Nr. GK1034 — 134,37 €

MSI GeForce RTX 3050 Ventus 2X OC 6 GB GDDR6
nVidia GeForce RTX 3050, DisplayPort, 2x HDMI, PCIe x16 4.0, max. Auflösung 7680 x 4320, DirectX12, OpenGL 4.60
Best.Nr. GK1054 — 172,18 €

Anwendungsprogramme
(Preise auf Anfrage)

Office 365

EPLAN Electric P8	Best.Nr. AW1020P
E-CAD für Elektroanlagenprojektierung und Engineering	
Autodesk Fusion 360	Best.Nr. AW1030
Software für CAD und Leiterplattenlayout	
Multisim	Best.Nr. AW1040
Simulation von Elektronikschaltungen	
Adobe Acrobat Pro 2023	Best.Nr. AW2030
Microsoft 365 Business Standard	Best.Nr. AW2040

Monitore

Samsung F24T452FQR
Bildschirmgröße 24 Zoll, Auflösung max. 1920 x 1080 (Full HD), Reaktionszeit 5 ms, Bildschirmformat 16:9, Kontrastverhältnis 1000 : 1, Helligkeit 250 cd/m^2, Anschlüsse 1 x HDMI, 1 x DisplayPort, Betrachtungswinkel 178°, Leistungsaufnahme 15 W
Best.Nr. GM1024 — 109,16 €

BenQ BL2420PT
Bildschirmgröße 24 Zoll, Auflösung max. 2560 x 1440 (Full HD), Reaktionszeit 5 ms, Bildschirmformat 16:9, Kontrastverhältnis 1000 : 1, Helligkeit 300 cd/m^2, Anschlüsse 1 x HDMI, 1 x DisplayPort, 1 x DVI-D, Betrachtungswinkel 178°, Leistungsaufnahme 28 W
Best.Nr. GM1027 — 163,78 €

Betriebssysteme

MS-Windows 11 Education	55,38 €
MS-Windows 11 Home	82,27 €
MS-Windows 11 Pro	167,18 €
MS-Windows 11 Enterprise	117,56 €
MS-Windows Server 2022 Standard	Preis auf Anfrage

Utilities
(Preise auf Anfrage)

Archivierung und Kompression

WinZip	Best.Nr. UT7012
WinRAR	Best.Nr. UT7015
PowerArchiver	Freeware

Datensicherheit

Acronis True Image	Best.Nr. UT7214
AntiVirus	Best.Nr. UT7220

Diagnose und Leistungstest

SiSoftware Sandra Lite
Hardware- und Software-Informationen, Benchmarktests, z. B. für CPU-Leistung, Speicherbandbreite, Speicher-Latenzzeit (Speicherverzögerung), Netzwerk-Bandbreite und Grafiksystem-Leistung
Best.Nr. UT7230

AIDA64
PC-Diagnose — Best.Nr. UT7232

Montagezeiten (Mittelwerte) und Installationskosten, die von der Firma Elektro Rundumfix ermittelt wurden:

Mainboard	15 min
Festplatten- BD- und CD/DVD-Laufwerk (je Laufwerk)	5 min
Netzteil	6 min
CPU mit Kühler	6 min
Speicher	2 min
Grafikkarte	4 min

Strombelastbarkeit von Kabeln und isolierten Leitungen

Nach DIN VDE 0298-4

Tabelle 1: Verlegearten von Kabeln und isolierten Leitungen

Verlegeart		**Verlegebedingungen (Wichtige Beispiele)**
A1	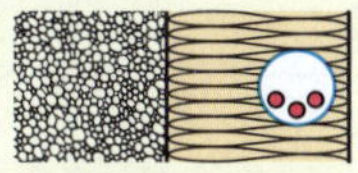	**Verlegung in wärmegedämmten Wänden** • Aderleitungen im Elektroinstallationsrohr, • Aderleitungen in Formleisten oder in Formteilen.
A2	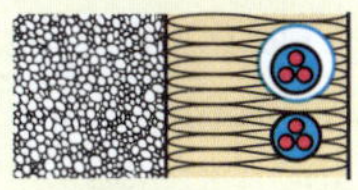	• Mehradrige Kabel oder mehradrige Mantelleitungen im Elektroinstallationsrohr, • mehradrige Kabel oder mehradrige Mantelleitungen in einer wärmegedämmten Wand.
B1	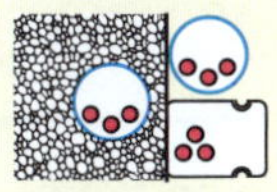	**Verlegung in Elektroinstallationsrohren** • Aderleitungen im Elektroinstallationsrohr auf oder in der Wand, • Aderleitungen, einadrige Kabel oder Mantelleitungen im Elektroinstallationskanal.
B2		• Mehradrige Kabel oder Mantelleitungen im Elektroinstallationsrohr auf der Wand, • mehradrige Kabel oder Mantelleitungen im Elektroinstallationskanal, • mehradrige Kabel oder Mantelleitungen im Sockelleisten- oder im Unterflurkanal.
C*	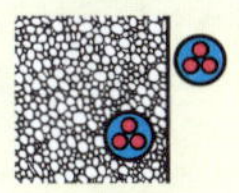	**Verlegung direkt auf dem Untergrund (Wand)** • Ein- oder mehradrige Kabel oder Mantelleitungen auf oder in der Wand oder unter der Decke, • Stegleitungen im oder unter Putz.
D		**Verlegung in der Erde** • Mehradriges Kabel oder mehradrige ummantelte Installationsleitung im Elektroinstallationsrohr oder im Kabelschacht in der Erde.
E	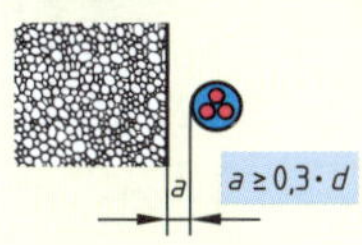	**Verlegung frei in der Luft** • Mehradrige Kabel oder mehradrige Mantelleitungen frei in der Luft verlegt mit einem Mindestabstand $a \geq 0{,}3 \cdot d$ zur Wand (d = Leitungsdurchmesser), • Kabel oder Leitungen auf gelochten Kabelrinnen oder auf Kabelkonsolen.
F	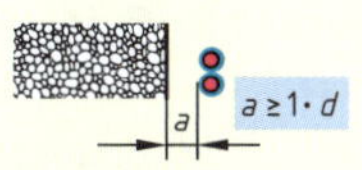	• Einadrige Kabel oder einadrige Mantelleitungen mit gegenseitiger Berührung verlegt und mit einem Mindestabstand $a \geq 1 \cdot d$ zur Wand.
G	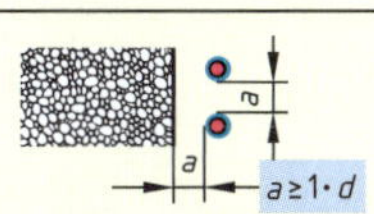	• Einadrige Kabel oder einadrige Mantelleitungen mit einem gegenseitigen Abstand $a \geq 1 \cdot d$ verlegt und einem Mindestabstand $a \geq 1 \cdot d$ zur Wand, • blanke Leiter oder Aderleitungen auf Isolatoren.

* Wird eine einzelne Leitung z. B. auf einer Länge von < 50 mm vollständig gedämmt, ist ein Reduktionsfaktor von 0,89 bezogen auf die Strombelastbarkeit der Verlegeart C anzuwenden. Weitere Reduktionsfaktoren sind in der DIN 0100-520 Beiblatt 1 zu finden.

Tabelle 2: Bemessungswert I_r der Strombelastbarkeit von Kabeln und Leitungen für feste Verlegung in den Verlegearten A1, A2, B1, B2, C und D bei einer Umgebungstemperatur von 30 °C

Nach DIN VDE 0298-4 (Auszug)

Verlegeart	A1		A2		B1		B2		C		D	
belastete Adern	2	3	2	3	2	3	2	3	2	3	2	3
Nennquerschnitt in mm² Cu	Bemessungswert I_r der Strombelastbarkeit in A für PVC-isolierte Kabel und Leitungen mit einer Betriebstemperatur am Leiter bis 70 °C											
1,5	15,5	13,5	15,5	13	17,5	15,5	16,5	15	19,5	17,5	18,5	15,5
2,5	19,5	18	18,5	17,5	24	21	23	20	27	24	25	21
4	26	24	25	23	32	28	30	27	36	32	32	27
6	34	31	32	29	41	36	38	34	46	41	40	34
10	46	42	43	39	57	50	52	46	63	57	54	45
16	61	56	57	52	76	68	69	62	85	76	69	59
25	80	73	75	68	101	89	90	80	112	96	88	76
35	99	89	92	83	125	110	111	99	138	119	106	91

Bemessungswerte I_r für die Verlegearten E, F und G siehe DIN VDE 0298-4 oder Tabellenbuch Elektrotechnik

Tabelle 1: Umrechnungsfaktoren f_1 für abweichende Umgebungstemperaturen
Nach DIN VDE 0298-4 (Auszug)

Umgebungstemperatur in °C	10	15	20	25	30	35	40	45	50	55	60	65	70
PVC-Isolierung	1,22	1,17	1,12	1,06	1,0	0,94	0,87	0,79	0,71	0,61	0,5	0,35	–
Gummi-Isolierung	1,29	1,22	1,15	1,08	1,0	0,91	0,82	0,71	0,58	0,41	–	–	–

Tabelle 2: Umrechnungsfaktoren f_2 bei Häufung von Kabeln oder Leitungen auf der Wand, im Rohr, im Kanal oder auf dem Fußboden verlegt
Nach DIN VDE 0298-4 (Auszug)

Anordnung der Leitungen		Anzahl der mehradrigen Leitungen oder Anzahl der Wechsel- oder Drehstromkreise									
		1	2	3	4	5	6	7	8	9	10
• Gebündelt direkt auf der Wand, • auf dem Fußboden, • im Elektroinstallationskanal oder -rohr, auf oder in der Wand	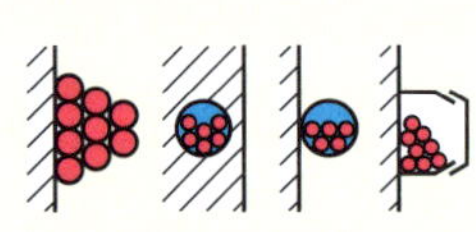	1,0	0,8	0,7	0,65	0,6	0,57	0,54	0,52	0,5	0,48
• Einlagig ohne Zwischenraum auf der Wand oder • einlagig ohne Zwischenraum auf dem Fußboden	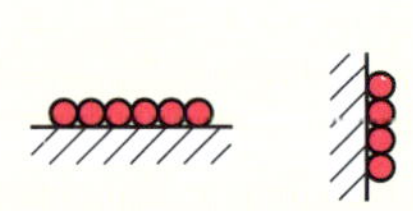	1,0	0,85	0,79	0,75	0,73	0,72	0,72	0,71	0,7	0,7
Umrechnungsfaktoren für weitere Leitungsanordnungen: Tabellenbuch Elektrotechnik oder DIN VDE 0298-4											

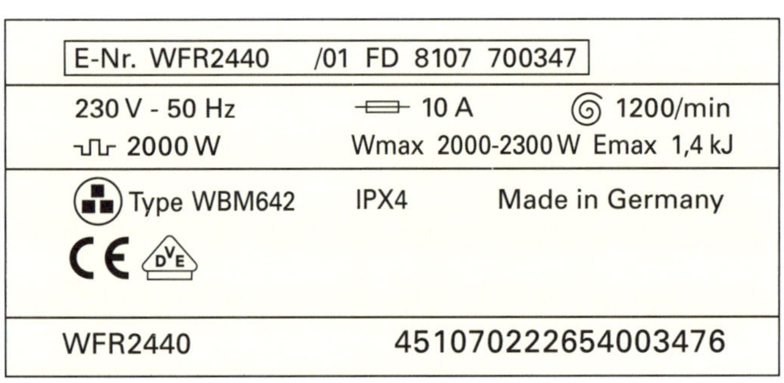

Bild 1: Typenschild Waschvollautomat

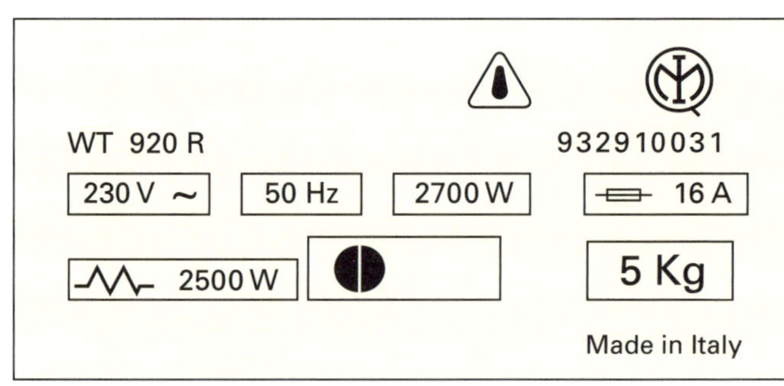

Bild 2: Typenschild Wäschetrockner

Tabelle 3: Bemessungswerte I_N von Überstrom-Schutzeinrichtungen zwischen 6 A ... 63 A

6 A	10 A	13 A	16 A	20 A	25 A	32 (35[1]) A	50 A	63 A

[1] In Klammer: Bemessungsstrom von Schmelzsicherung

Tabelle 4: Außendurchmesser metrischer PVC-Installationsrohre

Bezeichnung, Außendurchmesser in mm	M 16	M 20	M 25	M 32	M 40

Tabelle 5: Außendurchmesser und Außenquerschnitt von Mantelleitungen

Aderzahl und Querschnitt in mm²	Außendurchmesser[1] in mm	Außenquerschnitt in mm²
3 × 1,5; 4 × 1,5	11	95
3 × 2,5; 5 × 1,5	12	113
5 × 2,5; 7 × 1,5	14	154
5 × 10	22	380
5 × 16	26	531

[1] Mantelleitung NYM

Tabelle 6: Abmessungen und Fassungsvermögen von Installationskanälen

Abmessungen Höhe × Breite in mm	Kanalquerschnitt in mm²	Anzahl Leitungen[1] Ø 11 mm
15 × 15	167	1
20 × 20	246	1
20 × 35	480	2
30 × 45	1023	5
30 × 60	1309	7

[1] Z. B. Mantelleitung NYM 3 × 1,5 mm²

Auslösekennlinien von Überstrom-Schutzeinrichtungen

DIN VDE 0636
DIN VDE 0641
DIN VDE 0660

Strom-Zeit-Kennlinien von Niederspannungssicherungen, Ganzbereichssicherungen gG (früher gL)

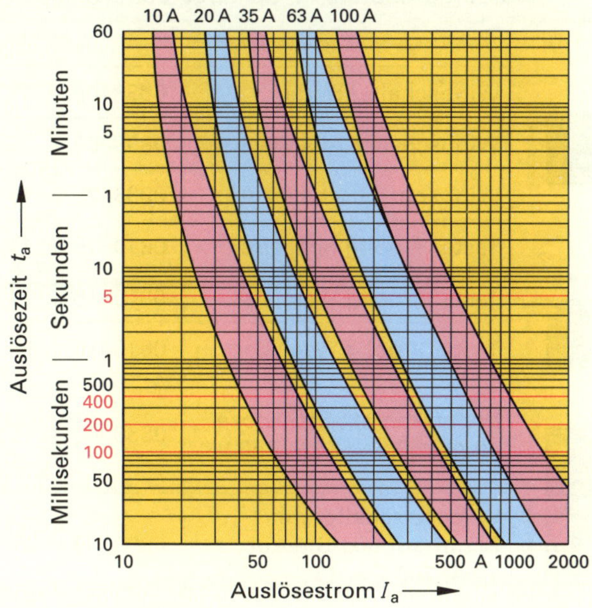

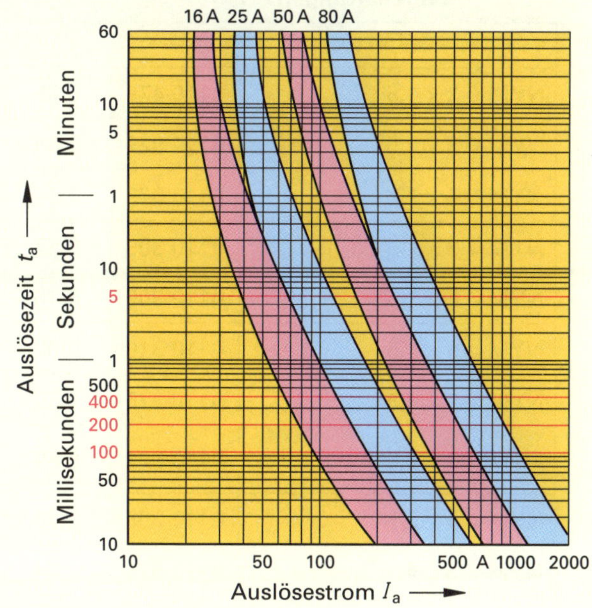

Kennlinie der Schmelzsicherung gG 13 A siehe DIN VDE 0636-3 oder Fachkunde Elektrotechnik, Kapitel: Elektrische Anlagen
Bemessungsströme von Schmelzsicherungen gG: 2 A, 4 A, 6 A, 10 A, 13 A, 16 A, 20 A, 25 A, 35 A, 50 A, 63 A, 80 A und 100 A

Auslösekennlinien von Leitungsschutzschaltern (LS-Schalter Typ B, C, D, K und Z)

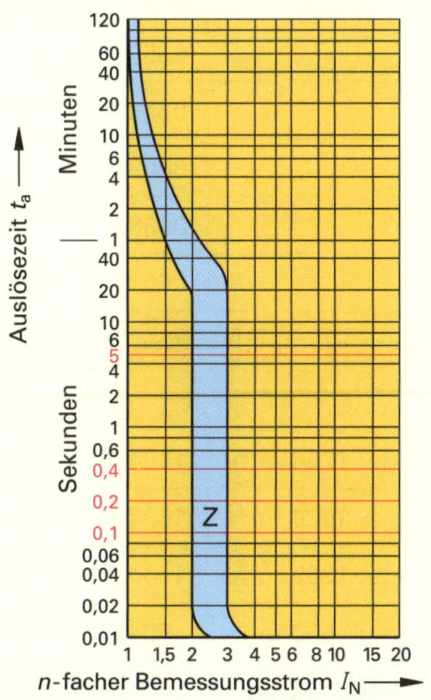

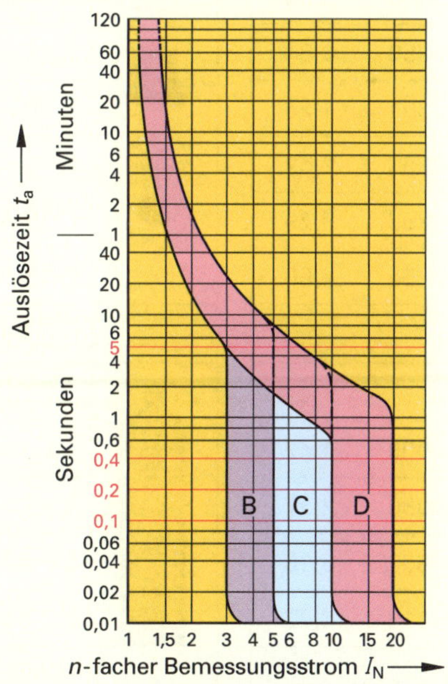

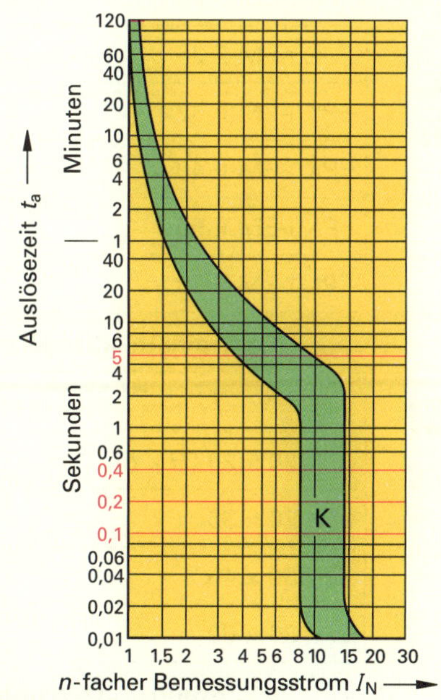

Bemessungsströme von LS-Schaltern (Typ B): 6 A, 10 A, 13 A, 16 A, 20 A, 25 A, 32 A, 40 A, 50 A, 63 A, 80 A, 100 A und 125 A

Charakteristiken und χ-Faktoren[1] von LS-Schaltern zur Berechnung des Abschaltstromes I_a (Auswahl)

Charakteristik	Z	B	C	D	K
χ-Faktor	1,20	1,45	1,45	1,45	1,20
Abschaltstrom I_a	$3 \cdot I_N$	$5 \cdot I_N$	$10 \cdot I_N$	$20 \cdot I_N$	$14 \cdot I_N$

Anwendungsbeispiele (Charakteristik)	
Z:	Halbleiterschutz, Spannungswandler
B:	Hausinstallation
C:	Kleintransformatoren, Motoren, Beleuchtungsstromkreise
D, K:	Motorstromkreise oder Transformatoren mit hohem Einschaltstrom

[1] Griechischer Kleinbuchstabe chi
LS-Schalter Typ Z und K (χ = 1,2) lösen im Überlastbereich früher aus als LS-Schalter des Typs B, C und D (χ = 1,45)

Auszug aus dem Großhändlerkatalog

Bild	Bezeichnung	Bestell-nummer	€ Stk. / m
	Mantelleitungen NYM		
	Mantelleitung nach DIN VDE 0250		
	NYM-0 2 × 1,5	0110 479	0,85
	NYM-0 3 × 1,5	0110 022	0,64
	NYM-0 4 × 1,5	0110 029	1,60
	NYM-J 3 × 1,5	0110 308	0,57
	NYM-J 4 × 1,5	0110 309	0,76
	NYM-J 5 × 1,5	0110 310	0,92
	NYM-J 7 × 1,5	0110 375	1,30
	NYM-J 3 × 2,5	0110 521	0,89
	NYM-J 5 × 2,5	0110 358	1,40
	NYM-J 3 × 4	0110 326	2,64
	Elektroinstallationsrohre PVC, glatt, starr		
	Mittleres Kunststoff-Stangenrohr aus PVC, Farbe grau (RAL 7035), nicht flammenausbreitend, Mindestdruckfestigkeit: 750 N/5 cm		
	FPKu-EM-F 16	0500342	0,62
	FPKu-EM-F 20	0500348	0,54
	FPKu-EM-F 25	0500350	0,84
	FPKu-EM-F 32	0500351	1,26
	FPKu-EM-F 40	0500352	2,52
	FPKu-EM-F 50	0500353	3,29
	FPKu-EM-F 63	0500354	4,60
	Elektroinstallationskanäle		
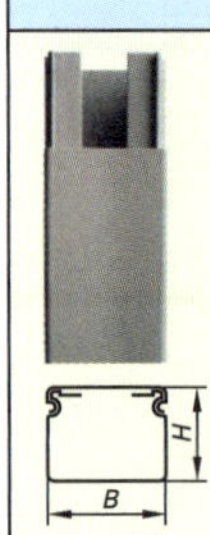	Leitungsführungskanal, PVC halogenfrei, einzügig ohne Trennwand, Farbe grau		
	LFK 20 × 20 (*H* × *B*)	0404000	1,42
	LFK 20 × 35	0404050	2,37
	LFK 30 × 45	0404002	6,18
	LFK 30 × 60	0404013	6,77
	Feuchtraum-Abzweigdosen		
	Thermoplast hellgrau, halogenfrei, mit selbstdichtenden Membran-einführungen IP 54 für Klemmen bis 2,5 mm²		
	DE 9020 88 x 88 x 50 (7)	1310176	5,29
	DE 9320 88 x 88 x 47 (11)	1310181	4,78
	Stromstoßschalter		
	Mit Handbetätigung und Schaltstellungsanzeige, Steuerspannung 230 V, Kontakte 16 A, 230 V~		
	S12-100-230 V~; 1 S	0650340	12,94
	S12-110-230 V~ ; 1 S + 1 Ö	0665407	18,66

Bild	Bezeichnung	Bestell-nummer	€ Stk. / m
	Wassergeschützte AP-Schaltgeräte WG 800		
	Gehäusefarbe grau, Schutzart IP 44		
	Wippschalter Serien	0833405	17,71
	Wippschalter Aus/Wechsel	0833406	8,41
	Wippkontrollschalter Aus	0833426	19,44
	Taster 1-polig Schließer	0810515	11,43
	Taster 1-polig Wechsler	0810516	14,54
	Taster 2-polig Wechsler	0810518	24,00
	Schutzkontakt-Steckdose 10 A, 250 V =; 16 A, 250 V~	0863068	6,98
	Wechselschalter mit Schutzkontakt-Steckdose 10 A, 250 V =; 16 A, 250 V~	0833409	17,77
	Leitungsschutzschalter		
	Auslösecharakteristik Typ B oder C nach DIN VDE 0641, 1polig, Schaltvermögen 10 kA		
	B 10 A	0658197	5,70
	B 13 A	0658198	6,03
	B 16 A	0658199	2,09
	B 20 A	0658174	6,19
	C 10 A	0658184	12,50
	C 13 A	0658185	12,50
	C 16 A	0658186	12,50
	Feuchtraum-Wannenleuchten		
	ABS-Gehäuse grau IP 65 incl. austauschbare LED-Röhre G13		
	1 × 18 W Länge: 1200 mm	1504360	20,92
	1 × 24 W Länge: 1500 mm	1504361	21,00
	2 × 18 W Länge: 1200 mm	1504362	36,05
	2 × 24 W Länge: 1500 mm	1504363	37,73
	LED-Röhren		
	Sockel G 13, Rohrdurchmesser 28 mm, Universalweiß 4000 K, 2500 lm		
	15,6 W, 1200 mm	1310176	12,52
	21,8 W, 1500 mm	1310181	15,04
	Kunststoff-Ovalleuchte, Leuchtmittel		
	Abdeckung Glas strukturiert, Schutzkorb mit Klappbügel, Gehäuse Kunststoff schwarz, Lampenleistung maximal 60 W		
	Kunststoff-Oval-Leuchte	1310176	6,71
	LED-Lampe E27 7,5 W Tageslicht 6500 K, 806 lm	1310181	5,87

Motorschutz, thermisches Überlastrelais (Motorschutzrelais)

(Auszug aus Datenblatt)

Schaltzeichen

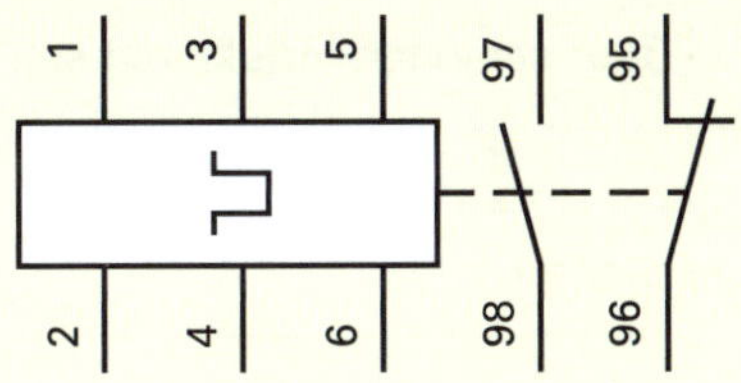

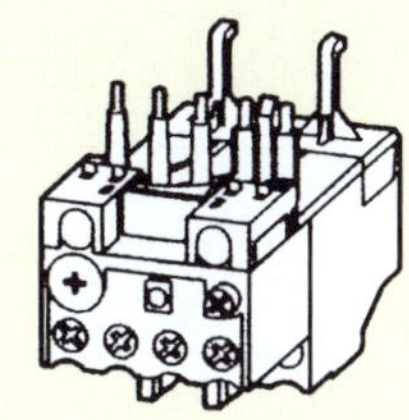

Bezeichnung, allg. Hinweise	Technische Daten
Überlastauslöser	6,0 A bis 10,0 A
Hilfsschalter (S: Schließer, Ö: Öffner)	1 Ö, 1 S
Zur Verwendung für die Schütze (Beispiele)	DILM7, DILM9, DILM12, DILM15
Schutzart	IP20
Hauptstrombahnen	
Bemessungsspannung	690 V AC
Stoßspannungsfestigkeit	6000 V AC
Isolationsspannung	690 V AC
Einstellbereich	0,1 A bis 32 A

Leistungsschütze (3-polig)

(Auszug aus Datenblatt)

Schaltzeichen

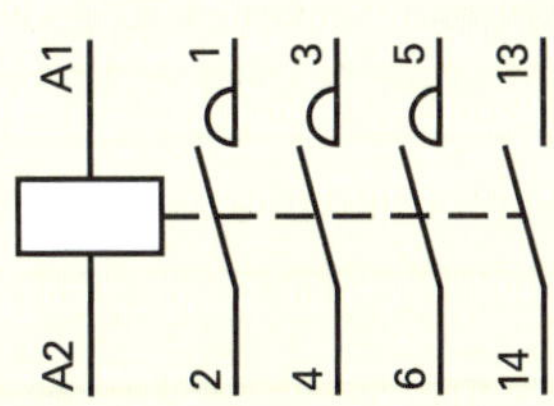

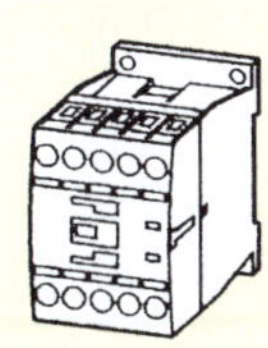

DILM7
DILM9
DILM12
DILM15

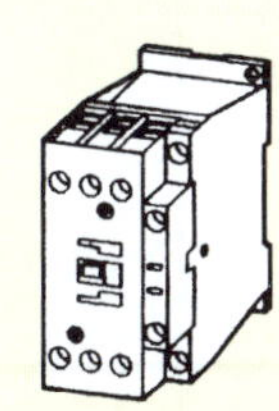

DILM17
DILM25

Gebrauchs-kategorie	Bemessungs-spannung	Typ und Bemessungsleistung in kW					
		DILM7	DILM9	DILM12	DILM15	DILM17	DILM25
AC-3	230 V	2,2	2,5	3,5	4	5	7,5
	400 V	3	4	5,5	7,5	7,5	11
	500 V	3,5	4,5	7	7,5	12	17,5
AC-4	230 V	1	1,5	2	2	2,5	3,5
	400 V	2,2	2,5	3	3	4,5	6
	500 V	2,5	2,8	3,5	3,5	6	8
AC-1	230 V	8	8	8	8	15	17
	400 V	14	14	14	14	26	29
	500 V	19	19	19	19	34	38

Gebrauchskategorien für Schütze

Stromart	Gebrauchskategorie	Typische Anwendungsfälle
Wechselstrom (AC)	AC-1	Nicht induktive oder schwach induktive Last, Widerstandsöfen.
	AC-2	Schleifringläufermotoren: Anlassen, Ausschalten.
	AC-3	Käfigläufermotoren: Anlassen, Ausschalten während des Laufes[1].
	AC-4	Käfigläufermotoren: Anlassen, Gegenstrombremsen, Reversieren, Tippen.
	AC-5a	Schalten von Gasentladungslampen.
	AC-5b	Schalten von Lampen.
	AC-6a	Schalten von Transformatoren.
	AC-6b	Schalten von Kondensatorbatterien.
	AC-7a	Schwach induktive Last in Haushaltsgeräten und ähnlichen Anwendungen.
	AC-7b	Motorlast für Haushaltsanwendungen.
	AC-8a	Steuern von hermetisch abgeschlossenen Kühlkompressormotoren mit automatischer Rückstellung der Überstromauslöser[2].
	AC-8b	Steuern von hermetisch abgeschlossenen Kühlkompressormotoren mit automatischer Rückstellung der Überstromauslöser[2].
Gleichstrom (DC)	DC-1	Nicht induktive oder schwach induktive Last, Widerstandsöfen.
	DC-3	Nebenschlussmotoren: Anlassen, Gegenstrombremsen, Reversieren, Tippen, Widerstandsbremsen.
	DC-5	Reihenschlussmotoren: Anlassen, Gegenstrombremsen, Reversieren, Tippen, Widerstandsbremsen.
	DC-6	Schalten von Lampen.

[1] Geräte der Gebrauchskategorie AC-3 dürfen für gelegentliches Tippen oder Gegenstrombremsen während einer begrenzten Dauer wie zum Einrichten einer Maschine verwendet werden; die Anzahl der Betätigungen darf dabei nicht über fünf Betätigungen je Minute und nicht über zehn Betätigungen je zehn Minuten hinausgehen.

[2] Beim hermetisch gekapselten Kühlkompressor sind Kompressor und Motor im gleichen Gehäuse ohne äußere Welle oder Wellendichtung gekapselt und der Motor wird mit Kühlmittel betrieben.

Das Einsatzgebiet von Schützen wird durch die Stromart und die Art der zu schaltenden Last bestimmt und durch Gebrauchskategorien angegeben.

Einweg-Lichtschranke: Auszug aus dem Datenblatt

Eine Einweg-Lichtschranke besteht aus einem Einweg-Sender und einem Einweg-Empfänger, die räumlich getrennt sind **(Bild 1)**. Mit getrenntem Sender und Empfänger sind sehr große Reichweiten möglich. Dieses Prinzip eignet sich besonders bei Schmutz und Nässe. Mit diesen Geräten ist eine hohe Schaltgenauigkeit und Betriebssicherheit gewährleistet.

Beim Unterbrechen des Lichtstrahls durch Objekte wird eine Schaltfunktion ausgelöst. Einweg-Lichtschranken können spiegelnde oder dunkle Objekte ohne Probleme erkennen. Bei transparenten Objekten können Probleme entstehen.

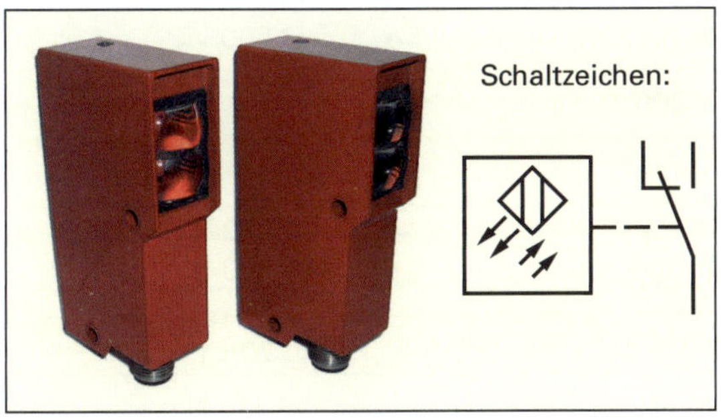

Bild 1: Einweg-Lichtschranke

Produktmerkmale	
Schaltabstand von … bis:	0 … 45 m
Lichtsender:	LED
Lichtart:	Rotlicht
Lichtfleckabmessung:	ca. 700 mm in 40 m Entfernung

Technische Daten	
Abmessungen (B × H × T):	25 × 78 × 63 mm
Versorgungsspannung:	AC 24 … 240 V / DC 12 … 240 V
Schaltausgang:	Relais 1 x Umschaltkontakt, galvanisch getrennt
Schaltfunktion:	hellschaltend
Ansprechzeit:	≤ 20 ms
Anschlussart:	Klemmenanschluss
Schutzart:	IP 67
Umgebungstemperatur:	– 25 … + 55 °C

Sicherheitsdruckleiste: Informationsblatt

Absicherungen von Quetsch- und Scherkanten

Das Gerätesicherheitsgesetz besagt, dass Maschinen nur in Verkehr gebracht werden dürfen, wenn zum Schutz der Bediener umfassende Sicherheitsrichtlinien beachtet werden. Dazu gehört unter anderem die Absicherung von Quetsch- oder Scherkanten an automatisch betriebenen Einrichtungen.

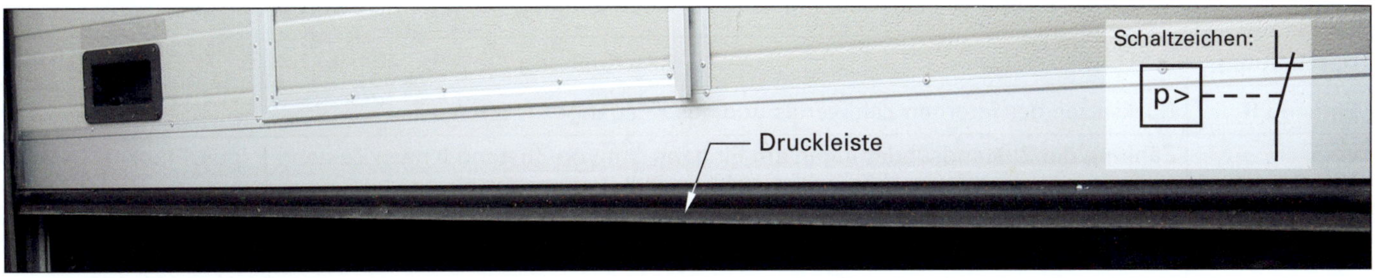

Bild 2: Sicherheitsdruckleiste

Sicherheitsschalter bzw. Sicherheitsdruckleisten schützen den Benutzer vor Gefahren an Quetsch- oder Scherkanten. Einrichtungen wie z. B. Hubtische, Schiebetore oder Theaterbühnen sind mit solchen Sicherheitsdruckleisten ausgerüstet. Die Sicherheitsdruckleiste **(Bild 2)** bewirkt die sofortige Abschaltung des Antriebs beim Auftreffen auf einen Körper. In der Praxis findet man zwei unterschiedliche Systeme:

- **Elektrische Systeme** verwendet man nach dem Schließerprinzip, bei dem zwei leitfähige Schichten (Bänder) bei Betätigung zusammengebracht werden.
- **Optische Systeme**, bei denen ein Lichtstrahl unterbrochen wird. Beide Systeme benötigen zur Auswertung der Signale ein spezielles Auswertungsgerät.

Rolltormotor: Datenblatt

Typ 1501M, 2001S
Schiebetorantrieb
für alle Tore

Technische Daten		
Typ	**1501M**	**2001S**
Anschlussspannung	230 V / 50 Hz	400 V / 50 Hz
Stromaufnahme	2,0 A	4,0 A
Leistungsaufnahme	850 W	1600 W
Anzahl der Betätigungen pro Tag	max. 200	max. 500
Geschwindigkeit	10,2 m/min.	10,2 m/min.
Max. Gewicht bei freitragenden Toren **Max. Gewicht bei bodengeführten Toren**	1000 kg 1500 kg	2000 kg 4000 kg
Max. Breite bei freitragenden Toren **Max. Breite bei bodengeführten Toren**	10 m 20 m	16 m 20 m
Max. Schubkraft	6370 N	8330 N
Sanftanlauf	Nein	Nein
Endlagenbremsung	Ja	Ja
Eigengewicht	30 kg	30 kg

Auszüge aus dem LOGO!-Handbuch

Vor-/Rückwärtszähler:

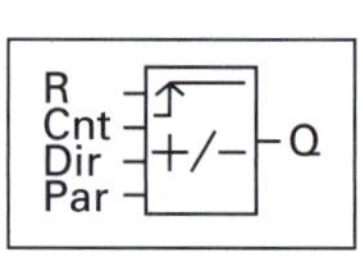

Kurzbeschreibung

Je nach Parametrierung (Dir) wird durch einen Eingangsimpuls ein interner Zählwert vorwärts oder rückwärts gezählt. Bei Erreichen des parametrierten Schwellwertes wird der Ausgang gesetzt bzw. zurückgesetzt. Die Zählrichtung kann über den Eingang Dir verändert werden.

Beschaltung	Beschreibung
Eingang **R**	Rücksetzen des internen Zählwertes und des Ausganges Q auf Null.
Eingang **Cnt**	Zählung der Zustandsänderungen am Eingang Cnt von Zustand 0 nach Zustand 1 (pos. Flanke). Signalwechsel von 1 nach 0 werden nicht gezählt. Verwenden Sie: • Eingänge I5/I6 für schnelle Zählvorgänge bis max. 2 kHz (siehe LOGO!- Handbuch). • Einen beliebigen anderen Eingang oder Schaltungsteil für geringe Zählfrequenzen (bis 5 Hz).
Eingang **Dir**	Über den Eingang Dir (Direction) geben Sie die Zählrichtung vor: Dir = 0: Vorwärtszählen, Dir = 1: Rückwärtszählen.
Parameter **Par**	On: Einschaltschwelle, Wertebereich: 0 … 999999, Off: Ausschaltschwelle, Wertebereich: 0 … 999999, Remanenz angewählt (on) = der Zustand wird remanent gespeichert (siehe LOGO!- Handbuch).
Ausgang **Q**	Q wird bei erreichter Einschaltschwelle gesetzt, bei Unterschreiten der Ausschaltschwelle zurückgesetzt.

Funktionsbeschreibung

Bei jeder positiven Flanke am Eingang Cnt wird der interne Zählerstand um eins erhöht (Dir = 0) oder um eins verringert (Dir = 1). Mit dem Rücksetzeingang R werden der Ausgang Q und der interne Zählwert auf „000000" zurückgestellt. Liegt an R 1-Signal an, wird der Ausgang Q auf 0 gesetzt und die Impulse am Eingang Cnt werden nicht mitgezählt. Der Ausgang Q wird in Abhängigkeit vom Aktualwert Cnt und den eingestellten Schwellwerten gesetzt oder zurückgesetzt.

Symmetrischer Taktgeber:

Kurzbeschreibung
Ein Taktsignal mit parametrierbarer Periodendauer wird am Ausgang ausgegeben.

Symbol bei LOGO!	Beschaltung	Beschreibung
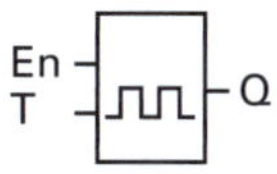	Eingang En	Starten des Taktgebers mit Signal 1 am Eingang En.
	Parameter T	T ist die symmetrische Zeit für Impulszeit und Impulspause.
	Ausgang Q	Am Ausgang Q liegt das symmetrische Taktsignal.

Zeit-Signal-Plan

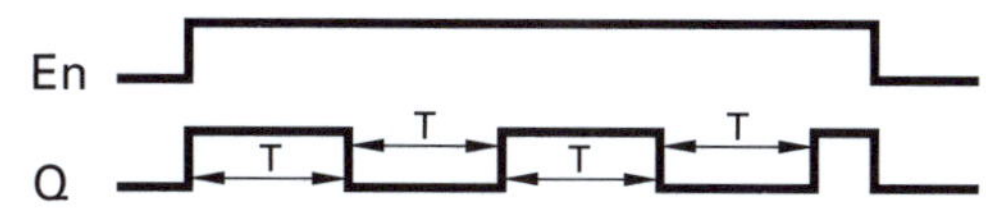

Funktionsbeschreibung
Über den Parameter T legen Sie die Impulszeit und die Impulspause fest. Mit dem Eingang En (für Enable (engl.) = freigeben) schalten Sie den Taktgeber ein, d. h. der Taktgeber setzt für die Zeit T den Ausgang Q auf 1, anschließend für die Zeit T den Ausgang Q auf 0.

Ansprechverzögerung (Einschaltverzögerung):

Kurzbeschreibung
Bei der Ansprechverzögerung wird der Ausgang erst nach einer parametrierbaren Zeit auf den Wert Q = 1 gesetzt.

Symbol bei LOGO!	Beschaltung	Beschreibung
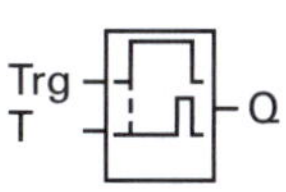	Eingang Trg	Über den Eingang Trg (Trigger) starten Sie die Zeit für die Ansprechverzögerung.
	Parameter T	T ist die Zeit, nach der der Ausgang gesetzt wird (Ausgangssignal wechselt von 0 nach 1).
	Ausgang Q	Q schaltet nach Ablauf der parametrierten Zeit T ein, vorausgesetzt der Eingang Trg ist noch nicht zurückgesetzt.

Zeit-Signal-Plan

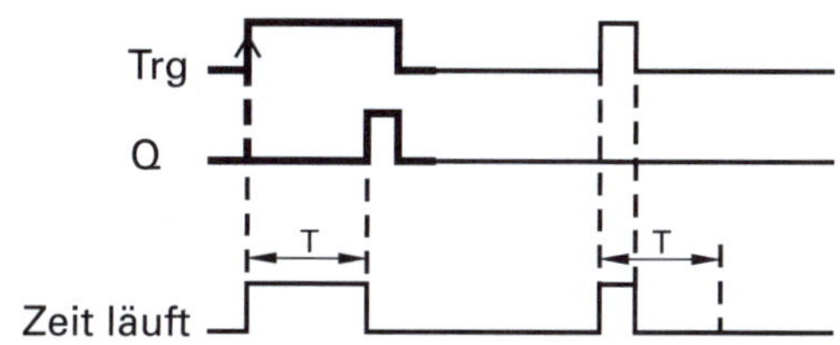

Funktionsbeschreibung
Wechselt der Zustand am Eingang Trg von 0 nach 1 (positive Flanke), wird die Zeit T gestartet. Wenn der Zustand am Eingang Trg mindestens für die Dauer der parametrierten Zeit T auf 1 bleibt, dann wird nach Ablauf der Zeit T der Ausgang Q auf 1 gesetzt (der Ausgang wird gegenüber dem Eingang verzögert eingeschaltet). Wechselt der Zustand am Eingang Trg vor Ablauf der Zeit T wieder nach 0, wird auch die Zeit zurückgestellt. Der Ausgang wird wieder auf 0 gesetzt, wenn am Eingang Trg der Zustand 0 anliegt.

Rückfallverzögerung (Ausschaltverzögerung):

Kurzbeschreibung
Bei der Rückfallverzögerung wird der Ausgang erst nach einer parametrierbaren Zeit zurückgesetzt.

Symbol bei LOGO!	Beschaltung	Beschreibung
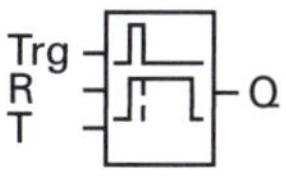	Eingang Trg	Eine fallende Flanke (Signalwechsel von 1 nach 0) am Eingang Trg (Trigger) startet die Rückfallverzögerung.
	Eingang R	Über den Eingang R setzen Sie die Rückfallverzögerung zurück (Ausgang Q auf 0).
	Parameter T	T ist die Zeit für die Rückfallverzögerung.
	Ausgang Q	Q wird mit Trg gesetzt und wird mit Ablauf von T zurückgesetzt.

Zeit-Signal-Plan

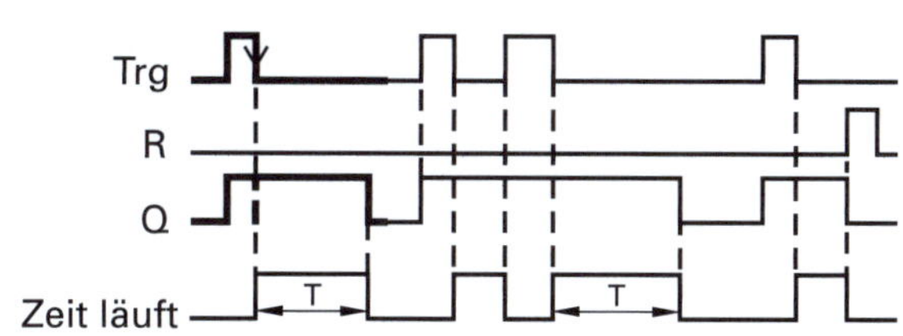

Funktionsbeschreibung
Nimmt der Eingang Trg den Zustand 1 an, dann schaltet der Ausgang Q sofort auf Zustand 1. Wechselt der Zustand an Trg von 1 nach 0 (fallende Flanke), dann startet in der LOGO! die aktuelle Zeit, der Ausgang bleibt gesetzt. Wenn die aktuelle Zeit den eingestellten Wert T erreicht, dann wird der Ausgang Q auf Zustand 0 zurückgesetzt (verzögertes Ausschalten). Wird der Eingang Trg erneut ein- und wieder ausgeschaltet, wird die aktuelle Zeit T neu gestartet. Über den Eingang R (Reset) setzen Sie die aktuelle Zeit T und den Ausgang zurück, bevor die eingestellte Zeit T abgelaufen ist. Nach Netzausfall wird die bereits abgelaufene Zeit wieder zurückgesetzt.

Binäre Sensoren

• Symbole

Allgemein:

Beispiele:

induktiv

kapazitiv

optoelektronisch

Ultraschall

• Elektrischer Anschluss

Sensoren werden für Anschlussspannungen im Wechsel- und Gleichstrombereich verwendet. Dabei existieren in der Praxis folgende Spannungsbereiche:

Gleichspannung:	Wechselspannung:	Gleich- und Wechselspannung:
10 V ... 30 V 10 V ... 55 V 20 V ... 250 V	20 V ... 110 V 90 V ... 250 V 20 V ... 250 V	10 V ... 360 V 15 V ... 250 V

Bei den binären Sensoren unterscheidet man:

- **Zweidrahtsysteme:**
  PNP-Technik (plusschaltend) oder NPN-Technik (minusschaltend) mit Öffner (NC – normaly closed) oder Schließer (NO – normaly opened).
  Beispiel: PNP-Technik mit Schließer (Bild)

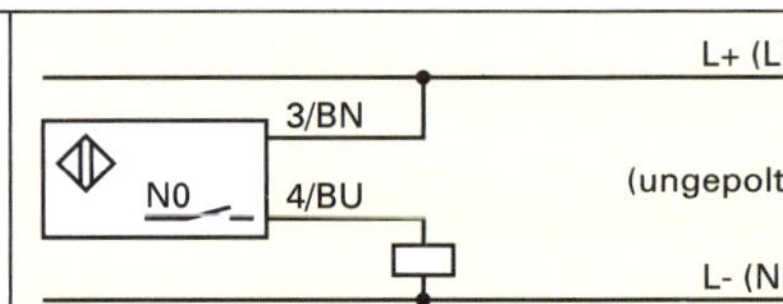

- **Dreidrahtsysteme:**
  NPN-Technik oder PNP-Technik mit Öffner oder Schließer.
  Beispiel: NPN-Technik mit Schließer (Bild)

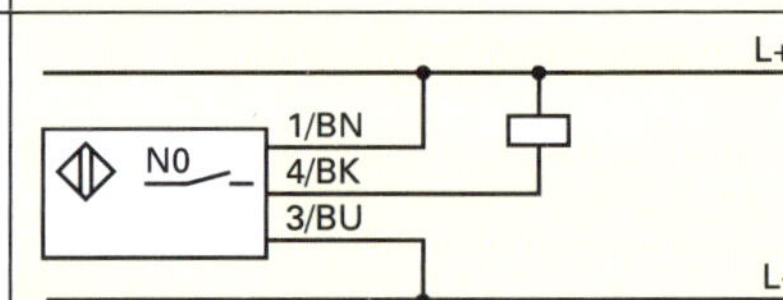

- **Vierdrahtsysteme:**
  NPN-Technik oder PNP-Technik mit Öffner und Schließer oder Wechsler.
  Beispiel: PNP-Technik (Öffner und Schließer) (Bild)

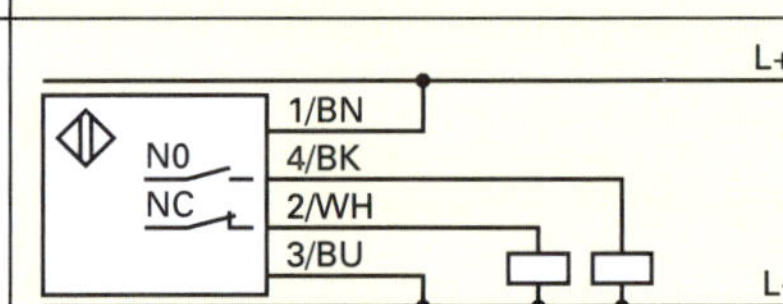

• Aderfarben der Anschlussleitungen

Die Anschlüsse eines Sensors sind mit den Ziffern 1 bis 4 bezeichnet. Die Anschlussleitungen haben die Farben Braun (BN), Blau (BU), Schwarz (BK) und Weiß (WH).

Braun (BN) – positive Spannungsversorgung (L+)
Blau (BU) – Masse (L–)
Schwarz (BK) – Ausgang (NO oder NC bei 3-Leitersystemen, NO bei 4-Leitersystemen)
Weiß (WH) – Ausgang (NC bei 4-Leitersystemen)

Beispiel:

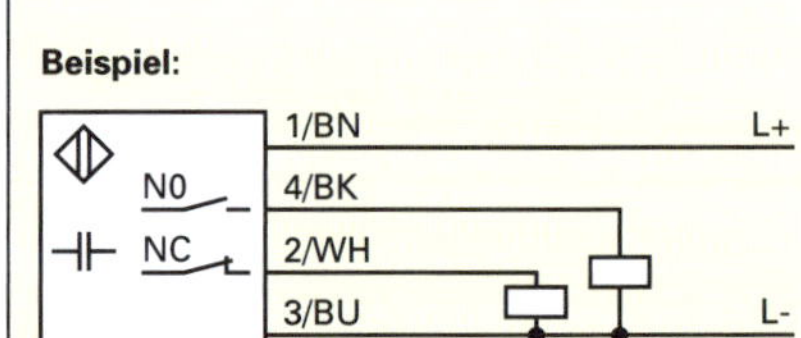

Aderfarben und Steckerbelegung (DIN EN 60947-5-2)

	Funktion	Aderfarbe	Anschlussziffer
2 Anschlüsse AC und 2 Anschlüsse DC (ungepolt)	Schließer	jede Farbe[1] außer Gelb, Grün oder Grüngelb	3 4
	Öffner		1 2
2 Anschlüsse DC (gepolt)	Schließer	+ Braun (BN) – Blau (BU)	1 4
	Öffner	+ Braun (BN) – Blau (BU)	1 2
3 Anschlüsse DC (gepolt)	Schließer Ausgang	+ Braun (BN) – Blau (BU) Schwarz (BK)	1 3 4
	Öffner Ausgang	+ Braun (BN) – Blau (BU) Schwarz (BK)	1 3 2
4 Anschlüsse DC (gepolt)	Wechsler (öffnen, schließen) Schließer-Ausgang Öffner-Ausgang	+ Braun (BN) – Blau (BU) Schwarz (BK) Weiß (WH)	1 3 4 2

[1] Es wird empfohlen, dass beide Adern die gleiche Farbe haben.

Informationen für Auszubildende und für Betriebe

Seit dem 1. April 2005 gilt das neue Berufsbildungsgesetz. Damit soll die berufliche Bildung an die veränderten Anforderungen der Arbeitswelt angepasst werden.

Regelungen des Berufsbildungsgesetzes

- Rechte und Pflichten für Ausbilder und Auszubildende
- Eignung der Ausbildungsstätte
- Ordnung der Berufsbildung
- Ausbildungsberufe
- Berufsausbildungsverhältnis
- Prüfungswesen
- Fort- und Weiterbildung
- Organisation der Berufsbildung

Das Berufsbildungsgesetz 2005
- Abkürzung BBiG.
- Wesentliche Grundlage für die Durchführung der Berufsausbildung.
- Gültig seit 1. April 2005, neugefasst August 2023.
- Regelt u. a. die gestreckte Abschlussprüfung.
- Bindend für Auszubildende und Betriebe.
- Nachzulesen unter: www.bmbf.de

Die Top-Ten der dualen Ausbildungsberufe 2023*

Rang	Anzahl	Beruf
1	23517	Kraftfahrzeugmechatroniker/-in
2	23442	Kaufmann/-frau für Büromanagement
3	20658	Verkäufer/-in
4	19080	Fachinformatiker
5	16917	Medizinische/-r Fachangestellte/-r
6	16506	Kaufmann/-frau im Einzelhandel
7	16473	Industriekaufmann/-frau
8	15342	Elektroniker/-in
9	15132	Anlagenmechaniker/in für Sanitär-, Heizungs- und Klimatechnik
10	13887	Zahnmedizinische/-r Fachangestellte/-r

* Quelle: BIBB

Abschlussprüfung, Seite 199

Lernorte der Berufsbildung (§ 2)

Berufsbildung wird durchgeführt, z. B. in Betrieben der Wirtschaft, im öffentlichen Dienst, in berufsbildenden Schulen und in sonstigen Berufsbildungseinrichtungen.

Ausbildungsabschnitte im Ausland: Auslandsaufenthalte können Bestandteil der Ausbildung sein, wenn dies dem Ausbildungsziel dient. Die Auslandsaufenthalte können bis zu einem Viertel der Ausbildungsdauer nach der Ausbildungsordnung betragen, z. B. bei 3-jähriger Ausbildung bis zu 9 Monate.

Durch Ausbildungsabschnitte bei Partnern oder Firmen im Ausland können die Betriebe ihre Ausbildung attraktiver machen, die Ausbildung international ausrichten und dadurch ihren künftigen Fachkräften internationales Wissen vermitteln.

Ausbildungsordnung (§ 5)

Die Ausbildungsordnung hat festzulegen

1. die Bezeichnung des Ausbildungsberufes, der anerkannt wird,
2. die Ausbildungsdauer; sie soll nicht mehr als drei und nicht weniger als zwei Jahre betragen,
3. die beruflichen Fertigkeiten, Kenntnisse und Fähigkeiten, die mindestens Gegenstand der Berufsausbildung sind,
4. eine Anleitung zur sachlichen und zeitlichen Gliederung der Vermittlung der beruflichen Fertigkeiten, Kenntnisse und Fähigkeiten (Ausbildungsrahmenplan),
5. die Prüfungsanforderungen.

Die Ausbildungsordnung kann vorsehen,

1. dass die Berufsausbildung in sachlich und zeitlich besonders gegliederten, aufeinander aufbauenden Stufen erfolgt; nach den einzelnen Stufen soll ein Ausbildungsabschluss vorgesehen werden, der sowohl zu einer qualifizierten beruflichen Tätigkeit befähigt als auch die Fortsetzung der Berufsausbildung in weiteren Stufen ermöglicht (Stufenausbildung),
2. dass die Abschlussprüfung in zwei zeitlich auseinanderfallenden Teilen durchgeführt wird,

2a. dass im Fall einer Regelung nach Nummer 2 bei nicht bestandener Abschlussprüfung in einem drei- oder dreieinhalbjährigen Ausbildungsberuf, der auf einem zweijährigen Ausbildungsberuf aufbaut, der Abschluss des zweijährigen Ausbildungsberufs erworben wird, sofern im ersten Teil der Abschlussprüfung mindestens ausreichende Prüfungsleistungen erbracht worden sind,

2b. dass Auszubildende bei erfolgreichem Abschluss eines zweijährigen Ausbildungsberufs vom ersten Teil der Abschlussprüfung oder einer Zwischenprüfung eines darauf aufbauenden drei- oder dreieinhalbjährigen Ausbildungsberufs befreit sind,

3. dass abweichend die Berufsausbildung in diesem Ausbildungsberuf unter Anrechnung der bereits zurückgelegten Ausbildungszeit fortgesetzt werden kann, wenn die Vertragsparteien dies vereinbaren,
4. dass auf die Dauer der durch die Ausbildungsordnung geregelten Berufsausbildung die Dauer einer anderen abgeschlossenen Berufsausbildung ganz oder teilweise anzurechnen ist,
5. dass über das in Absatz 1 Nummer 3 beschriebene Ausbildungsberufsbild hinaus zusätzliche berufliche Fertigkeiten, Kenntnisse und Fähigkeiten vermittelt werden können, die die berufliche Handlungsfähigkeit ergänzen oder erweitern,
6. dass Teile der Berufsausbildung in geeigneten Einrichtungen außerhalb der Ausbildungsstätte durchgeführt werden, wenn und soweit es die Berufsausbildung erfordert (überbetriebliche Berufsausbildung).

Ausbildungsnachweis

Die Ausbildungsordnung sieht vor, dass Auszubildende einen schriftlichen oder elektronischen Ausbildungsnachweis (Berichtsheft) zu führen haben (§ 13).

Zusatzqualifikationen

Neue Ausbildungsordnungen ermöglichen Zusatzqualifikationen. Zusatzqualifikationen sind freiwillig und müssen zwischen Betrieb und Auszubildenden zusätzlich vereinbart werden. Betriebe können Zusatzqualifikationen anbieten, müssen dies aber nicht. Zusatzqualifikationen, z. B. Betriebswirtschaft und Management, müssen gesondert geprüft und bescheinigt werden. Damit ist es möglich, besonders leistungsfähigen Auszubildenden eine Alternative zum Hochschulstudium zu bieten, den Beruf attraktiver zu machen und die Chancen auf dem Arbeitsmarkt zu verbessern.

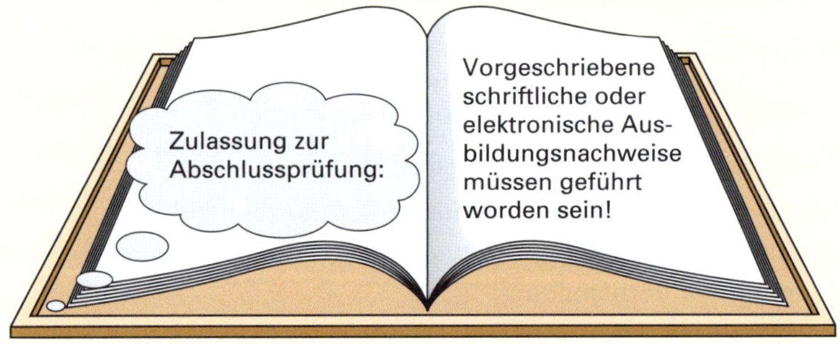

Für die Ausbildung im Handwerk gilt zusätzlich die Handwerksordnung (HwO)

Anrechnung beruflicher Vorbildung auf die Ausbildungsdauer (§ 7)

Die Anrechnung beruflicher Vorbildung wird künftig durch die Landesregierungen durch Rechtsverordnung geregelt. Die Länder können entscheiden, ob Bewerber einen Rechtsanspruch auf Abkürzung der Ausbildungsdauer haben. Die Rechtsverordnung kann vorsehen, dass Verkürzungen der Ausbildungsdauer vom Auszubildenden und dem Betrieb gemeinsam beantragt werden. Unterschiede zwischen den einzelnen Ländern sind zukünftig möglich. Bundesweit tätige Unternehmen müssen sich dann über die unterschiedlichen Anrechnungsregelungen in den Bundesländern informieren.

Teilzeitberufsausbildung (§ 7a)

Die Berufsausbildung kann in Teilzeit durchgeführt werden. Im Berufsausbildungsvertrag ist für die gesamte Ausbildungszeit oder für einen bestimmten Zeitraum der Berufsausbildung die Verkürzung der täglichen oder der wöchentlichen Ausbildungszeit zu vereinbaren. Die Kürzung der täglichen oder der wöchentlichen Ausbildungszeit darf nicht mehr als 50 Prozent betragen.

Verkürzung und Verlängerung der Ausbildungsdauer (§ 8)

Verkürzung

Auf gemeinsamen Antrag des Auszubildenden und des Betriebes hat die zuständige Stelle, z. B. Industrie- und Handelskammer (IHK), die Ausbildungszeit zu kürzen, z. B. bei beruflicher Vorbildung, wenn zu erwarten ist, dass das Ausbildungsziel in der gekürzten Zeit erreicht wird.

Verlängerung

In Ausnahmefällen kann die zuständige Stelle auf Antrag des Auszubildenden die Ausbildungsdauer verlängern, wenn die Verlängerung erforderlich ist, um das Ausbildungsziel zu erreichen.

Vertrag (§ 10)

Berufsausbildungsvertrag

Wer andere Personen zur Berufsausbildung einstellt, hat mit dem Auszubildenden einen Berufsausbildungsvertrag zu schließen.

Verbundausbildung

Mehrere Betriebe können in einem Ausbildungsverbund zusammenwirken, soweit die Verantwortung für die einzelnen Ausbildungsabschnitte und die Ausbildungszeit insgesamt sichergestellt ist.

Verhalten während der Berufsausbildung (§ 13)

Auszubildende haben sich zu bemühen, die berufliche Handlungsfähigkeit zu erwerben, die zum Erreichen des Ausbildungszieles erforderlich ist.

Sie sind insbesondere verpflichtet,

1. die ihnen im Rahmen ihrer Berufsausbildung aufgetragenen Aufgaben sorgfältig auszuführen,
2. an Ausbildungsmaßnahmen (Berufsschulunterricht, Prüfungen) teilzunehmen, für die sie nach § 15 freigestellt werden,
3. den Weisungen zu folgen, die ihnen im Rahmen der Berufsausbildung von Ausbildenden oder von anderen weisungsberechtigten Personen erteilt werden,
4. die für die Ausbildungsstätte geltende Ordnung zu beachten,
5. Werkzeuge, Maschinen und sonstige Einrichtungen pfleglich zu behandeln,
6. über Betriebs- und Geschäftsgeheimnisse Stillschweigen zu wahren.

Berufsausbildung (§ 14)

(1) Ausbildende haben

1. dafür zu sorgen, dass den Auszubildenden die berufliche Handlungsfähigkeit vermittelt wird, die zum Erreichen des Ausbildungszieles erforderlich ist und die Berufsausbildung in einer durch ihren Zweck gebotenen Form planmäßig, zeitlich und sachlich gegliedert so durchzuführen, dass das Ausbildungsziel in der vorgesehenen Ausbildungszeit erreicht werden kann,
2. selbst auszubilden oder einen Ausbilder oder eine Ausbilderin ausdrücklich damit zu beauftragen,
3. Auszubildenden kostenlos die Ausbildungsmittel, insbesondere Werkzeuge und Werkstoffe zur Verfügung zu stellen, die zur Berufsausbildung und zum Ablegen von Zwischen- und Abschlussprüfungen, auch soweit solche nach Beendigung des Berufsausbildungsverhältnisses stattfinden, erforderlich sind,
4. Auszubildende zum Besuch der Berufsschule sowie zum Führen von Ausbildungsnachweisen anzuhalten, soweit solche im Rahmen der Berufsausbildung verlangt werden und diese durchzusehen,
5. dafür zu sorgen, dass Auszubildende charakterlich gefördert sowie sittlich und körperlich nicht gefährdet werden.

(2) Auszubildenden dürfen nur solche Aufgaben übertragen werden, die dem Ausbildungszweck dienen und ihren körperlichen Kräften angemessen sind.

§ 20 Probezeit

- Maximal 4 Monate (früher 3 Monate)
- Minimal 1 Monat
- Kündigung innerhalb der Probezeit jederzeit möglich

Probezeit (§ 20)

Das Berufsausbildungsverhältnis beginnt mit der Probezeit. Die maximale Probezeit beträgt vier Monate. Auszubildende und Ausbildender können sich dadurch gegenseitig besser kennen lernen. Die minimale Probezeit beträgt 1 Monat.

Beendigung (§ 21)

Das Berufsausbildungsverhältnis endet mit dem Ablauf der Ausbildungsdauer. Im Falle der Stufenausbildung endet es mit Ablauf der letzten Stufe.

Bestehen Auszubildende vor Ablauf der Ausbildungsdauer die Abschlussprüfung, so endet das Berufsausbildungsverhältnis mit Bekanntgabe des Ergebnisses durch den Prüfungsausschuss. Wird die Abschlussprüfung nicht bestanden, so verlängert sich das Berufsausbildungsverhältnis auf Verlangen bis zur nächstmöglichen Wiederholungsprüfung, höchstens um ein Jahr.

Kündigung (§ 22)

Während der Probezeit kann das Berufsausbildungsverhältnis, ohne Einhalten einer Kündigungsfrist, jederzeit von beiden Seiten gekündigt werden.

Nach der Probezeit kann das Berufsausbildungsverhältnis nur aus einem wichtigen Grund ohne Einhalten einer Kündigungsfrist gekündigt werden. Weiterhin wenn vom Auszubildenden, mit einer Kündigungsfrist von vier Wochen, wenn sie die Berufsausbildung aufgeben oder sich für eine andere Berufstätigkeit ausbilden lassen wollen. Die Kündigung muss schriftlich unter Angabe der Kündigungsgründe erfolgen.

Abschlussprüfung (§ 37, § 45)

1. In den anerkannten Ausbildungsberufen sind Abschlussprüfungen durchzuführen. Die Abschlussprüfung kann im Falle des Nichtbestehens zweimal wiederholt werden. Sofern die Abschlussprüfung in zwei zeitlich auseinanderfallenden Teilen durchgeführt wird, ist der erste Teil der Abschlussprüfung nicht eigenständig wiederholbar.
2. Dem Prüfling ist ein Zeugnis auszustellen. Ausbildenden werden auf deren Verlangen die Ergebnisse der Abschlussprüfung der Auszubildenden übermittelt. Sofern die Abschlussprüfung in zwei zeitlich auseinanderfallenden Teilen durchgeführt wird, ist das Ergebnis der Prüfungsleistungen im ersten Teil der Abschlussprüfung dem Prüfling schriftlich mitzuteilen.

Auszubildende können nach Anhörung der Ausbildenden und der Berufsschule vor Ablauf ihrer Ausbildungszeit zur Abschlussprüfung zugelassen werden, wenn ihre Leistungen dies rechtfertigen.

Zur Abschlussprüfung ist auch zuzulassen, wer nachweist, dass er mindestens das Eineinhalbfache der Zeit, die als Ausbildungszeit vorgeschrieben ist, in dem Beruf tätig gewesen ist, in dem die Prüfung abgelegt werden soll.

Zulassung zur Abschlussprüfung (§ 43)

Zur Abschlussprüfung ist zugelassen:

1. wer die Ausbildungsdauer abgelegt hat oder wessen Ausbildungszeit nicht später als zwei Monate nach dem Prüfungstermin endet,
2. wer an den Zwischenprüfungen teilgenommen hat und wer die schriftlichen oder elektronischen Ausbildungsnachweise geführt hat und
3. wessen Berufsausbildungsverhältnis in das Verzeichnis der Berufsausbildungsverhältnisse eingetragen oder aus einem Grund nicht eingetragen ist, den weder die Auszubildenden noch deren gesetzliche Vertreter oder Vertreterinnen zu vertreten haben.

Zwischenprüfungen (§ 48)

Während der Berufsausbildung ist zur Ermittlung des Ausbildungsstandes eine Zwischenprüfung entsprechend der Ausbildungsordnung durchzuführen.

Welche Angaben muss der Ausbildungsvertrag mindestens enthalten?

- Art und Ziel der Berufsausbildung sowie Berufstätigkeit, für die ausgebildet werden soll
- Angaben zur sachlichen und zeitlichen Gliederung, kurz: zum Ablauf der Ausbildung
- Beginn und Dauer der Ausbildung
- Ausbildungsmaßnahmen außerhalb der Ausbildungsstätte, z. B. überbetriebliche Ausbildung
- Dauer der regelmäßigen täglichen Ausbildungszeit
- Dauer der Probezeit (mindestens 1 Monat, höchstens 4 Monate)
- Zahlung und Höhe der Vergütung
- Dauer des Urlaubs
- Kündigungsvoraussetzungen und -fristen
- Hinweis auf anzuwendende Tarifverträge, Betriebs- oder Dienstvereinbarungen

Der Vertrag muss vom Ausbildenden und vom Auszubildenden unterschrieben werden. Ist der Auszubildende noch nicht volljährig, dann ist auch die Unterschrift der Eltern oder eines gesetzlichen Vertreters erforderlich.

Tabelle: FAQ[1] zum Berufsbildungsgesetz

Unter welchen Bedingungen kann in der Probezeit gekündigt werden?	Während der Probezeit kann jede Vertragspartei den Ausbildungsvertrag jederzeit ohne Angaben von Gründen fristlos kündigen (§ 22 BBiG). Die Kündigung muss schriftlich erfolgen und dem Vertragspartner (Auszubildenden oder Betrieb) vor Ablauf der Probezeit zugegangen sein.
Unter welchen Bedingungen kann dem Auszubildenden nach Ablauf der Probezeit gekündigt werden?	Nach der Probezeit kann das Ausbildungsverhältnis nur fristlos und bei Vorliegen eines wichtigen Grundes schriftlich gekündigt werden (§22 BBiG). Mit einer Kündigungsfrist von 4 Wochen, wenn die Berufsausbildung aufgegeben wird oder es wird eine andere Berufstätigkeit aufgenommen.
Aus welchem Grunde kann ein Ausbildender nach der Probezeit kündigen?	Wichtige Gründe können z. B. sein: Fortgesetztes unentschuldigtes Fehlen im Betrieb oder in der Berufsschule.
Muss ein schriftlicher oder elektronischer Ausbildungsnachweis (Berichtsheft) geführt werden?	Ja! Spätestens zur Abschlussprüfung muss der Ausbildungsnachweis vorliegen, sonst wird man zur Prüfung nicht zugelassen. Der/die Auszubildende hat Recht darauf, das Berichtsheft während der Arbeitszeit zu schreiben. Die Berichtshefte werden kostenlos vom Ausbildendem zur Verfügung gestellt.
Wann endet die Ausbildung?	Die Ausbildung endet üblicherweise zu dem Zeitpunkt, der im Ausbildungsvertrag vereinbart ist. In bestimmten Fällen kann die Ausbildungszeit verkürzt oder verlängert werden. Legt der/die Auszubildende z. B. die Prüfung vorzeitig ab, endet das Ausbildungsverhältnis dann, wenn der Prüfungsausschuss das Bestehen der Abschlussprüfung bekannt gibt. Besteht der/die Auszubildende die Abschlussprüfung nicht, kann die Ausbildungszeit auf Verlangen des Auszubildenden bis zur Wiederholungsprüfung, jedoch höchstens für ein Jahr, verlängert werden.
Muss man Ausbildungs- und Prüfungsmittel selbst kaufen?	Nein! Dem Auszubildenden sind kostenlos die Ausbildungsmittel, z. B. Werkzeuge und Materialien, die zur Berufsausbildung und zum Ablegen der Abschlussprüfung erforderlich sind, zur Verfügung zu stellen.
Muss der Ausbildungsbetrieb nach bestandener Abschlussprüfung den Auszubildenden weiter beschäftigen?	Nein! Die Vertragpartner können aber während der letzten Monate des Berufsausbildungsverhältnisses eine Weiterbeschäftigung vereinbaren. Jugend- und Ausbildungsvertretungen müssen nach Beendigung des Ausbildungsverhältnisses grundsätzlich weiterbeschäftigt werden, wenn sie es verlangen.
Sind grundsätzlich alle Aufgaben und Arbeiten während der Ausbildung auszuführen?	Nein! Dem Auszubildenden dürfen nur Arbeiten übertragen werden, die dem Ausbildungszweck dienen und seinen körperlichen Kräften angemessen sind (§ 14 BBiG). Verboten sind Tätigkeiten die gegen geltendes Recht, z. B. JArbSchG (Jugendarbeitschutzgesetz), verstoßen.

[1] FAQ, Abk. für: frequently asked questions (engl.) = häufig gestellte Fragen

Informationen zur Abschlussprüfung in den Elektroberufen in Handwerk und Industrie

Lernfeld 1 • • • **Lernfeld 6**	**Prüfung Teil 1** im 4. Halbjahr (nach 1,5 bis 2 Jahren)	Komplexe **Arbeitsaufgabe** mit **situativen Gesprächsphasen**	**Schriftliche Aufgabenstellung** zu der komplexen Arbeitsaufgabe	
		(Elektrotechnische Anlagen und Betriebsmittel)[1]		
		In der Prüfung Teil 1 soll der Prüfling zeigen, dass er z. B. technische Unterlagen auswerten, Arbeitsabläufe planen, Teile montieren, demontieren, Betriebswerte einstellen, Unfallverhütungsvorschriften beachten, Fehler suchen und beseitigen, Produkte in Betrieb nehmen, übergeben, erläutern und Prüfprotokolle erstellen kann.		
		max. 8 h **20 %**[2]	max. 2 h **20 %**[2]	**40 %** **(30 %)**[1]

Lernfeld 7 Fachkunde Elektrotechnik, Lernfeldhinweise • **Lernfeld 13**	**Prüfung Teil 2** Ende 7. Halbjahr (nach 3,5 Jahren)	**Systementwurf**	**Funktions- und Systemanalyse**	**Wirtschafts- und Sozialkunde**	
		Es sind technische Problemanalysen durchzuführen und für bestehende Betriebsabläufe Lösungskonzepte zu entwickeln.	Es sind Schaltungsunterlagen und Dokumentationen auszuwerten und zu analysieren, Änderungen in Programmen vorzunehmen und Fehlerursachen zu bestimmen.	Es sind praxisbezogene, handlungsorientierte Aufgaben und wirtschaftliche und gesellschaftliche Zusammenhänge der Berufs- und Arbeitswelt darzustellen und zu beurteilen.	**60 %** **(70 %)**[1]
		max. 2 h **12 %**	max. 2 h **12 %**	max. 1 h **6 (10)**[1] **%**	
		Arbeitsauftrag (Kundenauftrag)[1]: Hier soll der Prüfling zeigen, dass er die schon in Teil 1 der Prüfung genannten Anforderungen an einen komplexen betrieblichen Auftrag, z. B. Steuerung einer Tiefgarageneinfahrt, oder eine praktische Aufgabe umfassend beherrscht. Das Fachgespräch (siehe hintere Umschlaginnenseite) geht mit bis zu 30 % in die Bewertung ein.			
		17 (16)[1] – 24 h **30 (36)**[1] **%**			
	Bestehen der Prüfung	➢ Insgesamt 50 % über alle Prüfungsteile ***und*** ➢ im Arbeitsauftrag 50 % der möglichen Punkte ***und*** ➢ Systementwurf + Funktions- und Systemanalyse + Wirtschafts- und Sozialkunde 50 % der möglichen Punkte, dabei mindestens 2x ausreichend und kein ungenügend* *mündliche Ergänzungsprüfung nur für Bestehen möglich (Gewichtung: 2/1 = schriftlich/mündlich)			**100 %**
		Beispiel: Welche Punktzahl im 100-Punkte-Schlüssel erreicht ein Auszubildender im Ausbildungsberuf Elektroniker für Betriebstechnik, wenn er folgende Einzelergebnisse erzielt? Komplexe Arbeitsaufgabe: 70 Punkte, schriftliche Aufgabenstellung: 82 Punkte, Systementwurf: 83 Punkte, Funktions- und Systemanalyse: 77 Punkte, Wirtschafts- und Sozialkunde: 91 Punkte, Arbeitsauftrag: 76 Punkte. Ergebnis $= 70 \cdot 0{,}2 + 82 \cdot 0{,}2 + 83 \cdot 0{,}12 + 77 \cdot 0{,}12 + 91 \cdot 0{,}06 + 76 \cdot 0{,}3 = 77{,}86$ Punkte			**77 P.**

Tabelle: FAQ[3] zur Prüfung in den Elektroberufen (einschließlich Mechatroniker)

Unter welchen Voraussetzungen findet eine mündliche Prüfung statt?	Eine mündliche Prüfung wird nur dann durchgeführt, wenn dadurch noch das Bestehen der Abschlussprüfung gesichert werden kann.
Muss ich die Prüfung Teil 1 wiederholen, wenn ich in dieser Prüfung weniger als 50 % mögliche Punkte erreicht habe?	Nein, über das Bestehen der Prüfung wird erst nach allen erfolgten Prüfungsteilen befunden. Welche Prüfungsteile dann zu wiederholen sind, wird im Einzelfall entschieden.
Darf ich die Prüfung Teil 1 ein zweites Mal machen, wenn der Lehrvertrag nach dem zweiten Lehrjahr um ein weiteres Jahr Jahr verlängert wird?	Nein, darum ist es sinnvoll die Vertragsverlängerung vor Ableistung der Prüfung in Teil 1 zu stellen und nicht zur Prüfung anzutreten.
Habe ich die Prüfung bestanden, wenn ich insgesamt 54 % erreicht habe, jedoch im Arbeitsauftrag nur 45 % erreicht habe?	Nein, die Prüfung ist nicht bestanden. Im Arbeitsauftrag müssen unbedingt 50 % erreicht werden. Dieser Prüfungsteil muss dann wiederholt werden.
Ab welcher Prozentzahl erhalte ich die Note gut in meinem Facharbeiter- oder Gesellenbrief?	Ab 81 Punkte gibt es die Note gut.
Wie oft kann ich die Prüfung wiederholen?	Es sind zwei Wiederholungsprüfungen möglich.
Muss ich unbedingt zur mündlichen Ergänzungsprüfung antreten?	Nein, aber dies ist die einzige Chance die Prüfung noch in diesem Prüfungsdurchgang zu bestehen.
Im Prüfungsteil 1 habe ich nur 42 % erreicht, durch den Prüfungsteil 2 komme ich aber insgesamt auf über 50 %. Habe ich die Prüfung bestanden?	Die Prüfung gilt als bestanden.
Ich habe in Systementwurf nur 40 Punkte erreicht. Bin ich durchgefallen?	Die Prüfung gilt als bestanden, wenn im Durchschnitt der Fächer Systementwurf + Funktions- und Systemanalyse + Wirtschafts- und Sozialkunde insgesamt 50 % der möglichen Punkte erreicht werden.
Gibt es eine „Sperrfachregelung" wie in der alten Prüfungsordnung in Technologie?	Auf einzelne Fächer bezogen nicht. Jedoch müssen im Arbeitsauftrag in Teil 2 und in den theoretischen Fächern in Teil 2 jeweils mindestens 50 % erreicht werden.

[1] gilt für ab 2021 abgeschlossene Ausbildungsverträge bei den Elektronikerberufen des Handwerks
[2] gilt für abgeschlossene Ausbildungsverträge bei den Elektroberufen der Industrie
[3] FAQ, Abk. für: frequently asked questions (engl.) = häufig gestellte Fragen

Bildquellen- und Firmenverzeichnis:
Die Autoren bedanken sich bei den nachfolgenden Firmen und Institutionen für ihre Unterstützung.

ABB AG, 40472 Ratingen: 188-7
Adobe Inc.: 168-1
Adobe Systems Software Ireland Ltd., Adobe Stock, IRL-Dublin: 15-1a © gomolach; 152-1a © Tyler Olson
Albrecht JUNG GmbH & Co. KG, 58579 Schalksmühle: 188-6
BENNING GmbH & Co. KG, 46397 Bocholt: 11-1
beta Sensorik GmbH, 96328 Küps: 94-2
Hugo Brennenstuhl GmbH & Co. KG, 72074 Tübingen: 6-5, 57-1, 58-2
Debian.org: 169-T2a
Draloric Electronic GmbH, 95085 Selb: 25-1
ELTAKO GmbH, 70736 Fellbach: 188-5
EPCOS AG, 81671 München: 6-3, 49-1c
Europäische Kommission, B-Brüssel: 13-6
Fränkische Rohrwerke, 97486 Königsberg: 188-2
GMC-I Gossen-Metrawatt GmbH, 90471 Nürnberg: 15-2, 17-2, 30-2, 60-2, 65-2
Gustav Hensel GmbH & Co. KG, 57368 Lennestadt: 188-4
Hager Vertriebsgesellschaft mbH & Co. KG, 66440 Blieskastel: 88-1
Liebherr-Hausgeräte GmbH, 88416 Ochsenhausen: 58-3
MEV Verlag GmbH, 86161 Augsburg: 163-1
Microsoft: 133-3b, 157-Tc, 166-1b, 169-T2b, 184-3
Moeller GmbH, 53115 Bonn: 3-3, 4-3, 94-3, 102-2, 103-1, 104-2, 107-1, -2, 120-1...8, -10
OLIGO Lichttechnik GmbH, 53773 Hennef: 6-1, 35-1
Paulmann Licht GmbH, 31832 Springe-Völksen: 35-2, -3, 38-1
Pollin Electronic GmbH, 85104 Pförring: 94-1, 97-1, -2
Sage Software GmbH & Co. KG, 60439 Frankfurt: 133-3c, 166-1c
Shutterstock, Inc., New York, USA: 153-1 © Adstock; 180-1 © Summit Art Creations
Siemens AG, 80333 München: 65-4, 91-2, 120-11, 121-1
Siemens-Elektrogeräte GmbH, 81739 München: 28-2
Tehalit Kunststoffwerk GmbH, 67716 Heltersberg: 188-3
UNINORM Technic AG, 5623 Boswil, Schweiz: 48-1
United Nations Economic Commission for Europe, CH-Genf: 13-2, 42-3
VDE Prüf- und Zertifizierungsinstitut GmbH, 63069 Offenbach am Main: 13-1, 42-2, 86-1
Wilhelm Westermann, 68177 Mannheim: 6-6
Wohlrabe Lichtsysteme, 65779 Kelkheim: 40-2

Verlag Europa-Lehrmittel, Autorenfotos: 5-3, 6-4, 19-1, 27-1, 30-1, -3, 31-1, 32-1, 52-1, 58-1, -4, 66-1, 90-2, 94-4, 100-1, -2, 101-1, -2, 111-1, 116-1, 119-1, -2, 120-9, 133-1, -3a, -5, 134-1-3, 135, 136, 136-T, 137, 1-5, 138-1-3, 139-1-3, 140-1, 141-1-5, 142, 143, 144-1, -2, 145-T2, 146, 147-1-4, 148-1-3, 148-T, 149-1, -2, 150-1, -2, 151-2, -3, 152-2, 153-T, 156-1, 157-Ta,b,d, 160-1, -2, 160-T, 162-1, -2, 164-1, 165-1-4, 166-1a, 170-T, 171-1, -T2, 172-2, -3, -5, 173-1, 174-1-3, 175-2, 176-3, 177-1, -T1, 178-1, 181-1, 183, 184-1, -2, -4, 188-1, 8-10, 191-1, -2, 192-1

